Hochfrequenztechnik

Holger Heuermann

Hochfrequenztechnik

Komponenten für High-Speed- und
Hochfrequenzschaltungen

3., verbesserte und erweiterte Auflage

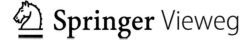 Springer Vieweg

Holger Heuermann
FH Aachen
University of Applied Sciences
Aachen, Deutschland

ISBN 978-3-658-23197-2   ISBN 978-3-658-23198-9 (eBook)
https://doi.org/10.1007/978-3-658-23198-9

Die Deutsche Nationalbibliothek verzeichnet diese Publikation in der Deutschen Nationalbibliografie; detaillierte bibliografische Daten sind im Internet über http://dnb.d-nb.de abrufbar.

Springer Vieweg

Gedruckt auf säurefreiem und chlorfrei gebleichtem Papier

Springer Vieweg ist ein Imprint der eingetragenen Gesellschaft Springer Fachmedien Wiesbaden GmbH und ist ein Teil von Springer Nature.
Die Anschrift der Gesellschaft ist: Abraham-Lincoln-Str. 46, 65189 Wiesbaden, Germany

Vorwort

Die Schaltungsentwicklung in der Hochfrequenztechnik hat in den letzten Jahren bedingt durch den Mobilfunk- und Kommunikationstechnikboom eine sehr rasche Wandlung erfahren. Der Bedarf an preisgünstigen Hochfrequenzmassenprodukten veränderte die in der Vergangenheit auf Sende-, Richtfunk-, Militär- und Satellitenanlagen ausgerichtete Hochfrequenzentwicklung immens. Diese Verlagerung der Schwerpunkte bedeutet für eine Vielzahl von Hochfrequenztechnikern, dass sich die Bauelemente und Komponenten verändert haben. Neben einem verstärkten Einsatz an Halbleitertechniken sind Aufbautechniken mittels der so genannten LTCC-Technologie und insbesondere die SMD-Technik hinzugekommen.

Neben den veränderten Produkten hat sich auch im Bereich der Entwicklungsumgebung durch den Einsatz von Computern und moderner Messtechnik sehr viel verändert. Klassische Entwicklungstools wie das so genannte Smith-Chart werden heutzutage in ganz anderer Art und Weise sinnvoll in der Entwicklung eingesetzt, als es früher der Fall war.

Die präzise Messtechnik und die Unterstützung durch Schaltungssimulatoren erlaubt es dem Hochfrequenztechniker seine Bauelemente präzise zu modellieren und somit im Schaltungsdesign hervorragende Vorhersagen zu treffen. Immer mehr nähert man sich dem Wunsch aller Manager: Aus der Simulation in die Produktion! Die Hochfrequenztechnik verliert durch das präzise Modelling den Ruf der *Black Magic*-Wissenschaft. Vielmehr erlaubt sie den Aufbau von Präzisionselektronikbausteinen.

Darüber hinaus gibt es für junge Ingenieure und somit für die Industrie ein verändertes Ausbildungsprofil. Die Einführung von Bachelor- und Master-Studiengängen erfordert eine zweistufige Berufsqualifikation. Der Bachelorabsolvent soll bereits als qualifizierter Ingenieur in der Industrie eingesetzt werden können. Dieses erfordert in der Ausbildung eine Umstrukturierung der Studieninhalte und der Ausbildungskonzepte.

Die Inhalte des vorliegenden Lehr- und Fachbuches sollen allen diesen Aspekten möglichst gerecht werden. Dieses Buch beruht auf dem Vorlesungsmanuskript der Fachhochschule Aachen "Grundlagen der Hochfrequenztechnik" sowie auf Teilen der Wahlpflichtvorlesung "Hochfrequenzmesstechnik", die beide samt eine Bachelorqualifikation für das Arbeiten als Hochfrequenzentwicklungsingenieur vermitteln sollen. Trotz des stark ausgeprägten Lehrbuchcharakters wurde Wert darauf gelegt, dass das Buch nicht zu letzt durch eine Vielzahl von Hilfsblättern im Anhang und ergänzenden Kapiteln auch für erfahrene Ingenieure in der Industrie eine wertvolle Hilfestellungen bietet.

Dieses Buch stellt ein Modell vor, wie sich eine Separation in Bachelor- und Masterinhalte durchführen lässt. Neben einer ungekürzten Darstellung der wichtigsten Grundlagen, Bauelemente, Komponenten und Systeme der Hochfrequenztechnik werden komplexe Komponenten und Subsysteme wie Hochfrequenzmischer, Oszillatoren und Synthesegeneratoren nur in ihrer Funktionalität dargestellt. Auf die zugehörigen Grundlagen wie die nichtlineare Schaltungstechnik wird nicht eingegangen. Der Schwerpunkt liegt eindeutig bei den linearen Komponenten hochintegrierter Hochfrequenzschaltungen.

Weiterhin war es ein Anliegen, die Inhalte der Hochfrequenzelektronik in den Vordergrund zu stellen und deshalb Hohlloitertheorien, die in zahlreichen Lehrbüchern ausgiebig erläutert sind, außen vor zu lassen.

Bedanken möchte ich mich bei allen Mitarbeitern und Diplomanden des Lehrgebietes

Hochfrequenztechnik der Fachhochschule Aachen, die Beiträge geleistet haben. So erarbeitete Dipl.-Ing. H. Erkens viele Beiträge zu den Mixed-Mode-Parametern. Darüber hinaus enthält das Buch einige Illustrationen die auf Arbeiten von Prof. Dr.-Ing. R. Knöchel der Universität Kiel beruhen, die er zur Verfügung stellte. Weitere Illustrationen und Grundlagen der Mixed-Mode-Parameter stammen dankenswerter Weise von Prof. Dr.-Ing. M. Möller, Universität Saarbrücken. Für die Korrekturlesung muss ich mich sehr bei Dr.-Ing. R. Stolle, Infineon München, und Prof. Dr.-Ing. W. Bogner, FH Degendorf, bedanken. Ganz herzlich möchte ich meinem Lehrmeister Prof. Dr.-Ing. B. Schiek, Ruhr-Universität Bochum, danken.

Dem Herausgeber Prof. Dr.-Ing. O. Mildenberger und dem Verlag Vieweg gilt auch für die sehr gute Zusammenarbeit und die hochqualitative Ausführung des Druckes Dank. Meiner Frau Regina, die mir das Schreiben dieses Buches erst ermöglichte, gilt mein ganz besonderer Dank.

Aachen, im Juli 2005   Holger Heuermann

Vorwort zur zweiten Auflage

Die in dieser Auflage enthaltenen Korrekturen, Verbesserungen und Erweiterungen beruhen zum nicht unwesentlichen Teil auf dem Engagement der Studierenden der FH Aachen, bei denen ich mich dafür herzlich bedanken möchte.

Dank gilt auch Dr.-Ing. A. Sadeghfam, der mit seinem Spulenabschnitt das Buch insbesondere für LTCC- und Chip-Entwickler aufgewertet hat.

Als Erweiterung, die auf den an der FH Aachen durchgeführten Forschungsarbeiten beruht, ist der so genannte Dual-Mode-Funk zu nennen. Basierend auf den bereits in der ersten Auflage ausführlich dargestellten Grundlagen zur Dual-Mode-Signalübertragung ist eine neuartige Funkstreckenarchitektur hinzugekommen. Erste Anwendungen haben in der Praxis die herausragenden Eigenschaften dieses einfachen Konzeptes bewiesen. Ich hoffe, dass möglichst viele Leser davon profitieren.

Aachen, im April 2009   Holger Heuermann

Vorwort zur dritten Auflage

Auch diese Auflage enthält einige Korrekturen und viele Verbesserungen wie auch Erweiterungen. Mittlerweile werden deutlich mehr Viertor-Netzwerkanalysatoren als Zweitor-Geräte verkauft. Diese Tatsache belegt, dass die in diesem Buch enthaltenen Themen nunmehr auch voll dem Stand der eingesetzten Techniken entsprechen. Alle, die weiterführende Literatur suchen, können unter [54] das Skript zur Mastervorlesung der Mikrowellentechnik wie auch zur Antennenvorlesung kostenlos herunterladen.

Aachen, im Juli 2018   Holger Heuermann

Inhaltsverzeichnis

Kapitel 1

Einführung

1.1 Inhalte der modernen Hochfrequenztechnik

Nach der Erstauflage dieses Grundlagenbuches haben sich nun viele der damals neuartigen Inhalte einzelner Buchkapitel zum Stand der modernen Hochfrequenztechnik (kurz HF-Technik) entwickelt. Somit kann dieses Buch immer noch mit recht beanspruchen den modernen Stand der HF-Technik zu beschreiben.

Dieses Fach- und Lehrbuch soll zunächst die Mechanismen der Ausbreitungsphänomene elektromagnetischer Wellen in elektrischen Schaltungen vermitteln. Ferner soll der Leser in der Lage sein, eine Vielzahl von Schaltungen der Hochfrequenztechnik zu analysieren und zu optimieren. Es hilft überdies Elektronikern, Effekte bei schnellen Schaltungen zu verstehen und stellt für kommende Hochfrequenztechniker ein Grundgerüst dar.

In erster Linie soll dieses Buch dem Ingenieur der HF-Technik dazu verhelfen, moderne Produkte zu entwickeln. Da sich neue innovative Produkte ohne eine Entwicklungsumgebung und die notwendigen Grundlagen nicht realisieren lassen, stellten folgende Thematiken den Leitfaden für den Aufbau dieses Buches dar:

1. **Basierend auf den zu entwickelnden Produkten**

   (a) Integrierte Transceiverschaltungen mit Kleinsignalkomponenten und -baugruppen wie PLL's, VCO's, Mischer, LNA's, Buffer, AGC's, Filter, Transistoren, Dioden

   (b) Digitale High-Speed Schaltungs- und Übertragungstechnikkomponenten: ECL- und sonstige High-Speed-Digital-Bausteine sowie High-Speed-Datenleitungen

   (c) Leistungsbauteile: Verstärker, Schalter, Signalteiler

   (d) Passive Komponenten: HF-Leitungen, HQ-Filter, Impedanztransformatoren, Koppler, Balun, Signalteiler, Dämpfungsglieder, Isolatoren, Zirkulatoren, MEMS, Antennen

   (e) Systeme: Konzepte für Transceiver, Radar, Sensorik, Messsysteme

      i. Teilsysteme und deren Partitionierung: Modulatoren, Synthesizer

© Springer Fachmedien Wiesbaden GmbH, ein Teil von Springer Nature 2018
H. Heuermann, *Hochfrequenztechnik*, https://doi.org/10.1007/978-3-658-23198-9_1

    ii. Optimierungen: Empfindlichkeit, Rauschen, Wirkungsgrad, Kosten, Baugrösse

2. **Basierend auf der Ausstattung eines HF-Entwicklungsplatzes**

   (a) Schaltungssimulator: Linear und nichtlinear.   Z. B.: ADS, Designer, Microwave Office

   (b) Feldsimulator: 2D, 2.5D, 3D, Momentenmethode, Differenzenmethode, Finite Elemente Methode.   Z. B.: ADS mit Momentum, Sonnet, CST Microwave Studio, HFSS

   (c) Systemsimulator, z. B.: ADS, Designer

   (d) Messausstattung: Netzwerkanalysator, Spektrumanalysator, Leistungsmesser, Kontaktierungstechnik (Prober, Testfassungen)

3. **Basierend auf den notwendigen Grundlagen**

   (a) Ausbreitung von elektromagnetischen Wellen im Freiraum (Antennen, EMV)

   (b) Wellentypen, Moden und Leitersysteme.   Z.B.: Z_ℓ, Z_{even}, Z_{odd}, ϵ_r, γ u.v.m.

   (c) Systemparameter: Z.B.: S, Y, Z, M, k, F, u.v.m.

   (d) Messtechnik

       i. Streuparameter (Klein- oder Großsignal in koaxialen oder planaren Leitungssystemen, skalar oder komplex)

       ii. Messung von Leistung, Frequenz, Strom, Spannung, Materialkonstanten

      iii. Rauschen (Rauschzahl, Rauschleistung, Phasenrauschen, Amplitudenrauschen)

Viele dieser Grundlagen werden im Weiteren abgehandelt. Diese Übersicht soll Studierenden dazu dienen, ein Gefühl dafür zu entwickeln, welches Wissensspektrum notwendig ist, um als qualifizierter Hochfrequenztechniker eine Industrietätigkeit zu starten.

Software-Empfehlungen

Jeder Studentin und jedem Student von Ingenieurberufen und jeder/m aktiven Entwicklungsingenieur/in ist das mathematische Programm `Matlab` zu empfehlen. Matlab kann als hohe Programmiersprache mit einfachster Syntax für selbst komplexeste mathematische Operationen angesehen werden.

Für Studenten und Entwickler wie auch Forscher, die eine Neigung zur Lösung von theoretischen Aufgaben haben, ist das Programm `Maple` sehr interessant. Mittels Maple lassen sich analytische Lösungen erzielen.

Für Studenten, die den Bereich Hoch- und Höchstfrequenztechnik vertiefen möchten, wie auch HF-Entwicklungsingenieure, die in Industrieunternehmen arbeiten, sind die folgenden beiden Programme als freie Versionen erhältlich:

    1. Serenade: HF-Schaltungssimulator

    2. Sonnet: 2.5D-HF-Feldsimulator

Die Serenade-Version SV 8.5 wurde auch für die Erstellung dieses Werkes an vielen Stellen eingesetzt. Diese Version ist zwar recht alt, erlaubt aber Schaltungen zu optimieren, was andere freie Versionen nicht bieten. Somit lassen sich in einfacher Art und Weise vom Leser die Berechnungen nachvollziehen. Verfügbar ist Serenade u.a. im Downloadbereich der alten FH-Aachen-Homepage, [55].

Sonnet ist ein einfach handhabbarer Feldsimulator, auf den jedoch im Kommenden weniger eingegangen wird. Eine sehr gute Darstellung über Feldsimulatoren finden man in [113].

Die Grundlagen zur Feldsimulation wie auch viele andere weiterführende Kapitel sind in der Mastervorlesung *Mikrowellentechnik* in Buchform abgedruckt und stehen unter [54, 55] im Internet frei zur Verfügung

1.2 Aufbau von Hochfrequenzanordnungen

Die Schaltungsentwicklung in der HF-Technik kann ähnlich hierarchisch strukturiert werden, wie der Aufbau von Softwareprogrammen, Bild 1.1.

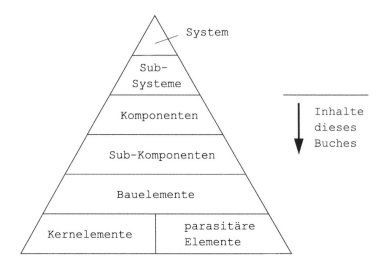

Bild 1.1: *Pyramide der Entwicklung von Hochfrequenzanordnungen*

Das kleinste Element ist nicht wie in der Elektronik das Bauelement an sich, sondern die Bestandteile, mit denen man ein Bauelement modelliert: Kernelemente und parasitäre Elemente. Das Kernelement, welches die gewünschten Eigenschaften des Bauelementes enthält, unterscheidet sich i.d.R. vom Absolutwert, den das Bauelement aufweisen soll. Die parasitären Elemente werden im Allgemeinen von der endlichen Baugröße und den Verlusten des Bauelementes bestimmt.

Aus mehreren Bauelementen kann man so genannte Sub-Komponenten oder auch Komponenten fertigen. Die Eigenschaften von linearen Komponenten lassen sich hervorragend mittels den Streuparametern angeben, worauf im Weiteren noch ausführlich eingegangen wird.

Komplexere Komponenten (z.B. IQ-Modulatoren) setzen sich in der Praxis aus mehreren Sub-Komponenten (z.B. Phasenschieber, Koppler und Mischer) zusammen. Für das einfache Verständnis von Sub-Systemen (z.B. Empfangseinheit) bzw. Systemen (z.B. UMTS) ist diese mehrstufige Beschreibung sehr vorteilhaft. Hierdurch vereinfachen sich die zugehörigen Blockschaltbilder.

Systeme lassen sich oft noch mit Streuparametern beschreiben. Jedoch sind zu deren Beurteilung immer zusätzliche Messungen notwendig, da es bei dem Gesamtsystem um möglichst geringe Bitfehlerraten oder ähnliche Aspekte geht.

Dieses Buch ist von diesem hierarchischen Aufbau geleitet. Insbesondere findet eine detaillierte Beschreibung bis zu den Komponenten statt. Bezüglich der Betrachtung von Systemen werden Messsysteme ausführlicher behandelt, von denen sich die Grundlagen für moderne Kommunikationssysteme sehr gut ableiten lassen.

1.3 HF-Technik: Zwischen Elektronik und Optik

In der Elektronik haben die Längen der Verbindungsleitungen zwischen verschiedenen Bauteilen keinen wesentlichen Einfluss auf das elektrische Verhalten der Schaltung: Die elektrischen Spannungen einer Quelle und einer angeschlossenen Last sind gleich (Bild 1.2).

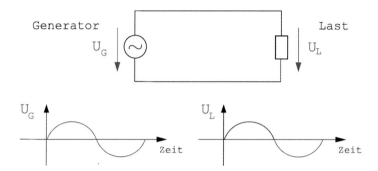

Bild 1.2: Einfluss von Leitungslängen in der Welt der Elektronik: Darstellung der sinusförmigen Spannungen am Generator und an der Last bei tiefen Frequenzen

Die Hochfrequenztechnik unterscheidet sich von der Elektronik unter anderem dadurch, dass die elektrischen Spannungen an einer Signalquelle und an einer angeschlossenen Last nicht mehr gleich sind (Bild 1.3). Die Länge der zwischengeschalteten Leitung und die Frequenz bestimmen den Phasenunterschied der Spannungen an Quelle und Verbraucher (Last).

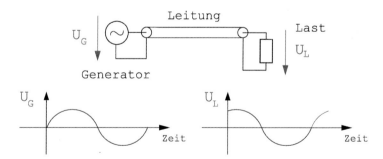

Bild 1.3: Einfluss von Leitungslängen in der Welt der Hochfrequenztechnik: Unterschiedliche Phasenwerte der Spannungen am Generator und an der Last

In der Optik gibt es in der Regel keinen festen Phasenzusammenhang mehr zwischen Quelle und Last. Deshalb arbeitet man in der Optik oft nur mit den beiden digitalen Zuständen: 1 $\equiv$ starkes Lichtsignal, 0 $\equiv$ schwaches oder gar kein Lichtsignal. Das Umschalten zwischen diesen beiden Zuständen erfolgt jedoch im GHz-Bereich, so dass man somit viele Gbit/s übertragen kann.

Bild 1.4: Einfluss von Leitungslängen in der Welt der Optik: Außerhalb der Kohärenzlänge: Keine feste Relation der Phasen von Sender und Detektor

Wäre man in der Lage, die Spannungsverteilung auf einer Hochfrequenzleitung mit einer Momentaufnahme zu detektieren, so erkennt man, dass diese entlang der Leitung sinusförmig ist (Bild 1.5), sofern der Generator ein Sinussignal erzeugt.

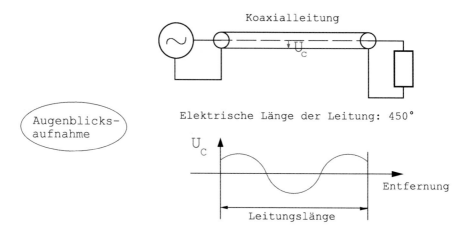

Bild 1.5: Spannungsamplituden auf einer Leitung in der Welt der Hoch- und Höchstfrequenztechnik: Spannungsverteilung entlang der Leitung für einen "Schnappschuss"

Die Tatsache, dass man genauso wie in der Elektronik in der Hochfrequenztechnik stationäre Systeme hat, erlaubt präzise Analyse- und Synthesetechniken einzusetzen.

Im Gegensatz zur Elektronik hat man in der Hochfrequenztechnik mit Welleneffekten zu tun, ähnlich wie man diese aus der Optik kennt. Deshalb beschreibt man Hochfrequenzschaltungen vorteilhaft nicht mit Strömen und Spannungen an den Klemmen, sondern mit einfallenden und ausfallenden Wellengrössen an den Toren. Deren Verhältnisse ergeben die sogenannten Streuparameter, die man in Reflexions- und Transmissionskoeffizienten unterscheiden kann.

Der Zusammenhang zwischen der optischen und der hochfrequenten Welt ist im Bild 1.6 illustriert.

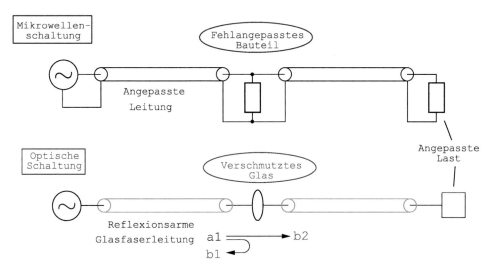

Bild 1.6: Welleneffekte in der Welt der Hochfrequenztechnik und der Optik: Erklärung der Streumatrix

Die im Bild 1.6 dargestellten Signale werden in der Hochfrequenztechnik und der Optik als Wellen bezeichnet. Diese Wellen und die Vorwärts-Streuparameter (auch S-Parameter) sind wie folgt dargestellt definiert.

$$a_1 \; : \; \text{Einfallende Welle}$$

$$b_1 \; : \; \text{Reflektierte Welle}$$

$$b_2 \; : \; \text{Transmittierte Welle}$$

$$S_{11} = \frac{b_1}{a_1} \; : \; \text{Reflexionskoeffizient}$$

$$S_{21} = \frac{b_2}{a_1} \; : \; \text{Transmissionskoeffizient}$$

Die Streuparameter in Form des Reflexionskoeffizienten und des Transmissionskoeffizienten für die Vorwärtsrichtung bilden sich somit aus dem Verhältnis der reflektierten bzw. transmittierten Wellen zur einfallenden Welle. Die direkte Umrechnung dieser Wellengrößen in Strom- und Spannungsgrößen wird im folgenden Kapitel vorgestellt.

Kapitel 2

Schaltungstheoretische Grundlagen

In der Hochfrequenztechnik hat sich seit Jahrzehnten die Verwendung der Streuparameter zum Entwurf von Schaltungskomponenten durchgesetzt.

Im Entwurf werden Streuparameter als Ergebnis der Schaltungs- und Feldsimulation verwendet. Nach dem Aufbau einer HF-Schaltung werden die Streuparameter mittels eines Netzwerkanalysators (Bild 2.1) vermessen und mit den Zielwerten der Simulation verglichen. Deshalb steht die schaltungstheoretische Beschreibung mit Streuparameter auch

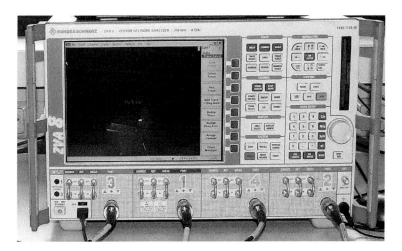

Bild 2.1: Netzwerkanalysator zur Vermessung der vektoriellen Streuparameter (hier ein Gerät mit 4 Messtoren vom Typ ZVA 8 der Firma Rohde & Schwarz)

im Mittelpunkt dieses Kapitels.

In diesem Kapitel der schaltungstechnischen Grundlagen sollen die notwendigen Werkzeuge für die Entwicklung von *quellenfreien, linearen* und *zeitunabhängigen* Hochfrequenz-

© Springer Fachmedien Wiesbaden GmbH, ein Teil von Springer Nature 2018
H. Heuermann, *Hochfrequenztechnik*, https://doi.org/10.1007/978-3-658-23198-9_2

schaltungen vorgestellt werden. Deshalb wird eingangs kurz auf die Systemvoraussetzungen eingegangen. Anschließend wird zum schnellen Einstieg in die Praxis die Streumatrix und der Schaltungsentwurf von Zweitoren über die Streuparameter vorgestellt. Ausführlich werden die Streuparameter-Eigenschaften von Zwei- und Mehrtoren erläutert und am Ende des Kapitels wird die Nützlichkeit von Transmissions- und Kettenparametern vorgestellt.

2.1   Systemvoraussetzungen

Im Bild 2.2 wird für die weitere Verdeutlichung eine allgemeine Schaltung angegeben, die ein Eingangssignal $x_{(t)}$ und ein Ausgangssignal $y_{(t)}$ hat. Beide Signale können nur durch die zugehörigen Ströme, Spannungen oder einer Kombination aus beiden (dieses ist der HF-Fall) definiert werden.

Bild 2.2: Darstellung einer elektrischen Schaltung aus Systemsicht mit einem Eingangssignal $x_{(t)}$ und einem Ausgangssignal $y_{(t)}$

Hochfrequenzschaltungen sind überwiegend *quellenfrei*, *linear* und *zeitunabhängig*.

Quellenfrei ist eine Schaltung, wenn es im Inneren keine Signalquelle gibt. Im Weiteren werden nur Schaltungen, bei denen Signalquellen nur an äußeren Klemmen oder Toren angeschlossen werden können.

Linear ist eine Schaltung, wenn diese die beiden Eigenschaften der Gleichungen (2.2) und (2.3) erfüllt. Bedingung dafür ist, dass man zwei Eingangssignale ($x_1(t)$ und $x_2(t)$) anlegen kann, die wiederum zwei Ausgangssignale ($y_1(t)$ und $y_2(t)$) erzeugen.

$$x_1(t) \; \rightarrow \; y_1(t) \quad , \qquad x_2(t) \; \rightarrow \; y_2(t) \tag{2.1}$$

Gilt nun, dass sich bei einer Addition der beiden Eingangssignale die Summe der Ausgangssignale ergibt,

$$x_1(t) + x_2(t) \quad \rightarrow \quad y_1(t) + y_2(t) \quad , \tag{2.2}$$

und die Multiplikation des Eingangssignals mit einer Konstanten A ein um den Faktor A vergrößertes Ausgangssignal ergibt,

$$A\,x(t) \quad \rightarrow \quad A\,y(t) \quad , \tag{2.3}$$

dann ist ein System *linear*!

Eine Schaltung ist *zeitunabhängig* bzw. *zeitinvariant*, wenn eine Verschiebung des Eintreffens des Eingangssignals weiterhin das gleiche Ausgangssignal mit der gleichen Zeitverschiebung hervorruft:

$$x(t - t_0) \quad \rightarrow \quad y(t - t_0) \quad . \tag{2.4}$$

Ferner beschränken wir uns bei der Analyse der Schaltungen auf rein sinusförmige Signale. Für die komplexe Spannung U und den komplexen Strom I besteht der folgende Zusammenhang zu den zeitabhängigen Signalen $u(t)$ und $i(t)$:

$$u(t) \;=\; \hat{u}\cos(\omega t + \alpha) \;=\; \sqrt{2}\,\mathrm{Re}\left\{U\,e^{j\omega t}\right\} \qquad \text{mit}\quad U = \frac{\hat{u}}{\sqrt{2}}\,e^{j\alpha} \quad , \qquad (2.5)$$

$$i(t) \;=\; \hat{\imath}\cos(\omega t + \beta) \;=\; \sqrt{2}\,\mathrm{Re}\left\{I\,e^{j\omega t}\right\} \qquad \text{mit}\quad I = \frac{\hat{\imath}}{\sqrt{2}}\,e^{j\beta} \quad . \qquad (2.6)$$

Man erkennt, dass hier wie auch in den meisten Veröffentlichungen Effektivwert-Zeiger für U und I verwendet werden. In manchen Schrifttümern findet man auch die Verwendung von Spitzenwert-Zeigern.

Die Schaltungen, die im Weiteren untersucht werden, weisen im Inneren keine Signalquellen auf und werden deshalb als *quellenfrei* bezeichnet.

2.2   Die Streumatrix

Üblicherweise wird vor den Streuparametern die Leitungstheorie, wie diese auch im Kapitel 4 dargestellt ist, präsentiert. Im Weiteren wurde dieser Weg nicht gewählt und deshalb müssen einige Erkenntnisse der Leitungstheorie ohne Herleitung angenommen werden[1]. Dieser Aufbau stellt jedoch die Wichtigkeit der Streuparameter heraus und lässt alles von diesen ableiten bzw. die Übertragungseigenschaften der Komponenten in einfacher Art und Weise beschreiben.

2.2.1   Einführung der Wellengrößen

Sowohl in der Elektronik wie auch in der Hochfrequenztechnik werden zur Herstellung von Systemen wie Übertragungsstrecken eine große Anzahl von Komponenten, wie Verstärker und Filter hintereinander (in Serie) geschaltet. Die Mehrzahl aller hochfrequenten Komponenten besitzt demzufolge einen Ein- und einen Ausgang.

In der Elektronik wird ein sogenannter Vierpol über Z-, Y- oder ähnliche Parameter[2] beschrieben. Oft ordnet man zwei Pole einem Eingang und die anderen zwei Pole einem Ausgang zu. Die schematische Darstellung eines Vierpoles mit den anliegenden Strömen

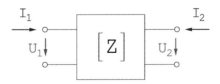

Bild 2.3: Z-Parameterdarstellung eines Vierpoles

---

[1]Diese nicht optimale Vorgehensweise ist notwendig, um parallel zur Vorlesung ein Praktikum durchführen zu können.
[2]Diese werden im Weiteren auch noch im Detail vorgestellt.

und Spannungen ist in Bild 2.3 illustriert.

Die zwischen zwei Klemmen anliegenden Spannungen (U_i, $i = 1, 2$) und die in ein Klemmenpaar hinein- oder herausfließenden Ströme (I_i) können in der Elektronik über Knoten- und Maschengleichungen berechnet werden. Haben jedoch die Verbindungsleitungen zwischen einzelnen Vierpolen Ausdehnungen, die im Bereich von einigen Grad der elektrischen Länge p

$$p = \frac{\sqrt{\epsilon_r}\,\omega}{c_0}\, \ell \cdot \frac{180°}{\pi} = \frac{\sqrt{\epsilon_r}}{\lambda_0}\, \ell \cdot 360° \tag{2.7}$$

liegen (ℓ: mechanische Länge). Als grobe Näherung muss jede Leitung und jede Schaltung, die eine elektrische Länge von mehr als $10°$ aufweist, aus Gesichtspunkten der HF-Technik betrachtet werden.

Beispiel: $\ell = 10\,\text{cm}$ und $\epsilon_r = 10$:   f $= 26\,\text{MHz}$.

Für diese HF-Leitungen berechnen sich die Spannungen U_i und die Ströme I_i aus einer vorlaufenden (U_{pi}) und einer rücklaufenden Spannungswelle (U_{ri}), gemäß Bild 2.4. Die Indizes r und p stehen für die englischen Bezeichnungen *reflection* und *propagation*.

$$U_1 = U_{p1} + U_{r1}, \quad I_1 = \frac{U_{p1}}{Z_{L1}} - \frac{U_{r1}}{Z_L} \tag{2.8}$$

$$U_2 = U_{p2} + U_{r2}, \quad I_2 = \frac{U_{p2}}{Z_L} - \frac{U_{r2}}{Z_{L2}} \tag{2.9}$$

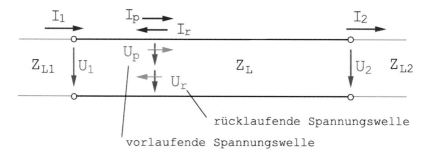

Bild 2.4: Vor- und rücklaufende Spannungs- und Stromwelle entlang einer Leitung

Eine detaillierte Herleitung zu Bild 2.4 wird im Kapitel 4 nachgeliefert.

Mit Z_{Li} werden die sogenannten Wellenwiderstände bezeichnet. Über den Wellenwiderstand werden die sich in einer Richtung ausbreitenden Spannungen und Ströme entlang einer Leitung gemäß dem Ohmschen Gesetz miteinander verknüpft. Oft wird der Wellenwiderstand Z_L als Bezugs- oder Normierungswiderstand bezeichnet. Nicht selten wird diese Referenzimpedanz auch Systemimpedanz genannt und mit Z_0 gekennzeichnet. Vorteilhaft ist die Wahl eines *reellen* Bezugswiderstandes. Dieser wird wie folgt gewählt:

Allg. HF-Technik: $50\,\Omega$,

Antennentechnik: $75\,\Omega$,

High-Speed-Digitaltechnik: $100\,\Omega$.

Es hat sich in den letzten Jahrzehnten als sehr praxisgerecht erwiesen, nicht mit Spannungen und Strömen, sondern mit sogenannten

einfallenden oder *zulaufenden Wellen* (a_i) und
(her)ausfallenden, reflektierten, transmittierten oder *ablaufenden Wellen* (b_i)

zu arbeiten. Bei diesen Wellengrößen handelt es sich um die normierten Spannungswellen U_{pi} und U_{ri}. Zur Normierung werden die Wurzeln der jeweiligen Wellenwiderstände der Anschlussleitungen verwendet:

$$a_i = \frac{U_{pi}}{\sqrt{\operatorname{Re}\{Z_{Li}\}}} \quad , \quad b_i = \frac{U_{ri}}{\sqrt{\operatorname{Re}\{Z_{Li}\}}} \quad . \tag{2.10}$$

Für reelle Normierungswiderstände gilt, dass die Hälfte des Produktes der Welle a mit dem konjugiert komplexen Wert a^* der in das Klemmenpaar hineinlaufenden Wirkleistung P_{wa} entspricht:

$$P_{wa} = \frac{1}{2}\, a\, a^* = \frac{U_p U_p^*}{2\, Z_L} \quad . \tag{2.11}$$

Das Gleiche gilt für die Wellengrößen b und die herauslaufende Wirkleistung P_{wb}:

$$P_{wb} = \frac{1}{2}\, b\, b^* = \frac{U_r U_r^*}{2\, Z_L} \quad . \tag{2.12}$$

Die Wellengrößen a und b haben die Dimension $\sqrt{\text{Watt}}$.

Als ebenso praxisgerecht hat es sich erwiesen, nicht mehr mit Klemmenpaaren, sondern mit Toren zu hantieren. Mit dieser Umstellung wird eine Komponente mit einem Eingangstor und einem Ausgangstor nicht mehr als Vierpol, sondern als Zweitor bezeichnet (Abb. 2.5). Während die Darstellung eines Zweitores in der Abb. 2.5 für die Darstellung der

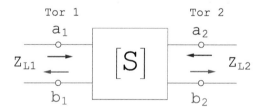

Bild 2.5: S-Parameterdarstellung eines Zweitores mit Wellengrößen in zweipoliger Darstellung

inneren elektrischen Schaltungen der Komponenten verwendet wird, setzt man die sogenannte einpolige Darstellung (Abb. 2.6) für Darstellungen in der Systemebene bevorzugt ein. Beide Formen sind in der S-Parameterbeschreibung gleichwertig.

Setzt man die Gleichungen (2.8) und (2.9) in den Gleichungen unter (2.10) ein, so erhält man die Verknüpfungen zwischen den an den Toren anliegenden Strömen und Spannungen und den ein- und ausfallenden Wellen:

$$a_i = \frac{U_i + Z_{Li} \cdot I_i}{2\,\sqrt{\operatorname{Re}\{Z_{Li}\}}} \quad , \quad b_i = \frac{U_i - Z_{Li} \cdot I_i}{2\,\sqrt{\operatorname{Re}\{Z_{Li}\}}} \quad , \tag{2.13}$$

$$U_i = \frac{Z_{Li} \cdot a_i + Z_{Li} \cdot b_i}{\sqrt{\operatorname{Re}\{Z_{Li}\}}} \quad , \quad I_i = \frac{a_i - b_i}{\sqrt{\operatorname{Re}\{Z_{Li}\}}} \quad . \tag{2.14}$$

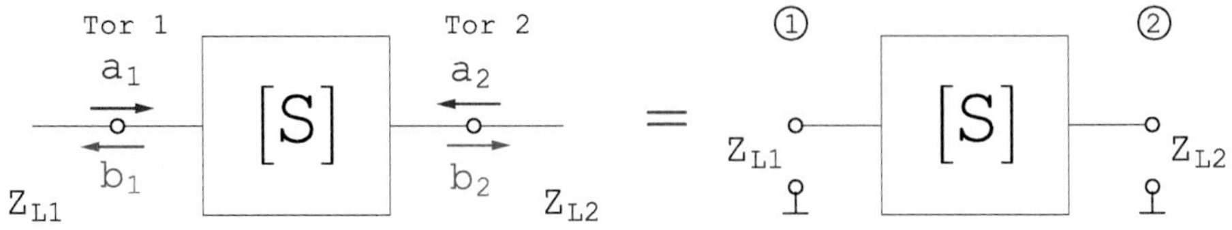

Bild 2.6: S-Parameterdarstellung eines Zweitores in einpoliger Darstellung

2.2.2   Bedeutung der Streuparameter

Die Streumatrix verknüpft die hineinlaufenden Wellen a_i mit den herauslaufenden Wellen b_i. Die Verknüpfung erfolgt in der Form von linearen Gleichungen

$$b_1 = S_{11}\, a_1 + S_{12}\, a_2 \tag{2.15}$$
$$b_2 = S_{21}\, a_1 + S_{22}\, a_2$$

oder Matrizengleichungen:

$$\begin{pmatrix} b_1 \\ b_2 \end{pmatrix} = \begin{pmatrix} S_{11} & S_{12} \\ S_{21} & S_{22} \end{pmatrix} \begin{pmatrix} a_1 \\ a_2 \end{pmatrix} \quad . \tag{2.16}$$

In abgekürzter Schreibweise gilt

$$\vec{b} = [S]\, \vec{a} \quad . \tag{2.17}$$

Die Bedeutung der Streuparameter S_{ij} (auch Streumatrixkoeffizienten) lässt sich wie folgt am Beispiel eines Zweitores veranschaulichen:

$$S_{21} = \frac{b_2}{a_1}\Big|_{a_2=0} \quad \text{Vorwärtstransmissionsfaktor bei angepasstem Ausgang}$$

$$S_{11} = \frac{b_1}{a_1}\Big|_{a_2=0} \quad \text{Eingangsreflexionsfaktor bei angepasstem Ausgang}$$

$$S_{22} = \frac{b_2}{a_2}\Big|_{a_1=0} \quad \text{Ausgangsreflexionsfaktor bei angepasstem Eingang}$$

$$S_{12} = \frac{b_1}{a_2}\Big|_{a_1=0} \quad \text{Rückwärtstransmissionsfaktor bei angepasstem Eingang}$$

Die Streuparameter (engl.: scattering parameters) werden oft auch als S-Parameter bezeichnet. In der Praxis werden vorwiegend die logarithmierten Streukoeffizienten eingesetzt. Diese werden wie folgt berechnet:

$$S_{ij}^{dB} = 10\, \lg |S_{ij}|^2\, dB = 20\, \lg |S_{ij}|\, dB \quad , \tag{2.18}$$

wobei lg den dekadische Logarithmus auf der Basis 10 ($\lg = \log_{10}$) entspricht. Durch die dimensionslose Einheit "dB" (Dezibel) ist zu erkennen, dass es sich bei dem Zahlenwert um eine logarithmische Angabe handelt.

Die Leistungen an einem Zweitor sind über das Betragsquadrat der Streuparameter verknüpft. So berechnet sich die Ausgangsleistung P_{wb_2} für ein mit Z_L abgeschlossenes Zweitor über

$$P_{wb_2} = |S_{21}|^2 P_{wa_1} \qquad (2.19)$$

aus der Eingangsleistung P_{wa_1}. Leistungen werden i.d.R. auf 1 mW bezogen und werden als logarithmierter Wert wie folgt berechnet:

$$P_w^{dBm} = 10 \lg \frac{P_w}{1\,mW}\, dBm \qquad . \qquad (2.20)$$

Somit kann man bei den gewählten logarithmischen Umrechnungsformeln in einfacher Weise die reflektierten und transmittierten Leistungen eines Zweitores berechnen. Z.B. gilt für die transmittierte Leistung

$$P_{wb_2}^{dBm} = S_{21}^{dB} + P_{wa_1}^{dBm} \qquad . \qquad (2.21)$$

Bei den Reflexionsfaktoren spricht man oft von Reflexionsdämpfungen (engl.: return loss, RL):

$$RL = 10 \lg \frac{1}{|S_{ii}|^2}\, dB = 20 \lg \frac{1}{|S_{ii}|}\, dB = -S_{ii}^{dB} \qquad . \qquad (2.22)$$

Bei den logarithmierten Übertragungsfaktoren spricht man auch von Einfügedämpfungen (engl.: insertion loss, IL):

$$IL = 20 \lg \frac{1}{|S_{ij}|}\, dB = -S_{ij}^{dB} \qquad , \quad i \neq j \qquad . \qquad (2.23)$$

Für die Einfügedämpfung gilt,

Dämpfung	$|S_{21}|$	Transmittierte Leistung	Beispiel
0 dB	1	100 %	verlustlose Leitung
3 dB	0.708	50 %	verlustloser Signalteiler 1 in 2
6 dB	0.501	25 %	verlustloser Signalteiler 1 in 4
10 dB	0.316	10 %	Dämpfungsglied
20 dB	0.1	1 %	Auskoppelwert zur Kontrolle

Bei der Reflexionsdämpfung möchte man in der Regel bei HF-Produkten Werte von mindestens 15 dB erzielen, damit nur eine vernachlässigbar kleine Leistung reflektiert (zurückgestrahlt) wird.

Die Reflexionsfaktoren (oftmals auch Reflexionskoeffizienten genannt) kann man direkt aus dem Eingangswiderstand Z_{Ei} des zugehörigen Tores und dem Wellenwiderstand der Leitung Z_{Li}, die am Tor kontaktiert ist, berechnen:

$$S_{ii} = \frac{Z_{Ei} - Z_{Li}}{Z_{Ei} + Z_{Li}} \qquad . \qquad (2.24)$$

Die Herleitung erfolgt im Kapitel 4. Durch eine Umformung gelangt man zur Berechnung des Eingangswiderstandes:

$$Z_{Ei} = Z_{Li} \frac{1 + S_{ii}}{1 - S_{ii}} \qquad . \qquad (2.25)$$

Die Transmissionskoeffizienten (auch Übertragungsfaktoren) können aus den Wellenwiderständen der Leitungen am Ein- und Ausgang sowie der Spannung U_{0i} eines Generators am Eingang und der Spannung U_j am Ausgang (s. Abb. 2.7) berechnet werden.

Allgemein gilt für die Übertragungsfaktoren:

$$S_{ji} \;=\; \frac{2\,U_j}{U_{0i}}\,\sqrt{\frac{Z_{Li}}{Z_{Lj}}} \qquad . \tag{2.26}$$

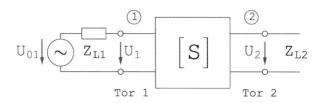

Bild 2.7: Darstellung eines Zweitores für die Berechnung der Vorwärtstransmissionsparameter

Der Vorwärtskoeffizient eines Zweitores nach Bild 2.7 ergibt sich aus:

$$S_{21} \;=\; \frac{2\,U_2}{U_{01}}\,\sqrt{\frac{Z_{L1}}{Z_{L2}}} \qquad . \tag{2.27}$$

Im Bild 2.7 sind zwei umkreiste Ziffern zu erkennen. Hierbei handelt es sich um die Kurzbezeichnungen für die Tore 1 und 2 des Zweitores. Diese Kurzbezeichnung wird überwiegend eingesetzt.

Die für ein Zweitor dargestellten Eigenschaften lassen sich auf ein lineares n-Tor erweitern. Die Streumatrix bleibt quadratisch und hat folglich n^2 Parameter:

$$\begin{pmatrix} b_1 \\ b_2 \\ b_3 \\ \vdots \\ b_n \end{pmatrix} = \begin{pmatrix} S_{11} & S_{12} & S_{13} & \cdots & S_{1n} \\ S_{21} & S_{22} & S_{23} & & \\ S_{31} & S_{32} & S_{33} & & \\ \vdots & & & \ddots & \\ S_{n1} & & & & S_{nn} \end{pmatrix} \begin{pmatrix} a_1 \\ a_2 \\ a_3 \\ \vdots \\ a_n \end{pmatrix} \qquad . \tag{2.28}$$

Dem Bild 2.1 des Mehrtor-Netzwerkanalysators ist bereits zu entnehmen, dass das Arbeiten mit Mehrtor-Schaltungen zur Praxis der HF-Technik gehört.

2.2.3   Die Netzwerkparameter der Elektronik

In der historischen Hochfrequenztechnik und in der Elektronik arbeitet(e) man nicht mit Streuparametern, sondern mit Z-, Y-, G- und H-Parametern.

Diese Netzwerkparameter sind in der Tabelle 2.1 und dem zugehörigen Bild 2.8 für das symmetrische Zählpfeilsystem und in der Tabelle 2.2 und dem zugehörigen Bild 2.9 für das unsymmetrische Zählpfeilsystem dargestellt.

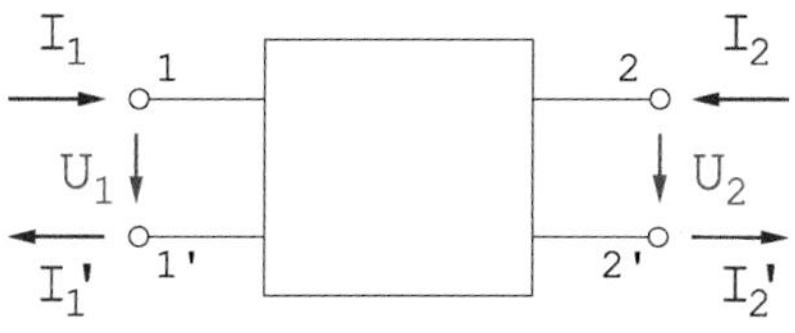

Bild 2.8: Darstellung eines Vierpoles mit symmetrischen Zählpfeilsystem

Tabelle 2.1: Definition von Zweitormatrizen, die bevorzugt in der Elektronik eingesetzt werden

	Matrizen	Zweitorgleichungen
Widerstandsmatrix	$[\mathbf{Z}] = \begin{pmatrix} Z_{11} & Z_{12} \\ Z_{21} & Z_{22} \end{pmatrix}$	$\begin{aligned} U_1 &= Z_{11} I_1 + Z_{12} I_2 \\ U_2 &= Z_{21} I_1 + Z_{22} I_2 \end{aligned}$
Leitwertmatrix	$[\mathbf{Y}] = \begin{pmatrix} Y_{11} & Y_{12} \\ Y_{21} & Y_{22} \end{pmatrix}$	$\begin{aligned} I_1 &= Y_{11} U_1 + Y_{12} U_2 \\ I_2 &= Y_{21} U_1 + Y_{22} U_2 \end{aligned}$
Reihen-Parallel-Matrix	$[\mathbf{H}] = \begin{pmatrix} H_{11} & H_{12} \\ H_{21} & H_{22} \end{pmatrix}$	$\begin{aligned} U_1 &= H_{11} I_1 + H_{12} U_2 \\ I_2 &= H_{21} I_1 + H_{22} U_2 \end{aligned}$
Parallel-Reihen-Matrix	$[\mathbf{G}] = \begin{pmatrix} G_{11} & G_{12} \\ G_{21} & G_{22} \end{pmatrix}$	$\begin{aligned} I_1 &= G_{11} U_1 + G_{12} I_2 \\ U_2 &= G_{21} U_1 + G_{22} I_2 \end{aligned}$

In den Bildern 2.8 und 2.9 sind an den vier Klemmen der Vierpole Zahlen dargestellt. Diese Nomenklatur findet man in der Elektronik bei der Beschreibung von Vierpolen als Klemmenelemente. Ein Klemmenpaar bildet ein Tor. Für die Ströme an den Toren muss immer gelten: $I_i = I_i'$ $(i = 1, 2)$.

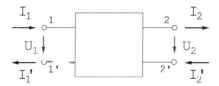

Bild 2.9: Darstellung eines Vierpoles mit unsymmetrischen Zählpfeilsystem

Tabelle 2.2: Definition von Kettenmatrizen, die bevorzugt in der Elektronik eingesetzt werden

	Matrizen	Zweitorgleichungen
Kettenmatrix	$[\mathbf{A}] = \begin{pmatrix} A_{11} & A_{12} \\ A_{21} & A_{22} \end{pmatrix}$	$\begin{aligned} U_1 &= A_{11}\,U_2 + A_{12}\,I_2 \\ I_1 &= A_{21}\,U_2 + A_{22}\,I_2 \end{aligned}$
Inverse Kettenmatrix	$[\mathbf{B}] = \begin{pmatrix} B_{11} & B_{12} \\ B_{21} & B_{22} \end{pmatrix}$	$\begin{aligned} U_2 &= B_{11}\,U_1 + B_{12}\,I_1 \\ I_2 &= B_{21}\,U_1 + B_{22}\,I_1 \end{aligned}$

Die drei Bilder 2.10, 2.11 und 2.12 illustrieren die Nützlichkeit dieser Parameter für speziell verschaltete Zweitore.

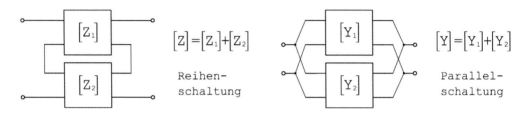

Bild 2.10: Zusammenschaltung zweier Vierpole über Z- und Y-Parameter

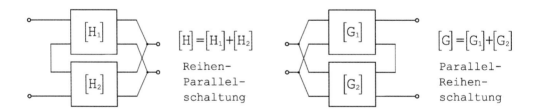

Bild 2.11: Zusammenschaltung zweier Vierpole über H- und G-Parameter

Derartige Verschaltungen treten im Elektronikfall häufiger auf. Bei Hochfrequenzschaltungen werden in der Praxis lediglich Serien- bzw. Kettenschaltungen mit Netzwerkparameterrechnungen analytisch gelöst. Bei komplexeren Problemen zieht man Schaltungssimulatoren heran.

Für die Anwendung dieser Netzwerkparameter sind wiederum die Hilfsblätter A.2, A.3, A.4, A.5 und A.6 des Anhanges sehr nützlich.

In der Hochfrequenztechnik werden insbesondere die Z- und die Y-Parameter genutzt, um auf einfache Art und Weise zu den Streuparametern zu gelangen.

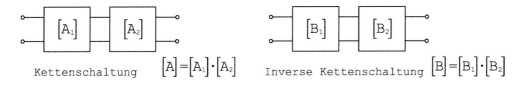

Bild 2.12: Zusammenschaltung zweier Vierpole über A- und B-Parameter

Im ersten Schritt wird die Z- oder Y-Matrix aufgestellt. Hat man an den Toren wie im folgenden Beispiel einer T-Schaltung (Bild 2.13) Serienelemente, dann ist die Z-Matrix günstiger.

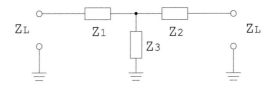

Bild 2.13: Berechnung der Z-Parameter einer T-Schaltung

Zur Berechnung von Z_{11} dieser T-Schaltung muss der Strom I_2 null sein. Folglich hat man einen Leerlauf am Tor 2. Somit errechnet sich Z_{11} aus der einfachen Addition von Z_1 und Z_3. Zur Ermittlung von Z_{22} muss I_1 nunmehr null sein. Z_{22} berechnet sich aus dem Verhältnis U_2/I_2 und somit aus dem Eingangwiderstand $Z_2 + Z_3$. Für das Element Z_{12} muss man das Verhältnis U_1/I_2 für den Fall berechnen, dass $I_1 = 0$ gilt. In diesem Fall wie auch für Z_{21} ergibt sich die einfache Lösung Z_3.

Diese Ergebnisse sind im Hilfsblatt A.2 abgedruckt. Mittels dem Hilfsblatt A.6 kann daraus die S-Parametermatrix für die T-Schaltung berechnet werden, die wiederum im Hilfsblatt A.2 abgedruckt ist.

2.3 Schaltungsentwurf von Zweitoren über Streuparameter

In der Hochfrequenztechnik arbeitet man ähnlich wie in der Optik mit Schaltungen, die (seriell) hintereinander geschaltet sind. Unter Einsatz der dazu notwendigen Zweitore entstehen Sendezweige (engl.: transmitter), Empfangszweige (engl.: receiver) und diverse weitere Systeme.

Viele Schaltungen, die in diese Systeme eingesetzt werden, lassen sich aus den Tabellen der Hilfsblätter A.2 und A.3, die sich im Anhang befinden, berechnen. Sehr vorteilhaft ist, dass für sämtliche dargestellte Schaltungen die Streuparameter angegeben werden können. Man beachte, dass sämtliche Admittanzen und Impedanzen der Spalten für die Streuparameter auf Z_0 bzw. Z_L normiert sind. Bei diesem Verfahren werden nur Zweitorschaltungen berücksichtigt, bei denen beide Tore auf die gleiche Impedanz bezogen sind.

Nun soll anhand eines sogenannten Dämpfungsgliedes (engl.: attenuator) die Nützlichkeit dieser Hilfsblätter gezeigt werden. Ein Dämpfungsglied wird in der Hochfrequenztechnik eingesetzt, wenn

1. die Leistung eines Signals verringert werden soll.

2. die Anpassung um den doppelten Dämpfungswert verbessert werden soll.

Der zweite Punkt wird mit der Einführung der Signalflussdiagramme in Kapitel 10 näher erläutert.

Ein Dämpfungsglied sollte ideal angepasst sein ($S_{ii} = 0$). Desweiteren soll ein Dämpfungsglied eine bestimmte möglichst frequenzunabhängige Transmissionsdämpfung aufweisen. Wir wählen 3 dB.

Realisiert man ein Dämpfungsglied aus Widerständen[3], so ist die Verwendung einer PI- oder T-Schaltung mit jeweils drei Widerständen vorteilhaft. Bild 2.14 illustriert das Dämpfungsglied mit den Bauteilebezeichnungen nach Hilfblatt A.2.

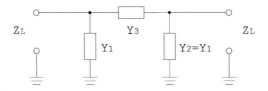

Bild 2.14: Darstellung eines Dämpfungsgliedes basierend auf einer PI-Schaltung mit Widerständen

—————— *Rechnung PI-Dämpfungsglied* ——————

Geg.: $S_{ii} = 0;\ IL = 3\,dB;\ i,j = 1,2;\ PI\text{-Struktur: } Y_2 = Y_1;\ Z_L = Z_0 = 50\,\Omega$

Ges.: $Z_1 = \frac{1}{Y_1};\ Z_3 = \frac{1}{Y_3}$

1. *Der Zähler von S_{ii} der PI-Schaltung nach Hilfsblatt A.2 muss null sein: z_3 lässt sich als Funktion von z_1 angeben.*

$$2 \cdot y_1 - z_3 \cdot (1 - y_1^2) = 0 \qquad \Rightarrow \qquad z_3 = \frac{2 \cdot z_1}{z_1^2 - 1} \tag{2.29}$$

2. *Die Transmissionsdämpfung ergibt gemäß Glg. (2.23):*

$$S_{ij} = \alpha = 1/10^{\frac{3}{20}} \ = \ 0.7079 \qquad . \tag{2.30}$$

3. *Der Transmissionswert muss S_{ij} der PI-Schaltung nach Hilfsblatt A.2 entsprechen: z_1 lässt sich als Funktion der Dämpfung α angeben.*

$$\alpha = \frac{2}{2 + 2 \cdot y_1 + z_3 \cdot (1 + 2 \cdot y_1 + y_1^2)} \tag{2.31}$$

---

[3]In der Praxis verwendet man sogenannte SMD-Bauteile (SMD: surface mounted device) der Bauform 0402 (ca. 0.5mm*1.0mm*0.5mm) bis etwa 4GHz.

Setzt man Gleichung (2.29) ein, so gilt:

$$\frac{1}{\alpha} = 1 + y_1 + y_1 \cdot \frac{1 + y_1}{1 - y_1} \quad \Rightarrow \quad z_1 = \frac{1/\alpha + 1}{1/\alpha - 1} = 5.85 \qquad (2.32)$$

Aus der Gleichung (2.29) ergibt sich somit der Wert für den Serienwiderstand zu $z_3 = 0.352$. Eine Entnormierung auf $Z_0 = 50\,\Omega$ liefert: $Z_1 = 292\,\Omega$ und $Z_3 = 17.6\,\Omega$.

———— *Rechnung PI-Dämpfungsglied* ————

2.4 Streumatrizen von Netzwerken mit speziellen Eigenschaften

Zur Beurteilung von Messungen und Charakteristiken von Bauteilen, Komponenten, Testfassungen und vielem mehr ist es nützlich, wenn man über die Kenntnis der generellen Eigenschaften der Streuparameter verfügt. Diese Kenntnis hilft des Weiteren, wenn man Schaltungen entwickeln möchte und dazu die Anzahl der unbekannten Parameter bestimmen muss.

Anpassung

Diejenige Größe, die im Hochfrequenzbereich am Häufigsten optimiert wird, ist die Anpassung. Damit ist entweder gemeint, dass der Eingangsreflexionsfaktor einer Komponente null sein soll ($S_{ii} = 0$) oder dem konjugiert komplexen Wert der vorgeschalteten Komponente entsprechen soll (z.B.: $Sb_{11} = Sa_{22}^\star$, Bild 2.15). Beim ersten Fall ($S_{ii} = 0$) spricht man auch von Wellenanpassung oder Systemanpassung. Beim zweiten Fall handelt es sich um eine Leistungsanpassung.

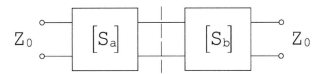

Bild 2.15: Zwei angepasste Zweitore in Serienschaltung: $Sa_{11} = 0$, $Sb_{22} = 0$ und $Sb_{11} = Sa_{22}^\star$

Bei der Schaltung im Bild 2.15 sind die äußeren Tore auf die Systemimpedanz und die beiden inneren Tore auf die konjugiert komplexe Impedanz des gegenüber liegenden Tores angepasst.

2.4.1 Eigenschaften der Streuparameter von passiven Komponenten

Reziprozität

Sofern passive Bauteile keine Materialien mit richtungsabhängigen (anisotropen) Eigenschaften enthalten, haben die Bauteile ein `reziprokes` Verhalten. Das heißt, dass die Vorwärtstransmission der Rückwärtstransmission entspricht. Für ein reziprokes Dreitor gilt:

$$S_{21} = S_{12} , \qquad S_{31} = S_{13} , \qquad S_{32} = S_{23} . \tag{2.33}$$

Ein Beispiel für ein anisotropes Material ist ein Ferrit mit Vormagnetisierung.
Die Mehrzahl der passiven Bauteile ist reziprok!

Beispiele für reziproke Bauteile: SMD-Spulen, Kondensatoren, Widerstände, Kabel, Stekker, Leitungsbauteile, Antennen, Messspitzen usw..

Die bekannteste nichtreziproke aktive HF-Komponente ist der Verstärker.

Symmetrie

Von Symmetrie spricht man, wenn die Eingangsreflexionsfaktoren einer Schaltung identisch zu den Ausgangsreflexionsfaktoren sind:

$$S_{11} = S_{22} . \tag{2.34}$$

Untersucht man die Zweitor-Streumatrix eines einzelnen reziproken (konzentrierten) Bauteiles, das zwischen den beiden Toren entweder in Serie oder gegen Masse geschaltet ist, so handelt es sich i.d.R. um ein symmetrisches Zweitor. Abbildung 2.16 zeigt symmetrische Zweitore dieser einfachsten Kategorie.

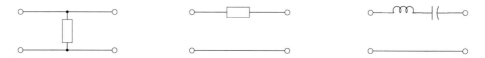

Bild 2.16: Darstellung dreier symmetrischer Zweitore, die jeweils ein bzw. zwei passives Bauteile enthalten

Weiterhin ist im rechten Bild der Abbildung 2.16 ein Serienschwingkreis dargestellt. Dieser ist auch symmetrisch, da es sich um konzentrierte Bauelemente ohne räumliche Ausdehnung handelt und beispielsweise die Spule durch zwei Spulen mit dem halben Wert ersetzt werden kann, die sich rechts und links vom Kondensator befinden.

Fernerhin sind sämtliche Zwei- und Mehrtore, die eine Symmetrielinie aufweisen und reziprok sind, symmetrische Netzwerke (Beispiel: Bild 2.17).

Auch in diesem Fall gilt, dass die Vorwärtstransmission der Rückwärtstransmission entspricht. Folglich sind symmetrische Netzwerke immer reziprok.

Symmetrische Netzwerke können somit immer durch nur zwei Streuparameter (z.B. S_{11} und S_{21}) beschrieben werden!

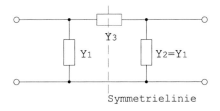

Bild 2.17: Darstellung eines symmetrischen Zweitores, das drei passive SMD-Bauteile enthält

<u>Verluste</u>

Neben den vorgestellten Eigenschaften der Anpassung, Reziprozität und Symmetrie ist eine generalisierte Verlustaussage von größter praktischer Bedeutung.

Für ein passives Bauteil gilt:

$$|S_{ij}| \leq 1 \quad \text{bzw.} \quad \leq 0\,\text{dB} \quad . \tag{2.35}$$

Bedient man sich Vorgehensweisen von linearen Verstärkern (Kapitel 8), so hat man mit dem maximalen verfügbaren Leistungsgewinn (engl.: MAG, maximum available gain) eine Kenngröße zur Verfügung, die bei passiven Bauteilen und Schaltungen die Verluste bei beidseitiger Anpassung angibt.

D.h., der MAG gibt den maximalen S_{21}-Wert an, der mit dieser passiven Komponente im Idealfall erzielt werden kann. Dieser maximale Transmissionswert lässt sich nur durch eine sogenannte Renormalisierung erzielen, die im nächsten Abschnitt detailliert vorgestellt wird und im Bild 2.18 dargestellt ist.

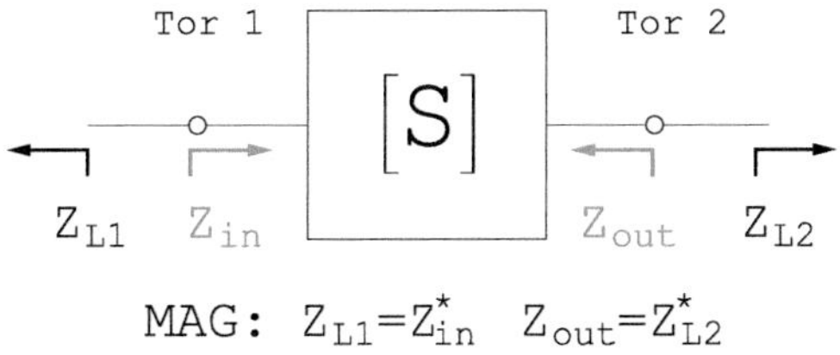

$$\text{Tor 1} \qquad \boxed{[S]} \qquad \text{Tor 2}$$

$$Z_{L1} \quad Z_{in} \qquad\qquad Z_{out} \quad Z_{L2}$$

$$\text{MAG:} \quad Z_{L1} = Z_{in}^{*} \quad Z_{out} = Z_{L2}^{*}$$

Bild 2.18: Darstellung der mathematisch erzeugten Anpassung

Mathematisch lässt sich der MAG wie folgt berechnen:

$$\text{MAG} \;=\; \left| \frac{S_{21}}{S_{12}} \left(k - \sqrt{k^2 - 1} \right) \right| \tag{2.36}$$

$$\text{mit} \quad k \;=\; \frac{1 + |\det S|^2 - |S_{11}|^2 - |S_{22}|^2}{2\,|S_{12}\,S_{21}|} \tag{2.37}$$

$$\text{und} \quad \det S \;=\; S_{11} \cdot S_{22} - S_{12} \cdot S_{21} \quad . \tag{2.38}$$

Jeder HF-Schaltungssimulator kann den MAG-Wert (Ansoft-Serenade: GMAX) eines Zweitores unmittelbar basierend auf den Gleichungen (2.36) und (2.37) angeben.

Als Beispiel sind die MAG-Werte zweier 3.3 nH Spulen angegeben. In Bild 2.19 ist einerseits eine teure Spule der Firma Toko, die mittels eines Drahtes realisiert wird, dargestellt und andererseits eine günstige Spule von TDK, die in Dünnschichttechnik hergestellt wird.

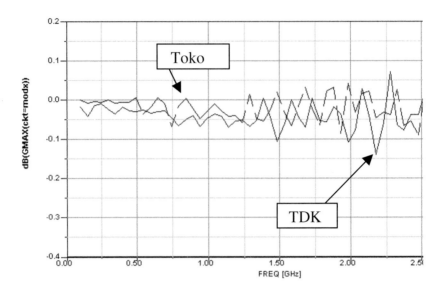

Bild 2.19: MAG-Werte zweier 0402-SMD-Spulen aus Messwerten berechnet

Dieses Beispiel müsste idealerweise zwei Verlustkurven liefern, die monoton mit der Frequenz abfallen. Die vorhandene Welligkeit, die sogar in den Bereich $S_{21} > 0$ dB reicht, stammt von Messfehlern. Dennoch erkennt man, dass die Toko-Spulen merklich weniger Verluste aufweisen.

2.4.2 Eigenschaften der Streuparameter von passiven verlustlosen Komponenten

Viele passive HF-Komponenten haben sehr wenig Transmissionsverluste. Zur besseren Beurteilung dieser Komponenten ist es sehr hilfreich, die Eigenschaften von verlustlosen passiven Baugruppen zu kennen.

Es lässt sich zeigen, dass allgemein für ein passives verlustfreies Mehrtor die sog. *Unitaritätsbedingung*

$$[\mathbf{S}]^T [\mathbf{S}]^* = [\mathbf{I}] \tag{2.39}$$

gilt. D. h., die Multiplikation der transponierten Streumatix mit der konjugiert komplexen Streumatrix ergibt die Einheitsmatrix ([$\mathbf{I}$]). Von dieser allgemeinen Unitaritätsbedingung lassen sich für die Praxis wichtige Aussagen für Zwei- und Dreitore ableiten.

Verlustlose Zweitore

Für ein verlustloses, reziprokes und/oder symmetrisches Zweitor gilt

$$|S_{21}|^2 = 1 - |S_{11}|^2 \quad . \tag{2.40}$$

Die Ergebnisse dieser einfachen Rechnung sind auf dem Hilfsblatt der Seite 366 abgedruckt. Diese Tabelle ist bei der Beurteilung elektrischer Schaltungen sehr hilfreich.

Der Praktiker zerlegt eine schwach verlustbehaftete Schaltung gerne in zwei Teile:
einer verlustfreien Schaltung   und   einem angepassten Dämpfungsglied.

Dieses wird im Bild 2.20 grafisch visualisiert.

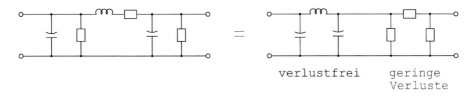

verlustfrei   geringe Verluste

Bild 2.20: Darstellung der Zerlegung einer Komponente (hier Tiefpassfilter) in einer verlustfreien Schaltung und einem angepassten Dämpfungsglied

Die folgende Näherungsrechnung soll dieses Vorgehen, das in der Praxis sehr häufig benötigt wird, verdeutlichen.

———— Übung: Verlust-Vorhersage ————

Geg.: *Ein Filter hatte beim ersten Produktionsdurchlauf IL=1.5 dB Transmissionsdämpfung und eine Reflexionsdämpfung von RL=10 dB. Man geht davon aus, dass das Filter im zweiten Durchlauf eine verbesserte Reflexionsdämpfung (Anpassung) von 15 dB aufweist.*

Ges.: *Welche Transmissionsdämpfung wird das Filter nach dem zweiten Durchlauf haben?*

1. *Dämpfung aufgrund der Anpassung nach dem 1. Durchlauf aus der Tabelle: 0.46 dB*

2. *Dämpfung bei einer Anpassung von 15 dB aus der Tabelle: 0.14 dB*

3. *Berechnung der Verluste für den 2. Durchlauf:*
$$IL = 1.50\,dB - 0.46\,dB + 0.14\,dB = 1.18\,dB$$

4. *Erläuterung:*

Genähert setzt sich die gesamte Dämpfung IL aus der ohmschen Dämpfung IL_{ohm} und der Dämpfung aufgrund der mangelnden Anpassung $IL_{reflekt}$ zusammen. Der Anteil IL_{ohm} wird mit 1.50 dB-0.46 dB abgeschätzt. Der Einfluss der mangelnden Anpassung wird um 0.46 dB-0.14 dB verringert.

Lauf	RL	IL	$IL_{reflekt}$	IL_{Ohm}
1	10 dB	1.5 dB	0.46 dB	1.04 dB
2	15 dB	1.18 dB	0.14 dB	1.04 dB

———— Übung: Verlust-Vorhersage ————

Diese Rechnung ist nur eine Näherung aufgrund der Verwendung von Werten eines verlustlosen Zweitores. Jedoch ist diese Rechnung in der Praxis für verlustarme Komponenten ausreichend präzise!

Verlustlose Dreitore

Vereinfacht dargestellt liefert die Unitaritätsbedingung das Resultat, dass die Betragsquadratswerte einer Zeile oder einer Spalte einer S-Matrix den Wert 1 haben müssen. Beispielsweise gilt für ein Dreitor:

$$1 \; = \; |S_{11}|^2 + |S_{21}|^2 + |S_{31}|^2 \qquad . \tag{2.41}$$

Bei Dreitoren lässt sich zeigen, dass man die drei Eigenschaften

- Verlustfreiheit ($[\mathbf{S}]^T [\mathbf{S}]^* = [\mathbf{I}]$),
- Reziprozität ($S_{ij} = S_{ji}$), $\quad i \neq j$
- Anpassung ($S_{ii} = 0$)

nicht zugleich realisieren kann! Eine dieser Systemeigenschaften kann bei einem Dreitor nicht erfüllt werden. Diese Aussage kann mittels der Unitaritätsbeziehung bewiesen werden ([127]).

2.4.3   Gängige Umrechnungen von Streuparametern

Renormalisierung

Eine Streuparametermatrix ist i.d.R. auf eine Referenzimpedanz (auch Torimpedanz) bezogen. Meistens sind die Parameter auf $50\,\Omega$ bezogen. Jedoch benötigt man aus verschiedensten Gründen Umrechnungen von einer Bezugsimpedanz auf eine andere (ggf. komplexe) Impedanz. Herleitungen und Lösungen für derartige Rechnungen wurden beispielsweise unter [68, 127] veröffentlicht. Im Folgenden soll eine mögliche Renormalisierung ohne Herleitung für die Anwendung vorgestellt werden.

Gegeben sei die Streumatrix $[\mathbf{S_a}]$ deren n Torimpedanzen bekannt sind und ggf. unterschiedlich und/oder komplex sein können. Die Werte (Z_{Lai}) der einzelnen Torimpedanzen sind in der Hauptdiagonalen der ansonsten mit Null besetzten Matrix

$$[\mathbf{Z_{La}}] \; = \; \begin{pmatrix} Z_{La1} & 0 & 0 & \cdots & 0 \\ 0 & Z_{La2} & 0 & & \\ 0 & 0 & Z_{La3} & & \\ \vdots & & & \ddots & \\ 0 & & & & Z_{Lan} \end{pmatrix} \tag{2.42}$$

angegeben. Die auf Z_{Lai} normierte Z-Matrix $[\mathbf{z_a}]$ lässt sich über die Angaben des Hilfsblattes A.5 aus der Streumatrix $[\mathbf{S_a}]$ berechnen.

Aus diesen normierten Z-Parametern lassen sich die absoluten Z-Parameter über

$$[\mathbf{Z}] \; = \; [\mathbf{Z_{La}}]^{1/2} \, [\mathbf{z_a}] \, [\mathbf{Z_{La}}]^{1/2} \tag{2.43}$$

berechnen.

Nunmehr möchte man bei der Renormalisierung, dass die Streuparameter auf andere Torimpedanzen, die nunmehr in der Matrix

$$[\mathbf{Z_{Lb}}] = \begin{pmatrix} Z_{Lb1} & 0 & 0 & \cdots & 0 \\ 0 & Z_{Lb2} & 0 & & \\ 0 & 0 & Z_{Lb3} & & \\ \vdots & & & \ddots & \\ 0 & & & & Z_{Lbn} \end{pmatrix} \tag{2.44}$$

abgelegt sind, bezogen werden. Dafür muss zunächst die auf die neuen Werte normierte Z-Matrix

$$[\mathbf{z_b}] = [\mathbf{Z_{Lb}}]^{-1/2} [\mathbf{Z}] [\mathbf{Z_{Lb}}]^{-1/2} \tag{2.45}$$

berechnet werden. Schlussendlich kann man mit Hilfe der Einheitsmatrix $[\mathbf{I}]$ aus

$$[\mathbf{S_b}] = [\mathbf{I}] - 2 \left([\mathbf{z_b}] + [\mathbf{I}]\right)^{-1} \tag{2.46}$$

die gesuchte renormalisierte S-Parametermatrix berechnen.

Diese Umrechnungen sind in den gängigen HF-Simulatoren und Netzwerkanalysatoren implementiert und unter Renormalisierung (engl.: renormalisation) durchzuführen.

─────── *Übung: Renormalisierung* ───────

Geg.: *Aus der mittels dem Hilfsblatt A.2 leicht zu bestimmenden Z-Matrix der Schaltung nach Bild 2.21 soll die Streumatrix für den Fall, dass das Tor 1 mit 50 Ω und das Tor 2 mit 100 Ω abgeschlossen ist, mittels Matlab berechnet werden.*

Bild 2.21: Zweitor, das renormalisiert werden soll

Die Lösung ist direkt der zugehörigen Herleitung zu entnehmen:

```
Z=[100 100; 100 100];        Zlb=[50 0; 0 100];

inv_Zlb=Zlb^-0.5             zb=inv_Zlb*Z*inv_Zlb

I=[1 0;0 1];                 Sb=I-2*inv(zb+I)
```

Die zugehörige Matlab-Ausgabe sieht wie folgt aus:

```
inv_Zlb =    0.1414        0
             0             0.1000
```

```
zb  =           2.0000      1.4142
                1.4142      1.0000

Sb  =           0.0000      0.7071
                0.7071     -0.5000
```

Die perfekte Anpassung von Sb_{11} lässt sich unmittelbar kontrollieren.

—————— *Übung: Renormalisierung* ——————

De-embedding

De-embedding ist einer der wenigen Hochfrequenz-Fachbegriffe, für den es keine Übersetzung ins Deutsche gibt. Hiermit ist gemeint, dass das eigentliche Messobjekt (engl.: device under test, DUT) "eingebettet" ist (Abb. 2.22) und aus der Serienschaltung von dem gesuchten Zweitor und mindestens einem weiteren Zweitor berechnet werden muss.

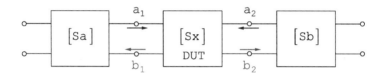

Bild 2.22: Das Messobjekt (DUT) ist zwischen zwei Netzwerken "eingebettet"

Für diese Vorgehensweise sind die Streuparameter der umgebenen Netzwerke bekannt. Oft handelt es sich um Leitungen. Diese umgebenen Netzwerke kann man besonders einfach mathematisch "embedden", wenn man die sog. Transmissions- oder Kettenparameter einsetzt. Diese Mathematik wird im kommenden Abschnitt detailliert erläutert.

2.5 Transmissions-, Ketten- und sonstige Matrizen

2.5.1 Die Transmissionsmatrix Σ

Viele Hochfrequenzschaltungen bestehen aus der Hintereinanderschaltung von Zweitoren. Beispiele sind dafür Sende- und Empfangspfade von Übertragungsstrecken. Die Streuparameter haben den Nachteil, dass man für in Serie geschaltete Zweitore nicht die resultierende Streumatrix in einfacher Weise angeben kann.

Abhilfe schafft die Transmissionsmatrix Σ. Bei der Transmissionsmatrix sind die hin- und rücklaufenden Wellen anders zugeordnet als bei der Streumatrix (vergleiche Glg. (2.15-2.17) mit Glg. (2.47-2.49)). Die Transmissionsmatrix ist definiert als:

$$a_1 = \Sigma_{11}\, b_2 + \Sigma_{12}\, a_2 \qquad (2.47)$$
$$b_1 = \Sigma_{21}\, b_2 + \Sigma_{22}\, a_2$$

oder als Matrizengleichung:

$$\begin{pmatrix} a_1 \\ b_1 \end{pmatrix} = \begin{pmatrix} \Sigma_{11} & \Sigma_{12} \\ \Sigma_{21} & \Sigma_{22} \end{pmatrix} \begin{pmatrix} b_2 \\ a_2 \end{pmatrix} \qquad . \tag{2.48}$$

In abgekürzter Schreibweise gilt

$$\begin{pmatrix} a_1 \\ b_1 \end{pmatrix} = [\boldsymbol{\Sigma}] \begin{pmatrix} b_2 \\ a_2 \end{pmatrix} \qquad . \tag{2.49}$$

Aufgrund dieser Zuordnung entspricht der Ausgangswellenvektor eines Zweitores dem Eingangswellenvektor eines in Serie anschalteten Zweitores. Deshalb ergibt sich die Transmissionsmatrix mehrerer hintereinandergeschalteter Zweitore Σ_{ges} aus dem Produkt der einzelnen Σ-Matrizen. Beispielhaft ergibt sich für die Abb. 2.23

$$[\boldsymbol{\Sigma_{ges}}] = [\boldsymbol{\Sigma_1}] \cdot [\boldsymbol{\Sigma_2}] \cdot [\boldsymbol{\Sigma_3}] \qquad . \tag{2.50}$$

Neben dem einfachen Fall, dass man die gesamte Streumatrix wie in Abb. 2.23 dargestellt

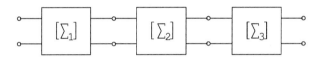

Bild 2.23: Σ-Matrix von hintereinandergeschalteten Zweitoren

berechnen möchte, tritt häufig der Fall ein, dass man die Streuparameter von $n-1$ Einzel-Zweitoren und die Gesamtmatrix kennt und die Streumatrix eines in der Kette befindlichen Zweitores berechnen möchte (z.B. beim "De-embedding").

Für beide Fälle ist es notwendig, dass man die Streumatrix in Transmissionsparameter umrechnen kann und umgekehrt.

Die Umrechnungen lauten:

$$\Sigma_{11} = \frac{1}{S_{21}} \qquad \Sigma_{12} = -\frac{S_{22}}{S_{21}} \qquad \Sigma_{21} = \frac{S_{11}}{S_{21}} \qquad \Sigma_{22} = -\frac{\det(S)}{S_{21}} \tag{2.51}$$

$$\text{mit} \qquad \det(S) = S_{11} \cdot S_{22} - S_{12} \cdot S_{21} \quad ,$$

bzw. in Matrizenschreibweise:

$$[\boldsymbol{\Sigma}] = \frac{1}{S_{21}} \begin{pmatrix} 1 & -S_{22} \\ S_{11} & -\det(S) \end{pmatrix} \tag{2.52}$$

und für den umgekehrten Fall in Matrizenschreibweise

$$[\mathbf{S}] = \frac{1}{\Sigma_{11}} \begin{pmatrix} \Sigma_{21} & \det(\Sigma) \\ 1 & -\Sigma_{12} \end{pmatrix} \quad \text{mit} \quad \det(\Sigma) = \Sigma_{11} \cdot \Sigma_{22} - \Sigma_{12} \cdot \Sigma_{21} \quad . \tag{2.53}$$

Auf die physikalische Bedeutung der Σ-Parameter soll nicht weiter eingegangen werden. Die Transmissionsmatrizen sollen lediglich für die Kalkulation von Serienschaltungen herangezogen werden.

Als typische Anwendung kann der "De-embedding"-Fall nach Bild 2.22 verwendet werden.

Schritt 1: Die bekannten Streuparameter der Matrizen [Sa] und [Sb] sowie der Gesamtschaltung ([Sges]) werden mittels der Gleichung (2.52) in Transmissionsparameter umgewandelt.

Schritt 2.: Die Σ-Parameter des DUT's ([Sx]) werden über der Gleichung (2.54), die sich aus Glg. (2.50) und Multiplikation von links und rechts mit den einbettenden Netzwerke ergibt, berechnet:

$$[\mathbf{\Sigma_x}] \; = \; [\mathbf{\Sigma_a}]^{-1} \cdot [\mathbf{\Sigma_{ges}}] \cdot [\mathbf{\Sigma_b}]^{-1} \quad . \tag{2.54}$$

Schritt 3: Mittels Gleichung (2.53) wird aus [$\mathbf{\Sigma_x}$] die Streumatrix [Sx] des gesuchten Messobjektes (DUT) berechnet.

Anpassung

Ein in der Praxis sehr wichtiger Sonderfall ist der, dass alle Zweitore in Näherung als perfekt angepasst betrachtet werden können. In diesem einfachen Fall können alle Transmissionsparameter multipliziert bzw. summiert werden:

$$Sges_{21} \; = \; Sa_{21} \, Sx_{21} \, Sb_{21} \quad \text{bzw.} \quad Sges_{21}^{dB} \; = \; Sa_{21}^{dB} + Sx_{21}^{dB} + Sb_{21}^{dB} \quad . \tag{2.55}$$

──────── *Übung: Verbesserung der Anpassung* ────────

Geg.: *Der Eingangswiderstand eines Verstärkers mit einer Verstärkung von S_{V21}^{dB}=20 dB beträgt R_{in}=150 Ω. Zur Verbesserung der Eingangsanpassung wird dem Verstärker ein Dämpfungsglied (engl. attenuator) mit $S_{A11} = 0$ vorgeschaltet. Mit dieser Massnahme soll eine Anpassung von S_{ges11}^{dB}=-15 dB für die gesamte Schaltung erzielt werden.*

Ges.:

  (a) *Skizzieren Sie die Kettenschaltung unter Eintragung der Eingangsreflexionsbezeichnungen S_{ges11}, S_{A11} für das Dämpfungsglied und/oder S_{V11} für den Verstärker.*

  (b) *Berechnen Sie S_{V11}^{dB} aus R_{in}.*

  (c) *Welche Dämpfung (S_{A21}^{dB}) muss das Dämpfungsglied aufweisen?*

  (d) *Welche Verstärkung weist der neue eingangsseitig angepasste Verstärker auf? Bitte S_{ges21}^{dB} in Abhängigkeit von S_{V21}^{dB} und S_{A21}^{dB} angeben.*

Rechnung:
Zu (a)

Bild 2.24: Skizze der Kettenschaltung zur Verbesserung der Eingangsanpassung

Zu (b)

$$S_{V11} = \frac{R_{in} - Z_0}{R_{in} + Z_0} \quad bzw. \quad S_{V11} = 0.5 \quad oder \quad S_{V11}^{dB} = -6.0\,\mathrm{dB} \quad, \tag{2.56}$$

Zu (c)

$$S_{ges11}^{dB} = 2\,S_{A21}^{dB} + S_{V11}^{dB} \quad bzw. \tag{2.57}$$

$$S_{A21}^{dB} = \frac{1}{2}\left(S_{ges11}^{dB} - S_{V11}^{dB}\right) \quad bzw. \quad S_{A21}^{dB} = -4.5\mathrm{dB} \quad, \tag{2.58}$$

Zu (d)

$$S_{ges21}^{dB} = S_{A21}^{dB} + S_{V21}^{dB} \quad bzw. \quad S_{ges21}^{dB} = 15.5\,\mathrm{dB} \quad. \tag{2.59}$$

———— *Übung: Verbesserung der Anpassung* ————

Mehrtore

Mehrtore treten immer häufiger in der HF-Technik auf und sind fast Standard in der High-Speed-Digitaltechnik. Bild 2.25 zeigt den in der Praxis wichtigen Fall der Kettenschaltung von drei Viertoren. Für die Umrechnung in Transmissionsparameter und umgekehrt

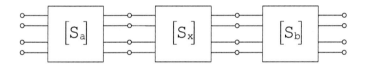

Bild 2.25: Hintereinanderschaltung dreier Viertore

müssen die S- und die Σ–Matrix in vier Untermatrizen zerlegt werden. Für den Viertorfall gilt

$$\begin{pmatrix} S_{11} & S_{12} & S_{13} & S_{14} \\ S_{21} & S_{22} & S_{23} & S_{24} \\ S_{31} & S_{32} & S_{33} & S_{34} \\ S_{41} & S_{42} & S_{43} & S_{44} \end{pmatrix} = \begin{pmatrix} [\mathbf{S_{11}}] & [\mathbf{S_{12}}] \\ [\mathbf{S_{21}}] & [\mathbf{S_{22}}] \end{pmatrix} \tag{2.60}$$

und

$$\begin{pmatrix} \Sigma_{11} & \Sigma_{12} & \Sigma_{13} & \Sigma_{14} \\ \Sigma_{21} & \Sigma_{22} & \Sigma_{23} & \Sigma_{24} \\ \Sigma_{31} & \Sigma_{32} & \Sigma_{33} & \Sigma_{34} \\ \Sigma_{41} & \Sigma_{42} & \Sigma_{43} & \Sigma_{44} \end{pmatrix} = \begin{pmatrix} [\mathbf{\Sigma_{11}}] & [\mathbf{\Sigma_{12}}] \\ [\mathbf{\Sigma_{21}}] & [\mathbf{\Sigma_{22}}] \end{pmatrix} \quad. \tag{2.61}$$

Diese neuen Untermatrizen kann man in den Gleichungen (2.51) bis (2.53) einsetzen, wie es dort mit den reinen Parametern gemacht wurde, und somit die Hin- und Rücktransformation durchführen. Weiterhin lässt sich diese Vorgehensweise auch auf jedes andere geradzahlige Mehrtor anwenden.

2.5.2 Die Kettenmatrix [A] und die ABCD-Matrix

Insbesondere für komplexere Schaltungsentwürfe nach Kapitel 2.3 bietet sich die Kettenmatrix [**A**] bzw. die ABCD-Matrix an. Beide Matrizen verknüpfen die Eingangsströme
und -spannungen mit den Ausgangsströmen und -spannungen. Der Unterschied liegt lediglich darin, dass die ABCD-Matrix mit bezogenen Werten operiert und die A-Matrix
mit unbezogenen Werten arbeitet, s. Abb. 2.26.

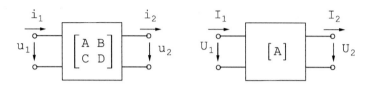

Bild 2.26: Zählpfeile für Ströme und Spannungen bei der Definition der ABCD-Kettenmatrix
(links) und der A-Kettenmatrix (rechts)

Die Matrizen sind wie folgt definiert:

$$\begin{pmatrix} u_1 \\ i_1 \end{pmatrix} = \begin{pmatrix} A & B \\ C & D \end{pmatrix} \begin{pmatrix} u_2 \\ i_2 \end{pmatrix} \quad , \quad \begin{pmatrix} U_1 \\ I_1 \end{pmatrix} = \begin{pmatrix} A_{11} & A_{12} \\ A_{21} & A_{22} \end{pmatrix} \begin{pmatrix} U_2 \\ I_2 \end{pmatrix} \quad , \quad (2.62)$$

mit den auf die reelle Bezugsimpedanz Z_0 bezogenen Größen

$$u = \frac{U}{\sqrt{Z_0}} \quad , \quad i = I \cdot \sqrt{Z_0} \tag{2.63}$$

gilt auch:

$$u = a + b \quad \text{und} \quad i = a - b \quad . \tag{2.64}$$

Nützliche Zweitorangaben von Komponenten der A-Matrix findet man in den Hilfsblättern
A.2, A.3 und A.4. Die Umrechnung in Streuparameter und andere Netzwerkparameter ist
in den Hilfsblättern A.5 und A.6 angegeben.

Die ABCD-Matrix wird insbesondere in der amerikanischen Literatur häufig eingesetzt.
Verwendet man die oben genannten Hilfsblätter, dann arbeitet man bei einer Umrechnung von A-Kettenparametern in Streuparameter auch de facto mit der ABCD-Matrix
aufgrund der dort notwendigen Normalisierung auf Z_0.

Die Kettenmatrix und die ABCD-Matrix können genauso zur Berechnung von hintereinander geschalteten Zweitoren verwendet werden, wie es mit der Transmissionsmatrix
gezeigt wurde. Beispielsweise lassen sich aus den drei in Serie geschalteten Zweitoren mit
den Kettenmatrizen [**A₁**], [**A₂**] und [**A₃**] die Kettenmatrix der gesamten Schaltung [**A_ges**]
über

$$[\mathbf{A_{ges}}] = [\mathbf{A_1}] \cdot [\mathbf{A_2}] \cdot [\mathbf{A_3}] \tag{2.65}$$

berechnen.

In den Hilfsblättern des Anhanges sind nur die A-Parameter angegeben. Jedoch findet
man im Hilfsblatt A.6 die normierten A-Parameter, aus denen sich die ABCD-Parameter
ergeben:

$$A = a_{11} \, , \quad B = a_{12} \, , \quad C = a_{21} \, , \quad D = a_{22} \, . \tag{2.66}$$

Kapitel 3

Passive HF-Komponenten aus konzentrierten Bauteilen

Bei sehr vielen Produkten, die HF-Schaltungen enthalten, sind die passiven Komponenten aus Bauteilen realisiert, die mittels Ersatzschaltungen von konzentrierten Elementen sehr präzise beschrieben werden können. Als Beispiele sind sämtliche Schaltungen mit Halbleiterbauteilen für den Einsatz bis 100 GHz und sog. SMD's (engl.: Surface Mounted Device) für den Einsatz bis ca. 10 GHz zu nennen, Bild 3.1. Als verteilte Elemente kön-

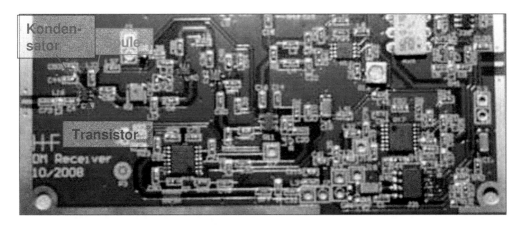

Bild 3.1: Darstellung einer 2.45 GHz-Empfangsschaltung mit einer großen Anzahl an Spulen und Kondensatoren in SMD-Bauweise

nen bei diesen Schaltungen lediglich Verbindungsleitung zwischen einzelnen Komponenten angesehen werden. Die verteilten Elemente werden im nächsten Kapitel eingeführt.

Dieses Kapitel beschreibt zunächst konzentrierte Bauelemente und deren Ersatzschaltbilder. Im Anschluss werden passive Zwei-, Drei- und Viertorschaltungen, die sich aus konzentrierten Bauelementen herstellen lassen, eingeführt. Uber die Streuparameter dieser Komponenten werden deren Funktionalität in Hochfrequenzsystemen beschrieben.

© Springer Fachmedien Wiesbaden GmbH, ein Teil von Springer Nature 2018
H. Heuermann, *Hochfrequenztechnik*, https://doi.org/10.1007/978-3-658-23198-9_3

3.1   Konzentrierte Elemente und Bauteile

3.1.1   Ideale konzentrierte Elemente

Ideale konzentrierte Elemente werden in der Literatur auch als Klemmenelemente bezeichnet. Ein ideales Element besteht aus einer Impedanz (oder Admittanz), die rein reell sein kann, und *keine geometrische Ausdehnung* hat. D.h., dass die in der Abb. 3.2 angegeben Längen gleich null sein müssen. Derartige Bauteile gibt es nicht einmal in guter Näherung

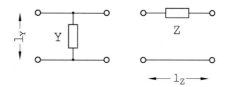

Bild 3.2: Darstellung zweier Klemmenelemente mit Längenangabe

für den Hochfrequenzbereich. Was jedoch in der Praxis verfügbar ist, sind Bauteile, die sich mittels mehrerer idealer konzentrierter Elemente präzise nachbilden lassen.

In Schaltungssimulatoren werden ideale konzentrierte Elemente wie beispielsweise

  der Kondensator bzw. die Kapazität (engl.: capacitor) oder

  die Spule (engl.: coil) bzw. die Induktivität (engl.: inductor)

  der Widerstand (engl.: resistor)

vorzugsweise eingesetzt.

Zur Herleitung von komplexeren Komponenten geht man auch im ersten Schritt davon aus, dass ideale Bauelemente verfügbar wären. Erst nach diesen ersten Entwurf werden die Eigenschaften der realen Bauelemente bzw. -teile berücksichtigt.

3.1.2   Reale konzentrierte Bauteile

Reale konzentrierte Bauteile[1] lassen sich durch das Kernelement und eine Reihe parasitärer Elemente sehr genau nachbilden. Die Ersatzschaltbilder dieser Bauteile sind von der Art des Bauteils und sehr stark von der zur Herstellung
          verwendeten Technologie   und der   Einbaulage   abhängig.

Als sehr eindrucksvolles Beispiel für die Einbaulage sind die Implementierungen zweier 470 pF Chip-Kondensatoren, die über einer Induktivität (bestehend aus der Parallelschaltung von drei einzelnen Bonddrähten) an einer planaren Hochfrequenzleitung angekoppelt sind, zu sehen (Abb. 3.3).

Bei diesen Schaltungen handelt es sich um einen sogenannten *Bypass*. Ein niederfrequentes Signal soll ungestört passieren können, während ein hochfrequentes Signal geblockt wird.

---
[1] Die bessere Bezeichnung lautet: quasi-konzentrierte Bauteile.

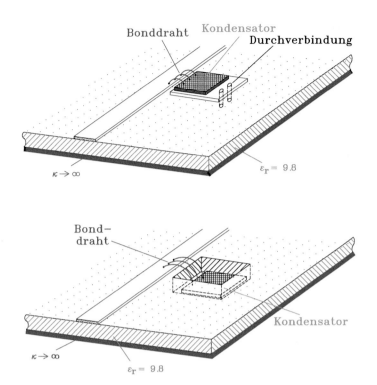

Bild 3.3: Darstellung zweier Chip-Kondensatoren, angeschlossen an einer Mikrostreifenleitung in unterschiedlicher Einbaulage. Oben: off-line; Unten: in-line

Die Ersatzschaltbilder beider Realisierungen mit gleichen Kondensatoren sind in der Figur 3.4 abgebildet. Die Ersatzschaltung der off-line-Realisierung weist mit Lb1 und C eine Serienresonanz und mit Cp und Ld eine Parallelresonanz auf. Hingegen hat die Ersatzschaltung der in-line-Realisierung nur eine Serienresonanz. Die beiden Messergebnisse,

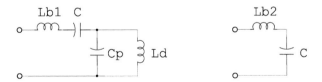

Bild 3.4: Ersatzschaltbilder zu Abb. 3.3: Links off-line; Rechts in-line

die im Bild 3.5 dargestellt sind, zeigen die Serienresonanzen bei rund 0.5 GHz und für die off-line-Realisierung die Parallelresonanz bei 18 GHz. Bei der in-line-Realisierung erkennt man, dass ab 0.5 GHz nur noch die Serieninduktivität ($|j\,\omega\,Lb2|$) Einfluss auf das elektrische Verhalten hat.

Die Tatsache, dass die Einbaulage das elektrische Verhalten eines konzentrierten Bauteiles merklich beeinflusst, hat zur Folge, dass die elektrischen Angaben der Hersteller von konzentrierten Bauteilen i.d.R. einen systematischen "Fehler" für den Einsatz in der

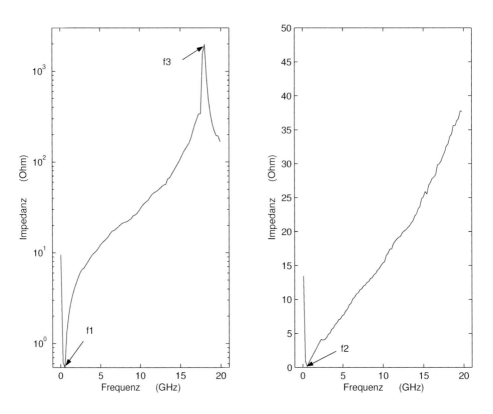

Bild 3.5: Messwerte der Beträge der Impedanzen eines off-line montierten Kondensators (links) und eines in-line montierten Kondensators (rechts)

Schaltung haben. Durch eigenes Modelling entwickelt der Hochfrequenztechniker schnell eine Datenbasis, die ihm hilft, die parasitären Größen abschätzen zu können.

Setzt man einen maximalen Betragswert von $20\,\Omega$ für eine ausreichende Funktionalität eines Bypasses an, so liefert das Bild 3.5 die Aussage, das der off-line-Aufbau bis rund $5\,\text{GHz}$ und der in-line-Aufbau bis rund $11\,\text{GHz}$ einsetzbar ist.

──────── *Übung: Bypass* ────────

Geg.: *Das Kernelement, der Kondensator C, weist den Wert von $338\,pF$ auf. Der Bonddraht 2 ist um das 1.5-fache länger als der Bonddraht 1 und somit gilt die Näherung: $L_{b2} = 1.5\,L_{b1}$. Die Impedanzminima im off-line- und in-line-Aufbau liegen bei $f_1 = 0.3\,GHz$ und $f_2 = 0.5\,GHz$. Das Maximum vom off-line-Aufbau liegt bei $f_3 = 18\,GHz$.*

Folgende Näherungen sind gültig: 1. $\frac{1}{\omega_3 C} \approx 0\,\Omega$ bei $18\,GHz$, 2. $\frac{1}{\omega_1 C_p} \to \infty\,\Omega$ bei $0.3\,GHz$.

Ges.: *Berechnen Sie die Werte der Elemente C_p, L_d, L_{b1} und L_{b2}.*

$$L_{b2} = \frac{1}{\omega_2^2\, C} = 0.3\,nH \qquad \text{bzw.} \qquad L_{b1} = L_{b2}\,/\,1.5 = 0.2\,nH \tag{3.1}$$

$$\omega_1^2 = \frac{1}{C(L_{b1} + L_d)} \qquad \Rightarrow \qquad L_d = \frac{1}{\omega_1^2 \, C} - L_{b1} = 0.63 \, nH \qquad (3.2)$$

$$C_p = \frac{1}{\omega_3^2 \, L_d} = 0.12 \, pF \qquad (3.3)$$

——— *Übung: Bypass* ———

3.1.2.1 Güte von Spulen und Kondensatoren

Reale Bauteile weisen Verluste auf. Bei den konzentrierten Bauteilen ist es besonders interessant die Verluste von Spulen und Kondensatoren zu quantifizieren. Zur Modellierung der Verluste dient ein Widerstand, der bei einer Spule in Serie und bei einem Kondensator in Serie oder als Parallelelement geschaltet ist (Bild 3.6).

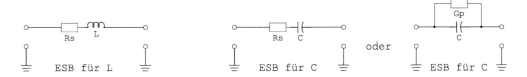

Bild 3.6: ESB realer Kondensatoren und Spulen für die Berücksichtigung der Verluste

Mit Q wird in der Hochfrequenztechnik die Güte von Bauelementen bezeichnet und gibt das Verhältnis von gespeicherter Energie zu den Verlusten wieder. Detailliert wird diese Definition in Kapitel 5 erläutert. Mathematisch ergeben sich einfache Zusammenhänge für diese Gütedefinition:

$$\text{Spulen:} \quad Q = \frac{\omega L}{R_s} \,, \quad \text{Kapazitäten:} \quad Q = \frac{1}{\omega C \, R_s} \quad \text{oder} \quad Q = \frac{\omega C}{G_p} \,. \qquad (3.4)$$

Diese Gütedefinition ist der Standard in Datenblätter und auch Simulatoren. Bei genauer Betrachtung erkennt man, dass der Wert des Serienwiderstands einer Spule mit zunehmender Frequenz für einen festen Gütewert Q steigt ($R_s = Q \cdot \omega L$). Diese Definition war früher für Spulen sinnvoll, da große Bauelemente mit dicken Drähten oder Folien nur einen Stromfluss im Bereich der Eindringtiefe aufwiesen, und somit einen frequenzabhängigen Widerstand hatten. Luftkondensatoren müssten nach dieser Definition für einen festen Gütewert Q mit $R_s = 1/(Q \cdot \omega C)$ der Serienwiderstand sinken, was physikalisch unsinnig ist. Heutige Bauelemente sind in SMD- oder Halbleitertechnik gefertigt und haben sehr oft nur geringe Metallisierungsdicken. Von daher sind die Werte des Serienwiderstandes oft konstant über große Frequenzbereiche.

Diese klassische Gütedefinition Q ist deshalb
nur für die zugehörige Frequenz korrekt!

Eine verbesserte Gütedefinition wird deshalb von Spezialisten vermehrt eingesetzt. Diese berücksichtigt eine beliebige Frequenzabhängigkeit des Bauelemente- und des Verlustwertes:

$$\text{Spulen:} \quad Qlr(f) = \frac{1 \, \text{GHz} \cdot L(f)}{R_s(f)} \,, \quad \text{Kapazitäten:} \quad Qcr(f) = \frac{1}{1 \, \text{GHz} \cdot C(f) \, R_s(f)}$$

$$(3.5)$$

Bild 3.7 gibt die auf Messwerten basierenden Ergebnisse der beiden Definitionen für eine Halbleiterspule wieder.

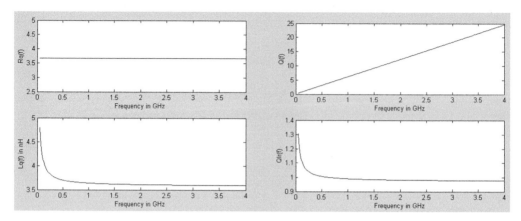

Bild 3.7: Berechnungsresultate einer realen Halbleiterspule für die Berücksichtigung der Verlusten ($L = L_q$; $R_p = R_q$)

Man erkennt in der linken Bildhälfte kaum eine Frequenzabhängigkeit für den Serienwiderstand und eine merkliche Frequenzabhängigkeit des Induktivitätswertes der Halbleiterspule. Die klassische Güte Q suggeriert einen sehr guten Wert bei 4 GHz. Hingegen gibt Qlr Werte an, die über den gesamten Frequenzbereich eine Beurteilung erlauben.

Alternativ zur Definition nach der Gleichung (3.5) ist die folgenden Gütendefinition praktikabel:

$$\text{Spulen:}\quad Ql(f) = \frac{L(f)\,(\text{in nH})}{R_s(f)\,(\text{in }\Omega)}\ ,\quad \text{Kapazitäten:}\quad Qc(f) = \frac{1}{C(f)\,(\text{in pF})\,R_s(f)\,(\text{in }\Omega)}\ . \tag{3.6}$$

Nachteilig an beiden Definitionen ist die Notwendigkeit einer Datenliste. Deshalb sind komplexere Ersatzschaltungen für das Modelling der Verluste eine sehr interessante Lösung. Auf diese wird im Kapitel 9 ausführlich am Beispiel einer Spule eingegangen.

3.1.2.2 SMD's

SMD-Bauteilen (engl.: surface mounted device) kommt im Alltag des Elektronikers und des Hochfrequenztechnikers für die Schaltungstechnik bis 10 GHz eine große Bedeutung zu. Über 90 % der Bauteile, die in sog. Handsets montiert sind, sind SMD's. In der Abbildung 3.8 ist die Bemaßung eines SMD-Bauteiles angegeben.

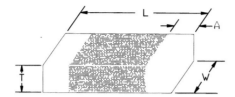

Bild 3.8: Abmessungen von SMD-Bauteilen

Die Bezeichnungen der unterschiedlichen SMD-Bauteile stammen von der Baugröße in *inch*. Die folgende Tabelle gibt die gängigen Baugrößen mit den typischen Abmessungen an:

Tabelle 3.1: Geometrieeigenschaften von SMD-Bauelementen

Bauform	L (inch)	W (inch)	L (mm)	W (mm)	T (mm)	A (mm)
0201	0.02	0.01	0.5	0.25	0.3	0.15
0402	0.04	0.02	1.0	0.5	0.55	0.25
0603	0.06	0.03	1.6	0.8	0.9	0.45
0805	0.08	0.05	2.0	1.25	1.35	0.55

Eine Visualisierung der Bauformen und Größen gibt das Bild 3.9.

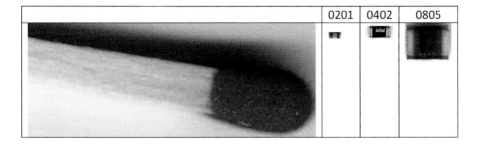

Bild 3.9: Visueller Größenvergleich von SMD-Bauteilen

SMD-Bauteile werden in modernen Schaltungen aus Kostengründen überwiegend auf Laminat-Platinen (FR4-Boards) eingesetzt. Als so genannter *Footprint* wird das Layout der Metallisierungsflächen (oft auch Metallisierungspads) bezeichnet. Ein typischer Footprint ist im Bild 3.10 dargestellt. Die Dimensionierung erfolgt i.d.R. aus Vorgaben für den Lötprozess. Dieser Footprint ist als ein Teil eines SMD-Bauelementes zu sehen.

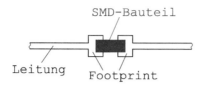

Bild 3.10: Draufsicht auf ein *Footprint* einschließlich SMD-Bauelement

D.h., dass im Hochfrequenzfall die Daten vom Hersteller nur bedingt verwendbar sind. In der Praxis sind die Bauteile deutlich reproduzierbarer, als es die Hersteller angeben (aber nicht garantieren).

In Massenanwendungen werden FR4-Boards mit einer Lagenhöhe von nur 0.2 mm verwendet. Für diesen Fall lassen sich in Abhängigkeit von der Bauform die parasitären Elemente für das Ersatzschaltbild eines in Serie geschalteten SMD-Bauteiles nach Abb. 3.11 angeben. Die Angaben der Impedanzwerte von den Herstellern sollten sich auf die Kern-

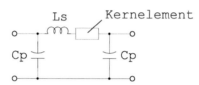

Bild 3.11: Ersatzschaltbild von seriellen SMD-Bauteilen (Kernelement = Impedanz)

elemente beziehen. Da jedoch die Messtechnik nicht ganz trivial ist, haben die Angaben oft einen systematischen Fehler über der gesamten Baureihe. Diesen Fehler von oft 20 % sollte der Entwickler kennen[2].

Tabelle 3.2: Parasitäre Werte von SMD-Bauelementen für 0.2 mm Lagenhöhe

Bauform	Ls in nH	Cp in fF
0201	0.35	90
0402	0.55	130
0603	0.80	200
0805	1.2	350

Es gibt eine große Anzahl von Technologien, in denen SMD-Bauteile hergestellt werden.

SMD-Spulen

Insbesondere für Widerstände, aber auch für Spulen wird die Dünnschichttechnik sehr oft genutzt. Bei derartigen Spulen ändern sich die parasitären Größen, je nachdem, ob die Dünnschichtspule zwischen Träger und FR4-Board liegt, oder ob die Spule das oberste Element im Multilagenaufbau ist.

Diesen Nachteil haben Spulen, die mittels eines Laserschnitts aus einer dicken Kupferfolie geschnitten sind (Abb. 3.12), nicht. Weiterhin ist bei diesen Spulen der Serienwiderstand geringer. SMD-Spulen mit noch geringeren Verlusten sind mit einem Draht, der um einen

---

[2]In [95, 96] wird auf die notwendige HF-Messtechnik eingegangen.

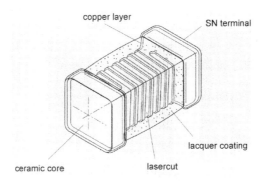

Bild 3.12: Mit Laserschnitt hergestellte SMD-Spulen in der Bauform 0402

runden Keramikträger oder Ferrit gewickelt wird, hergestellt. Die kleinsten Drahtspulen gibt es bis zu einer Bauform von 0402 und werden aufgrund der hohen Kosten nur für Spezialanwendungen eingesetzt.

Einen Überblick von SMD-Spulen verschiedener Hersteller gibt das Bild 3.13.

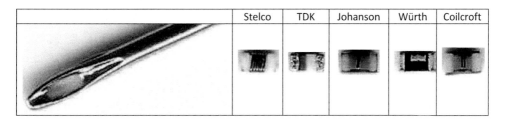

Bild 3.13: Verschiedene SMD-Spulen in der Bauform 0402

SMD-Kondensatoren

Kondensatoren für die Elektronik und HF-Technik werden bevorzugt in Multilagen-Keramik-Technologien in klassischer Blockkondensatorbauweise hergestellt. Bei sehr kleinen Kapazitätswerten und hohen Güten (geringe Verluste = geringer Serienwiderstand) werden die Kapazitäten zwischen Kupferleitungen auf planaren Keramikträger genutzt.

Einen kleinen Überblick von SMD-Kondensatoren einiger Hersteller gibt das Bild 3.14.

Bild 3.14: Verschiedene SMD-Kondensatoren in der Bauform 0402

Die typischen Kosten bei Großserieneinsatz von einzelnen SMD-Bauteilen liegen bei Widerständen unter 0.5 Cent, bei Kondensatoren bei 0.7 Cent und bei Spulen über 1.5 Cent.

<u>SMD-Halbleiter</u>

Die SMD-Technik ist für Halbleiter in der Elektrotechnik die bevorzugte Einsatzform. Oftmals sind die Pins aus dem Gehäuse herausgeführt. Aufgrund der geringeren parasitären Größen werden zunehmend in der HF-Technik Gehäuse eingesetzt, bei denen die Anschlüsse unterhalb des Halbleiters sind, Bild 3.15.

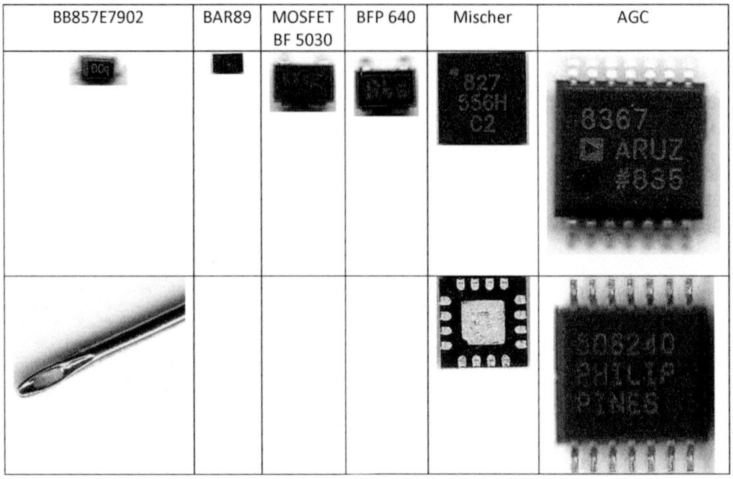

BB857E7902	BAR89	MOSFET BF 5030	BFP 640	Mischer	AGC

Bild 3.15: Verschiedene SMD-Halbleiter in unterschiedlichen Bauformen

3.1.2.3 Halbleiterbauteile

Große Schaltungsteile moderner Hochfrequenzschaltungen werden in Halbleitern realisiert. Für Baugruppen bis 6 GHz verdrängt Silizium (Si) als SiGe-Halbleiter oder gar in kostengünstiger CMOS-Technologie den "traditionellen" Hochfrequenzhalbleiter Gallium Arsenid (GaAs).

Abb. 3.16 zeigt einen Vergleich der Eigenschaften passiver Bauteile, die in GaAs- und Si-Technologien realisiert wurden.

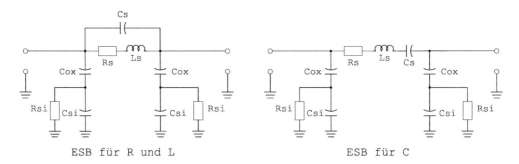

Bild 3.16: Ersatzschaltbilder (ESB) für passive Bauelemente auf Halbleitern

Tabelle 3.3: Eigenschaften von passiven konzentrierten Bauteilen in Gallium-Arsenid (GaAs) und Silizium (Si)

	GaAs	Si
Widerstände	$R_{si} \approx C_{si} \approx C_{ox} \approx C_s \approx L_s \approx 0$ fast ideal $1 \dots 10^4\,\Omega$	$C_s \approx 0$ große kapazitive Parasitäten $1 \dots 10^4\,\Omega$
Induktivitäten	$R_{si} \approx C_{si} \approx C_s \approx 0$ metallische Verluste $< 10\,\text{nH}$ Q(2 GHz) ≈ 20	$C_s \approx 0$, große sonst. C's metallische und Substrat-Verluste $< 10\,\text{nH}$ Q(2 GHz) ≈ 8
Kapazitäten	$R_{si} \approx C_{ox} \approx C_{si} \approx 0$ fast ideal $< 40\,\text{pF}$ Q(2 GHz) ≈ 100	große kapazitive Parasitäten $< 50\,\text{pF}$ Q(2 GHz) ≈ 40
Verbindungs-leitungen	fast ideal metallische Verluste $0.1\,\text{dB/mm}$ bei 2 GHz	große kapazitive Parasitäten metallische und Substrat-Verluste $1\,\text{dB/mm}$ bei 2 GHz

Mittlerweile werden neue Si-Technologien, basierend auf Cu-Metallisierungen unter Verwendung von hochohmigen Si-Basismaterial, entwickelt, die die Realisierung von Bauteilen mit ähnlicher Qualität wie GaAs erlauben. Weiterhin ist auch bei den Halbleitern der Trend zu Mehrlagen-Anordnungen ausgeprägt. Mit derartigen Prozessen lassen sich insbesondere verbesserte Induktivitäten herstellen.

Bei Kondensatoren, die in Halbleitertechnologien hergestellt werden, handelt es sich in der Regel um Plattenkondensatoren mit einer sehr geringen Spannungsfestigkeit.

Bei Spulen hat der Entwickler mitunter viele Freiheitsgrade. Es kann die Geometrie (Größe, Wickelsinn und -art, Leiterbreite usw.) für einen fest vorgegebenen Lagenaufbau für die gegebenen Anforderungen optimal eingestellt werden.

Insbesondere für Spulen werden elektromagnetische Feldsimulatoren (2.5D und 3D) zur Vorhersage der Bauteilelementewerte eingesetzt.

3.1.2.4   Multilayerbauteile in LTCC und Laminaten

Mittlerweile findet man kein Smartphone mehr, in dem nicht sog. LTCC-Module (engl.: low temperature cofired ceramic) eingesetzt sind. LTCC-Module bestehen aus einer Multilagenkeramik (bis zu 20 Lagen) als Träger und haben passive und/oder aktive SMD's und/oder reine Halbleiter-Chips auf der obersten Lage und ggf. in sog. Kavitäten (engl.: cavities).

Die Multilagenkeramiken werden extrem flach hergestellt. Deshalb weisen sämtliche Bauteile, die in diesen Lagen hergestellt werden sehr große (parasitäre) Kapazitäten gegen Masse auf. Die dielektrischen Verluste sind vernachlässigbar, hingegen weisen die mit Dickschichttechnik realisierten Leiterbahnen merkliche metallische Verluste auf.

Da die dielektrischen Werte der Keramiken sehr konstant über die Produktion sind, kann bei guter Kenntnis dieser Werte die Feldsimulation zur Realisierung der passiven Bauteile eingesetzt werden.

Auch Laminate werden für die Realisierung von Modulen und als Trägermaterialien für Konsumerprodukte in der drahtlosen Kommunikation eingesetzt. Die dielektrischen Verluste sind merklich größer als bei LTCC. Dies wird aber teils durch die geringeren Metallisierungsverluste (Cu-Folien) wett gemacht. Nachteilig an Laminaten ist, dass sich nicht so dünne Lagen und feine Strukturen wie mit LTCC herstellen lassen. Preislich sind Laminate bei kleinen Stückzahlen deutlich günstiger und bei großen Stückzahlen gleichauf mit LTCC.

Das folgende Bild 3.17 zeigt ein Multiband-Sendemodul einer Smartphone-Endstufe und gilt die hohe Packungsdichte, die mit LTCC möglich ist, wieder.

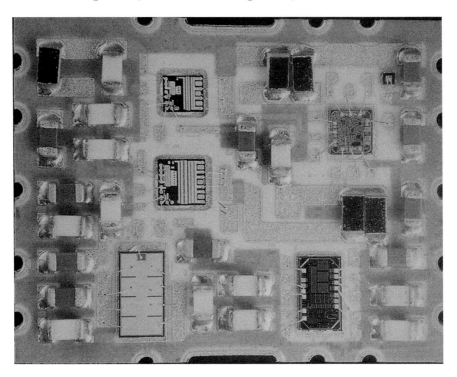

Bild 3.17: Draufsicht auf ein LTCC-Mulilayermodul mit 0402-SMD- und IC-Bestückung (Verstärker, Drain-Switch, NVG, Steuerelektronik)

3.1.2.5 Gekoppelte Induktivitäten

Sofern man das Design der Spulen selber in der Hand hat, ist es höchst attraktiv, wenn man eine Schaltung nicht nur mit diskreten Spulen realisiert, sondern gekoppelte Spulen einsetzt.

Bild 3.18 zeigt ein Bandpassfilter, das sich mittels zweier verkoppelter Spulen realisieren lässt. Dieses Filter wird ausführlich im Kapitel 6 behandelt.

Dieses Beispiel illustriert, dass bei diesen Bandpassfilter zur Herstellung der Spulen kaum mehr Volumen benötigt wird, als eine einzelne Spule einnimmt.

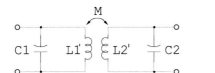 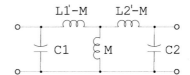

Bild 3.18: Links: Bandpassfilter realisiert aus zwei Parallelschwingkreisen, die über eine induktive Stromkopplung angekoppelt sind. Rechts: Ersatzschaltbild

Zumal Spulen in der Halbleiter- und LTCC-Technik merklich mehr Platz einnehmen als Kondensatoren, ist die prozentuale Volumenreduktion der Schaltung fast 50 %. Darüber hinaus lassen sich die Leitungslängen dadurch merklich verringern, was zur Folge hat, dass die Verluste verringert werden, dass die parasitären Größen geringer ausfallen und dass die Grenzfrequenz steigt. Ein Beispiel für eine sogenannte DIFFERENTIELLE SPULE ist in [99] abgedruckt. Jedoch steigt gegenüber der Verwendung einzelner Induktivitäten der Aufwand an Entwicklungsarbeit und somit an Entwicklungskosten.

3.2 Zweitore

In den kommenden Unterkapiteln sollen Schaltungen vorgestellt werden, die mit Hilfe von passiven konzentrierten Bauteilen vorteilhaft realisiert werden können.

In diesen Unterkapiteln sind keine Hochfrequenzfilterschaltungen enthalten, da diese im folgenden Kapitel 6 ausführlich behandelt werden.

3.2.1 Dämpfungsglieder

Die Streumatrix eines idealen Dämpfungsgliedes mit der Dämpfung a (in dB) ist:

$$|[\mathbf{S_A}]| \;=\; \begin{pmatrix} 0 & A \\ A & 0 \end{pmatrix} \qquad \text{mit} \quad A = 10^{-\frac{a}{20\,dB}} \quad . \tag{3.7}$$

Bereits im Kapitel 2.3 wurde ein Dämpfungsglied basierend auf einer π-Widerstandsschaltung präsentiert. Dass sich Dämpfungsglieder noch einfacher berechnen lassen, wird anhand einer T-Widerstandsschaltung im Abschnitt 5.4 gezeigt. Somit sind die Berechnungsgleichungen für diese beiden wichtigen Strukturen gegeben.

Die Wahl der Topologie hängt von den parasitären Elementen der Bauteile ab: hat man eine große Kapazität gegen Masse, so ist die T-Schaltung vorteilhafter. Überwiegen jedoch die Serieninduktivitäten, so ist die π-Schaltung vorteilhafter.

Eine exzellente Theorie unter Zuhilfenahme von Widerstandsschichten, die sehr gute Resultate in der Herstellung von Dämpfungsgliedern liefert, ist in [87] angegeben. Bild 3.19 zeigt die Realisierung zweier möglicher Strukturen.

Mittels dieser Theorie lassen sich auch recht einfach hoch komplexe umschaltbare Dämpfungsglieder auslegen.

Bild 3.19: Dualität von Dämpfungsgliedern mit Widerstandsschichten (schraffierte Flächen) und zugehörige Ersatzschaltung mit Einzelwiderständen

3.2.2 Impedanztransformatoren

Die Aufgabe eines Impedanztransformators ist es, zwei unterschiedliche Impedanzen mittels einer Zweitorschaltung reflexionsfrei aneinander anzupassen. Am häufigsten tritt der Spezialfall auf, dass es sich bei den zwei Impedanzen um reelle Widerstände handelt. Auf diesen Fall wird sich in diesem Abschnitt beschränkt. Die für diesen Fall zu Bild 3.20

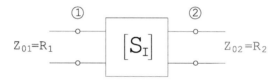

Bild 3.20: Zweitorschaltung eines Impedanztransformators für die Signalumsetzung von dem reellen Widerstand R_1 auf R_2

gehörige Streumatrix lautet:

$$|[\mathbf{S_I}]| \;=\; \begin{pmatrix} 0 & 1 \\ 1 & 0 \end{pmatrix} \quad . \tag{3.8}$$

Folglich entspricht die Streumatrix eines idealen Impedanztransformators nahezu der einer direkten Durchverbindung. Gegenüber Letzterer ist eine Phasenschiebung zulässig.

Ein Impedanztransformator transformiert den Eingangswiderstand R_1 mit dem Transformationsverhältnis t zum Abschlusswiderstand R_2:

$$t \;=\; \frac{R_1}{R_2} \quad . \tag{3.9}$$

Ein idealer Impedanztransformator ist verlustfrei und breitbandig angepasst.

Wicklungstransformator

Im Elektronikbereich und vereinzelt im Hochfrequenzbereich setzt man für diesen Einsatzzweck einen Wicklungstransformator (kurz Trafo) ein. Für das Übersetzungsverhältnis ü der Ströme und Spannungen gilt beim Trafo:

$$\ddot{u} = \frac{I_2}{I_1} = \frac{U_1}{U_2} = \sqrt{\frac{R_1}{R_2}} = \sqrt{t} \quad . \tag{3.10}$$

Im Hochfrequenzbereich werden Trafos aufgrund der hohen Kosten, der Verluste durch Streuinduktivitäten und sonstigen parasitären Elementen sowie diversen Problemen beim Einsatz von ferromagnetischen Materialien selten eingesetzt.
Vorteile bieten die Wicklungstransformatoren bezüglich der oft großen Bandbreite. Deshalb finden diese auch bei Spezialbauteilen und in der Messtechnik Einsatz.

Γ-Impedanztransformator

Der in den Bereichen der schnellen Elektronik und hochfrequenten Schaltungen am häufigsten eingesetzte Impedanztransformator ist der Γ-Transformator (Bild 3.21). Er besteht beispielsweise aus einem Kondensator C, der gegen Masse geschaltet ist (daher auch Shunt-Kondensator), und einer Serienspule L.

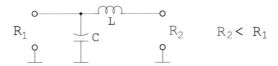

Bild 3.21: *Γ-Trafo: Impedanztransformator bestehend aus einer Serieninduktivität und einem Shunt-Kondensator*

In der angegebenen Konfiguration transformiert der Γ-Trafo einen niederohmigen Widerstand R_2 in einen hochohmigeren Eingangswiderstand R_1. D.h., dass für diese Anordnung gelten muss: $t > 1$.

Für diesen Trafo gelten die Bedingungen:

$$\mathrm{Re}\left\{Y_1\right\} = G_1 = \frac{1}{R_1} = \frac{1}{R_2\,t} \quad , \qquad \mathrm{Im}\left\{Y_1\right\} = 0 \quad . \tag{3.11}$$

Die Analyse der Schaltung nach Bild 3.21 liefert:

$$\begin{aligned}
Y_1 &= j\omega C + 1 \,/\, [j\omega L + R_2] \quad , \\
\mathrm{Re}\left\{Y_1\right\} &= G_2 \,/\, [1 + (\omega L G_2)^2] \quad , \\
\mathrm{Im}\left\{Y_1\right\} &= \omega C - \omega L G_2^2 \,/\, [1 + (\omega L G_2)^2] \quad .
\end{aligned} \tag{3.12}$$

Durch Gleichsetzen der beiden Gleichungen unter (3.11) und (3.12) ergeben sich die beiden Gleichungen zur Ermittlung der zu dimensionierenden Bauelemente C und L in Abhängigkeit vom Abschlusswiderstand R_2 ($= 1/G_2$) und Transformationsverhältnis t, die exakt bei der Mittenfrequenz ω_m die Anpassung und Transformationseigenschaften erfüllen.

$$\omega_m C = \sqrt{(1 - 1/t)/t} \cdot G_2 \quad , \qquad \omega_m L = \sqrt{t - 1} \cdot R_2 \quad . \tag{3.13}$$

Die Vorteile des Γ-Trafos sind

      sehr geringe Kosten,   geringer Platzbedarf,

      geringer Bauteileanteil   und wenig Verluste.

Nachteilig ist die endliche Bandbreite, die jedoch durch eine mehrstufige Auslegung kompensiert werden kann. Eine andere Möglichkeit zur Verbesserung der Bandbreite ist die

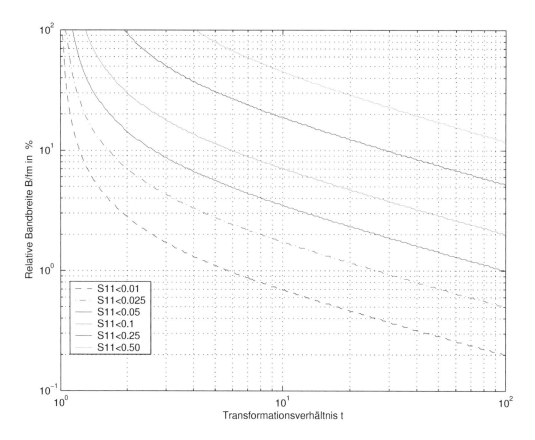

Bild 3.22: Γ-Trafo: Relative Bandbreite B/f_m des Impedanztransformator in Abhängigkeit des Transformationsverhältnisses t und des maximalen Eingangsreflexionsfaktors S_{11} in %

Verwendung eines weiteren Shunt-Kondensators, welches das sog. `Collins`-Filter ergibt ([127], Band 1, S. 96).

Die relative Bandbreite B_r berechnet sich aus der Bandbreite $B = f_2 - f_1$ (mit der unteren Frequenzgrenze f_1 und der oberen Frequenzbegrenzung f_2) dividiert durch die Mittenfrequenz $f_m = \frac{f_1 + f_2}{2}$.

Für eine Auslegung eines Γ-Trafos ist es hilfreich, die Abbildung 3.22 für eine Abschätzung der Zusammenhänge zwischen relativer Bandbreite, Anpassung und Tranformationsverhältnis heranzuziehen.

Wie im Kapitel 4 noch gezeigt wird, lässt sich eine kleine Induktivität durch eine kurze hochohmige Leitung ersetzen. In dieser äußerst kostengünstigen Form wird der Γ-Transformator sehr häufig eingesetzt. Insbesondere diese Eigenschaft, dass eine hochohmige Leitung eingesetzt werden kann und dass sich die optimale Position des Kondensators durch Verschiebung ermitteln lässt, sorgt dafür, dass dieser Γ-Transformator bei den Praktikern sehr beliebt ist.

Bild 3.23 zeigt, wie unterschiedlich sich die Werte der Induktivität und der Kapazität

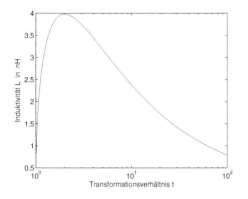
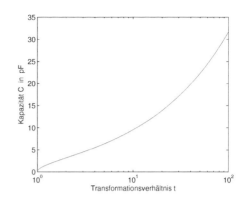

Bild 3.23: Resultierende Werte für einen Γ-Transformator bei 1 GHz über das Transformationsverhältnis t

über das Transformationsverhältnis verhalten. Es ist nachvollziehbar, dass für ein kleines t die Serieninduktivität sehr klein sein muss und der Shunt-Kondensator ebenfalls kleine Werten haben muss.

Mehrstufige Γ-Transformatoren

Möchte man eine große relative Bandbreite und eine große Impedanztransformation erzielen, so muss man mehrere Γ-Trafos in Serie schalten.

Das resultierende Transformationsverhältnis errechnet sich aus der Multiplikation der einzelnen Stufen ($t = t_1 \cdot t_2 \cdot ...$). Optimal ist es jeweils die gleiche Transformation t_{st} für jede Stufe zu verwenden ($t = t_{st}^x$ mit x: Anzahl der Stufen).

Die Anwendung der Auslegung eines Γ-Trafos soll das folgende Beispiel zeigen.

———— Übung: Ausgangs-Matching GSM-Verstärker ————

Geg.: *Die Ausgangsimpedanz eines GSM-Verstärkers beträgt 2 Ω. Die Anpassung (hier Reflexionsverluste) soll 20 dB sein, damit dieser Verstärker mit einem hohen Wirkungsgrad betrieben wird. Der Eingangswiderstand der Antenne ist 50 Ω.*

Ges.: *Wie muss die Impedanztransformation aussehen, damit dieser Verstärker für das europäische GSM-Band (TX: 880-915 MHz) und das amerikanische IS-54-Band (824-849 MHz) anwendbar ist?*

1. *Eine Anpassung von 20 dB entspricht dem maximalen Reflexionsfaktor r_m von*

$$S_{11} = 10^{-\frac{20\,dB}{20\,dB}} = 0.1 \tag{3.14}$$

und das geforderte Transformationsverhältnis beträgt $t = 25$ und die geforderte relative Bandbreite ist:

$$B/fm = (915 - 824) \ / \ \frac{824 + 915}{2} = 0.105 = 10.5\,\% \quad . \tag{3.15}$$

2. *Aus der Abbildung 3.22 ergibt sich, dass für eine relative Bandbreite von rund 10 % und eine Anpassung von $|S_{11}| = 0.1$ sich ein Transformationsverhältnis von maximal 6 erzielen lässt. Folglich lässt sich das Transformationsnetzwerk nur durch einen zweistufigen Γ-Transformator mit den Verhältnissen von jeweils $t = 5$ bewerkstelligen.*

Erste Stufe $2\,\Omega$ auf $10\,\Omega$:

$$C_1 = \frac{\sqrt{(1 - 0.2) \cdot 0.2} \,/\, 2\,\Omega}{2 \cdot \pi \cdot 869.5\,MHz} = 36.6\,pF \;, \quad L_1 = \frac{\sqrt{(5 - 1)} \cdot 2\,\Omega}{2 \cdot \pi \cdot 869.5\,MHz} = 0.73\,nH \;. \tag{3.16}$$

Zweite Stufe $10\,\Omega$ auf $50\,\Omega$:

$$C_2 = \frac{\sqrt{(1 - 0.2) \cdot 0.2} \,/\, 10\,\Omega}{2 \cdot \pi \cdot 869.5\,MHz} = 7.3\,pF \;, \quad L_2 = \frac{\sqrt{(5 - 1)} \cdot 10\,\Omega}{2 \cdot \pi \cdot 869.5\,MHz} = 3.66\,nH \;. \tag{3.17}$$

———— *Übung: Ausgangs-Matching GSM-Verstärker* ————

<u>Alternativer Γ-Transformator</u>

Die zweite mögliche Struktur mittels eines Kondensators und einer Induktivität einen Γ-Transformator zu realisieren ist im Bild 3.24 angegeben.

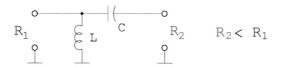

Bild 3.24: Γ-Impedanztransformator mit Serienkondensator

Diese Struktur mit einem Serienkondensator und einer Shunt-Induktivität hat den Vorteil, dass der Kondensator eine Gleichstromtrennung (engl.: DC-Bias) realisiert. Diese Struktur wird sehr häufig in der Beschaltung von Resonatoren und Filtern eingesetzt.

Die Bauelemente berechnen sich für die Mittenfrequenz ω_m über:

$$C_t = \frac{1}{\omega_m} \sqrt{\frac{1 \,/\, R_2}{R_1 \,-\, R_2}} \quad , \quad L_t = R_1 \, R_2 \, C_t \quad . \tag{3.18}$$

Dieser Transformator weist ähnliche Eigenschaften bzgl. der Bandbreite auf und kann näherungsweise durch die Angaben im Bild 3.22 abgeschätzt werden.

3.2.3 $\pm 90°$-Phasenschieber

Ein idealer Phasenschieber ist perfekt angepasst und realisiert eine konstante frequenzunabhängige Phasenschiebung um den Wert $\angle(S_{ij}) = -\varphi$:

$$[\mathbf{S}_{-\varphi}] = \begin{pmatrix} 0 & e^{-j\varphi'} \\ e^{-j\varphi'} & 0 \end{pmatrix} \quad \text{wobei} \tag{3.19}$$

$$(0° \leq \varphi \leq 360°) \qquad \text{und} \qquad \varphi' = \frac{\pi}{180°}\,\varphi \quad . \tag{3.20}$$

Der Name des Phasenschiebers leitet sich von der Phasenverschiebung des Transmissionswertes ($\angle(S_{ij})$) ab. Somit gilt für einen $\pm 90°$-Phasenschieber:

$$[\mathbf{S}_{\pm 90°}] = \begin{pmatrix} 0 & \pm j \\ \pm j & 0 \end{pmatrix} \quad . \tag{3.21}$$

In der Praxis genügt es meistens, wenn Phasenschieber schmalbandig realisierbar sind. Phasenschieber werden als einzelne Komponenten im System seltener benötigt. Jedoch sind die $\pm 90°$-Phasenschieber als Bauteile in Komponenten wie Signalteiler, Symmetrieglieder, Filter, Koppler uvm. von sehr großer Bedeutung.

Wie im Kapitel 4 gezeigt wird, entsprechen $\pm 90°$-Phasenschieber bei Mittenfrequenz sogenannten $n \cdot \lambda/4$-Leitungen ($n = 1$ für $-90°$, $n = 3$ für $90°$). Viele passive Hochfrequenzschaltungen lassen sich in einfacher Art und Weise mit $\lambda/4$-Leitungen synthetisieren. Als konzentrierte Ersatzlösung bieten moderne Technologien der Hochfrequenztechnik hochintegrierte Alternativen für $\pm 90°$-Phasenschieber.

Die einfachsten $\pm 90°$-Phasenschieber werden durch eine π- oder T-Struktur mit reaktiven Bauelementen realisiert.

Zur Dimensionierung der π-Struktur nach Bild 3.25 verwendet man das Hilfsblatt A.2 mit den beiden Bedingungen $S_{11} = 0$ und $S_{21} = \pm j$. Alternativ wird im Abschnitt 5.4 eine deutlich einfachere Berechnungsform vorgestellt.

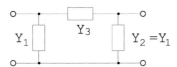

Bild 3.25: *Realisierung eines Phasenschiebers mit drei reaktiven Elementen*

Die beiden resultierenden Phasenschieber haben Hochpass- beziehungsweise Tiefpasscharakter (Bild 3.26).

-90°-Schieber und TP   90°-Schieber und HP

Bild 3.26: Schaltungen für $\pm 90°$-Phasenschiebung

Als Lösung erhält man mit $Y_1 = jB_1$:

$$B_1 = \pm 1 \quad \text{und somit für} \tag{3.22}$$

$$\angle(S_{ij}) = -90° : \quad \omega_m C_{TP} = \frac{1}{Z_0} \; ; \qquad \angle(S_{ij}) = 90° : \quad \omega_m L_{HP} = Z_0 \quad . \tag{3.23}$$

Weiterhin ergibt sich, dass das normierte Serienelement mit $Z_3 = \frac{1}{Y_3} = jX_3$ dem normierten Leitwert B_1 entspricht:

$$X_3 = \pm 1 \quad \text{und somit für} \tag{3.24}$$

$$\angle(S_{ij}) = -90° : \quad \omega_m L_{TP} = Z_0 \; ; \qquad \angle(S_{ij}) = 90° : \quad \omega_m C_{HP} = \frac{1}{Z_0} \quad . \tag{3.25}$$

Für die T-Struktur ergeben sich die komplementären Werte.

Beispiel: Ein -90°-π-Phasenschieber ($\angle(S_{ij}) = -90°$) liefert im 50 Ω-System bei 1 GHz die Werte $C_1 = 3.18\,pF$ und $L_2 = 7.96\,nH$. Der Betrag in dB und die Phase in Grad des Streuparameters S_{21} über der Frequenz sind in der Abbildung 3.27 dargestellt.

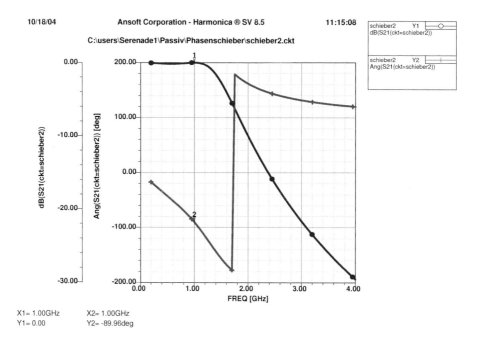

Bild 3.27: Realisierung eines -90°-Phasenschiebers mit zwei Shunt-Kapazitäten und einer Serieninduktivität

Dieser -90°-Phasenschieber hat einen Tiefpasscharakter. Der 90°-Phasenschieber hat hingegen einen Hochpasscharakter. Bei dieser Schaltungstopologie werden die idealen S-Parameter des Phasenschiebers nur für einen Frequenzpunkt eingehalten.

Möchte man eine höhere Bandbreite erzielen, so muss man die Anzahl der Bauelemente erhöhen. Beispiele hierfür sind in [82] angegeben. Eine vereinfachte Analyseform dieser symmetrischen Schaltung ist im Abschnitt 5.4 angegeben.

3.3   Drei- und Viertore

In der Literatur findet man eine sehr große Anzahl von Realisierungen hochfrequenter passiver Komponenten wie die sog. Signalteiler, Baluns und Koppler, die sich mit $n \cdot \lambda/4$-Leitungen herstellen lassen. Diese Bauelemente lassen sich, wie bereits im vorherigen Abschnitt erwähnt, ebenfalls mit konzentrierten Elementen unter Einbindung von Phasenschiebern herstellen.

In diesen Kapitel sollen Drei- und Viertorkomponenten vorgestellt werden, die sich nur aus konzentrierten Bauteilen aufbauen lassen.

3.3.1   DC- und Steuersignal-Einspeisung

Beim ersten vorgestellten Dreitor sind nur zwei klassische Hochfrequenztore enthalten. Bei dieser Gleichstrom-Einspeisungsschaltung (kurz DC-Einspeisung, engl.: Bias-T) soll ein Gleichstrom oder auch ein niederfrequentes Signal über das Tor 3 alleinig auf das Tor 1 eingespeist werden. Diese Schaltung wird auch zur Einspeisung von Steuersignalen genutzt.

Bild 3.28 zeigt eine Realisierung, die breitbandig im oberen MHz- und unteren GHz-Bereich einsetzbar und mittels SMD-Komponenten gut und preiswert herstellbar ist.

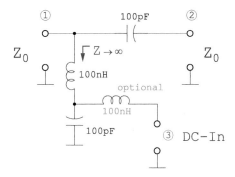

Bild 3.28: Bias-T bzw. DC- oder Steuersignal-Einspeisung für den MHz- bis GHz-Bereich

Der Serienkondensator isoliert das Tor 2 von dem Gleichstrom. Die Kombination aus Serienspulen und Shunt-Kondensatoren realisiert ein Tiefpassfilter. Wählt man als erstes Element die Serienspule, so ist der Eingangswiderstand sehr hochohmig und das HF-Signal wird wenig beeinträchtigt. Die zugehörige S-Matrix lautet für Werte im MHz- und GHz-Bereich:

$$|[\mathbf{S_{BT}}]| = \begin{pmatrix} 0 & 1 & 0 \\ 1 & 0 & 0 \\ 0 & 0 & 1 \end{pmatrix} \qquad . \qquad (3.26)$$

Die im Bild 3.28 angegebenen Werte können vergrößert werden, was insbesondere der Funktionalität zu tieferen Frequenzen zu Gute kommt. Jedoch weisen oft die von den Herstellern verwendeten Materialien dann größere Verluste auf, so dass die angestrebte Verlustfreiheit nicht mehr gegeben ist. Hinzu kommt, dass größere Bauelemente aufgrund von parasitären Effekten eine geringe maximale Frequenz haben.

Die Struktur dieser DC-Einspeisung findet man in einer sehr großen Anzahl von Schaltungen. Da man jedoch die Funktionalität auch mit kleineren Bauelementewerten beibehalten kann, werden die Bauelemente der DC-Einspeisung oft noch für weitere elektrische Schaltungszwecke eingesetzt. Dieses wird im Entwurf von linearen Verstärkern (Kapitel 8) gezeigt.

3.3.2 Beschaltungen

Die Beschaltung zwischen Halbleitern und homogenen Leitungen, wie diese im kommenden Kapitel beschrieben werden, wird durch

        Halbleitergehäuse   oder   Testfassungen   oder   Messspitzen

umgesetzt. Diese kurzen Verbindungsstrecken lassen sich durch elektrische Netzwerke modellieren. Diese Netzwerke wiederum lassen sich durch konzentrierte Bauelemente (i.d.R. nur Kondensatoren und Spulen) nachbilden. Ein Beispiel zeigt Bild 3.29, [76].

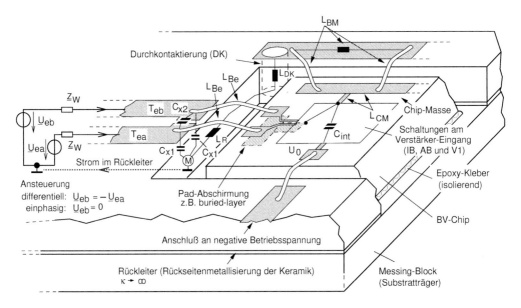

Bild 3.29: Darstellung der Eingangsbeschaltung der Messfassung eines Verstärker-IC's (BV-Chip) unter Kennzeichnung der parasitären Bauelemente, [76]

Aufgrund der Inhalte der Grundlagen im Kapitel 4 sollte der HF-Entwickler in der Lage sein, ein Netzwerk für derartige Beschaltungen zu bestimmen. Danach werden für das IC idealisierte Netzwerke wie Kurzschlüsse, Leerläufe und Durchverbindungen eingesetzt. Entweder geschieht dieses in Feldsimulatoren oder in realen Aufbauten. Aus beiden erhält man die S-Parameter für die äußeren Zuführungen bei unterschiedlichen inneren Abschlüssen. Im letzten Schritt lassen sich die S-Parameter mittels der gewählten Netzwerke fitten. Wie dieses durchgeführt wird, ist im Kapitel 9 nachzulesen.

3.3.3 Resistive Signalteiler

Ein idealer Signalteiler sollte allseits gut angepasst sein und ein Signal breitbandig in zwei Teile splitten. I.d.R. beschränkt man sich beim Signalteiler auf eine symmetrische Aufteilung der Energie (Dämpfung ist jeweils 3 dB $\hat{=}$ 0.707). Jedoch ist es in der Praxis oft hilfreich, wenn die beiden weiterführenden Pfade voneinander entkoppelt sind (s. Gleichung (3.27); $S_{23} = S_{32} = 0$).

$$[\mathbf{S_{ST}}] = \begin{pmatrix} 0 & 0.7 & 0.7 \\ 0.7 & 0 & 0 \\ 0.7 & 0 & 0 \end{pmatrix} \quad . \tag{3.27}$$

Aufgrund der Unitaritätsbeziehung (Gleichung (2.39)) lässt sich zeigen, dass ein derartiges allseits angepasstes und verlustfreies Dreitor *nicht* realisiert werden kann.

Benötigt man einen breitbandigen Signalteiler, so sind die folgenden zwei Lösungen einsetzbar.

Eingangsseitig angepasster Teiler

Der einfachste Signalteiler mit eingangsseitiger Anpassung besteht aus zwei Widerständen, die jeweils der Bezugsimpedanz entsprechen (Abb. 3.30).

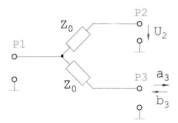

Bild 3.30: Eingangsseitig angepasster verlustbehafteter Signalteiler in einpoliger Darstellung

Die Streumatrix dieses Signalteilers sieht wie folgt aus:

$$[\mathbf{S_{ST2}}] = \begin{pmatrix} 0 & 0.5 & 0.5 \\ 0.5 & 0.25 & 0.25 \\ 0.5 & 0.25 & 0.25 \end{pmatrix} \quad . \tag{3.28}$$

Man erkennt, dass der Teiler 6 dB ($\hat{=}0.5$) Transmissionsverluste pro Pfad hat (und somit 3 dB Verluste hat) und an den Toren 2 und 3 nur mit 12 dB ($\hat{=}0.25$) angepasst ist. Weiterhin erkennt man, dass die Isolation zwischen den Ausgangstoren 12 dB beträgt und damit für viele Anwendungen ausreicht.

Die Auslegung erfolgt aus der geforderten Eingangsanpassung am Tor 1:

$$Z_{in} \overset{!}{=} Z_0 = 2\,Z_0\,//\,2\,Z_0 \quad . \tag{3.29}$$

Bild 3.31 veranschaulicht wie die Transmissionsstreuparameter (z.B. hier S_{21}) dieses Dreitores durch die Berücksichtigung des dritten Tores mittels eines Widerstandes unter Verwendung der bekannten Hilfsmittel (Hilfsblatt 2) erfolgt.

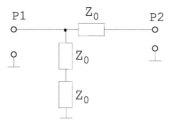

Bild 3.31: Darstellung der Dreitor-Zweitorreduktion zur Analyse des eingangsseitig angepassten Signalteilers

Dieser Signalteiler hat die für die Messtechnik interessante Eigenschaft, dass die normierte Spannung an einem Ausgangstor (z.B.: U_2/Z_0) der herauslaufenden Welle des anderen Ausgangstores (z.B.: a_3) entspricht. Die Herleitungen und Anwendungen findet man im Abschnitt 10.4.1.

Allseitig angepasster Teiler

Der Signalteiler mit allseitiger Anpassung besteht aus drei Widerständen (Abb. 3.32). Für die Widerstände Z muss gelten: $Z = Z_0/3$.

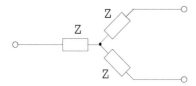

Bild 3.32: *Allseitig angepasster verlustbehafteter Signalteiler in einpoliger Darstellung*

Die Streumatrix dieses Signalteilers sieht wie folgt aus:

$$[\mathbf{S_{ST3}}] \; = \; \begin{pmatrix} 0 & 0.5 & 0.5 \\ 0.5 & 0 & 0.5 \\ 0.5 & 0.5 & 0 \end{pmatrix} \qquad . \tag{3.30}$$

Man erkennt, dass der Teiler ebenfalls 6 dB Transmissionsverluste pro Pfad hat und an allen Toren perfekt angepasst ist. Weiterhin ist ersichtlich, dass die Isolation zwischen den Ausgangstoren nur 6 dB beträgt.

Berechnet wird dieser einfache Signalteiler über die Anpassung:

$$Z_{in} \stackrel{!}{=} Z_0 = Z + (Z + Z_0) \, / / \, (Z + Z_0) \qquad . \tag{3.31}$$

3.3.4   Reaktive Signalteiler

Reaktive Signalteiler weisen nur die reaktiven Bauelemente Spulen und Kondensatoren auf.

—————— *Übung: Verlustloser 3 dB-Signalteiler* ——————

Geg.: *Ein verlustloser 3 dB-Signalteiler (für die Vorwärtsrichtung) mit einer relativen Bandbreite von 70 % lässt sich gemäss dem Bild 3.33 aufbauen.*

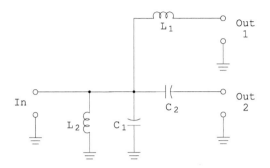

Bild 3.33: Darstellung des verlustlosen 3 dB-Signalteilers, der auf Γ-Transformatoren basiert

Ges.:

1. *Zerlegen Sie die Schaltung in zwei Zweitore mit Impedanztransformation.*

2. *Berechnen Sie die 4 Elemente C_1, L_1, C_2 und L_2 für $f = 1.0\,GHz$.*

zu 1. *Es sind zwei parallel geschaltete Γ-Trafos (wie im Bild 3.34 dargestellt) zu verwenden.*

Bild 3.34: Zerlegung des verlustlosen 3 dB-Signalteilers in zwei Γ-Transformatoren

zu 2. *Mit dem Transformationsverhältnis $t = 2$ gilt:*

$$C_1 = \frac{\sqrt{(1 - 0.5) \cdot 0.5} \,/\, 50\,\Omega}{2 \cdot \pi \cdot 1.0\,GHz} = 1.59\,pF \,, \quad L_1 = \frac{\sqrt{(2 - 1)} \cdot 50\,\Omega}{2 \cdot \pi \cdot 1.0\,GHz} = 7.96\,nH \quad (3.32)$$

und

$$C_2 = \frac{1}{2\,\pi\,1.0\,GHz} \sqrt{\frac{1/50}{100 - 50}} = 3.18\,pF \,, \quad L_2 = 50\,\Omega \cdot 100\,\Omega \cdot 3.18\,pF = 15.9\,nH \,. \tag{3.33}$$

—————— *Übung: Verlustloser 3 dB-Signalteiler* ——————

Dieser verlustlose 3 dB-Signalteiler dreht bei Mittenfrequenz die Phase von S_{21} um -45° und die Phase von S_{31} um +45°. Somit haben die Ausgangssignale eine Differenzphase von 90°. Diese Differenzphase von 90° (die über einer sehr großen relativen Bandbreite gegeben ist) ist in einigen Schaltungen erwünscht. Jedoch möchte man sehr oft 0° als Differenzphase haben.

Dieser oft gewünschte verlustlose 3 dB-Signalteiler mit 0° Differenzphase am Ausgang kann durch die Verwendung eines einzigen Γ-Trafo der vorgehenden Übung realisiert werden. Dieser Signalteiler weist somit entweder eine Tiefpass- oder eine Hochpasscharakteristik und sehr wenig Bauelemente auf, Bild 3.35.

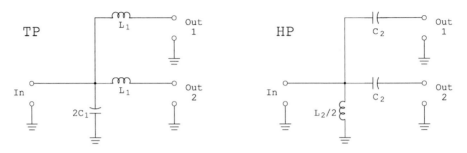

Bild 3.35: Darstellung der verlustlosen 3 dB-Signalteiler mit 0° Phasendifferenz am Ausgang

Für die Betragswerte weisen die auf dem Γ-Trafo basierenden Signalteiler folgende S-Matrix bei Mittenfrequenz auf:

$$|[\mathbf{S_{ST4}}]| = \begin{pmatrix} 0 & 0.7 & 0.7 \\ 0.7 & 0.5 & 0.5 \\ 0.7 & 0.5 & 0.5 \end{pmatrix} \qquad . \tag{3.34}$$

Ein weiterer reaktiver Signalteiler, der 2 Spulen und 2 Kondensatoren benötigt, wird im Kapitel 5 als ±90°-Balun vorgestellt. Bei diesem Signalteiler beträgt die Differenzphase am Ausgang 180°.

Weitere Signalteiler

Basierend auf das einfache Arbeiten mit den Γ-Trafos kann man sich viele weitere Signalteiler einfach herleiten:

- Für einen 1-auf-4-Signalteiler muss jeder Eingang der vier Γ-Trafos 200 Ω und jeder Ausgang 50 Ω aufweisen.

- Unsymmetrisch Signalteiler lassen sich durch unterschiedliche Eingangswiderstände herleiten.

——————— *Übung: Verlustlosbehafteter 1 auf 4 Signalteiler* ———————

Geg.: *Ein breitbandiger verlustlosbehafteter 1 auf 4 Signalteiler (für die Vorwärtsrichtung) lässt sich gemäss dem Bild 3.36 aufbauen.*

Ges.:
   1. Geben Sie alle S-Parameter dieses 5-Tores an.

Lösung: *Es gilt* $S_{11} = 0$, *da eine am Tor 1 hineinlaufende Welle zwar aufgeteilt, aber nicht reflektiert wird.*

Es gilt $S_{22} = S_{33} = S_{44} = S_{55} = 0.0625$. *Dieser Wert berechnet sich aus der zweifachen Dämpfung durch den allseitig angepassten Teiler (je 0.5) und der Reflexion des eingangsseitig angepassten Teiler am Ausgangstor (0.25).*

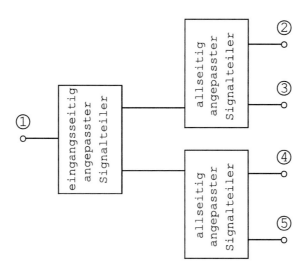

Bild 3.36: Darstellung des verlustlosbehafteten 1 auf 4 Signalteilers

Weiterhin ergibt sich $\quad S_{21} = S_{31} = S_{41} = S_{51} = 0.25.$ *Beide Teilertypen haben eine Transmissiondämpfung von 0.5.*

Die Isolation der allseitig angepassten Teiler mit 0.5 ergibt direkt die Werte: $\quad S_{54} = S_{32} = 0.5.$

Die Isolation der weiteren Ausgänge berechnen sich wie die rückwärtigen Reflexionswerte: $S_{53} = S_{43} = S_{52} = S_{42} = 0.0625.$

———— *Übung: Verlustlosbehafteter 1 auf 4 Signalteiler* ————

3.3.5 Verschiedenste Koppler und Symmetrierglieder

Eine große Anzahl sog. Koppler und Symmetrierglieder lassen sich mittels konzentrierter Bauelemente sehr vorteilhaft realisieren. Mit diesen Bauteilen lassen sich auch die Signale verlustarm teilen. In der Regel handelt es sich nicht um Breitbandkomponenten.

Jedoch benötigt man zu deren Beschreibung die sogenannten Multimode-Streuparameter, die erst im Kapitel 5 erläutert werden. Deshalb werden diese Komponenten ebenfalls erst im Kapitel 5 ausführlich behandelt.

Die Synthese von Kopplern verläuft so, dass zunächst Koppler mittels Leitungen berechnet werden. Im zweiten Schritt werden diese Leitungen durch Phasenschieber, die mittels konzentrierter Bauelemente aufgebaut werden, ersetzt.

Das Beispiel in Bild 3.37 zeigt wie einfach ein Viertor-Koppler bestehend aus vier sogenannten $\lambda/4$-Leitungen realisiert ist. Wie im anschließenden Kapitel gezeigt wird, lassen sich diese $\lambda/4$-Leitungen alternativ mittels -90°-Phasenschieber realisieren.

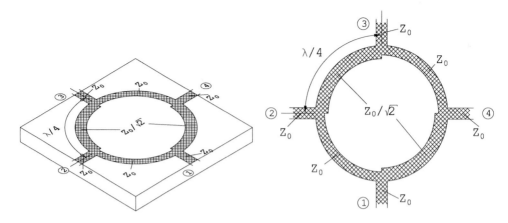

Bild 3.37: Hybrid-Koppler zur Aufteilung der Signale in zwei Zweige realisiert in sogenannter Mikrostreifenleitertechnik (Kapitel 4)

Die Betragswerte der Streumatrix dieses Kopplers sehen wie folgt aus:

$$
|[\mathbf{S_{Hyb}}]| \;=\;
\begin{pmatrix}
0 & 0 & 0.707 & 0.707 \\
0 & 0 & 0.707 & 0.707 \\
0.707 & 0.707 & 0 & 0 \\
0.707 & 0.707 & 0 & 0
\end{pmatrix}
. \tag{3.35}
$$

Dieser Hybridkoppler erfüllt die an einen idealen Signalteiler gestellten Anforderungen! Nachteilig ist, dass der Bauteileaufwand relativ groß ist, sofern man die -90°-Leitungen aus konzentrierten Bauteilen, wie im Bild 3.38 dargestellt, realisiert. Verwendet man auch hier gekoppelte Induktivitäten, so gelangt man auch auf diesem Weg zu einer hochintegrierten passiven Schaltung.

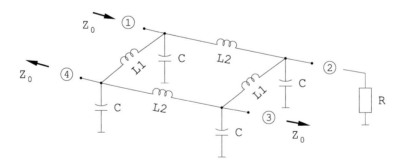

Bild 3.38: Hybrid-Koppler zur Aufteilung der Signale in zwei Zweige realisiert aus konzentrierten Elementen und abgeschlossenem Tor 2 ($R = Z_0$)

3.4   Multifunktionskomponenten

Der aktuelle Trend in der Forschung im Bereich von passiven Hochfrequenzschaltungen liegt darin, die Funktionalität dergestalt zu erhöhen, dass die Schaltungen:

- über große Bandbreiten einsetzbar sind und /oder

- in mehreren Frequenzbereichen einsetzbar sind und/oder

- mehrere Funktionalitäten gleichzeitig aufweisen.

Als ein einfaches Beispiel für eine Multifunktionskomponente aus der Praxis soll die folgende Schaltung dienen.

90°-Phasenschiebung, DC-Einspeisung und Impedanztransformation

Bei dem vorgestellten ±90°-Phasenschiebern dreht bei der Arbeitsfrequenz jedes Element die Phase um ±30°. Realisiert man einen Phasenschieber aus nur zwei Elementen, so muss jedes Element die Phase um ±45° drehen. Dieses ist realisierbar aber bedingt auch immer eine Impedanztransformation. Diese Phasenschieber haben den gleichen Aufbau wie der Γ-Transformator. Berechnen kann man diese Phasenschieber vorteilhaft über Gleichung (2.27).

Möchte man nun die drei Funktionalitäten, 90°-Phasenschiebung, DC-Einspeisung und Impedanztransformation kombinieren, so gelingt es bereits mit vier Bauteilen, wie im Bild 3.39 dargestellt, ausgezeichnet.

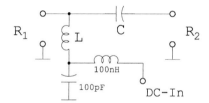

Bild 3.39: Realisierung einer Dreitorschaltung mit 90°-Phasenschiebung, DC-Einspeisung und Impedanztransformation

Die Hilfsblätter ab Seite 372 unterstützen den Entwurf von Schaltungen, die eine Impedanztransformation aufweisen. Die Vorgehensweise unterscheidet sich nicht von der beim Arbeiten mit dem Hilfsblatt A.2.

Dual-Band-Funktionen

Eine einfache Vorgehensweise, spezielle Funktionalitäten für zwei Frequenzbänder in einer Schaltung zu verwirklichen ist der Einsatz von Serien- und/oder Parallelschwingkreisen. Mittels dieser Schwingkreise lassen sich einerseits frequenzabhängige Spulen und Kondensatoren umsetzen und andererseits aus einem Kondensator eine Spule und umgekehrt realisieren. Eine mögliche Anwendung ist auf der Seite 179 vorgestellt.

Grafisch kann man das elektrische Verhalten eines Serienschwingkreises über der Frequenz wie im Bild 3.40 mit den Abkürzungen LL für Leerlauf und KS für Kurzschluss illustrieren.

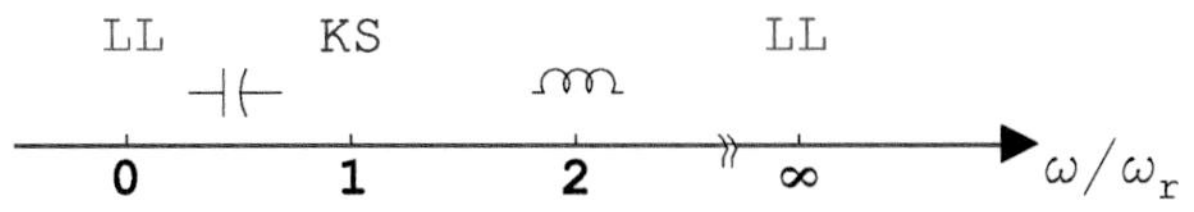

LL   KS   LL

$\dashv\vdash$ m

0   1   2 ∞ ω/ω_r

Bild 3.40: Darstellung der Serienimpedanz eines Serienschwingkreises über der Frequenz

Zur Berechnung dieser Ersatzelemente bei den Frequenzen f_i ist es sinnvoll, die Verstimmung ν_i und die Resonanzfrequenz ω_r zu verwenden. Die sich bei f_i ergebende Induktivität L_i und Kapazität C_i lassen sich über

$$L_i = \frac{\nu_i\,\omega_r}{\omega_i}\,L_s \quad \text{bzw.} \quad C_i = -\frac{\omega_r}{\nu_i\,\omega_i}\,C_s \quad \text{für den Serienkreis} \tag{3.36}$$

$$L_i = -\frac{\omega_r}{\nu_i\,\omega_i}\,L_p \quad \text{bzw.} \quad C_i = \frac{\nu_i\,\omega_r}{\omega_i}\,Cp \quad \text{für den Parallelkreis} \tag{3.37}$$

$$\text{mit} \quad \nu_i = \frac{\omega_i}{\omega_r} - \frac{\omega_r}{\omega_i} \quad \text{und} \quad \omega_r^2 = \frac{1}{L_s\,C_s} = \frac{1}{L_p\,C_p} \tag{3.38}$$

berechnen. Die folgende Tabelle 3.4 illustriert, welches Bauteil sich bei welcher Frequenzwahl realisieren lässt.

Tabelle 3.4: Eigenschaften von Schwingkreisen als frequenzabhängige Bauelemente

	Serienschwingkreis	Parallelschwingkreis
$f_1 < f_2 < f_r$	C_1 und C_2 $C_1 < C_2$	L_1 und L_2 $L_1 < L_2$
$f_1 < f_r < f_2$	C_1 und L_2	L_1 und C_2
$f_r < f_1 < f_2$	L_1 und L_2 $L_1 < L_2$	C_1 und C_2 $C_1 < C_2$

Leider lassen sich keine Kapazitäten und Induktivitäten mit den Eigenschaften, dass die zugehörigen Werte mit zunehmender Frequenz sinken, nachbilden.

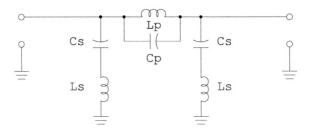

Bild 3.41: Realisierung eines $\pm 90°$-Phasenschiebers für zwei Frequenzbänder

Beispiele zu der Anwendung dieser Theorie finden sich in den Klausuren zur HF-Technik, die unter [54] herunter geladen werden können. So ist in der Klausur K5 die Berechnung eines Dual-Band-Phasenschiebers mit $\pm 90°$-Verschiebung zu finden. Das zugehörige Schaltbild ist im Bild 3.41 zu sehen.

Kapitel 4

Hochfrequenzleitungen: Theorie, Leitertypen und Anwendungen

Im Hochfrequenzbereich werden Leitungen nicht nur zur Daten- bzw. Signalübertragung und zum Energietransport, sondern auch als sog. "quasi-konzentrierte" und "verteilte" Bauelemente eingesetzt. Für den Elektroniker ist es immer wieder überraschend, wie viel Phänomene die nur als Drähte angesehenen Leitungen bei höheren Frequenzen aufweisen. Das Studium der HF-Leitungen ist dennoch für alle Elektroniker, die eine Datenübertragungsstrecke im MHz- oder gar GHz-Bereich realisieren wollen, von größter Wichtigkeit. Insbesondere für die Übertragung von digitalen Signalen mit Taktraten im MBit- und GBit-Bereich verursachen die Leitungen sehr große Bitfehlerraten, da es sich in diesen Fällen um Breitbandübertragungsstrecken handelt, die für niederfrequentere und höherfrequentere Signalanteile unterschiedliche Laufzeiten aufweisen können.

Leitungen im Hochfrequenzbereich kann man in zwei Klassen einteilen:

- Wellenleiter
  (Beispiele für Wellenleiter sind Hohlleiter und Glasfaserleiter),
- Mehrdrahtleiter
  (Die Wichtigen sind die Zwei- und Dreidrahtleitungen).

Für beide Arten sind die Resultate der Leitungstheorie anwendbar. Wellenleiter und Wellenleiterbauteile werden selten in der Hochfrequenzelektronik eingesetzt. Aufgrund deren Komplexität und Haupteinsatzgebiete wie HF-Großsignalsendeanlagen wird nicht weiter auf diese eingegangen und auf die zahlreiche Literatur verwiesen, z.B. [17, 107, 127]. Die so genannten Dreidrahtleiter werden im Kapitel 5 eingeführt.

Beispiele für Zweidrahtleitungen sind im Bild 4.1 angegeben. Diese Zweidrahtleitungen werden in älterer Literatur auch als Leitungen vom Lecher-Typ bezeichnet.

Im Gegensatz zu Wellenleitern sind die Querabmessungen von Zweidrahtleitungen sehr klein und liegen nur im Bereich von einigen Grad der Wellenlänge (Vergleiche Gleichung (2.7)). Deshalb ist es für Zweidrahtleitungen erlaubt und ggf. vorteilhaft, mit den Begriffen Strom und Spannung zu operieren.

© Springer Fachmedien Wiesbaden GmbH, ein Teil von Springer Nature 2018
H. Heuermann, *Hochfrequenztechnik*, https://doi.org/10.1007/978-3-658-23198-9_4

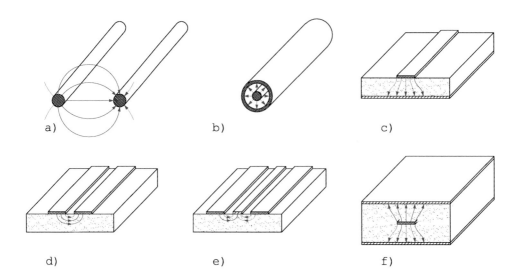

Bild 4.1: Typische Zweidrahtleitungen mit den entsprechenden auftretenden elektrischen Feldern: a) Paralleldrahtleitung; b) Koaxialleitung; c) Mikrostreifenleitung; d) koplanare Zweibandleitung; e) Koplanarleitung; f) Streifenleitung (engl.: strip line, triplate line)

Zweidrahtleiter bestehen entweder aus einem symmetrischen oder aus einem unsymmetrischen Leiterpaar. Bei einer symmetrischen Leitung ist ein Leiter der Hinleiter und der andere der Rückleiter des Stromes. Bei einer unsymmetrischen Anordnung hat der größere Leiter i.d.R. die Funktion einer Masse und stellt somit den Rückleiter für den Strom dar. Eine Masse ist ein sehr breiter (teilweise wie bei der Koaxialleiter auch geschlossener) Leiter, der das Potential von 0 V aufweist. Letzteres wird ggf. durch die Verbindung mit einer Betriebsmasse oder -erde erreicht.

Beschränkung auf TEM- und Quasi-TEM-Moden

In diesem Kapitel sollen Hochfrequenzleitungen beschrieben werden, die (nahezu) nur E- und H-Feldkomponenten transversal zur Ausbreitungsrichtung haben. Treten longitunale Komponenten auf, so sollen diese deutlich kleiner als die Transversalkomponenten sein. Letztere Wellentypen werden als Quasi-TEM-Moden[1] bezeichnet und in ähnlicher Art und Weise behandelt wie TEM-Moden.

Den TEM- und Quasi-TEM-Wellenleitern kommt in der Praxis der Hochfrequenztechnik die mit Abstand größte Bedeutung zu.

Überblick

Zunächst werden die allgemeine Leitungstheorie und wichtige allgemeine Größen von Leitungen eingeführt.

Im Weiteren werden TEM-Wellenleiter vorgestellt. Mit der Einführung der in der Praxis häufig eingesetzten Mikrostreifenleitung wird der Unterschied zwischen TEM- und

---

[1]TEM-Welle: transversal-elektromagnetische Welle

Quasi-TEM-Wellenleiter herausgearbeitet. Wichtig ist der folgende Überblick über die Technologie zur Herstellung der Leitungen für planare Schaltungen.

Am Beispiel einer Koaxialleitung wird gezeigt, wie exakt man den Wellenwiderstand über mechanische Fehler und insbesondere über die endliche Eindringung der elektromagnetischen Welle berechnen kann.

Im Anschluss werden die Eingangswiderstände von Leitungen mit verschiedensten Abschlüssen, Leitungstransformationen und das Leitungsdiagramm (Smith-Chart) betrachtet.

Abschließend wird auf die Realisierung von Bauteilen mit kurzen Leitungen (sog. quasikonzentrierte Leitungsbauteile) eingegangen.

4.1   Die allgemeine Leitungstheorie

Die auf einem Leiterpaar fortschreitenden Strom- und Spannungswellen bauen elektromagnetische Felder um die Leitungen auf. Die in diesen Feldern gespeicherte Energie kann man einer Kapazität C' und einer Induktivität L' pro Längeneinheit zuschreiben. Das Ersatzschaltbild (ESB) für ein kurzes Stück Leitung in der weit verbreiteten differentiellen Darstellung zeigt Abbildung 4.2.

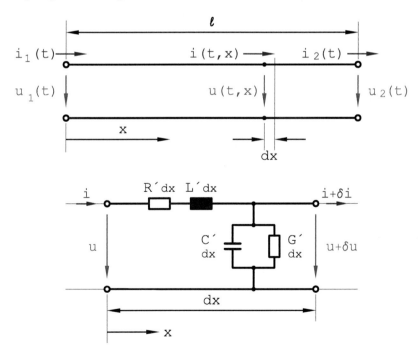

Bild 4.2: Leitung und ESB eines Leitungssegmentes: Differentielle Darstellung

Die Verluste des kurzen Leitungselementes lassen sich mit dem Serienwiderstand R' und dem Shunt-Leitwert G' beschreiben. Diese differentiellen Elemente werden auch als Beläge (z.B. Kapazitätsbelag) bezeichnet.

Zur vereinfachten Analyse werden wir im Folgenden das Ersatzschaltbild für ein kurzes Stück Leitung in der Differenzen-Darstellung, wie im Bild 4.3 dargestellt, verwenden.

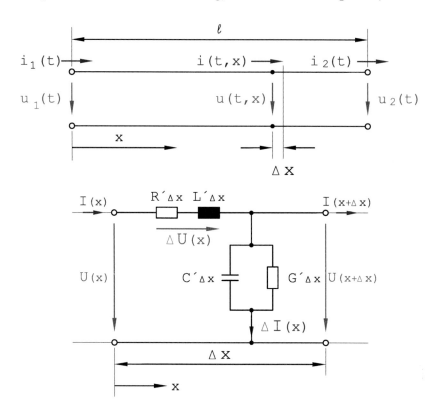

Bild 4.3: Leitung und ESB eines Leitungssegmentes: Differenzen-Darstellung

Wie sich am Ende dieses Kapitels zeigen wird, kann man eine kurze Leitung zur Herstellung von Induktivitäten und Kondensatoren verwenden. Die Ersatzschaltbilder lassen bereits erkennen, dass eine Leitung, die so ausgelegt wird, dass der Kapazitätsbelag sehr klein ist, als Serieninduktivität wirkt. Sind die Geometrien der Leitung hingegen so gewählt, dass man den Induktivitätsbelag vernachlässigen kann, so gibt das ESB nach Bild 4.3 eine Kapazität gegen Masse wieder.

Herleitung der Telegraphengleichung

Genauso wie bei der Herleitung der Streuparameter interessieren uns auch hier nur sinusförmige Vorgänge im eingeschwungenen Zustand, d.h. es kann wiederum die komplexe Rechnung angewandt werden, [8]. Die Kirchhoffsche Maschenregel angewendet auf das ESB liefert:

$$U(x) - U(x + \Delta x) - \Delta U(x) = 0 \quad \text{bzw.} \quad (4.1)$$
$$U(x) - U(x + \Delta x) - I(x) \cdot (R' + j\omega L') \cdot \Delta x = 0 \quad . \quad (4.2)$$

Für den Grenzfall $\Delta x \to 0$, d.h., dass der Differenzenquotient in den Differentialquotienten übergeht, gilt:

$$\lim_{\Delta x \to 0} \frac{U(x) - U(x + \Delta x)}{\Delta x} - I(x) \cdot (R' + j\omega L') = 0 \quad , \tag{4.3}$$

$$\text{bzw.} \quad -\frac{dU(x)}{dx} = I(x) \cdot (R' + j\omega L') \quad . \tag{4.4}$$

Für die weitere Herleitung wird die Ableitung der Gleichung (4.4) nach dx in umgestellter Form benötigt:

$$-\frac{dI(x)}{dx} = \frac{d^2U(x)}{dx^2} / (R' + j\omega L') \quad . \tag{4.5}$$

Wendet man die Kirchhoffsche Knotenregel auf das ESB nach Bild 4.3 an, so erhält man:

$$I(x) - I(x + \Delta x) - \Delta I(x) = 0 \quad \text{bzw.} \tag{4.6}$$

$$I(x) - I(x + \Delta x) - U(x + \Delta x) \cdot (G' + j\omega C') \cdot \Delta x = 0 \quad . \tag{4.7}$$

Für den Grenzfall $\Delta x \to 0$ gilt:

$$\lim_{\Delta x \to 0} \frac{I(x) - I(x + \Delta x)}{\Delta x} - \lim_{\Delta x \to 0} U(x + \Delta x) \cdot (G' + j\omega C') = 0 \quad , \tag{4.8}$$

$$\text{bzw.} \quad -\frac{dI(x)}{dx} = U(x) \cdot (G' + j\omega C') \quad . \tag{4.9}$$

Im nächsten Schritt soll der differentielle Strom in den Gleichungen (4.5) und (4.9) durch Gleichsetzung eliminiert werden.

$$\frac{d^2U(x)}{dx^2} - (G' + j\omega C') \cdot (R' + j\omega L') \cdot U(x) = 0 \tag{4.10}$$

Die somit hergeleitete Differentialgleichung zweiter Ordnung zur Beschreibung eines kurzen Leitungssegmentes wird auch als
`Telegraphengleichung`
bezeichnet.

Lösung der Telegraphengleichung

Zur Lösung der Telegraphengleichung ist es vorteilhaft, die in der Leitungstheorie wichtigen Größen:

- γ: Ausbreitungs- oder Fortpflanzungskonstante
- α: Dämpfungskonstante oder -belag
- β: Phasenkonstante oder -belag

einzuführen. Deren Bedeutung wird im Weiteren noch erläutert. Die physikalischen Einheiten sind $1/m$. Folgende Abkürzung soll mit diesen Größen gelten:

$$\gamma = \alpha + j\beta = \sqrt{(G' + j\omega C') \cdot (R' + j\omega L')} \quad . \tag{4.11}$$

Setzt man die Abkürzungen in die Gleichung (4.10) ein, so gilt:

$$\frac{d^2 U}{dx^2} - \gamma^2 \cdot U = 0 \quad . \tag{4.12}$$

Die Differentialgleichung (4.12) hat den allgemeinen Lösungsansatz,

$$U(x) = U_p e^{-\gamma x} + U_r e^{\gamma x} \quad , \tag{4.13}$$

der auch als `erste Leitungsgleichung` bezeichnet wird.

Die Spannungen U_p und U_r sind mathematisch gesehen komplexe Integrationskonstanten, die sich aus den Randbedingungen bestimmen lassen. Physikalisch sind es die Spannungen der vorlaufenden (U_p) und der rücklaufenden (U_r) Spannungswellen[2].

Die `zweite Leitungsgleichung` lässt sich aus der umgestellten Glg. (4.4) herleiten.

$$I(x) = -\frac{1}{R' + j\omega L'} \cdot \frac{dU}{dx} \tag{4.14}$$

Setzt man für den Differentialquotienten Glg. (4.13) ein, so gilt:

$$I(x) = -\frac{1}{R' + j\omega L'} \cdot (-\gamma) \cdot (U_p e^{-\gamma x} - U_r e^{\gamma x}) \tag{4.15}$$

und mit Glg. (4.11)

$$I(x) = \sqrt{\frac{G' + j\omega C'}{R' + j\omega L'}} \cdot (U_p e^{-\gamma x} - U_r e^{\gamma x}) \quad . \tag{4.16}$$

Der inverse Wurzelausdruck ist für die HF-Leitung die wichtigste Größe. Es handelt sich um den `Wellenwiderstand`

$$Z_L = \sqrt{\frac{R' + j\omega L'}{G' + j\omega C'}} \quad . \tag{4.17}$$

Damit ergeben sich die beiden Leitungsgleichungen aus Glg. (4.13) und Glg. (4.16) mit Glg. (4.17) zu:

$$U(x) = U_p e^{-\gamma x} + U_r e^{\gamma x} \quad , \tag{4.18}$$

$$I(x) Z_L = U_p e^{-\gamma x} - U_r e^{\gamma x} \quad . \tag{4.19}$$

Die beiden Leitungsgleichungen liefern das Resultat, dass

$$U(x) = I(x) Z_L$$

für den Fall gilt, wenn U_r null ist. In diesem Fall breitet sich nur die herauslaufende Welle U_p aus und es liegt die so genannte `Anpassung` vor.

Die Existenz dieser beiden Spannungswellen wurde im Kapitel 2 zur Einführung der beiden auf $\sqrt{Z_L}$ normierten Spannungswellen a und b verwendet.

---

[2]Die Indizes r und p stehen für die englischen Bezeichnungen *reflection* und *propagation*.

Bestimmung der Integrationskonstanten U_p und U_r

Die Integrationskonstanten U_p und U_r werden durch Randbedingungen (Verhältnisse am Anfang und Ende der Leitung) festgelegt. Es wird im Weiteren gezeigt, dass sich die Ströme ($I_{(l)}$) und Spannungen ($U_{(l)}$) entlang der Leitung durch die Ströme (I_0) und Spannungen (U_0) am Abschlusswiderstand berechnen lassen. Zur Vereinfachung legen wir deshalb den Nullpunkt des Koordinatensystems an das Leitungsende und definieren $l = -x$, um nicht mit negativen Koordinatenwerten rechnen zu müssen (Bild 4.4).

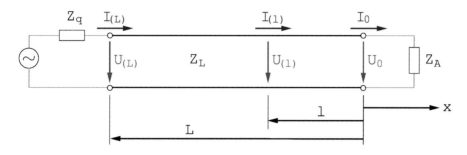

Bild 4.4: Koordinaten und Bezeichnungen von Strömen und Spannungen entlang der Leitung

Für den Koordinatennullpunkt gilt für die Gleichungen (4.18) und (4.19):

$$U_{(l=0)} = U_0 = U_p + U_r \qquad (4.20)$$

$$\text{und} \qquad I_{(l=0)} \cdot Z_L = I_0 \cdot Z_L = U_p - U_r \quad . \qquad (4.21)$$

Daraus folgt für die gesuchten Randbedingungen:

$$U_p = \frac{1}{2} \cdot (U_0 + I_0 \cdot Z_L) \qquad (4.22)$$

$$\text{sowie} \qquad U_r = \frac{1}{2} \cdot (U_0 - I_0 \cdot Z_L) \quad . \qquad (4.23)$$

Als Nächstes setzt man die Gleichungen (4.22) und (4.23) in die Gleichungen (4.18) und (4.19) für den Punkt $-x = l$ ein.

$$U(l) = \frac{1}{2} \cdot (U_0 + I_0 \cdot Z_L) \, e^{\gamma l} + \frac{1}{2} \cdot (U_0 - I_0 \cdot Z_L) \, e^{-\gamma l} \qquad (4.24)$$

$$I(l) \cdot Z_L = \frac{1}{2} \cdot (U_0 + I_0 \cdot Z_L) \, e^{\gamma l} - \frac{1}{2} \cdot (U_0 - I_0 \cdot Z_L) e^{-\gamma l} \qquad (4.25)$$

Mit den bekannten Umformungen

$$\sinh(\gamma l) = \frac{1}{2} \left(e^{\gamma l} - e^{-\gamma l} \right) \qquad \text{und} \qquad \cosh(\gamma l) = \frac{1}{2} \left(e^{\gamma l} + e^{-\gamma l} \right) \qquad (4.26)$$

der hyperbolischen Funktionen ergibt sich:

$$U(l) = U_0 \cdot \cosh(\gamma l) + I_0 \cdot Z_L \cdot \sinh(\gamma l) \quad , \qquad (4.27)$$

$$I(l) = I_0 \cdot \cosh(\gamma l) + U_0 / Z_L \cdot \sinh(\gamma l) \quad . \qquad (4.28)$$

Die Zuordnung der Strom- und Spannungsverhältnisse wird bevorzugt in der Kettenmatrix-Darstellung (A-Parameter) angegeben:

$$\begin{pmatrix} U(l) \\ I(l) \end{pmatrix} = \begin{pmatrix} \cosh(\gamma l) & Z_L \cdot \sinh(\gamma l) \\ 1/Z_L \cdot \sinh(\gamma l) & \cosh(\gamma l) \end{pmatrix} \begin{pmatrix} U_0 \\ I_0 \end{pmatrix} \quad . \tag{4.29}$$

Verwendet man $U_{(l=L)}$ und $I_{(l=L)}$ am Eingang der Leitung nach Bild 4.4 und sofern $Z_q = Z_A = Z_L$ gilt, so lassen sich für diese angepasste verlustbehaftete Leitung die Streuparameter mittels Hilfsblatt 6 (Seite 371) berechnen:

$$[\mathbf{S_{Leit}}] = \begin{pmatrix} 0 & e^{-\gamma l} \\ e^{-\gamma l} & 0 \end{pmatrix} \quad . \tag{4.30}$$

Folglich kann der logarithmierte Transmissionswert einer Leitung aus

$$S_{21}^{dB} = 20 \lg\left(\left|e^{-\gamma l}\right|\right) \tag{4.31}$$

berechnet werden.

4.1.1 Schwach verlustbehaftete Leitungen

Nunmehr sollen Näherungen eingeführt werden, die keine gravierenden Auswirkungen auf die Resultate von technisch sinnvollen Leitungen haben, jedoch die analytische Behandlung immens vereinfachen.

Die Näherungen beruhen auf der Tatsache, dass die Verlustbeläge (R' und G') deutlich kleiner sind als die Energiebeläge (ωL' und ωC').

Folglich gilt für die Ausbreitungskonstante nach Glg. (4.11):

$$\gamma = \alpha + j\beta = \sqrt{(G' + j\omega C')(R' + j\omega L')} \quad , \tag{4.32}$$

$$\gamma = \sqrt{j\omega C'\left(1 + \frac{G'}{j\omega C'}\right) j\omega L'\left(1 + \frac{R'}{j\omega L'}\right)} \quad , \tag{4.33}$$

$$\gamma \approx j\omega\sqrt{L'C'}\sqrt{1 + G'/(j\omega C') + R'/(j\omega L')} \tag{4.34}$$

$$\text{mit} \quad \sqrt{1+x} \approx 1 + x/2 \quad ,$$

$$\gamma \approx j\omega\sqrt{L'C'}\left(1 + G'/(j2\omega C') + R'/(j2\omega L')\right) \quad , \tag{4.35}$$

$$\gamma \approx \underbrace{j\omega\sqrt{L'C'}}_{=j\beta} + \underbrace{\frac{R'}{2}\sqrt{C'/L'} + \frac{G'}{2}\sqrt{L'/C'}}_{=\alpha} \quad . \tag{4.36}$$

Genauso lässt sich die Gleichung (4.17) zur Berechnung des Wellenwiderstandes vereinfachen:

$$Z_L = \sqrt{\frac{R' + j\omega L'}{G' + j\omega C'}} = \sqrt{\frac{j\omega L'}{j\omega C'}} \cdot \sqrt{\left(1 + \frac{R'}{j\omega L'}\right) \Big/ \left(1 + \frac{G'}{j\omega C'}\right)} \approx \sqrt{\frac{L'}{C'}} \quad . \tag{4.37}$$

Das wichtigste Resultat dieser Näherung ist, dass der Wellenwiderstand Z_L in guter Näherung als rein reell angenommen werden kann. D.h., schwache Verluste beeinflussen den

Wellenwiderstand kaum. Es wurde somit gezeigt, dass die Verluste bzgl. des Spannungsabfalls auf der Leitung (und somit bzgl. des komplexen Wellenwiderstandes) so klein sind, dass die longitudenalen Anteile des Feldes für die Ausbreitungsphänomene vernachlässigt werden können.

Sofern die Verluste für die Dämpfung nicht vernachlässigt werden können, spricht man von einem Quasi-TEM-Wellenleiter. Quasi-TEM-Leiter haben kleine longitudenale und große transversale Feldkomponenten.

Setzt man das Resultat der Gleichung (4.37) in die Lösung für das Dämpfungsmaß α (Gleichung (4.36)) ein, so ergibt sich

$$\alpha \approx \frac{R'}{2\,Z_L} + \frac{G'\,Z_L}{2} \qquad . \tag{4.38}$$

Es lässt sich über die sogenannte Verlustleistungmethode [127] zeigen, dass verallgemeinert

$$\alpha = \frac{1}{2\,\mathrm{Re}\,\{Z_L\}}\,(R' + G'\,|Z_L|^2) \tag{4.39}$$

gilt.

Wie noch gezeigt werden wird, entsprechen die Näherungslösungen der Phasenkonstante und des Wellenwiderstandes

$$\beta \approx \omega \cdot \sqrt{L'C'} \qquad \text{und} \qquad Z_L \approx \sqrt{\frac{L'}{C'}} \tag{4.40}$$

den exakten Lösungen für den verlustfreien Fall (= TEM-Wellenleiters).

4.1.2 Dämpfung einer Leitung

In der Praxis arbeitet man mit einer Leitungsdämpfung die in dB angegeben wird. Für diese logarithmische Dämpfungskonstante α^{dB} gilt:

$$\frac{\alpha^{dB}\,l}{dB} = 20\,\lg\frac{1}{e^{-\alpha l}} \qquad . \tag{4.41}$$

Die Betragswerte der Transmissionsparameter der Streuparameter und die Dämpfung unterscheiden sich nur im Vorzeichen und somit gilt auch für die logarithmierten Werte eines Leitungsstücks:

$$\alpha^{dB}\,l = -\,S_{21}^{dB} \qquad . \tag{4.42}$$

Folglich kann der logarithmierte Transmissionswert einer Leitung der Länge l auch aus

$$S_{21}^{dB} = 20\,\lg\left(e^{-\alpha l}\right) \tag{4.43}$$

berechnet werden.

Mit der Eigenschaft der Logarithmen $\lg a^n = n\,\lg a$ und der Kürzung der Länge l gilt:

$$\frac{\alpha^{dB}}{dB/m} = 8.686\,\frac{\alpha}{Np/m} \qquad , \tag{4.44}$$

wobei die eingeführte Abkürzung Np für die *dimensionslose* Einheit Neper steht. Im Gegensatz zu einer logarithmischen Angabe findet keine Umrechnung statt. Somit ist es äquivalent ob für die Dämpfungskonstante α die Einheit in Neper angegeben wird oder nichts angegeben wird.

4.1.3   Leitungstheorie verlustloser Leitungen

Im verlustlosen Fall sind die Verlustbeläge R' und G' gleich null. Bild 4.5 illustriert das vereinfachte ESB eines Leitungssegmentes.

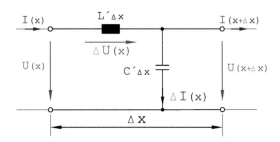

Bild 4.5: ESB eines Leitungssegmentes ohne Verluste

Somit vereinfachen sich die Gleichungen (4.11) und (4.17) zu:

$$\beta = \omega \cdot \sqrt{L'C'} \qquad \text{und} \qquad Z_L = \sqrt{\frac{L'}{C'}} \quad . \tag{4.45}$$

Die Dämpfungskonstante α ist null!

Da die Ausbreitungskonstante γ nun rein imaginär ist, kann man die hyperbolischen Funktionen über

$$\cosh{(jx)} = \cos{(x)} \qquad \text{und} \qquad \sinh{(jx)} = j\sin{(x)} \tag{4.46}$$

in trigonometrische Funktionen vereinfachen. Somit ergeben sich für die Gleichungen (4.27) bis (4.29) die folgenden Vereinfachungen für den verlustlosen Fall:

$$U(l) \;=\; U_0 \cdot \cos{(\beta l)} + j\,I_0 \cdot Z_L \cdot \sin{(\beta l)} \quad , \tag{4.47}$$

$$I(l) \;=\; I_0 \cdot \cos{(\beta l)} + j\,U_0/Z_L \cdot \sin{(\beta l)} \quad . \tag{4.48}$$

$$\begin{pmatrix} U(l) \\ I(l) \end{pmatrix} = \begin{pmatrix} \cos{\beta l} & j\,Z_L \cdot \sin{(\beta l)} \\ j\,1/Z_L \cdot \sin{(\beta l)} & \cos{(\beta l)} \end{pmatrix} \begin{pmatrix} U_0 \\ I_0 \end{pmatrix} \quad . \tag{4.49}$$

Verwendet man in der Gleichung (4.49) der A-Kettenmatrix $U_{(l=L)}$ und $I_{(l=L)}$ am Eingang der Leitung nach Bild 4.4 und gilt $Z_q = Z_A = Z_L$, so lassen sich für diese angepasste verlustlose Leitung die Streuparameter mittels Hilfsblatt 6 (Seite 371) berechnen:

$$[\mathbf{S_{Leit}}] \;=\; \begin{pmatrix} 0 & e^{-j\beta l} \\ e^{-j\beta l} & 0 \end{pmatrix} \quad . \tag{4.50}$$

Bevor diese Gleichungen aus (4.46) und (4.49) weiter zur Herleitung des Eingangswiderstandes herangezogen werden, sollen noch wichtige Größen der Leitungstheorie eingeführt werden.

─────── *Übung: Überlandleitung* ───────

Geg.: *Eine homogene und verlustfreie 500 km lange Leitung für die Energieübertragung soll untersucht werden. Die Leitung wurde für einen Wellenwiderstand von $Z_L = 10\,k\Omega$ dimensioniert. Die Einsatzfrequenz ist 50 Hz. Als Eingangskapazität wurde C=167 nF gemessen. Für die Lichtgeschwindigkeit gilt genähert $c_0 = 2.99 \cdot 10^8 \frac{m}{s}$ und für Luft $\epsilon_r = 1$.*

Ges.:
1. Berechnen Sie den Kapazitätsbelag C' und den Leitungsbelag L'.
2. Geben Sie ein Ersatzschaltbild (ESB) für die Leitung an. Dafür soll die in der Praxis sehr gute Näherung verwendet werden, dass das ESB einer Leitung bei einer elektrischen Länge $p = \omega \ell \, 180° / (c_0 \, \pi)$ bis rund 10° gültig ist und die Beläge durch Bauelemente ersetzt werden können.
3. Welche Beträge der S-Parameter ergeben sich bei einer Simulation mit Torimpedanzen von 10 kΩ? Berechnen Sie die Beträge der S-Parameter der Ersatzschaltung bis 1 kHz mittels Serenade.

Zu 1. *Aufgrund der Homogenität lässt sich der Kapazitätsbelag C' direkt aus dem Messwert der Gesamtkapazität C berechnen:*

$$C' = C/\ell = \frac{167\,nF}{500\,km} = 0.33\,\frac{pF}{m} \quad . \tag{4.51}$$

Der Leitungsbelag kann unmittelbar aus Gleichung (4.40) berechnet werden:

$$L' = Z_L^2 \, C' = 10000^2\,\Omega^2 \, 0.33\,\frac{pF}{m} = 33\,\frac{\mu H}{m} \quad . \tag{4.52}$$

Zu 2. *Die 500 km lange Leitung bewirkt bei 50 Hz eine Phasendrehung gemäß:*

$$p = \omega/c_0 \, \ell \, 180°/\pi = \frac{2\,\pi\,50\,1/s}{2.99\,10^8\,m/s}\,500 \cdot 10^3\,m\,\frac{180°}{\pi} = 30.1° \quad . \tag{4.53}$$

Rechnet man mit der Näherung, dass rund 10° elektrischer Länge durch ein ESB aus einer Serieninduktivität Lx und einer Kapazität gegen Masse Cx ersetzt werden können, so ergibt sich die einfache Ersatzschaltung nach Bild 4.6

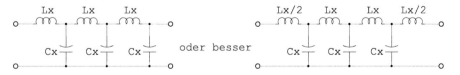

Bild 4.6: ESB der 500 km langen Überlandleitung

mit den Werten:

$$Cx = \frac{C'\,500 \cdot 10^3\,m}{3} = 55\,nF \quad und \quad Lx = \frac{L'\,500 \cdot 10^3\,m}{3} = 5.5\,H \quad . \tag{4.54}$$

Zu 3. *Die Leitung mit dem Wellenwiderstand von 10 kΩ ist mit -27 dB sehr gut angepasst. Von daher muss gelten: $S_{11} = 0$. Da die Leitung als verlustfrei angenommen wurde, gilt ferner: $S_{21} = 1$. Die Resultate der Simulation sind im Bild 4.7 dargestellt.*

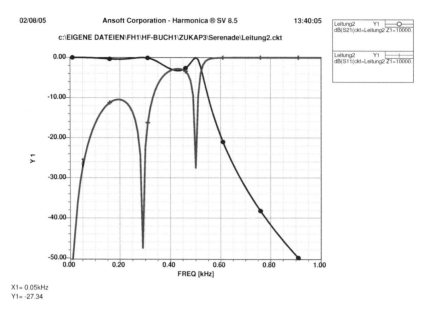

Bild 4.7: Beträge in üblicher logarithmischer Darstellung der Reflexionswerte (mit Kreuzen gekennzeichnet) und Transmissionswerte (Kreise, bei 0 dB) des ESB einer Überlandleitung

Man erkennt deutlich, dass man nur bis 100 Hz bei Anpasswerten, die besser als -15 dB sind, dieses ESB verwenden kann.

———————— *Übung: Überlandleitung* ————————

Im Abschnitt 6.2 (Seite 189) wird gezeigt, dass man aus diesen Leitungsersatzschaltbild Tief- und Hochpässe entwickeln kann.

4.1.4   Wellenlänge und Phasengeschwindigkeit

Abb. 4.8 zeigt eine nach rechts unendlich ausgedehnte Leitung, auf der bei $x = 0$ eine in $+x$-Richtung fortschreitende Welle durch den Generator angeregt wird. Bei $x = 0$ ändert sich die Polarität (z.B. der Spannung) zeitlich sinusförmig.

Diese Polaritätswechsel breiten sich vom Generator ausgehend mit der Ausbreitungsgeschwindigkeit c aus. "Setzt" man sich gewissermaßen an einem Punkt konstanter Phase auf die Welle, dann bewegt man sich gemeinsam mit der Welle mit der Phasengeschwindigkeit v_p fort.

Die Phase von $x = 0$ erscheint um die Zeit $t_l = \frac{x_l}{v_p}$ verzögert bei x_l.

Eine Wellenlänge λ entspricht dem Weg der zurückgelegten Länge x_l innerhalb der Zeit $t_l = \frac{1}{f}$.

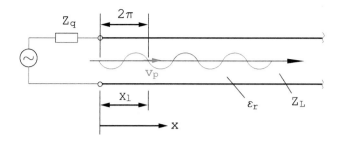

Bild 4.8: Fortschreitende Welle auf einer homogenen Leitung

Weiterhin gilt bei der TEM-Welle, dass sich die Phase mit der gleichen Geschwindigkeit wie die Ausbreitungsgeschwindigkeit c fortbewegt. Somit gilt:

$$v_p = c = \frac{x_l}{t_l} = \frac{\lambda}{1/f} = \lambda f \quad . \tag{4.55}$$

Örtlich gesehen beträgt pro Wellenlänge λ die Verzögerung 2π. Letztere wird auch als Phasenverzögerung, -drehung oder -verschiebung bezeichnet.

Die Phasenkonstante β gibt die Phasenverdrehung pro Längeneinheit (Meter) an. Daher gilt auch:

$$\beta = \frac{2\pi}{\lambda} \quad . \tag{4.56}$$

Erweitert man die Gleichung (4.56) im Zähler und Nenner mit der Frequenz f, so folgt:

$$\beta = \frac{2\pi f}{\lambda f} = \frac{\omega}{v_p} \quad . \tag{4.57}$$

Umgestellt gilt auch mit Gleichung (4.45)

$$v_p = \frac{\omega}{\beta} = \frac{\omega}{\omega\sqrt{L'C'}} = \frac{1}{\sqrt{L'C'}} \quad . \tag{4.58}$$

In technischen Leitungen ist oft ein dielektrisches Material mit der Dielektrizitätszahl (Permittivitätszahl) ϵ_r zwischen den Leitern eingebracht. Für diesen Fall gilt:

$$v_p = \frac{c_0}{\sqrt{\epsilon_r}} \tag{4.59}$$

und

$$\lambda = \frac{\lambda_0}{\sqrt{\epsilon_r}} \quad \text{mit} \quad \lambda_0 = \frac{c_0}{f} \quad . \tag{4.60}$$

Bei c_0 und λ_0 handelt es sich um die Freiraumkonstanten.

Die Gruppengeschwindigkeit v_g gibt an, mit welcher Geschwindigkeit der Energietransport auf einer Leitung stattfindet. Dieses entspricht der Geschwindigkeit einer Hüllkurve eines Wellenpaketes.

Die generelle Definition für die Gruppengeschwindigkeit ist:

$$v_g = \frac{d\omega}{d\beta} \quad . \tag{4.61}$$

Für eine TEM-Welle gilt, dass die Phasengeschwindigkeit v_p und die Gruppengeschwindigkeit v_g gleich groß sind.

4.1.5 Gruppenlaufzeit

Unter der Gruppenlaufzeit τ_g versteht man die Laufzeit, die eine Gruppe frequenzbenachbarter, harmonischer Zeitfunktionen zum Durchlaufen eines Netzwerkes (z.B. Zweitores) benötigt. Haben alle vorhandenen Signale über der Frequenz dieselbe Laufzeit in einem Netzwerk, so treten keine Verzerrungen der Signale auf.

Mathematisch ergibt sich die Gruppenlaufzeit τ_g aus der negativen Ableitung der Transmissionsphase (z.B. $\angle S_{21}$) des Systems nach der Kreisfrequenz ω. Somit gilt für ein Zweitor:

$$\tau_g = -\frac{d\angle S_{21}}{d\omega} \quad \left(\text{allg.:} \quad \tau_g = -\frac{d\phi_{(\omega)}}{d\omega}\right) \quad . \tag{4.62}$$

Ist τ_g über den genutzten Frequenzbereich konstant, so ist das System verzerrungsfrei. Dies setzt einen linearen Phasengang des Zweitores voraus. Eine derartige ideale Leitung hat einen Phasenverlauf, wie es im Bild 4.9 dargestellt ist.

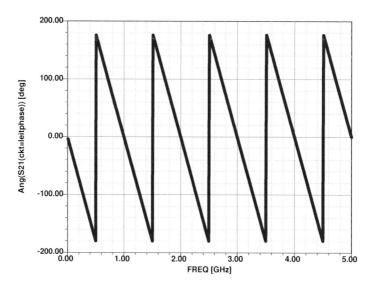

Bild 4.9: Phasenverlauf der Transmissionsphase von S_{21} einer idealen angepassten Leitung ($\epsilon_r = 1$; $\ell = 30\,\text{cm}$)

Für eine Leitung gilt, dass die Gruppenlaufzeit der Signallaufzeit durch die Leitung entspricht, sofern keine Dispersion (Frequenzabhängigkeit des Übertragungsverhalten der

Leitung) auftritt. Dieses ist für TEM-Leitungen so lange gegeben, wie sich kein Hohllei-termode ausbreiten kann. Die einzige TEM-Leitung, die keinen Hohlleitermode aufweist, ist die so genannte M-Line, Abb. 4.10, [54].

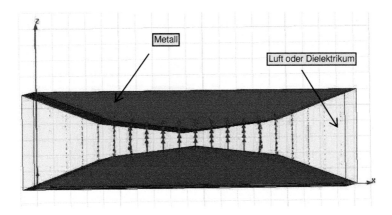

Bild 4.10: Querschnitt mit E-Feld einer echten Mono-Mode-TEM-Leitung (M-Line)

Diese nicht weit verbreitete M-Line gehört nicht zu den kaufbaren oder auch technisch einfach herstellbaren Leitungen. In der Praxis kann unter diesen kaufbaren oder auch technisch einfach herstellbaren Leitungen nur die Koaxialleitung (bis zum ersten Hohl-leitermode) nur als echte TEM-Leitung betrachtet werden. Alle anderen technischen Lei-tungen sind der Gruppe der Quasi-TEM-Wellenleiter zuzuordnen. Diese weisen eine nicht zu vernachlässigbare Dispersion auf.

Das Gruppenlaufverhalten einer einfachen Twisted-Pair-Leitung (Standard-Telefonleitung mit 21 m Länge) ist in der Abb. 4.11 dargestellt.

Diese Leitung ist nur bis zu einer Frequenz von rund 150 MHz einsetzbar. D. h., dass bei der Datenübertragung eines Rechtecksignales mindestens die zweite Oberwelle (3. Harmonische) noch korrekt übertragen werden muss. Deshalb können Digitalsignale schon keine höhere Datenrate als 50 MHz aufweisen.

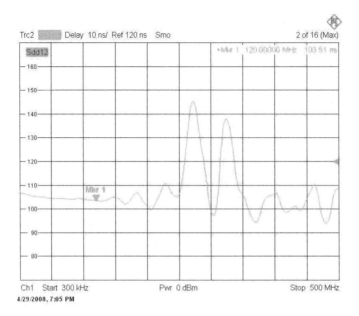

Bild 4.11: Gemessene Gruppenlaufzeit einer Telefonleitung

4.1.6   Augendiagramm und BER-Test

Während HF-Techniker zur Charakterisierung von Komponenten den Netzwerkanalysator einsetzen und die S-Parameter messen, bevorzugen Digitaltechniker das Oszilloskope. Ihnen dienen die Augendiagramme zum Messen der Bit-Fehlerate (engl.: Bit Error Rate, kurz BER).

Der sich aus dem Augendiagramm erfolgende BER-Test wird durchgeführt, indem man 1. eine Zufalls-Bitfolge auf die Übertragungsstrecke gibt und 2. „ausgezählt" wird, wie häufig die „Maske" verletzt wird.

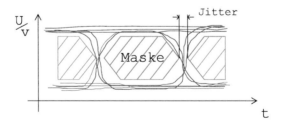

Bild 4.12: Illustration zur Darstellung des BER-Tests

Die Konstruktion des Augendiagramms beruht auf der überlagerten Messung der Signalfolgen im Bild 4.13.

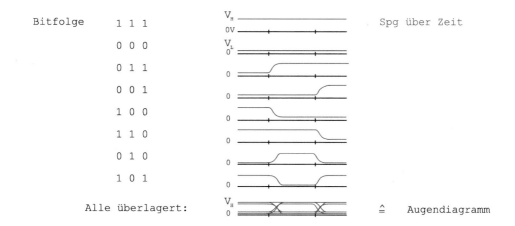

Bild 4.13: Erläuterungen zum Augendiagramm

4.2   TEM- und Quasi-TEM-Wellenleiter

Eine TEM-Welle besteht aus einem elektrischen Feld ($\vec{E}$) und einem magnetischen Feld ($\vec{H}$), die jeweils transversal zur Ausbreitungsrichtung gerichtet sind.

Im strengen Sinne gibt es keine physikalisch realisierbare TEM-Leitung, da jede Leitung Verluste aufweist und somit ein (sehr) kleiner Spannungsabfall der fortschreitenden Wellen in Ausbreitungsrichtung vorhanden ist. Folglich ist immer eine (sehr) kleine Vorwärtskomponente des elektromagnetischen Feldes vorhanden.

Jedoch ist dieser Effekt so klein, dass wir im Weiteren metallische Zweidrahtleiter, sofern beide Leiter zwischen einem homogenen Dielektrikum eingebettet sind, als TEM-Wellenleiter bezeichnen.

Mit der Einführung der Mikrostreifenleitung wird auf die Problematik inhomogener dielektrischer Füllungen und die daraus resultierenden Quasi-TEM-Wellenleiter eingegangen.

TEM-Wellenleiter und Kapazitätsbelag

Es wurde mittels der Gleichung (4.37) für verlustbehaftete Wellenleiter in guter Näherung und für verlustlose Leitung exakt gezeigt, dass gilt:

$$Z_L = \sqrt{\frac{L'}{C'}} \quad . \tag{4.63}$$

Ferner erzielt man durch Gleichsetzung der Gleichungen (4.58) und (4.59) nach einer Umstellung:

$$\sqrt{L'} = \frac{\sqrt{\epsilon_r}}{c_0 \sqrt{C'}} \quad . \tag{4.64}$$

Setzt man Glg. (4.64) in die Glg. (4.63) ein, so erhält man einen sehr einfachen Zusammenhang: der Wellenwiderstand einer (TEM-) Leitung hängt nur vom Kapazitätsbelag

C', der relativen Dielektrizitätskonstanten ϵ_r und der Lichtgeschwindigkeit c_0 ab:

$$Z_L = \frac{\sqrt{\epsilon_r}}{c_0 \, C'} \quad . \tag{4.65}$$

Mit $c_0 = 1/\sqrt{\mu_0 \epsilon_0}$ und der Einführung des *Feldwellenwiderstandes des freien Raumes*

$$Z_f = \sqrt{\mu_0/\epsilon_0} = 120\,\pi\,\Omega \tag{4.66}$$

lässt sich Gleichung (4.65) zu

$$Z_L = \frac{\sqrt{\epsilon_r}}{C'} \sqrt{\mu_0 \, \epsilon_0} = \frac{\sqrt{\epsilon_r}}{C'} \, Z_f \, \epsilon_0 = \frac{\sqrt{\epsilon_r}}{C'} \, \epsilon_0 \, 120\,\pi\,\Omega \quad . \tag{4.67}$$

umformen.

Quintessenz ist die Ermittlung des Wellenwiderstandes einer homogenen TEM-Leitung über eine Kapazitätsmessung oder -berechnung.

Bereits eine recht grobe Segmentierung in Einzelkapazitäten ermöglicht sehr präzise numerische Berechnungen des Wellenwiderstandes. Basierend auf der Segmentierung, die im Bild **??** dargestellt ist, ergibt sich für eine Koaxialleitung der Wellenwiderstand von $49.99\,\Omega$ (anstatt $50.00\,\Omega$). Die dargestellten rechteckigen Segmente wurden durch Plat-

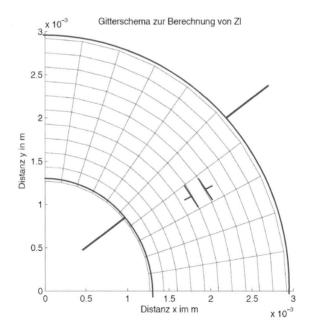

Bild 4.14: Darstellung der Einzelkapazitäten eines numerischen Berechnungsprogrammes für Z_L

tenkondensatoren angenähert und vom Innenleiter bis zum Außenleiter parallel bzw. in Serie geschaltet.

Verluste von TEM-Wellenleitern

Die Verluste α lassen sich in metallische Verluste α_R und in dielektrische Verluste α_G separieren. Nach Gleichung (4.38) gilt:

$$\alpha \approx \frac{R'}{2\,Z_L} + \frac{G'\,Z_L}{2} = \alpha_R + \alpha_G \quad . \tag{4.68}$$

Metallische Verluste

Die metallischen Verluste, die im Widerstandsbelag R' berücksichtigt werden, lassen sich aus den Umfängen (! wir rechnen mit Belägen) bzw. den Weiten der stromdurchflossenen Hin- und Rückleiter (u_1, u_2) und der Eindringtiefe δ berechnen.

Die Eindringtiefe δ lässt sich aus der Permeabilitätskonstante μ und dem spezifischen Widerstand ρ als Funktion der Frequenz f berechnen:

$$\delta = \frac{\sqrt{\rho}}{\sqrt{\pi\,\mu\,f}} \quad . \tag{4.69}$$

Vorteilhaft ist es, den Flächenwiderstand R_{sq} einzuführen:

$$R_{sq} = \frac{\rho}{\delta} = \sqrt{\pi\,\rho\,\mu\,f} \quad . \tag{4.70}$$

Mittels des Flächenwiderstandes lässt sich der Widerstandsbelag über

$$R' = R_{sq}\,(1/u_1 + 1/u_2) \tag{4.71}$$

berechnen. Eingesetzt in der Glg. (4.68) ergibt sich für die metallischen Verluste

$$\alpha_R = \frac{R_{sq}\,(1/u_1 + 1/u_2)}{2\,Z_L} \tag{4.72}$$

mit der Folgerung, dass sich die metallischen Verluste dadurch verringern lassen, indem

- der metallische Flächenwiderstand reduziert wird.
- die Oberfläche maximiert wird.
- der Wellenwiderstand maximiert wird.
- die Frequenz möglichst tief gewählt wird.

In der Praxis hat oft die Rauhigkeit der Metalloberfläche einen sehr großen Einfluss auf den Flächenwiderstand. In der Regel liegt der Einfluss beim Faktor von 2 und größer! Selbst beim Halbleiter ergeben sich mitunter Rauhigkeiten, die sich bis in den μm-Bereich erstrecken. Bild 4.15 zeigt eine recht große Metallstruktur in einem Halbleiter mit einer relativ großen Rauhigkeit.

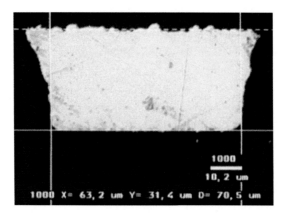

Bild 4.15: Schnittbild durch die Metallisierungsschicht eines Halbleiters

Dielektrische Verluste

Die Ursache für die Verluste eines Leiters, verursacht durch den sog. Ableitungsbelag G', sind nur dielektrische Verluste[3], die über den Verlustfaktor

$$\tan\delta = \frac{\epsilon_r''}{\epsilon_r'} \qquad \text{mit} \qquad \epsilon_r = \epsilon_r' - j \cdot \epsilon_r'' \tag{4.73}$$

definiert sind. Der Verlustfaktor $\tan\delta$ eines Dielektrikums ist entweder vom Hersteller angegeben oder kann gemessen werden. Typische Werte sind der Tabelle 4.2 zu entnehmen. Oft wird vom Verlustwinkel δ gesprochen, wenn man den Verlustfaktor meint.

Der Ableitungsbelag lässt sich mittels des Kapazitätsbelages und des Verlustfaktors über

$$G' = \omega \, C' \, \tan\delta \tag{4.74}$$

berechnen ([127], Teil 1, Seite 58).

Für die dielektrischen Verluste α_G gilt für **jeden** TEM-Wellenleiter nach Glg. (4.68) mit Glg. (4.65) und Glg. (4.74):

$$\underline{\alpha_G} \;=\; \frac{Z_L}{2} \, G' \;=\; \frac{\omega \, C' \, \tan\delta}{2 \, c_0 \, C'} \, \sqrt{\epsilon_r} \;=\; \pi \, f \, \frac{\sqrt{\epsilon_r}}{c_0} \, \tan\delta \;=\; \underline{\frac{\pi}{\lambda} \, \tan\delta} \quad . \tag{4.75}$$

> Gleichung (4.75) zeigt, dass die dielektrischen Verluste eines beliebigen TEM-Wellenleiters weder von der Geometrie noch von dessen Wellenwiderstand abhängen! Die Verluste hängen lediglich von der Frequenz (Wellenlänge) und dem Verlustfaktor des Materials ab.

Anmerkung: Außer für $\tan\delta$-Berechnungen (Verlustuntersuchungen) arbeitet man mit der guten Näherung $\epsilon_r \approx \epsilon_r'$.

Allgemein: In den folgenden Berechnungen der charakteristischen Größen der verschiedenen Leitungen ist die Näherung nach Glg. (4.68) enthalten. In der Praxis sind die Lösungen jedoch hinreichend genau.

---

[3]Dieses gilt für Frequenzen, die größer als $100\,\mathrm{Hz}$ sind.

4.2.1 Die Koaxialleitung

Der Koaxialleitung kommt eine sehr große Bedeutung zu, da diese die Hochfrequenz-Standardleitung zwischen Geräten und gehäusten Komponenten, sowie in der Messtechnik darstellt. Der Querschnitt eines Koaxialkabels ist im Bild 4.16 dargestellt.

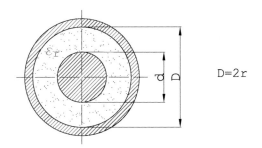

Bild 4.16: Querschnitt einer mit Dielektrikum gefüllten Koaxialleitung

Legt man an ein Koaxialkabel mit dem Kapazitätsbelag C' die Spannung U an, so stellt sich an Innen- und Außenleiter der Ladungsbelag $Q' = C' \cdot U$ ein. Aus der Forderung, dass der dielektrische Fluss, der eine Potentialfläche durchdringt, gleich der von ihr umschlossenen Ladung sein muss ($\oint D\, ds_\phi = Q'$), ergibt sich für das Koaxialkabel mit $ds_\phi = r \cdot d\phi$ über

$$\epsilon \oint E_r\, ds_\phi \;=\; Q' \qquad \Longrightarrow \qquad \epsilon_0\, \epsilon_r\, E_r\, 2\,\pi\, r \;=\; Q' \tag{4.76}$$

und somit für das elektrische Feld:

$$E_r \;=\; \frac{Q'}{2\,\pi\,\epsilon_0\,\epsilon_r}\, \frac{1}{r} \quad . \tag{4.77}$$

Die Spannung lässt sich über das elektrische Feld mittels

$$U \;=\; \int_{d/2}^{D/2} E_r\, dr \;=\; \frac{Q'}{2\,\pi\,\epsilon_0\,\epsilon_r} \int_{d/2}^{D/2} \frac{dr}{r} \;=\; \frac{Q'}{2\,\pi\,\epsilon_0\,\epsilon_r}\, \ln\frac{D}{d} \quad . \tag{4.78}$$

bestimmen. Somit erhält man den Kapazitätsbelag der Koaxialleitung über $C' = Q'/U$ mit

$$C' \;=\; \frac{2\,\pi\,\epsilon_0\,\epsilon_r}{\ln\frac{D}{d}} \quad . \tag{4.79}$$

Gleichung (4.79) in Glg. (4.67) eingesetzt ergibt den gesuchten Wellenwiderstand der Koaxialleitung:

$$Z_L \;=\; \frac{60\,\Omega}{\sqrt{\epsilon_r}}\, \ln\frac{D}{d} \quad . \tag{4.80}$$

Diese Lösung ist mathematisch und in der Praxis präzise. Nur für Referenz- bzw. Kalibrier- und Eichleitungen berechnet man noch die Effekte aufgrund der Eindringtiefe, die den Wellenwiderstand geringfügig beeinflusst. Am Ende dieser Sektion (ab Seite 93) werden diese Effekte bei der Koaxialleitung detailliert beschrieben.

Für die metallischen Verluste α_R gilt nach Glg. (4.72):

$$\alpha_R = \frac{R_{sq}}{2 Z_L} \frac{1}{\pi} \left(\frac{1}{d} + \frac{1}{D} \right) \quad . \tag{4.81}$$

Die gängigsten koaxialen Steckverbinder lassen sich in zwei Klassen unterteilen:

1. Präzisionsverbinder (Zahlenangaben entsprechen oft dem Außendurchmesser)

1 mm oder W	-110 GHz	PC-1.85	-65 GHz
PC-2.40 oder V	-50 GHz	PC-2.92 oder K	-40 GHz
PC-SL 40	-40 GHz	RPC-3.50	-26.5 GHz
PC-SL 26.5	-26.5 GHz	PC-SP oder BMA	-22 GHz
PC-N	-18 GHz	RPC-TNC	-18 GHz
PC-7	-18 GHz	PC-N75 Ohm	-4 GHz

2. Standardverbinder (hier nur die Gängigsten)

Micro-RF	SMP	MMCX	FME
IEC Antenna	MCX	SSMA	SMA
SSMB	SSMC	SMC	MCX 75 Ohm
SMG	BNC 50 Ohm	C 50 Ohm	N 50 Ohm
SnapN	UHF	D-Sub	TNC 50 Ohm
SMB (Snap on)	7-16	BNC 75 Ohm	C 75 Ohm
N 75 Ohm	F	TNC 75 Ohm	Twinax

Weitere Details zu diesen koaxialen Steck- oder Schraubverbindern und zugehörigen Koaxialleitungen findet man in [94, 122].

4.2.2 Die Band- und Paralleldrahtleitung

Die Bandleitung (Bild 4.17) hatte zwischenzeitlich nahezu keine Bedeutung mehr. Nunmehr wird dieser Leitungstyp als verlustarme Leitung in Halbleiterschaltungen vermehrt eingesetzt.

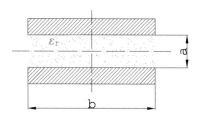

Bild 4.17: Querschnitt einer Bandleitung

Unter der Voraussetzung $b \gg a$ gestaltet sich die Berechnung des Kapazitätsbelages der Bandleitung besonders einfach. Der Kapazitätsbelag C' ergibt sich aus der Formel des Plattenkondensators:

$$C' = \frac{b\,\epsilon}{a} \quad . \tag{4.82}$$

Setzt man C' in die Gleichung (4.67) ein, so erhält man den Wellenwiderstand einer Bandleitung:

$$Z_L = \frac{Z_f}{\sqrt{\epsilon_r}} \frac{a}{b} \quad . \tag{4.83}$$

Die metallischen Verluste der Bandleitung ergeben sich mit $u_1 = u_2 = b$ nach Glg. (4.72):

$$\alpha_R = \frac{R_{sq}}{b\,Z_L} = \frac{R_{sq}}{a\,Z_f} \sqrt{\epsilon_r} \quad . \tag{4.84}$$

Die Paralleldrahtleitung (Bild 4.18) findet in der schnellen Datenübertragung bis in den GHz-Bereich hinein für die Übertragung von symmetrischen Signalen Anwendungen. Als sogenannte Twisted-Pair-Leitung wird diese Paralleldrahtleitung zunehmend in Massenanwendungen eingesetzt.

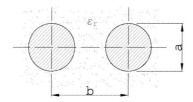

Bild 4.18: Querschnitt einer Paralleldrahtleitung

Wir beschränken uns hier nur auf die Angabe des Ergebnisses für den Wellenwiderstand. Für den Fall, dass $b \gg a$ ist, ergibt sich der Wellenwiderstand:

$$Z_L = \frac{120\ \Omega}{\sqrt{\epsilon_r}} \ln \frac{2\,b}{a} \quad . \tag{4.85}$$

Die metallischen Verluste der Paralleldrahtleitung ergeben sich in Näherung[4] mit $u_1 = u_2 = \pi a$ nach Glg. (4.72):

$$\alpha_R \approx \frac{R_{sq}}{Z_L} \frac{1}{\pi\,a} \quad . \tag{4.86}$$

4.2.3   Die geschirmte Streifenleitung

Die beidseitig geschirmte Streifenleitung (engl.: stripline; Bild 4.19) wird in allen modernen Multilagen-HF-Schaltungen in den inneren Lagen eingesetzt.

Für den Fall, dass $b \gg h$ ist, lässt sich der Wellenwiderstand (auch für Leiterdicken $t \neq 0$) durch konforme Abbildungen über elliptische Integrale exakt berechnen ([127]):

$$Z_L = \frac{Z_f}{4\,\sqrt{\epsilon_r}} \frac{K_k}{K_{k'}} \quad \text{mit} \quad k' = \sqrt{1 - k^2} \quad \text{und} \quad k = \tanh\left(\frac{\pi\,w}{2\,h}\right) \quad . \tag{4.87}$$

---

[4]Die äußeren Bereiche der Drähte sind nicht mehr homogen vom Strom durchflossen. Dieses wurde jedoch in der Näherung verwendet.

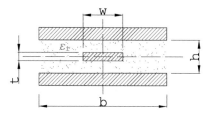

Bild 4.19: Querschnitt einer geschirmten Streifenleitung

Die vollständigen elliptischen Integrale K können beispielsweise mittels Matlab und des Befehls "*ellipke*" gelöst werden.

Bei der Berechnung der metallischen Verluste stellt die Angabe des stromdurchflossenen Leiterbereiches (der Masseflächen) ein Problem dar. In der Literatur findet man eine große Anzahl von Näherungslösungen. Mittlerweile beruhen die exaktesten Näherungslösungen auf numerischen Feldsimulationen. Eine große Schar von Simulationen wurden für verschiedenste Geometrieverhältnisse, Leitfähigkeiten und dielektrische Konstanten durchgeführt und diesem komplexen Parameterraum angepasst.

Die sehr komplexen Gleichungen, die diese mehrdimensionalen Probleme "fitten", sind in Tools von Schaltungssimulatoren (z.B. das Transmission-Line-Tool der freien Serenade SV-Version der Firma Ansoft) enthalten. Ein Berechnungsbeispiel ist im Bild 4.20 abgedruckt.

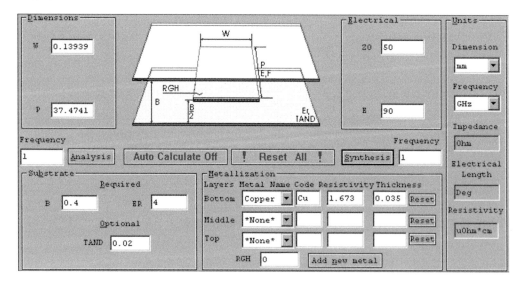

Bild 4.20: Berechnung einer 50 Ω-Stripline mit Serenade

Diese Berechnung der Leitungsparameter über vorhandene Programme wird auch im Weiteren für die Quasi-TEM-Leitungen vorgeschlagen.

Allgemein: Weitere exakte Lösungen einer großen Anzahl (oft exotischer) TEM-Transmissionsleitungen sind in [122] angegeben.

4.2.4 Quasi-TEM-Wellenleiter: Mikrostreifen- und Koplanarleitung

Bei TEM-Leitungen haben wir nur ein homogenes Dielektrikum zwischen beiden Leitern zugelassen. Jedoch gibt es verschiedenste Fälle, in denen man diese Bedingung nicht mehr erfüllen kann. Der bekannteste Fall ist die sog. Mikrostreifenleitung (Bild 4.21). Das geschichtete Dielektrikum ist die Ursache, dass sich nunmehr eine `Quasi-TEM-Welle`

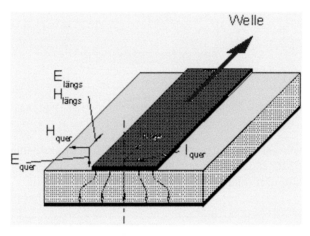

Bild 4.21: Die Mikrostreifenleitung mit den Feldkomponenten

ausbreitet. Quasi-TEM-Wellen sind Wellen, bei denen elektrische und magnetische Längskomponenten (in Ausbreitungsrichtung) auch im verlustfreien Fall vorhanden sind. Jedoch sind diese Längskomponenten gegenüber den Transversalkomponenten so klein, dass man sie in erster Näherung vernachlässigen kann.

Die gravierendste Änderung gegenüber TEM-Wellenleitern liegt bei der Permittivitätszahl. Es muss der konstante Wert ϵ_r durch ein sich über der Frequenz änderndes (= dispersives) $\epsilon_{r\,eff}$ ersetzt werden. Die effektive Permittivität stellt, genauso wie ϵ_r bei der TEM-Welle, die Verknüpfung zwischen der Freiraumwellenlänge und der Leiterwellenlänge dar:

$$\epsilon_{r\,eff} = \left(\frac{\lambda_0}{\lambda}\right)^2 \quad . \tag{4.88}$$

Ersetzt man nun in den Zusammenhängen für die TEM-Wellenleiter ϵ_r durch $\epsilon_{r\,eff}$, so sind diese für die Quasi-TEM-Wellenleiter weiterhin verwendbar. Beispielsweise gilt nunmehr für die Phasengeschwindigkeit:

$$v_p = \frac{c_0}{\sqrt{\epsilon_{r\,eff}}} \quad . \tag{4.89}$$

Zusammengefasst zeigt Tabelle 4.1 die Unterschiede zwischen TEM- und Quasi-TEM-Wellenleitern.

Tabelle 4.1: Darstellung zur Beschreibung von Quasi-TEM-Leitern

TEM	$Z_L = f(\text{Geometrie, Material})$	$\epsilon_r = f(\text{Material})$
Quasi-TEM	$Z_L = f(\omega, \text{Geometrie, Material})$	$\epsilon_{r\,eff} = f(\omega, \epsilon_r, \text{Geometrie})$

Die Mikrostreifenleitung (engl.: microstrip; Bild 4.22) ist de facto die Standard-Leitung in der modernen Hochfrequenzelektronik. Ob Schaltungen aus nur einer Lage oder mehreren Lagen aufgebaut sind, die oberste Lage ist oftmals als Mikrostreifenleitung realisiert.

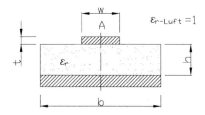

Bild 4.22: Querschnitt einer Mikrostreifenleitung

Die Vorteile der Mikrostreifenleitung sind die hohen Packungsdichten, die leichte Kombinierbarkeit mit SMD-Bauteilen, geringe Toleranzempfindlichkeit und die sehr günstige Möglichkeit, verteilte und quasi-konzentrierte Bauelemente aus ihr zu realisieren.

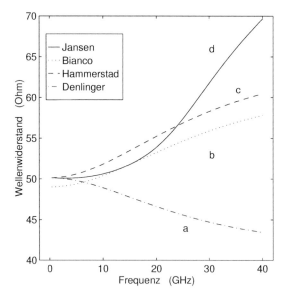

Bild 4.23: Vergleich der Dispersion des Wellenwiderstandes einer nominell 50 Ω Mikrostreifenleitung auf einem Aluminiumoxydsubstrat bis 40 GHz   a) Berechnung nach Denlinger ([16]);   b) Modell nach Bianco et al ([10]);   c) nach Hammerstad/Jensen ([36]);   d) nach Jansen/Kirschning ([61], nunmehr empfohlen)

Für die Ermittlung der Größen Wellenwiderstand, Verluste und effektive Dielektrizitätszahl einer Mikrostreifenleitung gilt das Gleiche, was für die Verluste der Streifenleitung
genannt wurde. Da diese Größen sich nur über aufwendige Formeln berechnen lassen, die
auf der Auswertung numerischer Verfahren basieren, sollte auf ein verfügbares Programm
zurückgegriffen werden. Die Untersuchungen, die auf moderne numerische Programme zurückgreifen, sind von Jansen und Kirschning [61, 66] veröffentlicht worden. Die "klassischen" Veröffentlichungen, die auf diversen Näherungen bzw. Definitionen basieren, sind
unter [10, 16, 31, 32, 36, 105, 123, 124] und u.a. im Buch [35] zu finden.

Der Vergleich der klassischen geschlossenen Lösungen für die effektive dielektrische Konstante zeigt ein deutlich einheitlicheres Bild, wie in der Abbildung 4.24 zu erkennen.

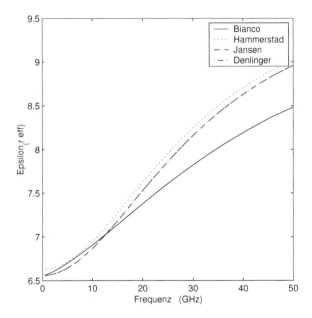

Bild 4.24: Vergleich der Dispersion der effektiven dielektrischen Konstante einer nominell 50 Ω
Mikrostreifenleitung auf einem Aluminiumoxydsubstrat (AlO2, ϵ_r=10) bis 40 GHz

Wichtig für den Entwickler ist zu erkennen, wie stark sich die dielektrische Konstante
über der Frequenz ändert. Bei der Realisierung von Breitbandsystemen sollte man von
daher Quasi-TEM-Leitungen vermeiden.

Anhand der Feldbilder der Mikrostreifenleitung (Bild 4.25) für tiefe und hohe Frequenzen zeigt sich, dass sich das Feld bei hohen Frequenzen nahezu komplett im Substrat
konzentriert und deshalb das dispersive $\epsilon_{r\,eff}$ bei hohen Frequenzen nahezu dem ϵ_r des
Substrates entspricht.

Hingegen breitet sich das Feld bei tiefen Frequenzen zum großen Teil in der Luft aus, was
bewirkt, dass das dispersive $\epsilon_{r\,eff}$ dort deutlich kleiner ist, als bei hohen Frequenzen.

Vergleicht man diese Aussagen der Dispersionen des Wellenwiderstandes mit der effektiven
Permittivität, so kommt man zu dem Schluss, dass dies nicht mehr den Aussagen bzgl.
des Zusammenhanges zwischen Kapazität und Wellenwiderstand entspricht. Wenn die

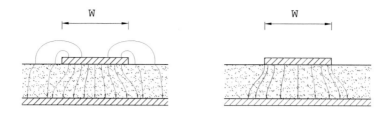

Bild 4.25: Das elektrische Feld der Mikrostreifenleitung bei tiefen (links) und hohen Frequenzen (rechts)

Permittivität steigt, dann sollte der Wellenwiderstand sinken.

Der Grund, weshalb der Wert des Wellenwiderstandes bei höheren Frequenzen steigt, liegt darin, dass der Strom und somit auch das elektrische Feld zu höheren Frequenzen an den Rand der Leitung "gedrängt" wird. Im inneren Bereich des Leiters fließt kein Strom, was einer deutlichen Verschmälerung der Leiterweite gleich kommt.

Die Koplanarleitung (Bild 4.26) wird anstelle der Mikrostreifenleitung eingesetzt, wenn eine sehr kurze Verbindung zwischen dem Signalleiter und der Masse benötigt wird. Dieses ist beispielweise der Fall, wenn Halbleiter ohne Gehäuse direkt in der sog. *Flip-Chip-Technik* auf das Substrat gesetzt werden sollen. Diese Technologie wird bevorzugt bei sehr hohen Frequenzen (z.B. 77 GHz für das Kfz-Radar) eingesetzt.

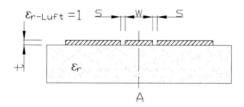

Bild 4.26: Querschnitt einer Koplanarleitung

Die charakteristischen Größen lassen sich über vollständige elliptische Integrale berechnen, [122, 127].

Bei Koplanarleitungen breiten sich bei höheren Frequenzen (über 20 GHz) oft andere Moden als der gewünschte Schlitzleitermode aus, sofern eine Massefläche sich in unmittelbarer Nähe befindet, was in der Praxis sehr häufig der Fall ist. Bild 4.27 gibt eine Übersicht über die möglichen Moden.

Insbesondere der Parallelplattenmode (der dem Mikrostreifenmode entspricht) ist sehr häufig dominant. Eine ganz einfache Abhilfe wurde erstmalig in [104] publiziert und ist in Abb. 4.28 illustriert. Der chaotische Massebeschnitt verändert den Wellenwiderstand für den Parallelplattenmode. Dieser breitet sich deshalb nicht mehr aus. Die Messergebnisse bis 110 GHz auf einem Metall-Chuck eines Wafer-Probers illustrieren die Wirksamkeit dieser sehr einfachen Maßnahme.

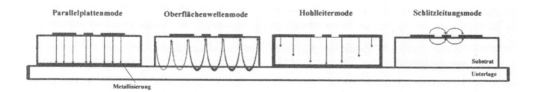

Bild 4.27: Skizze verschiedener parasitärer Moden

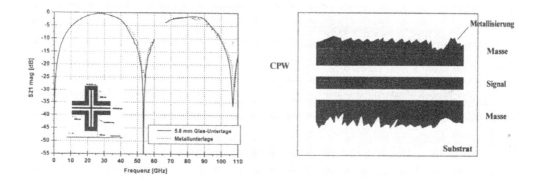

Bild 4.28: Links: Messergebnisse einer koplanaren Kreuzverzweigung bis 110 GHz; Rechts: Maßnahme zur Unterdrückung von Modingproblemen

4.2.5 Technologie der planaren Schaltung

Integrierte Hochfrequenzschaltungen bestehen im Allgemeinen aus einem dielektrischen Material als Substratmaterial, das mit einer ein-, beidseitigen oder mehrlagigen Metallisierung versehen ist. Die Metallisierungen sind wie gezeigt so strukturiert, dass die Anordnung elektromagnetische Wellen führen kann. Zur Herstellung integrierter Hochfrequenz- und Mikrowellenschaltungen sind wie in der Tabelle 4.2 verschiedene Technologien gebräuchlich.

Tabelle 4.2: Übersicht über wichtige Technologien integrierter Hochfrequenzschaltungen mit den Abkürzungen SL: Streifenleiter und HL: Halbleiter

	übliche Ätztechnik	Dünnfilm-Hybridtechnik	Dick-schicht-Hybridtechnik	LTCC: Low temperature co-fired ceramic	Halbleiter-auf-Saphir	monolithischer MIC
typisches Substratmaterial	FR4, (glasfaserverstärktes) Teflon ($\epsilon_r = 2.2$)	Al$_2$O$_3$-Keramik ($\epsilon_r = 9.8$)	Al$_2$O$_3$-Keramik ($\epsilon_r = 9.8$)	Misch-Keramik ($4 < \epsilon_r <$ 10 bis 40)	Saphir ($\epsilon_r = 11.6$ bzw. 9.4)	Silizium ($\epsilon_r = 11.9$) GaAs ($\epsilon_r = 13$)
integrierte Elemente	Lt	Lt, R, (C)	Lt, R, C	Lt, R, C, Halbleiter	Lt, R, C, Halbleiter	Lt, R, C, Halbleiter
hybride Elemente	R, C, L, Halbleiter, Verbindungselemente	Halbleiter, (C), Verbindungselemente	Halbleiter, Verbindungselemente	R, C, L, Halbleiter, Verbindungselemente	keine	keine
typ. Substratdicken	10mil = 0.254mm	25mil =0.635mm	25mil = 0.635mm	n · 0.1mm	25mil = 0.635mm	0.15mm
typ. Schaltungsfläche	50x100mm^2	25x25mm^2	25x25mm^2	60x60mm^2	25x25mm^2	2x2mm^2
typisches Leitermaterial	Kupfer	Kupfer, Gold	Silber-palladium, Goldpalladium	Silber/-Kupfer	Gold	Gold
kleinste Leiter- und Spaltbreite	ca. 0.05mm	20-50μm	ca. 0.1mm	0.05mm	20-50μm (SL), ca. 1μm (HL)	5-10μm (SL), ca. 0.5μm (HL)
typische Leiterdicke	17μm, 35μm	5-10μm	25μm	5-10μm	5-10μm (SL), 0.2μm (HL)	1-2μm (SL), 0.1μm (HL)
Hybridierungsverfahren	Löten, Kleben	Löten, Kleben, Legieren, Bonden	Löten, Kleben, (Bonden) Kleben	Löten, Kleben, Legieren, Bonden	keine	keine
Integrationsgrad	niedrig	mittel	mittel	hoch	hoch	sehr hoch
Geräteinvestition	sehr niedrig	hoch	mäßig	sehr hoch	sehr hoch	sehr hoch
Frequenzbereich	≤ 10GHz	≤ 50GHz	≤ 20GHz	≤ 20GHz	≤ 50GHz	≤ 300GHz

Sie unterscheiden sich vor allem im Substratmaterial, in den Herstellungsverfahren für Leiterbahnen, Widerstandsbahnen und Kondensatoren und in dem Integrationsgrad.

Den geringsten Integrationsgrad besitzt die einfache Ätztechnik kupferkaschierter Platinen, bei der lediglich Leiterbahnen integriert sind. Man benötigt nur eine Frästechnik oder besser eine Fotoätzeinrichtung, mit welcher die Leiterstruktur aus den im Handel bereits in beidseitig kupferkaschierter Ausführung erhältlichen Kunststoffplatten herausgeätzt wird.

Als Ausgangsmaterial zur Schaltungsherstellung werden verlustarme Kunststoffsubstrate mit typischen Dicken von 5 - 25 mil (0.127 mm - 0.635 mm) verwendet. Ein häufig verwendetes Substrat für preisgünstige Konsumerprodukte ist mittlerweile FR4 (glasfaserverstärktes Epoxidharz, auch als Laminat bezeichnet) mit der relativen Dielektrizitätskonstante ϵ_r im Bereich von 3.4 bis 4. Reines und glasfaserverstärktes PTFE (Teflon) mit der Dielektrizitätskonstante $\epsilon_r = 2.2$ für reines PTFE. FR4 hat deutlich größere dielektrische Verluste als PTFE-Träger. Handelsübliche Metallisierungsdicken sind $17.5\,\mu$m. Vielfach wird die Metallisierungsdicke in Unzen pro Fläche angegeben (1 $\frac{\text{oz}}{\text{Fuß}^2}$ entspricht einer Kupfermetallisierungsdicke von $35\,\mu$m.).

4.2.6   Koaxialleitung als Referenzleitung

Die Koaxialleitung ohne Dielektrikum (als so genannte Luftleitung) wird als Referenzstandard in der HF-Messtechnik zum Kalibrieren eines Netzwerkanalysators eingesetzt. In diesem Abschnit wird dargestellt, wie präzise eine derartige koaxiale Luftleitung ausgelegt sein muss, damit diese den Wellenwiderstand mit der gewünschten Genauigkeit einhält.

Es ist in der Elektrotechnik bekannt, dass das elektrische Feld mit zunehmender Frequenz weniger in metallische Leitern eindringt. Dieser physikalische Effekt ruft Dispersionen (Frequenzabhängigkeiten) hervor, die sich auf die Verluste und den Wellenwiderstand eines metallischen Leiters auswirken.

Im Folgenden soll anhand der sehr präzise berechenbaren und messbaren koaxialen Luftleitung gezeigt werden, wie sich die Dispersion im Vergleich zu anderen Fehlern auf den Wellenwiderstand der Koaxialleitung auswirkt.

Dispersionen am Beispiel eines Koaxialleiters

Koaxiale Präzisions-Luftleitungen werden mit größter mechanischer Präzision gefertigt und stehen der Messtechnik als Referenzstandards zur Verfügung. Innen- und Außenleiter werden einzeln vermessen und so gepaart, dass Fertigungstoleranzen ausgeglichen werden.

Mit Luftleitungen lassen sich individuelle TRL/LRL Kalibrier-Kits [95] für Präzisionsmessungen mittels vektoriellen Netzwerkanalysatoren (Kapitel 10) zusammenstellen. Darüber hinaus eignen sie sich für Präzisionsmessungen im Zeitbereich und für weitere Spezialanwendungen.

Einfluss mechanischer Fehler auf den Wellenwiderstand einer koaxialen Luftleitung

Die mit Luftleitungen erzielbaren Messgenauigkeiten hängen im hohen Maße von der Einhaltung der Wellenwiderstandes Z_0 ab. Dieser hängt wiederum sehr von der Präzision des Außen- und Innenleiterdurchmessers ab.

Der Wellenwiderstand Z_0 einer koaxialen Luftleitung hängt über folgenden Zusammenhang von den geometrischen Abmessungen ab [127]:

$$Z_0 = \frac{1}{2\,\pi}\,\sqrt{\frac{\mu_0}{\epsilon_0\,\epsilon_r}}\,\cdot\,\ln\left(\frac{D}{d}\right)\quad. \tag{4.90}$$

Mit D wird der Durchmesser des Außenleiters und mit d der Innenleiterdurchmesser beschrieben. Die Konstanten sind:

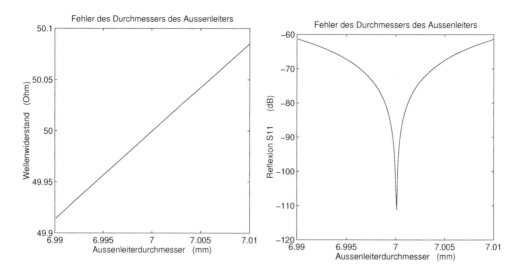

Bild 4.29: Einfluss von Abweichungen des Außenleiterdurchmessers der Koaxialleitung auf den Wellenwiderstand

- Dielektrizitätskonstante: $\epsilon_0 = 8.8542\,pF/m$

- Permeablitätskonstante: $\mu_0 = 0.4\,\pi\,\mu H/m$

- Materialkonstante, Luft: $\epsilon_r = 1.0006$

Den Einfluss von Abweichungen des Außenleiters auf den Wellenwiderstand einer 7 mm Luftleitung stellt Bild 4.29 dar.

Aus Bild 4.30 ist ersichtlich, dass die Anforderungen an den Innendurchmesser denjenigen des Außendurchmessers noch übertreffen.

Präzisionshersteller garantieren eine mechanische Präzision einschließlich der Oberflächen-rauhigkeit von nur $\pm 5\,\mu m$ gegenüber dem Idealwert. Somit wird eine Reflexionsdämpfung eingehalten, die besser als 60 dB bis 18 GHz ist. Eine weitere Verbesserung ergibt sich wie erwähnt dadurch, dass die Innen- und Außenleiter einzeln vermessen und so gepaart werden, dass die Reflexionsdämpfung ein Minimum erreicht.

Die Spezifikation einer Reflexionsdämpfung von mehr als 60 dB wird ab der Frequenz von 200 MHz eingehalten. Im Folgenden wird gezeigt, dass die weiteren Effekte auf den Wellenwiderstand korrigiert werden können, wodurch sich der Einsatzbereich ausdehnen lässt. Des weiteren wird anhand von näheren Untersuchungen und Messungen gezeigt, dass die sonstigen Fehlereinflüsse auf die gegebenen Spezifikationen keinen Einfluss mehr haben.

Einfluss der Eindringtiefe auf den Wellenwiderstand einer koaxialen Luftleitung

Möchte man bei tieferen Frequenzen messen, so muss man die Effekte aufgrund der Ein-dringtiefe δ mit berücksichtigen. Laut [63] ist die exakteste Lösung bezüglich der Abhän-gigkeit des Wellenwiderstandes von der Eindringtiefe durch [15] gegeben.

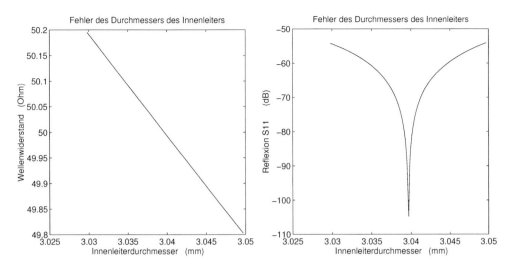

Bild 4.30: Einfluss von Abweichungen des Innenleiterdurchmessers der Koaxialleitung auf den Wellenwiderstand

Danach ergibt sich ein korrigierter Wellenwiderstand Z_0' über

$$Z_0' = Z_0 \left(1 + (1 - j)\, \delta\, \frac{1/D + 1/d}{4\, \ln\left(D/d\right)} \right) \tag{4.91}$$

mit der Eindringtiefe δ, die sich aus der Permeabilitätskonstanten μ_0 und der Leitfähig-keit[5] σ von $16 \cdot 10^6\, S/m$ als Funktion der Frequenz f berechnet:

$$\delta = \frac{1}{\sqrt{\pi\, \mu_0\, \sigma\, f}} \quad . \tag{4.92}$$

Das resultierende Ergebnis ist im Bild 4.31 illustriert.

Dem rechten Teil des Bildes 4.31 kann entnommen werden, dass unterhalb von 200 MHz durch die Effekte der Eindringtiefe die Werte des Wellenwiderstandes außerhalb des Spe-zifikationsbereiches von -60 dB liegen.

Berücksichtigt man diesen Effekt, so kann eine Luftleitung auch noch unterhalb von 200 MHz eingesetzt werden.

<u>Weitere Einflüsse auf den Wellenwiderstand einer koaxialen Luftleitung</u>

Als einen weiteren Fehler könnte man sich die Durchbiegung des Innenleiters vorstellen. Der Einfluss einer Verschiebung x (Einheit wie D) des Innenleiters auf den Wellenwider-stand einer Luftleitung lässt sich geschlossen berechnen (z.B. [122]):

$$Z_0' = 60\,\Omega\, \cosh\left(\frac{D}{2\,d}(1 - (x \cdot 2/D)^2) + \frac{d}{2\,D} \right) \quad . \tag{4.93}$$

---

[5]Die vergoldete Luftleitung ist aus Messing (Ms 58) gefertigt.

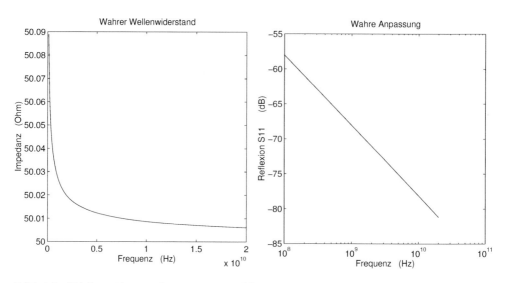

Bild 4.31: Wellenwiderstand einer 7 mm-Luftleitung unter Berücksichtigung der Eindringtiefe δ

Bei einer 7 mm Luftleitung haben erst Verschiebungen des Innenleiters aus der Mitte von mehr als $100\,\mu m$ einen genügend großen Einfluss, um die Werte der Luftleitung aus dem Spezifikationsbereich zu drängen (Bild 4.32). Die Durchbiegung bei Innenleiter beträgt maximal $5-30\,\mu m$ für Leitungslängen von $50-300\,mm$.

Neben der mechanischen Präzision des Innen- und Außenleiters hat die Reproduzierbarkeit der adaptierten Stecker den größten Einfluss auf die Genauigkeit. Erwartungsgemäß ist die Reproduzierbarkeit von RPC-7-Präzisionssteckern[6] sehr gut, wie es für Reflexionsmessungen ($dS_{11} = Sa_{11} - Sb_{11}$) und Transmissionsmessungen ($dS_{21} = Sa_{21} - Sb_{21}$) dem Bild 4.33 entnommen werden kann. Bei jeder Reproduzierbarkeitsmessung wurde die Luftleitung um $30°$ gedreht. Die Messwerte jeder Messung wurden von den Messwerten der $0°$-Stellung abgezogen.

Die Reproduzierbarkeit von Luftleitungen mit PC-N-Steckern ist gerade mal um ca. 5 dB schlechter als die der Leitungen mit den RPC-7-Präzisionssteckern.

Alle anderen koaxialen Steckverbinder (auch die Präzisionsstecker) weisen deutlich schlechtere Reproduzierbarkeitswerte als PC-N und RPC7 auf. Deshalb sollten für Präzisionsmessungen nur diese beiden Steckersysteme verwendet werden.

---

[6]Bei Steckverbindern mit der Bezeichnung RPC handelt es sich um Produkte aus dem Hause Rosenberger, [94].

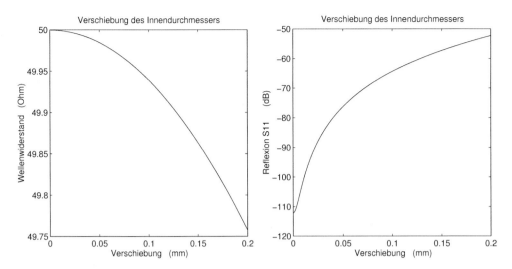

Bild 4.32: Wellenwiderstandsänderung aufgrund der Verschiebung des Innenleiters aus der Mitte

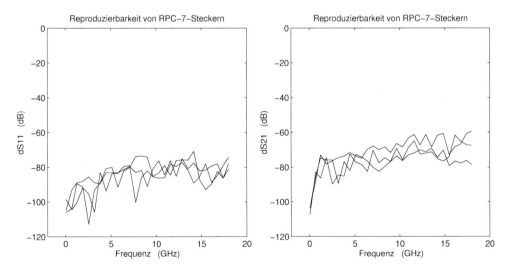

Bild 4.33: Reproduzierbarkeit des Reflexions- und Transmissionsverhaltens einer Luftleitung mit RPC-7-Steckern nach Neukontaktierungen und Rotationen

4.3   Leitungstransformation und Smith-Chart

4.3.1   Eingangswiderstand einer Leitung

Die Leitungstheorie besagt, dass sich die Spannung $U(l)$ und der Strom $I(l)$ im Abstand l vom Verbraucher in Abhängigkeit von der Spannung U_0 und dem Strom I_0 am Verbraucher, von dem Wellenwiderstand Z_L, der elektrischen Länge βl und ggf. den Verlusten α angeben lassen (Kapitel 4.1.3).

Mittels Glg. (4.29) verfügen wir über einen Zusammenhang für den verlustbehafteten Fall und mit der Glg. (4.49), die nochmals als Glg. (4.94) abgedruckt ist,

$$\begin{pmatrix} U(l) \\ I(l) \end{pmatrix} = \begin{pmatrix} \cos(\beta l) & j\,Z_L \cdot \sin(\beta l) \\ j/Z_L \cdot \sin(\beta l) & \cos(\beta l) \end{pmatrix} \begin{pmatrix} U_0 \\ I_0 \end{pmatrix} \quad , \tag{4.94}$$

über den Zusammenhang für den verlustlosen Fall.

Im Weiteren soll untersucht werden, welche Eingangswiderstände sich für eine abgeschlossene verlustlose Leitung nach Bild 4.34 einstellen.

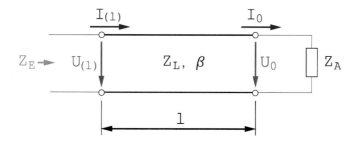

Bild 4.34: Leitung mit Impedanzabschluss Z_A

Mit $Z_A = U_0/I_0$ lassen sich die beiden linearen Gleichungen aus (4.94) in

$$\frac{U(l)}{U_0} = \cos(\beta l) + j\,\frac{Z_L}{Z_A} \cdot \sin(\beta l) \quad , \tag{4.95}$$

$$\frac{I(l)}{I_0} = \cos(\beta l) + j\,\frac{Z_A}{Z_L} \cdot \sin(\beta l) \quad . \tag{4.96}$$

umformen. Mit der Definition für den Eingangswiderstand

$$Z_E = \frac{U(l)}{I(l)} \tag{4.97}$$

und der Division der Gleichung (4.95) durch die Gleichung (4.96) erhält man den Eingangswiderstand dieses "Eintores" mit

$$Z_E = Z_A \frac{1 + j\frac{Z_L}{Z_A} \cdot \tan(\beta l)}{1 + j\frac{Z_A}{Z_L} \cdot \tan(\beta l)} \quad . \tag{4.98}$$

Im Folgenden sollen die Spezialfälle mit Abschlüssen bei $Z_A = Z_L$, $Z_A = 0\,\Omega$, $Z_A = \infty\,\Omega$ und $Z_A = jX_A$ diskutiert werden.

Angepasste Leitung

Eine Leitung gilt als angepasst, wenn die Leitung bis ins Unendliche ausgedehnt ist oder wenn der Abschlusswiderstand Z_A dem Wellenwiderstand der Leitung Z_L entspricht. Das Modell einer unendlich langen Leitung wird gerne in numerischen Simulatoren (Feldsimulatoren) als Randbedingung eingesetzt. Setzt man den Abschlusswiderstand Z_A gleich dem Wellenwiderstand der Leitung Z_L, so geht man bei der Anpassung von einem mathematischen Modell aus, das immer im Schaltungssimulator (z.B. Serenade) und in der Praxis auch bei tiefen Frequenzen gut erfüllt ist. Bei hohen Frequenzen (Abschätzung: $\lambda_0{=}30\%$ vom Leiterdurchmesser) gibt es jedoch oft einen so genannten **Feldbildsprung**. Das Feldbild der Leitung stimmt nicht mit dem Feldbild des Anschlusses überein. Obwohl beide die gleiche Impedanz haben, gibt es keine Anpassung! Bild 4.35 zeigt zwei Koaxialleiter, die nicht zentriert montiert sind. Obwohl beide Koaxialleiter perfekt auf

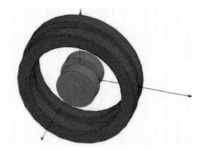

Bild 4.35: Veranschaulichung des **Feldbildsprunges** aufgrund eines Überganges zwischen zwei Koaxialleitern

$50\,\Omega$ ausgelegt sind, gibt es an dieser Übergangsstelle eine Reflexion. Diese Reflexion rührt daher, da das Feldbild der Leitung 1 nicht mit dem Feldbild der Leitung 2 übereinstimmt, es gibt einen Feldbildsprung.

Gibt man die Bedingung $Z_A = Z_L$ in die Glg. (4.98) ein, ergibt diese für den Eingangswiderstand

$$Z_E = Z_L \frac{1 + j \cdot \tan{(\beta l)}}{1 + j \cdot \tan{(\beta l)}} = Z_L \quad . \tag{4.99}$$

Somit entspricht, unabhängig von der Länge der Leitung, der Eingangswiderstand dem Wellenwiderstand.

Kurzgeschlossene Leitung

Setzt man die Bedingung des Abschlusses $Z_A = 0\,\Omega$ in der Glg. (4.98) ein, ergibt diese für den Eingangswiderstand

$$Z_E = \frac{Z_A + j\, Z_L \cdot \tan{(\beta l)}}{1 + j\frac{Z_A}{Z_L} \cdot \tan{(\beta l)}} = j\, Z_L \tan{(\beta l)} = j\, X_E \quad . \tag{4.100}$$

Somit entspricht der Eingangswiderstand der Leitung einem reinen Blindwiderstand, der abhängig von der Länge und dem Wellenwiderstand der Leitung ist. Als Blindwiderstand verwendet man der geringeren Ausdehnung wegen nur den Bereich bis $\pi/2$. Für diesen Bereich ergibt sich eine Induktivität mit dem Wert:

$$L = \frac{1}{\omega} \, Z_L \, \tan{(\beta l)} \quad . \tag{4.101}$$

Bild 4.36 zeigt, wie eine Mikrostreifenleitung mit der Länge l und dem Wellenwiderstand Z_L zum Ersatz einer Shunt-Spule verwendet werden kann. Da die Induktivität mit dem

Bild 4.36: Kurze Mikrostreifenleitung zur Realisierung einer gegen Masse geschalteten Induktivität

Wellenwiderstand ansteigt, wird man hier eine möglichst hochohmige Leitung wählen. Die minimale Leiterbreite (oft $0.1\,\text{mm}$) und die Leiterhöhe geben den maximale Wellenwiderstand vor.

Möchte man eine Serienspule in planarer Technik realisieren, so muss man die Masse entfernen und eine symmetrische Zweidrahtleitung einsetzen (Bild 4.37 mit der Ankopplung an einer Mikrostreifenleitung).

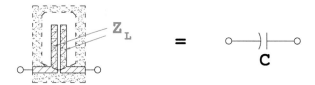

Bild 4.37: Kurze am Ende kurzgeschlossene symmetrische Streifenleitung zur Realisierung einer in Serie geschalteten Induktivität

Wie im Bild 4.38 dargestellt, kann der Blindwiderstand in Abhängigkeit von der Leitungslänge Werte zwischen $-\infty$ und $+\infty$ annehmen.

Auf der Leitung bildet sich eine sogenannte **stehende** Welle aus. In der Praxis kann man mit einer Spannungssonde den Spannungsverlauf in Abhängigkeit vom Ort messen (= Prinzip der Messleitung, [101]). Mit $U_0 = 0$ folgt aus Gleichung (4.95):

$$U(l) = j\,Z_L \cdot \sin{(\beta l)}\,I_0 \quad \text{bzw.} \quad I(l) = \cos{(\beta l)}\,I_0 \quad . \tag{4.102}$$

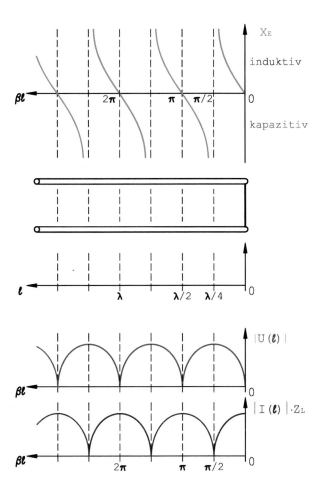

Bild 4.38: Blindwiderstände und Strom- und Spannungsverteilungen von Leitungen mit einem Kurzschluss

Leerlaufende Leitung

Verwendet man die Bedingung $Z_A = \infty\,\Omega$ in der Glg. (4.98), so ergibt diese für den Eingangswiderstand

$$Z_E = \frac{1 + j\,\frac{Z_L}{Z_A} \cdot \tan(\beta l)}{\frac{1}{Z_A} + j\,\frac{1}{Z_L} \cdot \tan(\beta l)} = -\,j\,Z_L\,\cot(\beta l) = j\,X_E \quad . \tag{4.103}$$

Folglich entspricht auch hier der Eingangswiderstand der Leitung einem reinen Blindwiderstand, der abhängig von der Länge und dem Wellenwiderstand der Leitung ist. Auch hier wird als Bauelement mit Blindwiderstand der geringeren Ausdehnung wegen nur der Bereich bis $\pi/2$ verwendet. Es ergibt sich eine Kapazität mit dem Wert:

$$C = \frac{1}{\omega\,Z_L\,\cot(\beta l)} \quad . \tag{4.104}$$

Bild 4.39 zeigt, wie eine Mikrostreifenleitung mit der Länge l und dem Wellenwiderstand Z_L zum Ersatz eines Shunt-Kondensators verwendet werden kann.

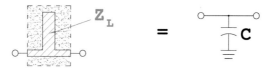

Bild 4.39: Kurze Mikrostreifenleitung zur Realisierung einer gegen Masse geschalteten Kapazität

In der Praxis wird dieser Shunt-Kondensator sehr häufig eingesetzt. Jedoch setzt der Praktiker die leerlaufende Leitung zweimalig mit halber Länge an. Zusätzlich ergänzt er (wie im Bild 4.40 zu erkennen) zusätzliche Metallflächen, um den Kondensatorwert über eine kurze Lötbrücke vergrößern zu können. Mittels eines kleinen Handfräsers kann der Wert verkleinert werden.

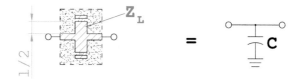

Bild 4.40: Die Praktikerlösung der kurze Mikrostreifenleitungen zur Realisierung einer Shunt-Kapazität

Möchte man einen Serienkondensator in planarer Technik realisieren, so muss man auch hier die Masse entfernen und einen reinen Zweidrahtleiter realisieren (Bild 4.41 mit der Ankopplung an einer Mikrostreifenleitung).

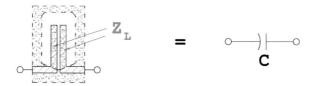

Bild 4.41: Kurze gekoppelte Streifenleitung zur Realisierung einer in Serie geschalteten Kapazität

Wie im Bild 4.42 dargestellt, kann der Blindwiderstand in Abhängigkeit von der Leitungslänge Werte zwischen $-\infty\,\Omega$ und $+\infty\,\Omega$ annehmen. Mit $I_0 = 0\,\mathrm{A}$ ergibt sich aus Gleichung (4.95):

$$U(l) = \cos\,(\beta l)\,U_0 \quad \text{bzw.} \quad I(l) = j\,\frac{1}{Z_L}\,\sin\,(\beta l)\,U_0 \quad . \tag{4.105}$$

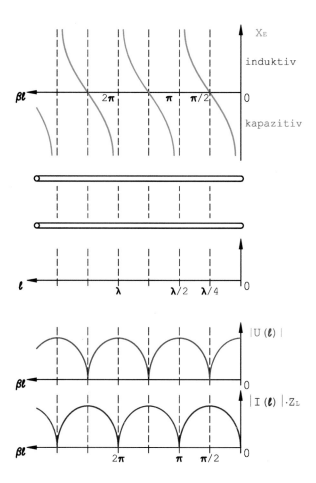

Bild 4.42: Blindwiderstände und Strom- und Spannungsverteilungen von Leitungen mit einem Leerlauf

MERKE:

>   Als quasi-konzentrierte Bauteile werden Leitungen im Bereich von $0 < \ell < \lambda/8$ genutzt. Mittels einer kurzgeschlossenen Leitung lässt sich eine Induktivität und mittels einer leerlaufenden Leitung eine Kapazität realisieren.

Auf quasi-konzentrierte Bauteile wird am Ende des Kapitels gesondert eingegangen.

Leitungsabschluss mit Blindwiderstand

Setzt man die Bedingung $Z_A = j X_A$ in die Glg. (4.98) ein, so ergibt sich für den Eingangswiderstand

$$Z_E = j\, X_A \frac{1 + \frac{Z_L}{X_A} \cdot \tan{(\beta l)}}{1 - \frac{X_A}{Z_L} \cdot \tan{(\beta l)}} = j\, X_E \quad . \tag{4.106}$$

Folglich entspricht ebenfalls hier der Eingangswiderstand der Leitung einem reinen Blindwiderstand, der abhängig von der Länge und dem Wellenwiderstand der Leitung und dem Blindwiderstand X_A ist.

Ähnlich wie in den Bildern 4.38 und 4.42 der Blindwiderstand für Kurzschluss und Leerlauf dargestellt wird, kann der eingangsseitige Blindwiderstand bei Abschluss mit X_A in Abhängigkeit von der Leitungslänge Werte zwischen $-\infty\,\Omega$ und $+\infty\,\Omega$ annehmen. D.h., Kurzschluss und Leerlauf sind "entartete" Blindwiderstände, da auch dort keine Wirkleistung umgesetzt wird.

4.3.2   Leitungen als Impedanztransformatoren

Im Kapitel 3.2.2 wurden bereits Impedanztransformatoren, die mit konzentrierten Bauteilen realisiert sind, eingeführt.

Nun sollen Impedanztransformatoren beschrieben werden, die lediglich aus einer verlustlosen Serienleitung bestehen.

In der Praxis ist die Annahme der Verlustlosigkeit für die Dimensionierung (Länge und Wellenwiderstand) ausreichend. Zur Beurteilung der Verluste einer Komponente müssen die Verluste der Leitung jedoch wieder berücksichtigt werden.

Der $\lambda/2$-Transformator

Die Bedingung $l = n\lambda/2$ mit $n = 1, 2, 3, \dots$ ergibt für die elektrische Länge

$$\beta l \;=\; \frac{2\,\pi}{\lambda}\,n\,\frac{\lambda}{2} \;=\; n\,\pi \tag{4.107}$$

und somit $\tan(\beta l) = 0$.

Deshalb gilt für Glg. (4.98): $Z_E \;=\; Z_A$.

Der Eingangswiderstand einer $\lambda/2$ langen Leitung entspricht somit dem Ausgangswiderstand, unabhängig vom Wellenwiderstand der Leitung. Folglich gilt für die Reflexions- und Transmissionsparameter:

$$S_{11} \;=\; 0 \qquad \text{und} \qquad |S_{21}| \;=\; 1 \quad . \tag{4.108}$$

Dieses spezielle Verhalten wird insbesondere mit dem Verhalten einer $\lambda/4$-Leitung[7] sehr gerne kombiniert.

Zu beachten ist in der Anwendung, dass die Bandbreite der $\lambda/2$-Transformation mit zunehmender Abweichung der Torimpedanzen immer geringer wird. Bild 4.43 zeigt zwei unterschiedliche $\lambda/2$-Transformatoren.

Die unterschiedlichen Bandbreiten werden im Bild 4.44 verdeutlicht. Die Tore weisen $50\,\Omega$ auf und die Transformationsleitungen $20\,\Omega$, $40\,\Omega$, $60\,\Omega$ und $80\,\Omega$.

Man erkennt, dass derartig von $50\,\Omega$ abweichende Leitungen über eine relativ große Bandbreite als Transmissionsleitungen eingesetzt werden können.

---

[7]Dieses kann die gleiche Leitung bei halber Frequenz sein.

Bild 4.43: Darstellung von $\lambda/2$-Transformatoren mit nieder- und hochohmiger Transformationsleitung

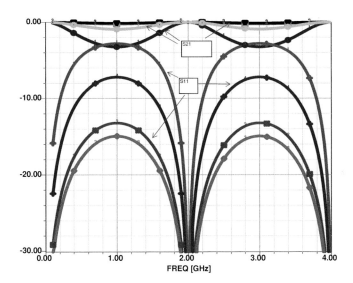

Bild 4.44: Berechnung des Reflexions- und Transmissionsverhaltens von $\lambda/2$-Transformatoren für 2 GHz mit nieder- und hochohmigen Wellenwiderständen

Der $\lambda/4$-Transformator

Die Bedingung $l = k\lambda/4$ mit $k = 1, 3, 5, \ldots$ ergibt für die elektrische Länge

$$\beta l \;=\; \frac{2\,\pi}{\lambda}\, k\, \frac{\lambda}{4} \;=\; k\,\frac{\pi}{2} \tag{4.109}$$

und folglich $\tan(\beta l) = \infty$.

Eingesetzt in Glg. (4.98) gilt: $\qquad Z_E \;=\; Z_L^2/Z_A$.

Der Ausgangswiderstand Z_A einer $\lambda/4$ langen Leitung lässt sich somit zum Eingangswiderstand Z_E transformieren. Das Resultat (Z_E) ist abhängig vom Wellenwiderstand der Leitung.

Die Bandbreite eines $\lambda/4$-Trafos hängt von dem Unterschied der beiden zu transformierenden Widerstände ab. Bei geringen Unterschieden ist die Bandbreite sehr groß.

$\lambda/4$-Traformatoren werden sehr häufig in HF-Schaltungen eingesetzt. Sie dienen sehr oft zur Filterung von Signalen, insbesondere der Unterdrückung der ersten Oberwelle. Hierfür wird eine am Leitungsende kurzgeschlossene $\lambda/4$-Leitung als Stichleitung angeschlossen, Bild 4.45.

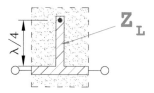

Bild 4.45: Illustation zum Einsatz eines $\lambda/4$-Transformators zur Oberwellenfilterung

4.3.3   Der Reflexionsfaktor r

Reflexionsfaktor am Ende einer Leitung

Mit der Einführung der Streuparameter (Abschnitt 2.2.2) wurden die Reflexionsgrößen von Zweitoren (S_{11} und S_{22}) detailliert diskutiert. Betrachtet man ein Eintor, so ist es üblich, den Reflexionsfaktor dieses Eintors mit r zu bezeichnen. Weitere verbreitete Bezeichnungen sind ρ und Γ.

Der Reflexionsfaktor r ist genauso wie S_{ii} über

$$r = \frac{b}{a} = \frac{\text{rücklaufende Welle}}{\text{hinlaufende Welle}} \tag{4.110}$$

definiert. Ferner wurden die Wellengrößen a und b als normierte Spannungswellen eingeführt (Glg. (2.10)). Somit gilt auch:

$$r = \frac{U_r}{U_p} = \frac{\text{rücklaufende Spannungswelle}}{\text{hinlaufende Spannungswelle}} \ . \tag{4.111}$$

Im Abschnitt 4.1 unter dem Punkt *Bestimmung der Integrationskonstanten U_r und U_p* erhielten wir die Lösungen (Gleichungen (4.22) und (4.23)):

$$U_p = \frac{1}{2} \cdot (U_0 + I_0 \cdot Z_L) \tag{4.112}$$

$$\text{sowie} \quad U_r = \frac{1}{2} \cdot (U_0 - I_0 \cdot Z_L) \tag{4.113}$$

Mit $Z_A = U_0/I_0$ ergibt sich somit der Reflexionsfaktor am Ende einer Leitung zu:

$$r_A = \frac{U_0 - I_0 \cdot Z_L}{U_0 + I_0 \cdot Z_L} = \frac{Z_A - Z_L}{Z_A + Z_L} \ . \tag{4.114}$$

Für passive verlustbehaftete Abschlüsse gilt $\mathrm{Re}\{Z_A\} > 0$. Für diesen (häufigen) Fall ist der Betrag des Reflexionsfaktors immer kleiner 1.

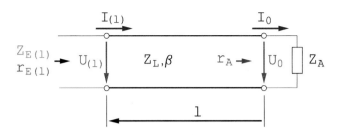

Bild 4.46: Reflexionsfaktoren $r_{E(\ell)}$ und r_A am Eingang und Abschluss einer Leitung

Reflexionsfaktor am Eingang einer Leitung

Betrachtet man die Spannung am Eingang einer verlustlosen Leitung (Bild 4.46) mit Z_L, so gilt nach Glg. (4.18):

$$U(x) \;=\; U_p\, e^{-j\beta x} + U_r\, e^{j\beta x} \quad . \tag{4.115}$$

Hier ist zu beachten, dass ℓ und x eine unterschiedlichen Richtung haben: $\ell = -x$. Die Spannungswellen sind um die elektrische Länge $\beta\ell$ gegenüber den Wellen am Abschluss verschoben. Für den Reflexionsfaktor am Eingang der Leitung gilt somit:

$$r_{E(\ell)} \;=\; \frac{U_r\, e^{-j\beta\ell}}{U_p\, e^{j\beta\ell}} \;=\; \frac{U_0 - I_0 \cdot Z_L}{U_0 + I_0 \cdot Z_L}\, e^{-2j\beta\ell} \;=\; \frac{Z_A - Z_L}{Z_A + Z_L}\, e^{-2j\beta\ell} \;=\; r_A\, e^{-2j\beta\ell} \quad . \tag{4.116}$$

Reflexionsfaktor am Eingang einer Leitung für verschiedene Abschlüsse

Für einen reellen Abschluss ($Z_A = R_A$) ergibt sich ein reeller Reflexionsfaktor. Man unterscheidet zwei Fälle:

Fall 1: $R_A \geq Z_L$ hier gilt: $0 \leq r_A \leq 1$,

Fall 2: $R_A \leq Z_L$ hier gilt: $-1 \leq r_A \leq 0$.

Diese Ergebnisse sind für $r_A = r_{E(0)}$ im Bild 4.47 dargestellt.

Im Bild 4.47 sind die Bereiche für beliebige komplexe und reelle Reflexionsfaktoren dargestellt, sowie das Verhalten des Eingangsreflexionsfaktors $r_{E(\ell)}$ in Abhängigkeit des Abschlusses r_A und der elektrischen Leitungslänge $\beta\ell$.

Möchte man den Eingangsreflexionsfaktor $r_{E(\ell)}$ ermitteln, so wird der Zeiger des Abschlussreflexionsfaktors r_A um den Winkel $2\,\beta\ell$ (!) im Uhrzeigersinn (mathematisch negativer Sinn) gedreht.

Für die drei Sonderfälle Leerlauf, Kurzschluss und Anpassung ergeben sich nach Glg. (4.114) wiederum Reflexionsfaktoren auf der reellen Achse:

- Leerlauf: $Z_A \to \infty\,\Omega$ $r_{LL} = 1$,
- Kurzschluss: $Z_A = 0\,\Omega$ $r_{KS} = -1$,
- Anpassung: $Z_A = Z_L$ $r_{AP} = 0$.

Die Ergebnisse sind im Bild 4.48 dargestellt.

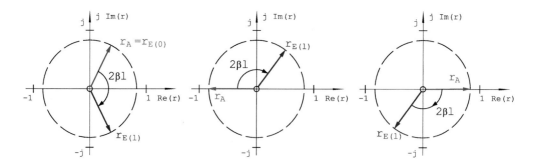

Bild 4.47: Darstellung von $r_A = r_{E(0)}$ und von $r_{E(\ell)}$ in der komplexen Ebene für die drei Fälle: $Z_A =$ komplex; $Z_A =$ reell $= R_A < Z_L$; $Z_A =$ reell $= R_A > Z_L$

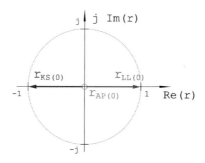

Bild 4.48: Die drei Sonderfälle (Kurzschluss, Leerlauf und Anpassung) für r_A

4.3.4   Stehwellenverhältnis und Anpassungsfaktor

Es wurde bereits im Abschnitt 4.3.1 gezeigt, dass sich bei einem Abschluss einer Leitung, der nicht dem Wellenwiderstand der Leitung entspricht, eine "stehende Welle" ausbreitet. Bild 4.49 illustriert die Strom- und Spannungspegel entlang einer Leitung für den Fall, dass sich in der (linken) Ebene bei $\ell=0\,$m ein Abschluss mit der Impedanz Z befindet, dessen Reflexion zwischen 0 und 1 liegt.

In der Vergangenheit wurden mittels Spannungssonden in geschlitzten Leitungen die Maxima und Minima bestimmt und aus deren Verhältnis und der Entfernung vom Reflexionsobjekt der komplexe Reflexionsfaktor des Reflexionsobjektes berechnet. Diese Anordnung nennt man "Messleitung", und sie wird gegenwärtig noch zu Lernzwecken eingesetzt, [101].

Jedoch hat sich bis heute das Arbeiten mit den Spannungsverhältnissen in Form des Anpassungsfaktors m und insbesondere in Form des Stehwellenverhältnisses VSWR (auch Welligkeitsfaktor s) gehalten.

Es gilt:

$$\text{VSWR} = s = \frac{1}{m} = \frac{|U_{max}|}{|U_{min}|} = \frac{1+|r|}{1-|r|} \quad . \tag{4.117}$$

Bei manchen Bauteilen ist es üblich, das VSWR (engl.: Voltage Standing Wave Ratio) anstatt des Reflexionsfaktors anzugeben.

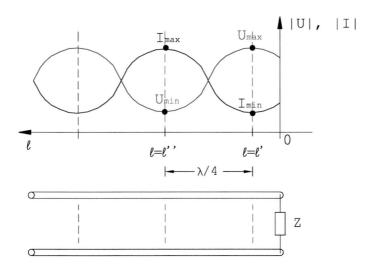

Bild 4.49: Verlauf der Beträge der Spannung und der Ströme entlang einer verlustfreien Leitung für einen Reflexionsabschluss zwischen 0 und 1

4.3.5 Das Smith-Chart

Das Smith-Chart (Smith-Diagramm) war in der Vergangenheit das wichtigste grafische Hilfsmittel für den Hochfrequenztechniker. Heute hat es immer noch eine herausragende Bedeutung bei der Darstellung von Reflexions- und ggf. auch Transmissionsgrößen.

Des weiteren nutzt man das Smith-Chart zur Schaltungssynthese in Software-Tools, wie z.B. Serenade SV8.5, um Transformationsnetzwerke zu realisieren. Diese Vorgehensweise hat den "klassischen" grafische Entwurf mit Zirkel und Bleistift völlig ersetzt. Zum qualifizierten Arbeiten mit diesen Tools wird die Konstruktion des Smith-Charts im Weiteren detailliert vorgestellt.

Das "klassische" grafische Arbeiten mit dem Smith-Chart findet in der Praxis nur noch sehr wenig Anwendung. Deshalb wird an dieser Stelle auf die zahlreiche Literatur verwiesen. In nahezu jedem Grundlagenbuch über Hochfrequenztechnik wird dieses grafische Arbeiten ausführlich erläutert.

<u>Konstruktion des Smith-Charts</u>

Für die Gleichung (4.114) können wir auch allgemein

$$r = \frac{Z - Z_L}{Z + Z_L} = \frac{z - 1}{z + 1} \qquad \Longleftrightarrow \qquad z = \frac{1 + r}{1 - r} \quad \text{bzw.} \quad Z = Z_L \frac{1 + r}{1 - r} \quad (4.118)$$

mit der normierten komplexen Impedanz $z = Z/Z_L$ schreiben.

Der Reflexionsfaktor r und die normierte Impedanz z lassen sich in Real- und Imaginärteil zerlegen:

$$r = \mathrm{Re}\{r\} + j \, \mathrm{Im}\{r\} = u + jv \quad , \quad z = \mathrm{Re}\{z\} + j \, \mathrm{Im}\{z\} = w + jx \quad (4.119)$$

Das Smith-Chart ist die grafische Darstellung des Zusammenhangs zwischen den komplexen Größen r und z gemäß der Glg. (4.118). Diese "Abbildung" der z-Werte auf die r-Werte wird auch als konforme Abbildung bezeichnet. Bild 4.50 zeigt wie einzelne Impe-

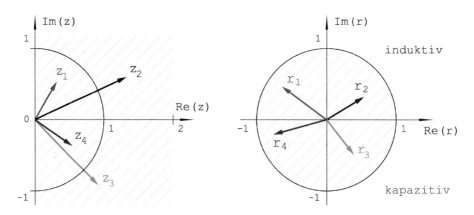

Bild 4.50: Abbildung von normierten Impedanzen auf die Reflexionswerte

danzen der rechten z-Halbebene ($=$ passive Bauteile) auf das Innere des Einheitskreises in der r-Ebene abgebildet werden.

Zur Konstruktion des Smith-Charts bildet man (basierend auf dem reellen und dem imaginären Teil der Gleichung (4.118)) die Linien $w = konst.$ und $x = konst.$ in der r-Ebene ($= u, v$-Ebene) ab. Die Linien werden über die folgenden Kreisgleichungen beschrieben:

$$\left(u - \frac{w}{w+1}\right)^2 + v^2 = \frac{1}{(w+1)^2} \quad , \quad (u-1)^2 + \left(v - \frac{1}{x}\right)^2 = \frac{1}{x^2} \quad . \qquad (4.120)$$

Für bestimmte Werte von w ($= w_0 = konst.$) sind die Ortskurven im Bild 4.51 dargestellt. Die Mittelpunktskoordinaten u_M und v_M und der Radius R der sich ergebenden Kreise in der r-Ebene bestimmen sich für die Geraden $w_0 = konst.$ in der z-Ebene mittels der Gleichungen

$$u_M = \frac{w_0}{w_0 + 1} \quad , \quad v_M = 0 \quad , \quad R = \frac{1}{w_0 + 1} \quad . \qquad (4.121)$$

Für konstante Imaginärteile von z ergeben sich die Kreise mit

$$u_M = 1 \quad , \quad v_M = \frac{1}{x_0} \quad , \quad R = \frac{1}{|x_0|} \quad . \qquad (4.122)$$

Diese Kreise sind im vollständigen Smith-Chart in Bild 4.52 zusätzlich eingetragen und die konstanten Werte für x_0 angegeben.

Ein Smith-Chart, wie es für grafische Lösungen eingesetzt wurde, ist im Anhang als Bild A.12 abgebildet.

Es wurde gezeigt, wie man Hilfslinien für Impedanzen in der Reflexionsebene konstruieren kann. Genauso lassen sich Hilflinien für die Admittanzen in der Reflexionsebene konstruieren. Es ergibt sich ein Bild, dass an der Y-Achse gespiegelt ist. Der Kreis, der für die

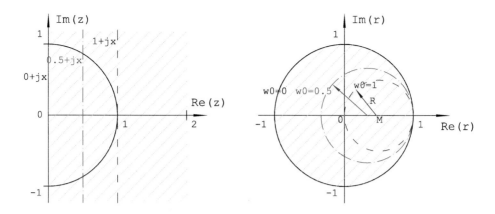

Bild 4.51: Abbildung von Impedanzen auf Reflexionswerte für konstante Realteile von z

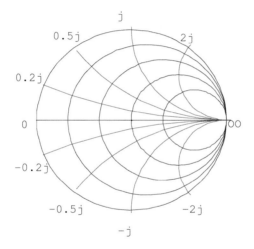

Bild 4.52: Smith-Chart für konstante Imaginärteile von z (durch Werte gekennzeichnet)

Admittanzen durch den Nullpunkt geht, soll im weiteren als y-Einheitskreis bezeichnet werden.

Schaltungssynthese mit dem Smith-Chart

Zur Synthese kleiner Transformationsschaltungen ist das Smith-Chart ein sehr wichtiges Hilfsmittel. Es hilft auch beim Verständnis der Funktionalität von Bauelementen. Bei einer Transformation soll ein Reflexionswert in einen anderen Wert (oft $r = 0$) überführt werden. Ist dieses gewünscht, so muss man wissen, welche Bauteile den Reflexionswert in welcher Art und Weise verändern.

Diese Eigenschaften der Bauteile sind im Bild 4.53 und im entsprechenden Hilfsblatt A.11 dargestellt. Die Zuordnungen findet man in der folgenden Liste.

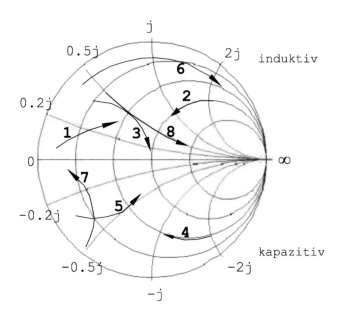

Bild 4.53: Transformationsverhalten verschiedener Bauteile

1. Transformator
2. Serien-C
3. Shunt-C oder leerlaufende Stichleitung
4. Serien-L
5. Shunt-L oder kurzgeschlossene Stichleitung
6. Serienleitung
7. Shunt-R
8. Serien-R

Abgesehen von der Serienleitung drehen sämtliche Bauteile auf Kreisen, die im Leerlauf-
oder Kurzschlusspunkt enden. Die Serienleitung mit $Z_L = Z_0$ dreht den Reflexionswert
auf einem Kreis, dessen Mittelpunkt dem Nullpunkt des Smith-Charts entspricht.

Als Anwendungsbeispiel für die Nützlichkeit des Smith-Charts für die Schaltungssynthese
soll das Ergebnis in Bild 4.54 dienen. Aufgabe ist es, eine Impedanz mit dem normierten
Wert

$$z_A = 0.4 - j\,0.6$$

auf den Anpassungspunkt ($z = 1$, $r = 0$) für 600 MHz zu drehen. Dazu wird als erstes
Element eine kurzgeschlossene Stichleitung angeschaltet. Diese wird so optimiert, dass der
50 Ω-Kreis[8] (normiert: Re $\{z\} = 1 = konst.$) erreicht wird. Das Resultat ist eine 50 Ω-
Leitung mit 53.8° elektrischer Länge. Dann wird eine Serienspule hinzugeschaltet und
so ausgelegt, dass der Anpassungspunkt erreicht wird. Für diese Spule werden 7.27 nH
ermittelt. Der Transformationsweg ist im Bild 4.54 dargestellt.

---

[8]Dieser wird im Weiteren als z-Einheitskreis bezeichnet.

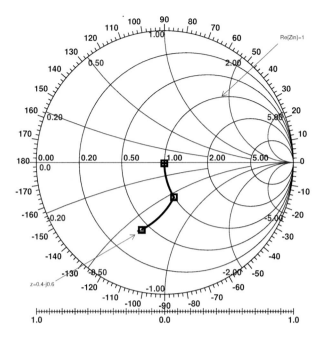

Bild 4.54: Anwendung des Smith-Tools von Serenade

Das resultierende Netzwerk ist im Bild 4.55 abgebildet.

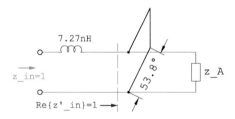

Bild 4.55: Resultierendes Netzwerk des Anwendungsbeispieles für das Smith-Chart

Der $50\,\Omega$-Kreis soll als z-Einheitskreis bezeichnet werden und wird i.d.R. wie im gezeigten Beispiel als wichtiger Zwischenschritt in der Transformation eingesetzt.

Analytischer Weg I:

Insbesondere für breitbandige Anpassungen ist der analytische Weg von großem Interesse. Durch die analytische Lösung kann man beispielsweise mittels *Matlab* eine Optimierung über der Frequenz durchführen.

Auch für diese Lösung verwendet man den im Bild 4.54 gezeigten Lösungsweg: Mit einem ersten Bauelement transformiert man die beliebige komplexe Abschlussimpedanz auf den z- oder y-Einheitskreis. Das bedeutet, es gilt für den Eingang des Abschlusses einschließlich dem davorgeschalteten Bauelement:

$$\mathrm{Re}\left\{z'_{in}\right\} = 1 \qquad \text{oder} \qquad \mathrm{Re}\left\{y'_{in}\right\} = 1 \quad .$$

Mittels eines zweiten Bauelementes (verwendbar sind die Bauelemente 2, 3, 4 und 5) wird der verbleibende Imaginärteil kompensiert.

Skizzieren muss man sich lediglich ein Smith-Chart, das den äußeren Einheitskreis (für r) und die beiden inneren Einheitskreiskreise (für y und z) enthält (s. linke Abbildung im Bild 4.56). Die Netzwerke sind eindeutig, sofern man sich in einem der 8 Segmente der rechten Abbildung von Bild 4.56) befindet.

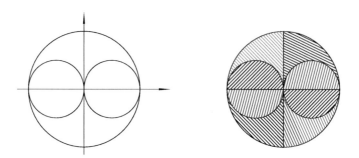

Bild 4.56: Einfache Hilfsbilder mit y- und z-Einheitskreis zum Arbeiten mit dem Smith-Chart

Hilfreich ist es, wenn man sich vergegenwärtigt, dass das Arbeiten auf dem y-Einheitskreis dem Aufbau eines Parallelschwingkreises und das Arbeiten auf dem z-Einheitskreis dem Aufbau eines Serienschwingkreises entspricht, Bild 4.57.

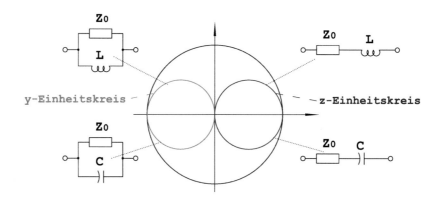

Bild 4.57: Hinweise zum y- und z-Einheitskreis im Smith-Chart

——————— *Übung: Anpassung* ———————

Geg.: *Gegeben sind die so genannten s2p-Daten und somit die Streuparameter eines Transistors für 1 GHz:*

```
# GHz S MA R 50
! f          S11          S21          S12          S22
! GHz    Mag   Ang    Mag   Ang    Mag   Ang    Mag   Ang
  1.00   0.56  -90   13.2   180   0.01   0.0   0.62   -90
```

Mittels verlustloser Spulen soll jeweils der Eingang und der Ausgang des Transistors auf die Systemimpedanz $Z_0 = 50\,\Omega$ bei 1 GHz transformiert und somit ein HF-Verstärker realisiert werden.

Ges.: *(a) Geben Sie für den Ein- und Ausgang die beiden möglichen Transformationsnetzwerke und -wege an.*

(b) Berechnen Sie für den Ein- und Ausgang die Induktivitätswerte für den Fall, dass sich eine Shunt-Induktivität an den HF-Verstärkertoren befindet (Näherung: $S_{12} = 0$ und somit ist der Transistor rückwirkungsfrei).

Zu a)

Da sich S_{11} und S_{22} kaum unterscheiden, können die gleichen Netzwerke angesetzt werden. Bild 4.58 zeigt die beiden Lösungen auf. Mit der Lösung 2 wird weitergerechnet.

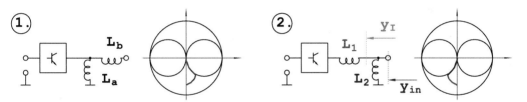

Bild 4.58: Zwei mögliche Transformationswege und Netzwerke mit Induktivitäten

Zu b)

Zunächst werden die Eingangsimpedanzen ausgerechnet:

$$z_A = \frac{Z_a}{Z_0} = \frac{1 + S_{ii}}{1 - S_{ii}} \qquad \text{liefert am} \tag{4.123}$$

Eingang: $z'_A = 0.523 - j0.853$ und am Ausgang: $z''_A = 0.445 - j0.896$.

Nun erfolgt die Berechnung von y_I.

$$z_I = j\omega\ell_1 + z_A \qquad \text{mit} \qquad z_A = x_A + jb_A \qquad \text{und} \qquad \omega\ell_1 = \frac{\omega L_1}{Z_0} \tag{4.124}$$

$$z_I = j\underbrace{(\omega\ell_1 + b_A)}_{=k} + x_A \tag{4.125}$$

$$y_I = \frac{1}{x_A + jk} = \frac{x_A - jk}{x_A^2 + k^2} \equiv 1 + j\,\mathrm{Im}\{y_I\} \tag{4.126}$$

Der Realteil dieser Gleichung (4.126) liefert die Werte für L_1.

$$x_A = x_A^2 + k^2 \qquad \text{bzw.} \qquad 0 = \omega^2\ell_1^2 + 2b_A\omega\ell_1 + x_A^2 - x_A + b_A^2 \tag{4.127}$$

$$\omega \ell_1 = -b_A \pm \sqrt{-x_A^2 + x_A} \quad \text{mit negativen Vorzeichen, da } b_A < 0 \qquad (4.128)$$

und der kürzeste Transformationsweg gesucht ist.

Eingang: $\quad L_1' = 2.81\,nH \quad$ *und am Ausgang:* $\quad L_1'' = 3.18\,nH$.

Der Imaginärteil der Gleichung (4.126) liefert über

$$y_{in} = 1 \qquad \text{und} \qquad 1 = \frac{1}{j\,\omega\,\ell_2} + y_I \qquad (4.129)$$

und

$$\frac{j\,k}{x_A^2 + k^2} = \frac{1}{j\omega\ell_2} \quad \Rightarrow \quad L_2 = -\frac{x_A^2 + k^2}{\omega\,k}\,Z_0 \qquad (4.130)$$

die Werte für L_2.

Eingang: $\quad L_2' = 8.33\,nH \quad$ *und am Ausgang:* $\quad L_2'' = 7.12\,nH$.

———— *Übung: Anpassung* ————

Analytischer Weg II:

Die Vor- und Nachteile des zweiten analytischen Weges sind im Vergleich zum Weg I:

Pro: Breitbandiger, weniger Rechenaufwand;

Con: Nur für Anpasswerte innerhalb der Einheitskreise breitbandiger, ein Bauteil mehr.

Dieser Weg hat als ersten Schritt die einfache Bedingung:

$$\text{Im}\left\{z'_{in}\right\} = 0 \quad \text{oder auch alternativ} \quad \text{Im}\left\{y'_{in}\right\} = 0 \quad .$$

Über die Bedingung wird das erste Bauteil (z_1 oder y_1) berechnet. Danach ist die Eingangsimpedanz (z'_{in}) rein reell. Zur Transformation auf $\quad Z_{in} = Z_0 \quad$ wird im zweiten Schritt ein Γ-Trafo eingesetzt.

Das folgende Bild 4.59 illustriert den Fall mit einem erste Bauteil z_1, das in Serie zum Abschluss geschalten wird.

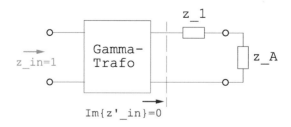

Bild 4.59: Allgemeines Netzwerk für den Analytischen Weg II mit dem Γ-Transformator

Bild 4.60 gibt unter a zwei Fälle für die Transformation des ersten Bauteils an. Der linke Fall geht vom Anpasspunkt (Mittelpunkt) weg und sollte deshalb nicht gewählt werden. Unter b wird die Tranformation mit einem ersten Bauteil und den beiden möglichen Γ-Transformatoren angegeben.

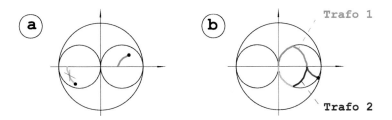

Bild 4.60: Darstellungen zum Analytischen Weg II - links zum ersten Bauteil und rechts mit den möglichen Γ-Transformatoren

4.4 Quasi-konzentrierte Leitungsbauteile

Im Frequenzbereich von rund 4 GHz bis rund 20 GHz kann man mittels kurzer Leitungen Bauteile fertigen, die ein vergleichbares elektrisches Verhalten wie konzentrierte Bauteile haben. Da diese Bauteile eine endliche und nicht zu vernachlässigende Länge und Breite haben, werden diese Leitungsbauteile als **quasi-konzentrierte** Elemente bezeichnet. Bisher wurden in den Herleitungen ab der Gleichung (4.105) für die Mikrostreifenleitung bei Beibehaltung der Masse nur ein Shunt-L und ein Shunt-C vorgestellt. Nunmehr soll ein Serien-L und ein alternatives Shunt-C hergeleitet werden.

Der Schaltungsentwurf entspricht dem Entwurf mit konzentrierten Elementen, aber die Bauteilauslegung wird mit verteilten Leitungen ausgeführt. In der Schaltungssimulation kann dann auch nur noch mit verteilten Leitungen eine Optimierung der Schaltung erreicht werden.

Für die Herleitung muss gelten $\qquad \lambda \gg \ell \qquad$.

Im Folgenden soll die Näherungsrechnung für eine hochohmige kurze Leitung, die als quasi-konzentrierte Spule betrachtet werden kann, dargestellt werden.

Nach der Glg. (4.98) gilt für den Eingangswiderstand einer Leitung

$$Z_E \;=\; Z_A \frac{1 + j\frac{Z_L}{Z_A} \cdot \tan\left(\beta l\right)}{1 + j\frac{Z_A}{Z_L} \cdot \tan\left(\beta l\right)} \qquad . \tag{4.131}$$

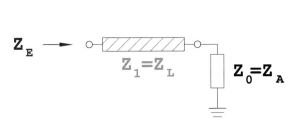

Bild 4.61: Darstellung zur Berechnung von Z_E nach Gleichung (4.131)

Wir betrachten nun eine kurze (hochohmige) Leitung mit dem Wellenwiderstand $Z_L = Z_1$ und der Länge $l_1 = \ell_1$. Für den Abschluss setzen wir die Systemimpedanz Z_0 (i.d.R. gilt:

$Z_0 = 50\,\Omega$) ein. Somit lässt sich die Gleichung (4.131) in

$$Z_E = \frac{Z_0 \cdot \cos{(\beta l_1)} + j Z_1 \cdot \sin{(\beta l_1)}}{\cos{(\beta l_1)} + j \frac{Z_0}{Z_1} \cdot \sin{(\beta l_1)}} \qquad (4.132)$$

umformulieren. Da für $\beta l_1 = 2\pi l_1/\lambda \ll 1$ gelten soll, lassen sich die Näherungen

$$\cos{(\beta l_1)} \approx 1 \quad , \qquad \sin{(\beta l_1)} \approx \beta l_1 \qquad (4.133)$$

verwenden. Mit diesen Näherungen ergibt sich aus Glg. (4.132):

$$Z_E \approx \frac{Z_0 + j Z_1 \cdot \beta l_1}{1 + j \frac{Z_0}{Z_1} \cdot \beta l_1} \qquad . \qquad (4.134)$$

Mit der weiteren Näherung $\frac{1}{1+x} \approx 1 - x$, die für $x \ll 1$ mit $Z_1 \gg Z_0$ sehr gut erfüllt ist, folgt:

$$Z_E \approx (Z_0 + j Z_1 \cdot \beta l_1) \cdot (1 - j\frac{Z_0}{Z_1} \cdot \beta l_1) \qquad . \qquad (4.135)$$

Ausmultipliziert ergibt sich:

$$Z_E \approx \underbrace{Z_0}_{=Z_A} + \underbrace{Z_0 \, (\beta l_1)^2}_{\approx 0} + \underbrace{j \, Z_1 \cdot \beta l_1 \cdot (1 - \left(\frac{Z_0}{Z_1}\right)^2)}_{=\omega L_1} \qquad . \qquad (4.136)$$

Somit erhält man den Eingangswiderstand Z_E einer Serienschaltung bestehend aus einer Induktivität L_1 und aus einem Widerstand Z_0, der dem Anschluss Z_A entspricht. Daraus lässt sich die Induktivität wie folgt berechnen:

$$L_1 = \frac{1}{\omega} \, Z_1 \cdot \frac{2\pi}{\lambda} \, l_1 \cdot \left[1 - \left(\frac{Z_0}{Z_1}\right)^2\right] = Z_1 \cdot \frac{\sqrt{\epsilon_r} \, l_1}{c_0} \cdot \left[1 - \left(\frac{Z_0}{Z_1}\right)^2\right] \qquad (4.137)$$

mit $\lambda = c_0/f/\sqrt{\epsilon_r}$. Für den praktischen Einsatz benötigt man Gleichung (4.137) nach Z_1 aufgelöst:

$$Z_1 = \frac{L_1 \, c_0}{2 \, \sqrt{\epsilon_r} \, l_1} \pm \sqrt{\left(\frac{L_1 \, c_0}{2 \, \sqrt{\epsilon_r} \, l_1}\right)^2 - Z_0^2} \qquad . \qquad (4.138)$$

Die Vorzeichenentscheidung wird über das Kriterium $Z_1 > Z_0$ getroffen.

Vollzieht man die *gleiche Rechnung* für eine niederohmige Leitung Z_2 mit der Länge l_2 zur Realisierung eines Kondensators C_2, der gegen Masse geschaltet ist (Shunt-C, Shunt-Kapazität), so erhält man folgendes Resultat, [62]:

$$C_2 = \frac{1}{Z_2} \cdot \frac{\sqrt{\epsilon_r} \, l_2}{c_0} \cdot \left[1 - \left(\frac{Z_2}{Z_0}\right)^2\right] \qquad . \qquad (4.139)$$

Für den praktischen Einsatz benötigt man Gleichung (4.139) nach Z_2 aufgelöst:

$$Z_2 = \frac{C_2 \, Z_0^2 \, c_0}{2 \, \sqrt{\epsilon_r} \, l_2} \pm Z_0 \, \sqrt{\left(\frac{C_2 \, Z_0 \, c_0}{2 \, \sqrt{\epsilon_r} \, l_2}\right)^2 - 1} \quad . \tag{4.140}$$

Die Vorzeichenentscheidung wird über das Kriterium $Z_2 < Z_0$ getroffen.

Inwieweit die Näherungen Gültigkeit haben, soll das folgende Beispiel illustrieren:

Gegeben: $Z_0 = 50\,\Omega$, $p_l = 36°$, $f = 1\,\text{GHz}$, $Z_1 = 100\,\Omega$, $\epsilon_r = 1$

Für diese Werte ergibt sich für eine Mikrostreifenleitung mit 1 mm Substrathöhe für die 100 Ω-Leitung:

$$w = 1.6\,mm \,, \qquad l = 30\,mm \quad .$$

Für die Induktivität erhält man nach der Gleichung (4.137)
$$L = 7.5\,\text{nH} \quad .$$

Zur Kontrolle und weiteren Diskussion ist die Simulation dieser genäherten Spule und die einer idealen Spule in den Bildern 4.62 und 4.63 dargestellt.

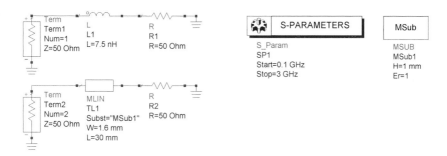

Bild 4.62: Schaltbild für die vergleichende Simulation einer idealen und einer genäherten Spule

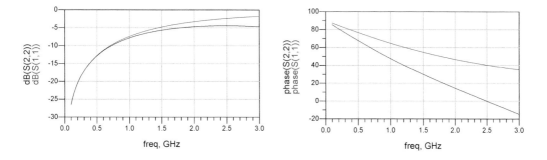

Bild 4.63: Resultate der vergleichenden Simulation einer idealen und einer genäherten Spule

Man erkennt, dass die Beträge bis zu Frequenzen von 1 GHz gut übereinstimmen. Jedoch gibt es bei dieser Frequenz bei den Phasenwerten bereits große Unterschiede. Letzteres ist der Grund, dass man in optimierenden Schaltungssimulationen auf jeden Fall mit den Leitungselementen rechnen muss!

Ein Beispiel dieser in der Praxis sehr beliebten quasi-konzentrierten Bauelemente in einem Tiefpassfilter ist im Bild 4.64 abgedruckt.

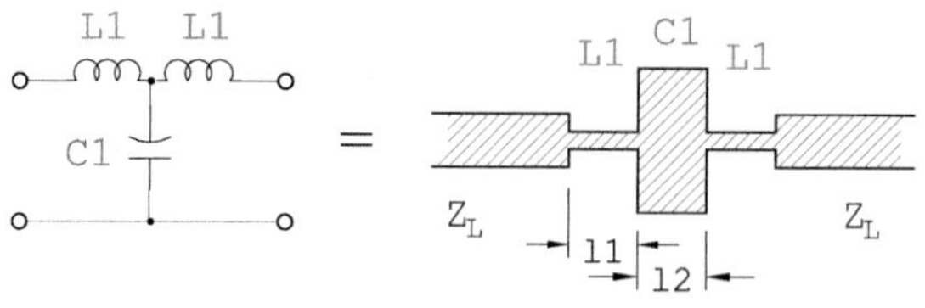

Bild 4.64: Tiefpassfilter in Mikrostreifenleitertechnik realisiert mit quasi-konzentrierten Bauelementen

Kapitel 5

Schaltungstheorie und -synthese mit Gleich- und Gegentaktgrößen

In den bisher behandelten Schaltungen und Komponenten wurde nur ein elektrischer Mode zugelassen. Bei vielen insbesondere modernen HF-Komponenten und Highspeed-Digitalschaltungen in TEM-Systemen treten jedoch zwei oder gar drei Moden auf. Dabei unterscheiden sich die verschiedenen Moden durch die elektrischen Feldbilder und ggf. unterschiedliche Ausbreitungseigenschaften.

In diesem Kapitel wird zunächst erläutert, um welche Moden es sich dabei handelt. Im Weiteren werden für die wichtigsten Zwei- und Dreimodensysteme neue "Streuparameter" eingeführt. Basierend auf diesen Mixed-Mode-Parametern (kurz M-Parametern) lassen sich in einfacher Art und Weise die so genannten Symmetrieübertrager wie auch Mode-blocker und Modekonverter einführen.

Danach wird auf die Anwendung dieser M-Parameter eingegangen. Es wird gezeigt, wie differentielle Komponenten wie Antennen und High-Speed-IC's angepasst werden. High-Speed-Transceiver für Digitalsignale werden eingeführt. Auf die Nutzung von so genannten ECL-Gattern in HF-Schaltungen wird eingegangen.

Im Anschluss folgt die Vorstellung einer neuen Schaltungssynthesetechnik für rein symmetrische Netzwerke. Aufbauend auf diesen Ergebnissen lassen sich Hochfrequenzkopplerschaltungen, die in der Praxis als reine Viertore eingesetzt werden, exakt herleiten.

5.1 Einführung von Mixed-Mode-TEM-Systemen

Hochfrequente Schaltungen wurden in den letzten Jahrzehnten überwiegend in unsymmetrischen Leitersystemen aufgebaut. Als wichtigste Leitungen sind die Mikrostreifen-, Koplanar-, Koaxial- und die Streifenleitung zu nennen.
Diese unsymmetrischen Leitungen weisen alle einen Signalleiter und eine Masse auf.

Hingegen wurden symmetrische Leitungen (z.B. Paralleldrahtleitung) selten eingesetzt, da bei diesen Leitungen in der Praxis Phänomene auftreten, die einer detaillierten Analyse bedürfen. Auf diese Problematik wird in diesem Kapitel ausführlich eingegangen.

Ein großer Vorteil symmetrischer Leitungen und aller symmetrischen Schaltungen gegenüber unsymmetrischen Systemen ist der, dass elektromagnetische Einstrahlung theoretisch keinen Einfluss auf die Signalübertragung hat. Im Bild 5.1 sind zwei planare Leitungen und deren elektrische Felder unter Einfluss einer Störstrahlung dargestellt.

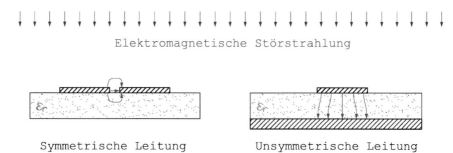

Bild 5.1: Planare symmetrische und unsymmetrische Leitung mit elektrischen Feldern der Leitungsmoden und Störstrahlung

Wenn die Störstrahlung so groß ist, dass sie in beiden Leitersystemen eine Spannung von 100 mV induzieren kann, dann addiert sich diese Spannung zu den Signalleitern. Im symmetrischen System wird die Spannung des Hin- und des Rückleiters um diese 100 mV angehoben. Diese Erhöhung des Potentials wirkt sich jedoch nicht auf die Signalcharakteristik aus!

Beim unsymmetrischen System wird das Übertragungssignal in diesem Fall jedoch um 100 mV gegen Masse angehoben, und der Störer wird in voller Größe in das Signal eingekoppelt.

Ein weiterer Vorteil symmetrischer Systeme[1] liegt darin, dass sie zur Generierung einer geforderten Leistung Spannungsamplituden (gegen Masse bezogen) benötigen, die um den Faktor 2 kleiner sind. Es wird zwar die doppelte Anzahl an Transistoren benötigt, was jedoch bei integrierten Schaltungen keinen wirklichen Mehraufwand bedeutet[2].

Der Vorteil liegt darin, dass man bei einer von der Technologie gegebenen Maximalspannungsamplitude U_{max}, die zur Durchbruchspannung proportional ist, die 4-fache Ausgangsleistung P_{out} erzielt.

$$P_{out}^{unsym} = \frac{U_{max}^2}{Z_L} \quad , \quad P_{out}^{sym} = \frac{(2 \cdot U_{max})^2}{Z_L} = 4 \cdot P_{out}^{unsym} \tag{5.1}$$

Diese beiden Vorteile - die höhere Leistungsausbeute und die höhere Störsicherheit - haben dafür gesorgt, dass symmetrische Systeme in den letzten Jahren in der Hochfrequenzelektronik fast ausschliesslich in jedem Massenprodukt eingesetzt werden.

Mittlerweile werden alle Halbleiterkomponenten der Frontendelektronik im Smartphone wie auch für optische Übertragungssysteme nur noch in symmetrischer Technik gefertigt.

---

[1]Man spricht in der Digitaltechnik bevorzugt von differentiellen Systemen.

[2]Wichtig ist, dass der Platzbedarf zur Bereitstellung der Leistung nahezu der Gleiche ist.

Die Anzahl der verkauften 4-Tor-Netzwerkanalysatoren, mit denen sich die symmetrische Technik vermessen lässt, über steigt schon der Anzahl der verkauften Zweitorgeräte.

Bei schmalbandigen Kleinsignalkomponenten, die im höheren GHz-Bereich arbeiten, wie z.B. sog. Low Noise Converter (LNC) zum Empfang von Fernseh-Satellitensignalen bei 11 GHz, hat man eine große Störunterdrückung durch Bandpassfilterung und benötigt keine Leistungsverstärkung. Derartige Systeme werden nach wie vor in unsymmetrischer Technik aufgebaut.

5.1.1 Unsymmetrischer Mode und Gegentaktmode in Zweileitersystemen

Bei unsymmetrischen Zweileitersystemen wie z.B. der Mikrostreifenleitung oder der Koaxialleitung tritt als einziger TEM-Mode der unsymmetrische Mode auf, der in enger Verwandtschaft zum so genannten Gleichtaktmode steht. Charakteristisch für diesen Mode ist, dass eine Messung des Signals (Potential gegen Masse bzw. Erde) nur ein Resultat für den oberen (Signal-)Leiter der Mikrostreifenleitung bzw. nur für den Innenleiter der Koaxialleitung anzeigt. Der zweite Leiter hat die Funktion einer Masse und weist somit ein Potential von 0 V auf. Schaltungen für diese unsymmetrischen Leitersysteme werden unsymmetrisch ausgelegt, wie es das Bild 5.2 am Beispiel einer Übertragungsstrecke mit Tiefpassfilterung zeigt.

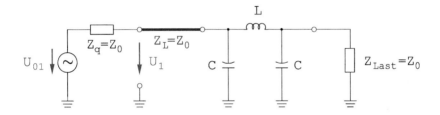

Bild 5.2: Unsymmetrisches Zweidrahtsystem

Ein Spannungsmessgerät würde für Bild 5.2 für eine angepasste Schaltung am Eingang der Leitung als Maximalwert $U_{mess} = U_1 = U_{01}/2$ anzeigen.

Bei symmetrischen Zweileitersystemen, wie z.B. der Paralleldrahtleitung, tritt als einziger TEM-Mode der so genannte Gegentaktmode auf. Charakteristisch für diesen Mode ist, dass eine Messung des Signals (gegen Masse bzw. Erde) jeweils ein Resultat am oberen Leiter und am unteren Leiter der Paralleldrahtleitung ergibt. Schaltungen für diese symmetrischen Leitersysteme werden symmetrisch ausgelegt, wie es das Bild 5.3 am Beispiel einer Übertragungsstrecke mit Tiefpassfilterung veranschaulicht.

Damit die Potentiale der Schaltung nicht "wegdriften", wird in der Praxis ein Punkt in der Schaltung gegen Masse geschaltet. Dieses wurde im Bild 5.3 mit einer Mittelanzapfung der Lastimpedanz angedeutet. Ein Spannungsmessgerät würde für Bild 5.3 für eine angepasste Schaltung am unteren und oberen Eingang der Leitung als Maximalwert $U_{mess} = U_{02}/4$ anzeigen, wobei weiterhin $U_2 = U_{02}/2$ gilt.

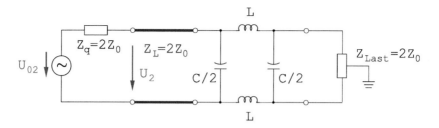

Bild 5.3: Symmetrisches Zweidrahtsystem mit Gegentaktmode über Spiegelung der unsymmetrischen Schaltung an der Masseebene (Praxis: $Z_0 = 50\,\Omega$)

Es sei ausdrücklich herausgehoben, dass die beiden Schaltungen nach Bild 5.2 und Bild 5.3 trotz unterschiedlichen Spannungen und Eingangswiderständen das gleiche Übertragungsverhalten und somit die gleichen Streuparameter aufweisen. In der Praxis sind die Streuparameter der unsymmetrischen Schaltung auf $50\,\Omega$ und die der symmetrischen Schaltung auf $100\,\Omega$ normiert.

Jede unsymmetrische Schaltung des $50\,\Omega$-Systems kann an der Massefläche gespiegelt werden und ergibt dann sofort eine symmetrischen Schaltung (exakt eine erdsymmetrische Schaltung) für ein $100\,\Omega$-System. Die Masseanschlüsse können, wie im Bild 5.3 dargestellt, auch weggelassen werden, was den Vorteil hat, dass die Shunt-Bauelemente zu einem Querbauelement kombiniert werden können (wie es bei den Kondensatoren vollzogen wurde).

Eine zweite Art eine symmetrische Schaltung direkt aus dem Entwurf einer unsymmetrischen Schaltung zu generieren ist im Bild 5.4 angegeben.

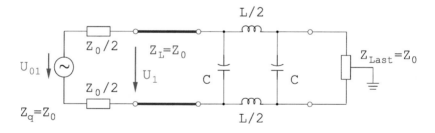

Bild 5.4: Symmetrisches Zweidrahtsystem mit Gegentaktmode (Praxis: $Z_0 = 100\,\Omega$)

Es müssen die Längs- bzw. Serienbauelemente im Impedanzwert halbiert und im unteren Zweig implementiert werden. Diese Schaltung verhält sich nicht nur bzgl. der Übertragungsfunktion, sondern auch bzgl. des Strom- und Spannungsverhalten, wie die unsymmetrische Schaltung nach Bild 5.2.

Synthese von symmetrischen Schaltungen

Es ist offensichtlich, dass symmetrische Schaltungen mehr Bauteile bei gleicher Funktionalität haben. Zur Auslegung von symmetrischen Schaltungen verwendet man die obere unsymmetrische Hälfte einer Referenzschaltung bei halber Eingangsimpedanz und halbem Leitungswellenwiderstand. Nach der Auslegung der halben Schaltung werden die Komponenten in den Querzweigen vereinigt. D.h., dass eine unsymmetrische Schaltung gemäss

Bild 5.2 mit weniger Bauelementen und gleichem Übertragungsverhalten dazu dient eine symmetrische Schaltung nach Bild 5.3 zu berechnen. Alternativ kann die unsymmetrische Referenzschaltung auf die gleiche Impedanz ausgelegt werden und es müssen lediglich die Werte der Serienbauelemente halbiert werden, wie im Bild 5.4 dargestellt.

5.1.2 Gleich- und Gegentaktmoden in Dreileitersystemen

Der Nachteil der symmetrischen Leitung liegt darin, dass in der Praxis das Leiterpaar nicht ohne eine im Raum befindliche Masse betrachtet werden kann.
Werden zwei Drähte zur Signalübertragung in einem Gerät genutzt, so gibt es in der Regel eine Gehäusewand, so dass aus dem Paralleldraht-Leitungssystem ein DREILEITERSYSTEM nach Bild 5.5 wird.

Bild 5.5: Dreileitersystem: Zweidrahtleiter an einer Gehäusewand

In modernen Multilayer-Platinen benötigt man Masselagen zur Isolation verschiedener Signale. In diesem Fall werden symmetrische Leitungen in inneren Lagen als zwei Streifenleitungen realisiert. Auf der obersten Lage werden zwei Mikrostreifenleitungen eingesetzt.

In der Praxis hat sich der Einsatz zweier planarer Leitungen etabliert, die sich wenig beeinflussen, einen Wellenwiderstand von $50\,\Omega$ und die gleiche elektrische Länge haben.

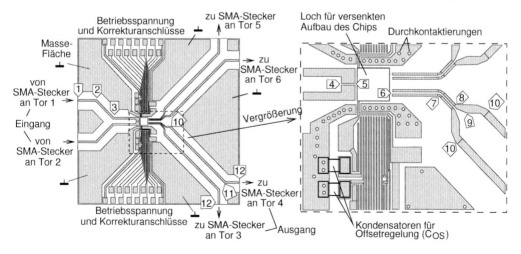

Bild 5.6: Applikationsplatine eines Breitbandverstärkers in symmetrischer Mikrostreifentechnik

Dieses ist im Bild 5.6 illustriert, das die Draufsicht auf eine Applikationsplatine eines Breitbandverstärkers für die optische Datenübertragung (13 Gbit/s) mit einem Eingang und zwei Ausgängen darstellt, [76].

In einem Dreileitersystem können sich zwei verschiedene TEM-Wellen ausbreiten, die beide i.d.R. berücksichtigt werden müssen:
Einerseits breitet sich der Mode des symmetrischen Leitersystems aus. Dieses ist der gewünschte Mode. Dieser Mode wird auch als Gegentaktmode (engl.: odd-mode) bezeichnet.

Andererseits breitet sich ein Gleichtaktmode aus. Energie, die als elektromagnetische Störung in dieses Leitersystem eingespeist wird, tritt als Gleichtaktmode (engl.: even-mode) auf. Beide Moden sind für zwei eng benachbarte Mikrostreifenleitungen im Bild 5.7 dar-

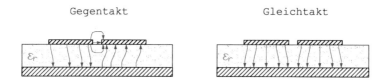

Bild 5.7: Moden und elektrische Felder in einem planaren symmetrischen Leitungssystem

gestellt.

Bei beiden Moden handelt es sich um Quasi-TEM-Wellen. Da sich beide Moden jedoch unterschiedlich in der Luft und im Dielektrikum verteilen, haben sie i.d.R. unterschiedliche effektive Permittivitäten ($\epsilon_{e_{eff}}$ und $\epsilon_{o_{eff}}$) und somit unterschiedliche Ausbreitungskonstanten.
Bei reinen Dreidraht-TEM-Wellenleitern (z.B. Bild 5.5) ist die Ausbreitungskonstante beider Moden gleich.

Die Wellenwiderstände Z_{even} und Z_{odd} beider Moden sind jedoch fast immer unterschiedlich. Deren Berechnung ist mit den gleichen Methoden möglich, wie diese im Kapitel 4 für TEM- und Quasi-TEM-Leitersysteme vorgestellt wurden.

Insbesondere beim Einsatz von Feldsimulatoren zu deren Berechnung, aber auch beim Arbeiten mit Komponenten mit symmetrischen Eigenschaften ist es sehr vorteilhaft, elektrische oder magnetische Wände zu verwenden.

Bild 5.8 zeigt, dass sich bei einer "Halbierung" des Leitersystems (unter Verwendung von elektrischer und magnetischer Wände) eine Halbierung der Gegentaktimpedanz und eine Verdopplung der Gleichtaktimpedanz ergibt.

Bild 5.8: Einsatz von elektrischen und magnetischen Wänden beim Arbeiten mit Gleich- und Gegentaktmoden

Durch die Einführung der elektrischen oder magnetischen Wand kann sich im halbierten

Dreidrahtleiter auch nur noch der gewünschte Mode ausbreiten.

Im Weiteren wird gezeigt, wie man trotz der beiden Moden am Ein- und/oder Ausgang von Hochfrequenzschaltungen einen präzisen Schaltungsentwurf machen kann.
Für den Schaltungsentwurf und zur Durchführung von genauen Messungen ist es notwendig, eine Streuparameter-Beschreibung dieser Zwei-Moden-Systeme zu haben. Diese Streuparameter-Beschreibung wird im folgenden Abschnitt vorgestellt.

5.2 Komponenten mit Dreileitersystemen am Ein- und Ausgang

Komponenten mit einem symmetrischen (oder auch differentiellen) Eingang und einem symmetrischen Ausgang (wie der Verstärker im Bild 5.6) möchte man nur mit den Gegentaktwellen a_i^- und b_i^- betreiben.

Da jedoch der Gleichtaktmode an den Ein- und Ausgängen das elektrische Verhalten beeinflusst, müssen die Wellengrößen a_i^+ und b_i^+ dieses Modes im Schaltungsentwurf mit berücksichtigt werden.

Bei Gegentaktsignalen werden die Spannungsdifferenzen zwischen je zwei Ein- und Ausgangstoren betrachtet. Hierbei versteht man unter dem Tor eine Zweidrahtleitung (in unserem Beispiel Bild 5.6 eine Mikrostreifenleitung). Zwei Zweidrahtleitungen mit gemeinsamer Masse werden zu einer Dreidrahtleitung zusammengefügt. Die zwei Tore der Zweidrahtleitungen, die derart verknüpft sind, werden als `Torpaar` oder `Mixed-Mode-Tor` (kurz MM-Tor) bezeichnet.

Zur Vereinfachung der Darstellung soll im Weiteren nur eine Komponente mit einem symmetrischen Eingangstorpaar und einem symmetrischen Ausgangstorpaar betrachtet werden. Die Wellengrößen am Ein- und Ausgang des "Zweitorpaares" lassen sich wieder über Streuparameter verknüpfen. Da die Streuparameter auch Eigenschaften zwischen zwei verschiedenen Moden beschreiben, nennt man diese Parameter verallgemeinert Modenkonversionsparameter, Mixed-Mode- oder kurz M-Parameter. Bild 5.9 illustriert ein derartiges Zweitorpaar, das auch alternativ als `MM-Zweitor` (Kurzform für Mixed-Mode-Zweitor) bezeichnet wird.

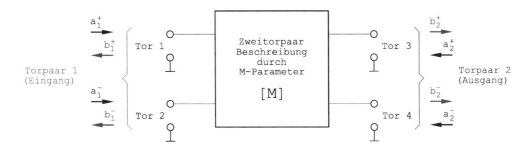

Bild 5.9: Darstellung eines Zweitorpaars (MM-Zweitors) mit Modenkonversionsparametern sowie Gleich- und Gegentaktwellen

Die M-Parameter des Zweitorpaares sollen im Weiteren als M-Matrix dargestellt werden. Die M-Matrix ist wie folgt definiert:

$$
\begin{pmatrix} b_1^- \\ b_2^- \\ -- \\ b_1^+ \\ b_2^+ \end{pmatrix} = \left[\begin{array}{cc|cc} M_{11}^- & M_{12}^- & M_{11}^{-+} & M_{12}^{-+} \\ M_{21}^- & M_{22}^- & M_{21}^{-+} & M_{22}^{-+} \\ \hline M_{11}^{+-} & M_{12}^{+-} & M_{11}^+ & M_{12}^+ \\ M_{21}^{+-} & M_{22}^{+-} & M_{21}^+ & M_{22}^+ \end{array} \right] \begin{pmatrix} a_1^- \\ a_2^- \\ -- \\ a_1^+ \\ a_2^+ \end{pmatrix} , \qquad (5.2)
$$

mit

$$
M_{11}^- = \frac{b_1^-}{a_1^-} \Big|_{a_2^-=a_1^+=a_2^+=0} , \quad M_{21}^- = \frac{b_2^-}{a_1^-} \Big|_{a_2^-=a_1^+=a_2^+=0} , \quad M_{12}^{+-} = \frac{b_1^+}{a_2^-} \Big|_{a_1^-=a_1^+=a_2^+=0} \quad \text{usw..}
$$
$$
(5.3)
$$

Bei den M-Parametern, die nur eine Größe (+ oder −) im Exponenten haben, handelt es sich um so genannte *Eigenparameter*. Eigenparameter sind das Gleiche wie die Streuparameter, die im Kapitel 2 beschrieben wurden. Es handelt sich somit um die Reflexions- und Transmissionsgrößen für den Gleichtakt- (+) oder Gegentaktmode (−).

Die M-Parameter, die zwei Größen (+− oder −+) im Exponenten aufweisen, werden *Konversionsparameter* genannt. Diese Parameter beschreiben die Reflexions- oder Transmissionseigenschaften bei gleichzeitiger Modenkonversion. D.h., wenn der Parameter M_{11}^{-+} den Wert 0.7 hat, dann werden 50 % der Energie einer Gleichtaktwelle, die am Torpaar 1 einfällt, reflektiert und in eine Gegentaktwelle konvertiert.

Leider hat sich in den letzten Jahren die Schreibweise der später eingeführten amerikanischen Nomenklatur insbesondere in der Messtechnik etabliert. In dieser Schreibweise wird das + durch ein C bzw. cm und das - durch ein D bzw. dm ersetzt. Für die Gleichung (5.2) ergibt sich:

$$
\begin{pmatrix} b_{dm1} \\ b_{dm2} \\ -- \\ b_{cm1} \\ b_{cm2} \end{pmatrix} = \left[\begin{array}{cc|cc} S_{DD11} & S_{DD12} & S_{DC11} & S_{DC12} \\ S_{DD21} & S_{DD22} & S_{DC21} & S_{DC22} \\ \hline S_{CD11} & S_{CD12} & S_{CC11} & S_{CC12} \\ S_{CD21} & S_{CD22} & S_{CC21} & S_{CC22} \end{array} \right] \begin{pmatrix} a_{dm1} \\ a_{dm2} \\ -- \\ a_{cm1} \\ a_{cm2} \end{pmatrix} . \qquad (5.4)
$$

Im Weiteren wird jedoch die Nomenklatur der M-Parameter verwendet.

Eine anschauliche Darstellung der Zusammenhänge von Wellen, Moden und Torpaaren bietet die Verwendung von Signalflussgraphen, die im Kapitel 10 für Streuparameter vorgestellt werden. Um diese Darstellungsform hier einführen zu können, werden die physikalisch *nicht* vorhandenen Gleich- und Gegentakttore, wie im Bild 5.10 dargestellt, eingesetzt.

Der Unterschied zu Bild 5.9 besteht lediglich in der Interpretation der Tore. Physikalisch breiten sich die Gleich- und Gegentaktwellen in den Dreileitersystemen aus. Diese Tore der Dreileitersysteme sollen im Weiteren als Mixed-Mode-Tore mit dem Kürzel MM-Tor und durch Kennzeichnung durch eine Zahl im rechteckigen Rahmen (s. Bild 5.10) gekennzeichnet werden.

Abstrahiert kann man sich vorstellen, dass sich die beiden Wellentypen in zwei verschiedenen Systemen ausbreiten, die jedoch über die Konvertierungsparameter verkoppelt sind.

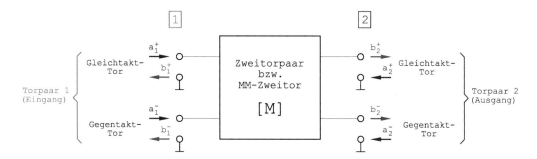

Bild 5.10: Zweitorpaar bzw. MM-Zweitor mit abstrakten Gleich- und Gegentakttoren (Mixed-Mode-Toren, kurz: MM-Toren)

Für diesen allgemeinen Fall ist der Signalflussgraph[3] im Bild 5.11 dargestellt. Hierin sind das Gleich- und Gegentaktsystem (dunkel unterlegt), sowie dazwischen das Konvertierungssystem (Diagonalen, hell unterlegt) zu sehen.

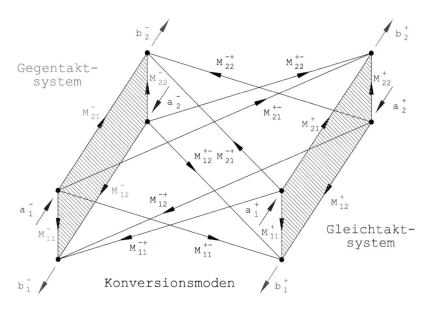

Bild 5.11: Signalflussgraph für ein Zweitorpaar mit M-Parametern mit dunkel unterlegten Eigenmodeparametern

Sofern man im Schaltungsdesign die Freiheit hat, die Konvertierungsparameter klein zu halten, so wird man dies tun. Im Idealfall sind die beiden Systeme getrennt, was für ein symmetrisches Zweitorpaar zutrifft. Der sich daraus ergebende stark vereinfachte Signalflussgraph ist im Bild 5.12 abgebildet.

---

[3]Diese werden detailliert im Abschnitt 10.2 eingeführt.

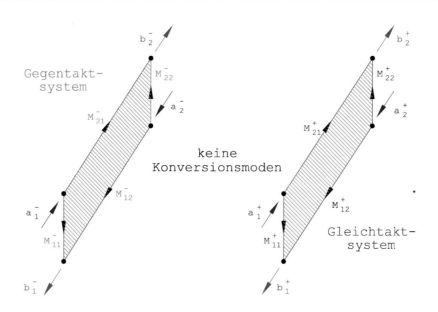

Bild 5.12: Signalflussgraph für ein Zweitorpaar ohne Konvertierungsparameter

Spezialfall: Dreileitersystem aus zwei *rein* massegekoppelten Zweileitersystemen

Es wurde bereits am Eingang dieses Kapitels darauf hingewiesen, dass sich in der Praxis die zwei Mikrostreifenleitungen, die nur über die Masse zu einem Dreileitersystem gekoppelt sind, durchgesetzt haben (s. Bild 5.6).

Auf diesen Spezialfall, der im Bild 5.13 illustriert ist, wollen wir uns im Weiteren in diesem Abschnitt beschränken.

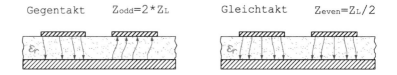

Bild 5.13: Gleich- und Gegentaktwellenwiderstände für rein massegekoppelte Zweileitersysteme

Dieser Spezialfall erlaubt, das Netzwerk mathematisch und messtechnisch in einfacher Art und Weise als Viertor mit der Streuparametermatrix [**S**] zu betrachten. Obwohl die Viertorstreuparameter physikalisch keine Aussage über das Übertragungsverhalten liefern, hilft diese Betrachtungsweise mit vorhandenen Software- und Hardware-Tools, die auf Streuparametern basieren, Dual-Mode-Systeme zu analysieren und zu synthetisieren.

Bild 5.14 stellt das spezielle Zweitorpaar als Viertor dar. Die gestrichelte Linie erinnert an der im Idealfall vorhandenen Symmetrie.

In diesem Spezialfall lassen sich die Wellengrößen des Viertores aus den Wellengrößen der Gleich- und Gegentaktwelle berechnen und umgekehrt:

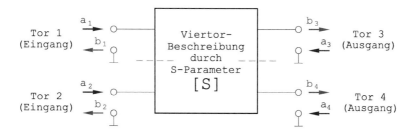

Bild 5.14: Darstellung eines Zweitorpaares mit rein massegekoppelten Zweileitersystemen am Ein- und Ausgang als Viertor in Streuparameter-Nomenklatur

$$a_1^+ = \frac{a_1 + a_2}{\sqrt{2}}, \quad a_1^- = \frac{a_1 - a_2}{\sqrt{2}}, \quad b_1^+ = \frac{b_1 + b_2}{\sqrt{2}}, \quad b_1^- = \frac{b_1 - b_2}{\sqrt{2}}, \tag{5.5}$$

$$a_2^+ = \frac{a_3 + a_4}{\sqrt{2}}, \quad a_2^- = \frac{a_3 - a_4}{\sqrt{2}}, \quad b_2^+ = \frac{b_3 + b_4}{\sqrt{2}}, \quad b_2^- = \frac{b_3 - b_4}{\sqrt{2}}, \tag{5.6}$$

$$a_1 = \frac{a_1^+ + a_1^-}{\sqrt{2}}, \quad a_2 = \frac{a_1^+ - a_1^-}{\sqrt{2}}, \quad b_1 = \frac{b_1^+ + b_1^-}{\sqrt{2}}, \quad b_2 = \frac{b_1^+ - b_1^-}{\sqrt{2}}, \tag{5.7}$$

$$a_3 = \frac{a_2^+ + a_2^-}{\sqrt{2}}, \quad a_4 = \frac{a_2^+ - a_2^-}{\sqrt{2}}, \quad b_3 = \frac{b_2^+ + b_2^-}{\sqrt{2}}, \quad b_4 = \frac{b_2^+ - b_2^-}{\sqrt{2}}. \tag{5.8}$$

Basierend auf der Verknüpfung der Wellengrößen des unsymmetrischen Streuparametersystems mit dem Gleich- und Gegentaktsystem lässt sich auch eine Umrechnung der Streuparametermatrix [**S**] in die M-Parametermatrix [**M**] vollziehen[4].

Eigenparameter für den Gleichtaktmode:

$$M_{11}^+ = \tfrac{1}{2}(S_{11} + S_{22} + S_{12} + S_{21}), \quad M_{12}^+ = \frac{1}{2}(S_{13} + S_{24} + S_{14} + S_{23}), \tag{5.9}$$

$$M_{21}^+ = \tfrac{1}{2}(S_{31} + S_{42} + S_{41} + S_{32}), \quad M_{22}^+ = \frac{1}{2}(S_{33} + S_{44} + S_{34} + S_{43}). \tag{5.10}$$

Eigenparameter für den Gegentaktmode:

$$M_{11}^- = \tfrac{1}{2}(S_{11} + S_{22} - S_{12} - S_{21}), \quad M_{12}^- = \frac{1}{2}(S_{13} + S_{24} - S_{14} - S_{23}), \tag{5.11}$$

$$M_{21}^- = \tfrac{1}{2}(S_{31} + S_{42} - S_{41} - S_{32}), \quad M_{22}^- = \frac{1}{2}(S_{33} + S_{44} - S_{34} - S_{43}). \tag{5.12}$$

Konversionsparameter für den Gegentaktmode in den Gleichtaktmode:

$$M_{11}^{+-} = \tfrac{1}{2}(S_{11} - S_{22} - S_{12} + S_{21}), \quad M_{12}^{+-} = \frac{1}{2}(S_{13} - S_{24} - S_{14} + S_{23}), \tag{5.13}$$

$$M_{21}^{+-} = \tfrac{1}{2}(S_{31} - S_{42} + S_{41} - S_{32}), \quad M_{22}^{+-} = \frac{1}{2}(S_{33} - S_{44} - S_{34} + S_{43}). \tag{5.14}$$

---

[4]Die Herleitung ist ähnlich der kürzeren Herleitung zwischen S- und M-Parametern mit drei Moden, die im folgenden Abschnitt abgedruckt ist.

Konversionsparameter für den Gleichtaktmode in den Gegentaktmode:

$$M_{11}^{-+} = \tfrac{1}{2}\left(S_{11} - S_{22} + S_{12} - S_{21}\right) , \quad M_{12}^{-+} = \frac{1}{2}\left(S_{13} - S_{24} + S_{14} - S_{23}\right) , \quad (5.15)$$

$$M_{21}^{-+} = \tfrac{1}{2}\left(S_{31} - S_{42} - S_{41} + S_{32}\right) , \quad M_{22}^{-+} = \frac{1}{2}\left(S_{33} - S_{44} + S_{34} - S_{43}\right) . \quad (5.16)$$

Für die M-Parameter gelten die gleichen Aussagen in Bezug auf Anpassung, Verlustfreiheit, Reziprozität und Symmetrie, wie wir diese bereits im Kapitel 2 für die Streuparameter getroffen haben. Es sind aber zusätzliche Punkte zu beachten.

Anpassung

Bzgl. der Anpassung gilt: $\qquad M_{ii}^{*} \to 0 \qquad$ mit $\qquad * = -, +, -+, +- $.

Bzgl. der Anpassung ist die häufigste Optimierungsgröße: $\qquad M_{11}^{-} \to 0$.

Dafür liefert die Gleichung (5.11) unter Einschluss der in der Praxis oft gegebenen Reziprozität vier mögliche Szenarien:

1. $S_{11} = S_{21} = S_{12} = S_{22} = 0$,
2. $S_{11} = S_{21} = S_{12} = S_{22}$,
3. $S_{11} = -S_{22}$ und $S_{12} = S_{21} = 0$,
4. $S_{11} + S_{22} = S_{12} + S_{21}$.

Ein wichtiger Sonderfall, der sich aus dieser Umrechnung für reziproke Komponenten herleiten lässt, besagt, dass sich eine Anpassung für den Gleich- und den Gegentaktmode der zwei Tore i und j nur dann realisieren lässt, wenn gilt: $S_{ii} = S_{ij} = S_{ji} = S_{jj} = 0$. Dieser Zusammenhang wird im Weiteren zur Berechnung von Kopplern (Viertor-Schaltungen) verwendet.

Reziprozität

Bzgl. der Reziprozität gilt: $\qquad M_{21}^{*} = M_{12}^{*} \qquad$ mit $\qquad * = -, +, -+, +- $.

Die Reziprozität lässt sich auch leicht über die Umrechnung mit den Streuparametern kontrollieren. Beispielsweise berechnen sich die M_{ij}-Parameter (für $j \neq i$) ausschließlich aus Transmissionsstreuparametern, die allesamt für ein passives und isotropes Netzwerk reziprok sind.

Symmetrie

Bzgl. der Symmetrie gilt: $\qquad M_{11}^{*} = M_{22}^{*} \qquad$ mit $\qquad * = -, +, -+, +- $.

Generell reduziert die Symmetrie die Anzahl der Unbekannten der M-Matrix erheblich. Weitere Details findet man im Kapitel 2.4.1. Die Symmetrie von normalen Zweitoren erlaubt eine sehr vereinfachte Schaltungssynthese, siehe Kapitel 5.4. Gleiches kann auch noch mit den M-Parametern durchgeführt werden, was in vielen Fällen zu neuen Ergebnissen führen kann.

Verluste

Genauso wie bei den S-Parametern kann man bei den M-Parameter aus den Betragsquadratwerten einer Zeile oder einer Spalte der M-Matrix, die in der Summe 1 sein müssen, die Verlustfreiheit kontrollieren. Somit gilt für die Verlustfreiheit beispielsweise

$$\left|M_{21}^{-}\right|^{2} = 1 - \left|M_{11}^{-}\right|^{2} - \left|M_{11}^{+-}\right|^{2} - \left|M_{21}^{+-}\right|^{2} \qquad . \tag{5.17}$$

Modekonversion und Halbsymmetrie

Bereits im Bild 5.14 wurde die Halbsymmetrie angedeutet, die im Bild 5.15 nochmals herausgehoben ist.

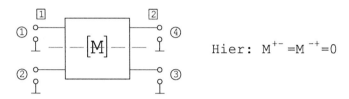

Bild 5.15: MM-Schaltung mit einer Symmetrie im oberen und unteren Zweig

Für derartige Schaltungen, bei denen der obere und untere Zweig identisch sind, gilt, dass die Modekonversionsparameter (alle $M^{+-}-$ und $M^{-+}-$Werte) null sind. Dieser Fall wird in der Praxis immer angestrebt. Die Konversionsparameter werden deshalb nur in der Messtechnik beobachtet, damit sicher gestellt ist, dass diese unter -20 dB liegen und somit keine merklichen Verluste durch Modekonversion auftreten.

Doppelsymmetrie

Viele Netzwerke weisen die zuvor erläuterte Halbsymmetrie und zusätzlich die davor erläuterte Doppelsymmetrie auf. Diese Netzwerke werden detaillierter im Kapitel 5.4.2 beschrieben.

Komponenten in der HF-Schaltungstechnik

Sofern man in einem symmetrischen Leitungssystem eine Schaltung auslegen möchte und die Masse in mittelbarer Nähe ist, sind die M-Parameter zu verwenden. Wenn man diese Parameter nicht zumindest für die Berechnung der symmetrischen Eigenschaften einsetzt, dann versagt i.d.R. jede Schaltungssimulation. Idealerweise sollen sämtliche Schaltungskomponenten in diesem Dreileitersystem simuliert werden. Dieses wird in der Praxis mit der Annahme einer nicht vorhandenen Modekonversion unterdrückt.

Sehr wichtig sind die M-Parameter in der Messtechnik zur Verifikation der entwickelten Schaltungen und Komponenten. Die M-Parameter geben Aufschluss, wie stark eine Komponente Energie in den Gleichtaktmode konvertiert.

Diese Darstellung in M-Parameter zieht sich somit durch die gesamten Komponenten der Hochfrequenztechnik, die bereits für unsymmetrischen Schaltungen (Mono-Modesystemen) bekannt sind. Darüber hinaus gibt es noch weitere Mixed-Mode-Komponenten, die in Mono-Modesystemen nicht vorhanden sind. Diese werden im Kapitel 5.2.3 vorgestellt.

—————— *Übung: Dual-Mode-Leitung* ——————

Geg.: *Gegeben sind zwei verlustfreie 50 Ω-Mikrostreifenleitungen mit einer elektrischen Länge von 180° bei 1 GHz (Bild 5.16).*

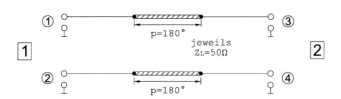

Bild 5.16: Aufbau einer Dual-Mode-Leitung aus zwei Mikrostreifenleitungen

Ges.: *Geben Sie die M-Matrix dieser DM-Leitung für 1 GHz an.*

Rechnung:

Die S-Parameter dieser zwei entkoppelten Leitungen (Leitungspaar) lauten:

$$[\mathbf{S_{Leitungspaar}}] = \begin{bmatrix} 0 & 0 & -1 & 0 \\ 0 & 0 & 0 & -1 \\ -1 & 0 & 0 & 0 \\ 0 & -1 & 0 & 0 \end{bmatrix} . \tag{5.18}$$

Für die S-Parameter ist ersichtlich, dass die Reflexionsgrößen alle 0 sind, die Transmissionsgrößen $S_{31}, S_{13}, S_{42}, S_{24}$ für 180° Phasendrehung -1 betragen und die restlichen Transmissionsgrößen aufgrund der Isolation 0 sind.

Mittels den Gleichungen (5.9-5.15) lassen sich aus den S- die M-Parameter berechnen.

$$[\mathbf{M_{DM-Leitung}}] = \left[\begin{array}{cc|cc} 0 & -1 & 0 & 0 \\ -1 & 0 & 0 & 0 \\ \hline 0 & 0 & 0 & -1 \\ 0 & 0 & -1 & 0 \end{array} \right] . \tag{5.19}$$

Das Ergebnis lautet, dass sowohl der Gleich- wie auch der Gegentaktmode angepasst sind. Beide Signale werden in der Transmissionsphase um 180° gedreht. Eine Modekonversion findet nicht statt. Somit sind alle Modenkonversionsparameter (alle $M^{+-}-$ und $M^{-+}-$Werte) ebenfalls 0.

—————— *Übung: Dual-Mode-Leitung* ——————

5.2.1   Transceiver für die digitale Datenübertragung

Seit vielen Jahren ist LVDS (engl.: Low Voltage Differential Signaling) der Standard für die digitale Übertragungstechnik. LVDS zeichnet sich durch folgende Merkmale aus:

- differentielle Signalübertragung,
- bis zu 3.25 GBit/s,
- kleine Spannungssignale ($\pm 350 \, mV$),
- einseitig terminiert.

LVDS ist ein IEEE-Standard und in dem IEEE Standard 1596.3-1996 festgelegt. Als grundlegende Dokumentation ist [81] zu empfehlen. Hier werden auch noch die beiden neuen Technologien LVPECL und CML, die Übertragungsraten bis zu 10 GBit/s zulassen, vorgestellt.

Zunehmend werden die verschiedenen neuen LV-Standards auch basierend ihrer Schaltungstechnologien wie LVNECL, LVCMOS und LVTTL unterschieden. Zu beachten ist, dass man IC's dieser unterschiedlichen Technologien in der Regel kombinieren kann, jedoch insbesondere bezüglich Gleichspannungseinstellungen verschiedene Offset-Werte verwenden muss. Hierbei handelt es sich um Hardware-Transceiver, mit denen man Bussysteme aufbauen kann.

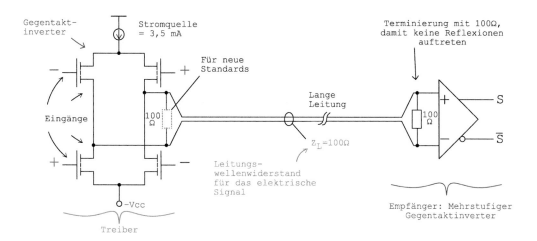

Bild 5.17: Aufbau einer unidirektionalen Übertragungstrecke

Die neuesten Standards für die digitale Bus- bzw. Datenübertragungssysteme von High-Speed-Signalen einschließlich deren Protokolle sind:

PCI-Express (engl.: Peripheral Component Interconnect Express) und
HyperTransport.

Beide sind jedoch nunmehr ausschließlich zweiseitig terminiert.

Architekturen von Übertragungsstrecken

Eine unidirektionale Sende-Empfangsstrecke zeigt das Bild 5.17.

Idealisiert wird davon ausgegangen, dass es sich bei den CMOS-Transistoren um ideale Schalter handelt und diese mit resistiven $100\,\Omega$-Widerständen terminiert werden.

Die bidirektionale so genannte Halb-Duplex-Architektur ist im Bild 5.18 illustriert.

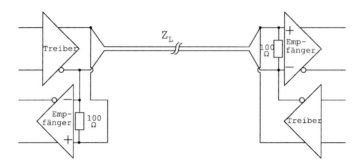

Bild 5.18: Bidirektionale Übertragung digitaler Signale

Bei dieser Halb-Duplex-Architektur kann nur in Vorwärts- oder Rückwärtsrichtung übertragen werden.

In der Digitaltechnik gibt es weiterhin Empfänger um Leitungen hochohmig abzugreifen. Die zugehörige Multidrop-Architektur ist im Bild 5.19 abgebildet.

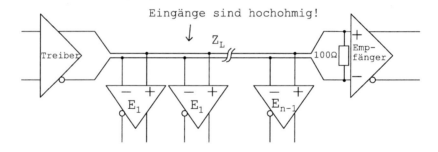

Bild 5.19: Multidrop-Übertragung mit einseitiger Terminierung

Hier müssen sämtliche Anschlusslängen an den Leitungen extrem kurz und die Eingangsimpedanz möglich hochohmig (Eingangskapazität folglich möglichst klein) sein.

5.2.2 Differentielle Leitungstechnik für die digitale Datenübertragung

Im Bereich der Elektronikkomponenten für Hochgeschwindigkeitsdatenübertragung ist der Stand der Technik so weit fortgeschritten, dass bereits jetzt Bussysteme für $n \cdot 6\,\text{GBit/s}$[5] zur Verfügung stehen. Diese werden von den führenden Prozessorherstellern für so genannte "Chip to Chip"-Verbindungen angeboten.

Dass es aktuell jedoch keine echten Bussysteme auf Motherboards gibt, die deutlich über $n \cdot 1.25\,\text{GBit/s}$ gehen, liegt u.a. an der Tatsache, dass nur die beiden "klassischen" Leitersysteme Mikrostreifenleitung und Streifenleitung eingesetzt werden.

Stand der Forschung sind zwei gekoppelte Mikrostreifenleitungen auf dem obersten Layer und zwei gekoppelte Streifenleitungen (Bild 5.20) in inneren Layern.

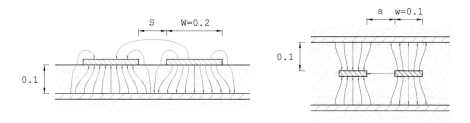

Bild 5.20: Planare Datenleitung für die differentielle Signalübertragung aus je zwei gekoppelten Mikrostreifenleitungen (links) und Streifenleitungen (rechts) mit dem elektrischem Feldbild für die Gegentaktwelle

Insbesondere die häufig eingesetzte Mikrostreifenleitung weist ein stark dispersives Verhalten auf, s. Abschnitt 4.2.4, Seite 87. Über viele Jahrzehnte wurden die Phänomene einer einzelnen Mikrostreifenleitung erforscht [35, 36, 66, 105, 123, 124]. Dieses dispersive Verhalten bedingt, dass Signalanteile mit unterschiedlichen spektralen Verteilungen auch unterschiedliche Laufzeiten haben und somit Bitfehler hervorrufen. Im Hochfrequenzbereich werden Mikrostreifenleitungen i.d.R. nur bei einer kleinen relativen Bandbreite eingesetzt und liefern deshalb befriedigende Eigenschaften.

Als Stand der Technik haben sich Wellenwiderstände von $100\,\Omega$ für das differentielle Nutzsignal (Gegentaktsignal) etabliert. Die Abmessungen in dem Bild 5.20 sind typische Werte für den Gegentaktwellenwiderstand von $100\,\Omega$ und das Standardmaterial (FR4). Diese z.Z. eingesetzten Leitungen sind bei weitem nicht optimal für den Einsatz zur breitbandigen differentiellen Datenübertragung. Die Kritikpunkte sind, dass die Leitungen

    1. aufgrund des dispersiven Verhaltens zu viele Bitfehler verursachen und
    2. deshalb keine hohen Datenraten zulassen und
    3. zu viel Platz benötigen und
    4. einen zu geringen Wellenwiderstand für die Gleichtaktwellen aufweisen.

---

[5]n: Anzahl der differentiellen Datenleitungspaare.

Weitere planare Leitungssysteme wie z.B. die Koplanarleitung, die Schlitzleitung [122, 127] u.v.m. sind zur Realisierung differentieller Datenleitungen gänzlich ungeeignet, da diese sehr viel Platz benötigen und oft schwer anzukoppeln sind.

Deshalb müssen auch neue Leitersysteme einbezogen werden. Beispielsweise kann man sich als verbesserte doppelte Mikrostreifenleitung eine symmetrische Leitung mit mittlerer Masse wie im Bild 5.21 dargestellt vorstellen.

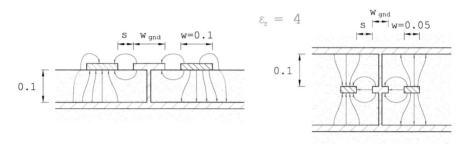

Bild 5.21: Modifizierte Mikrostreifenleitung (links) und Streifenleitung (rechts) mit dem elektrischen Feld der Gegentaktwelle und typischen Abmessungen

Eine derartig modifizierte doppelte Mikrostreifenleitung hätte potentiell folgende Vorteile:
- geringere Verkopplung zwischen mehreren differentiellen Datenleitungen.
- geringere geometrische Abmessungen bei gleichen Gegentaktwellenwiderständen.
- geringere Empfindlichkeit bei Gleichtaktstörungen.
- weniger elektromagnetische Abstrahlung.
- geringeres dispersives Verhalten.
- geringere elektrische Länge.

Ebenfalls ist auch eine leichte Verbesserung der zur doppelten Stripline möglich. Auch hier hat eine innere Masse, wie im Bild 5.21 illustriert, positive Auswirkungen in Form von geringeren Verkopplungen zwischen mehreren differentiellen Datenleitungen und geringeren Abmessungen bei gleichen Gegentaktwellenwiderständen haben.

Genauso sind als innere Leitungen Bandleitungen (Abschnitt 4.2.2) vorstellbar. Diese haben zusätzlich den Vorteil einer prinzipbedingt störungsfreien Radialführung, aber auch den Nachteil, dass diese Leitungen eine zusätzliche Lage benötigen.

Numerischen elektromagnetischen Simulationen dienen in der Praxis dazu einzelne Störszenarien zu untersuchen. Die Liste der möglichen Störungen der Datenleitungen in Computern ist beliebig lang. Das Bild 5.22 soll einige der größten Störquellen für die Datenleitungen visualisieren.

Zu diesen mittels numerischen Tools zu optimierenden Problemen gehören auch die Übergänge zwischen verschiedenen FR4-Lagen.

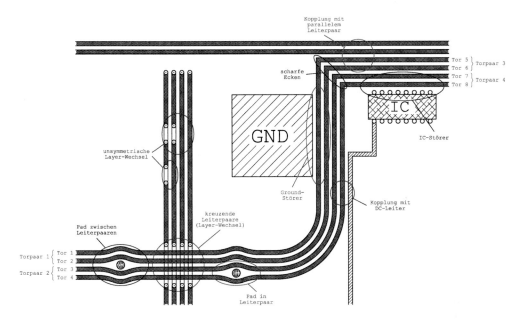

Bild 5.22: Verschiedene Störeinflüsse auf die differentiellen Datenleitungen bei der Übertragung schneller Breitbandsignale

Als wichtigste Maßnahme zur Layoutoptimierung bei Ecken ist die Optimierung aus gleicher elektrischer Länge zu nennen, Bild 5.23

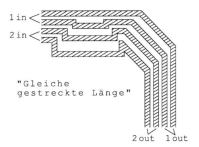

Bild 5.23: Führung differentieller Leitungen um Ecken

5.2.3 Modeblocker

Gerade in modernen hochintegrierten symmetrischen Schaltungen, die bei kleinen Betriebsspannungen arbeiten, wird sehr viel Wert darauf gelegt, dass ein Gleichtaktmode unterdrückt wird.

Im Folgenden werden Strukturen vorgestellt, die als Komponente, oder auch nur als Elemente einer Komponente ungewünschte Moden durch Fehlanpassungen unterdrücken. Zumindest bei Mittenfrequenz weist keine der vorgestellten Modeblocker eine Modekonversion auf. Deshalb wird im Weiteren auch nicht darauf eingegangen.

Dieses Kapitel schult u.a. sehr den Umgang mit den Gleich- und Gegentaktmoden. Generell kann man breits den Gegentaktmode dadurch unterdrücken, dass man am Tor einen Kurzschluß zwischen den Leitern einsetzt. Der Gleichtaktmode lässt sich durch die Entfernung der Masse unterdrücken. Beides wird im Bild 5.24 dargestellt.

Tor 1: Gleich- u.
Gegentaktmode
Tor 2: Gleichtaktmode
Tor 3: Gegentaktmode

Bild 5.24: Darstellung des Mixed-Modetores und die Maßnahmen zur Modeunterdrückung

Breitbandige Modeblocker basierend auf Transformatoren

Transformatoren eignen sich ausgezeichnet als breitbandige Modeblocker in der Schaltungssimulation. Hingegen verfügen reale Transformatoren im GHz-Bereich nur über oft ungenügende elektrische Eigenschaften aufgrund ihrer sehr großen parasitären Schmutzeffekte. Darüber hinaus sind sie teuer und extrem groß.

Das Bild 5.25 illustriert je einen Gleich- und einen Gegentaktblocker.

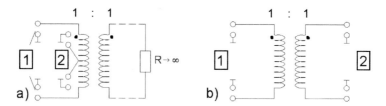

Bild 5.25: Modeblocker basierend auf idealen Transformatoren: a) Gegentakt-Modeblocker, b) Gleichtakt-Modeblocker

Beim Gegentaktblocker liegt im virtuellen Mittelpunkt der Leitungen der Ausgang mit dem MM-Tor 2. Generell hat eine Impedanz, die an diesem Punkt angeschlossen wird, keinen Einfluss auf das Gegentaktsignal. So ist es auch möglich, dass sich an diesem Mittelpunkt ein MM-Tor befindet. Das Gegentaktsignal liegt an diesem Punkt nicht an und kann folglich auch nicht transmittieren. Das Gegentaktsignal sieht lediglich die Impedanz, die an der zweiten Wicklung angeschlossen ist.

Verwendet man wie im Bild 5.25 a) dargestellt einen Widerstand, dessen Widerstandswert gegen Unendlich geht, so könnte man die zweite stromlose Wicklung auch weg lassen und es stellt sich in diesem Fall der Reflexionsfaktor $M_{ii}^- = 1$ ein. Ein endlicher Widerstand wirkt sich in keiner Art und Weise auf die Anpassung und Transmission des Gleichtaktsignals aus, $M_{ii}^+ = 0$, $M_{ij}^+ = 1$.[6]

---

[6]Sofern nichts anderes definiert ist, soll immer gelten: i und j können die Werte 1 oder 2 annehmen

Der Gleichtaktblocker im Teil b) des Bildes 5.25 in Form eines klassischen Trafos ist hinlänglich bekannt. Das Gleichtaktsignal wird mit dem Reflexionsfaktor $M_{ii}^+ = 1$ reflektiert.

Modeblocker basierend auf Leitungen

Leitungen lassen sich mit einer sehr guten Qualität für verteilte Schaltungen realisieren oder durch Phasenschieber in integrierten Schaltungen nachbilden.

Das Bild 5.26 illustriert je einen Gleich- und einen Gegentaktblocker.

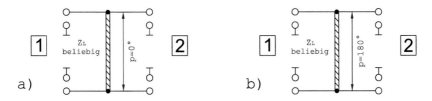

Bild 5.26: Modeblocker basierend auf Leitungen: a) Gegentakt-Modeblocker, b) Gleichtakt-Modeblocker

Beim Gegentaktblocker beträgt die Leitungslänge $0°$, weshalb dieser auch als $0°$-Blocker bezeichnet wird. D.h., alle Signalleiter sind direkt kurzgeschlossen.

Dieser Blocker ist in der Praxis ausgezeichnet realisierbar und funktioniert extrem breitbandig. Für das Gegentaktsignal entsteht in der Verbindungsstelle ein Kurzschluss ($M_{ii}^- = -1$). Das Gleichtaktsignal wird in keiner Weise gestört.

Die hervorragenden Eigenschaften dieses Gegentaktblockers lassen sich in Gegentaktsystemen in der Gestalt nutzen, dass man das Nutzsignal örtlich in ein Gleichtaktsignal konvertiert, mit diesem Blocker filtert und wieder zurück konvertiert, [44]. Die dazu notwendigen Modekonverter werden im kommenden Abschnitt beschrieben.

Weiterhin ist dieser einfache Modeblocker eine wichtige Subkomponente in neuartigen Dual-Mode-Resonatorschaltungen, die im Kapitel 6 ausführlich beschrieben sind.

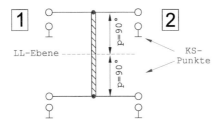

Bild 5.27: Gleichtakt-Modeblocker basierend auf Leitungen mit LL-Ebene: Leerlauf-Ebene

Der Gleichtaktblocker nach Bild 5.26 b) ist etwas detaillierter im Bild 5.27 dargestellt und lässt sich nur schmalbandig realisieren. Er funktioniert nach dem gleichen Prinzip wie der Gegentaktblocker, jedoch mit zusätzlicher Phasendrehung von $90°$ von der mittleren

---

und $i \neq j$.

Ebene, die in diesem Fall eine Leerlauf-Ebene darstellt. Diese Leerläufe werden über die $\lambda/4$-Leitung in die beiden dargestellten roten Kurzschlusspunkte transformiert. Somit wird auch das Gleichtaktsignal mit einem Kurzschluss ($M_{ii}^+ = -1$) reflektiert und das Gegentaktsignal bleibt unbeeinflusst, $M_{ij}^- = 1$.

<u>Modeblocker basierend auf Resonanzkreisen</u>

Insbesondere für integrierte Schaltungen sind die Blocker mit Resonanzkreisen sehr interessant. Ein Gleich- und ein Gegentaktblocker sind im Bild 5.28 verallgemeinert dargestellt.

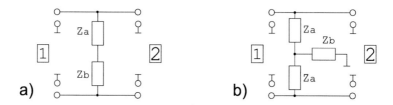

Bild 5.28: Modeblocker basierend auf Resonatoren: a) Gegentakt-Modeblocker, b) Gleichtakt-Modeblocker

Der Gegentaktblocker lässt sich einmal durch einen LC-Serienschwingkreis aufbauen. Somit handelt es sich um einen frequenzselektiven 0°-Blocker.

In der Praxis deutlich interessanter ist der Gleichtaktblocker mit Resonanzkreisen. Hierbei handelt es sich um den in Schaltungen am häufigsten eingesetzten Blocker. Auch hier lassen sich Z_a und Z_b durch jeweils eine Spule und einen Kondensator ersetzen. Der Gleichanteil wird erneut über eine Serienresonanz durch einen niederohmigen Abschluss geblockt, ($M_{ii}^+ = -1$).

Ausgelegt wird dieser Blocker für die Mittenfrequenz ω_{block} mit beispielsweise zweier Induktivitäten mit $Z_b = j\omega L$ und einem Shunt- Kondensator mit $Z_a = \frac{1}{j\omega C}$ über

$$L = \frac{2}{\omega_{block}^2 C} \qquad \text{, Bild 5.29.}$$

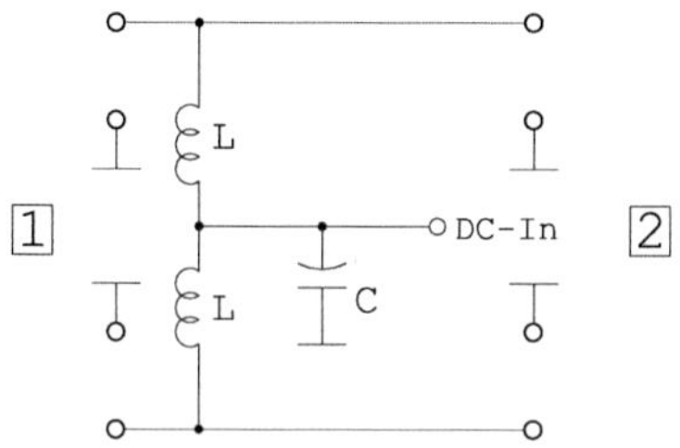

Bild 5.29: DC-Einspeisung mit Gleichtaktunterdrückung

Dieser Gleichtaktblocker hat nunmehr keine idealen Eigenschaften für das Gegentaktsignal. Die Impedanz $2 \cdot Z_a$ ist im Gegentaktzweig enthalten. Deshalb wird dieser Blocker in Schaltungen eingesetzt, in denen diese zwei Bauelemente (Z_a) aufgrund einer anderen

Funktionalität enthalten sind. In diesem Fall ist nur das eine zusätzliche Bauelement Z_b notwendig.

Somit lässt sich in Filtern, Verstärkern und vielen weiteren Komponenten mit dem Einsatz von nur einem Bauelement die Blockerfunktion integrieren.

Der folgende Blocker soll zeigen, dass man sogar ohne erhöhten Bauelementeaufwand die Blockerfunktionalität erzielen kann.

Der Kreuzblocker

Wertet man die Mixed-Mode-Hilfsblätter (Anhang ab Seite 379) aus, so gelangt man zu dem Ergebnis, dass gekreuzte Schaltungen Modeblocker-Eigenschaften haben können. Diese Gleich- und ein Gegentaktblocker sind im Bild 5.30 abgebildet.

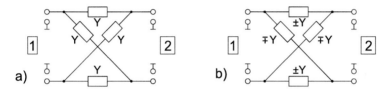

Bild 5.30: Modeblocker basierend auf gekreuzten Schaltungen: a) Gegentakt-Modeblocker, b) Gleichtakt-Modeblocker

Vereinfacht lässt sich dieser Blocker wie folgt erklären: Liegt an einer Seite eine positive und eine negative Spannung mit gleicher Amplitude an, so stellt sich an der anderen Seite des Blockers über die Spannungsteilung an jeder Klemmen die Spannung Null ein. Es wird keine Leistung für das Gegentaktsignal übertragen.

Der Gegentaktblocker ist im Einsatz in symmetrischen Verstärkerschaltungen von größter Relevanz. Mit diesem Kreuzblocker lässt sich die Miller-Kapazität kompensieren, [110, 119]. Weiterhin verhilft er auch verbesserte Schalter zu entwickeln (Kapitel 7).

Dieser Blocker lässt sich komplett durch die M-Parameter (Gleichung (5.20)) beschreiben.

$$[\mathbf{M_{kreuz-}}] = \begin{bmatrix} \frac{1-2y}{1+2y} & 0 & 0 & 0 \\ 0 & \frac{1-2y}{1+2y} & 0 & 0 \\ 0 & 0 & \frac{1}{1+4y} & \frac{4y}{1+4y} \\ 0 & 0 & \frac{4y}{1+4y} & \frac{1}{1+4y} \end{bmatrix} \tag{5.20}$$

Die Gegentakttransmission ist unabhängig von der Wahl eines endlichen Leitwertes Y null. Dieser Blocker lässt sich nicht immer anpassen und ist deshalb oft Teil einer Komponente.

Alternativ lassen sich für das Klemmenelement auch allgemeine Zweitore einsetzen. Die breitbandige Modeblockerfunktionalität bleibt erhalten, sofern die vier Zweitore gleich sind. Beispielsweise erhält man mit $\lambda/4$-Leitungen einen Modeblocker, der für das Gleichtaktsignal angepasst ist und das Gegentaktsignal hochohmig reflektiert.

Ebenfalls von großer praktischer Relevanz ist der Gleichtaktblocker. Einerseits lässt sich dieser Kreuzblocker anpassen und andererseits unterdrückt er das Gleichtaktsignal.

$$[\mathbf{M_{Kreuz+}}] = \begin{bmatrix} \frac{1+4y^2}{1-4y^2} & \frac{\pm 4y}{1-4y^2} & 0 & 0 \\ \frac{\pm 4y}{1-4y^2} & \frac{1+4y^2}{1-4y^2} & 0 & 0 \\ 0 & 0 & 1 & 0 \\ 0 & 0 & 0 & 1 \end{bmatrix} \tag{5.21}$$

Gleichung (5.21) zeigt, dass einerseits unabhängig von der Wahl der Admittanz Y im Gleichtaktsignal immer durch eine niederohmige Vollreflexion geblockt wird. Andererseits lassen sich auch für die Gleichtaktfunktionalität eine Reihe von Schaltungseigenschaften synthetisieren. Für Anpassung muss Y einerseits rein reaktiv sein und andererseits den Betrag von $0.5/Z_0$ aufweisen.

Das folgende Beispiel zeigt eine mögliche Synthese für ein Modeblocker, der 90°-Phasenschiebung und eine Impedanztransformation abdeckt.

5.2.4   ±90°-Phasenschieber mit Modeblocker- und Impedanztransformatorfunktionalität

Die in vielen Technologien einfachste Realisierungsform des Kreuzblockers für die Unterdrückung des Gleichtaktsignals stellt ein ±90°-Phasenschieber, wie im Bild 5.31 gezeigt, dar.

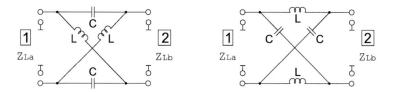

Bild 5.31: Phasenschieber mit Modeblocker- und Impedanztransformatorfunktionalität: links: +90°-Phasenschieber, rechts: -90°-Phasenschieber

Im Folgenden soll diese Phasenschieber-Schaltung mit Impedanztransformation und Modeblockerfunktionalität hergeleitet werden. Gleichung (5.21) beschreibt basierend auf dem zugehörigen Mixed-Mode Hilfsblatt die Schaltung nur für die gleiche Impedanz am Ein- und Ausgang. Folglich ist diese Gleichung hier nicht einfach anwendbar.

Möchte man diese Schaltung synthetisieren, so bieten die Hilfsblätter für impedanztransformierende Zweitore (Seite 372) eine sehr große Hilfe. Dort findet man die Kreuzstruktur. Anwendbar sind die Zweitorhilfsblätter, da nunmehr die Modekonversion zu null geworden ist.

Setzt man $Z_b = 1/Y$ und $Z_a = -1/Y$ so erhält man unmittelbar

$$M_{21}^- = \frac{4\,Y\,\sqrt{Z_{L1}\,Z_{L2}}}{4\,Y^2\,Z_{L1}\,Z_{L2} - 1} \qquad . \tag{5.22}$$

Zur Erzielung der Anpassung und 90°-Phasenverschiebung muss man die Admittanz durch eine Spule und einen Kondensator mit den Bedingungen

$$C = \frac{1}{2\sqrt{Z_{L1} Z_{L2}}\,\omega_m} \quad , \quad L = \frac{2\sqrt{Z_{L1} Z_{L2}}}{\omega_m} \tag{5.23}$$

für die Mittenfrequenz ω_m realisieren.

Eine Auslegung für $\omega_m = 1\,\text{GHz}$ und $Z_{L1} = 20\,\Omega$ sowie $Z_{L2} = 50\,\Omega$ liefert die beiden Werte: $C = 2.5\,\text{pF}$ und $L = 10.1\,\text{nH}$. Die zugehörigen Simulationsergebnisse sind im Bild 5.32 abgedruckt.

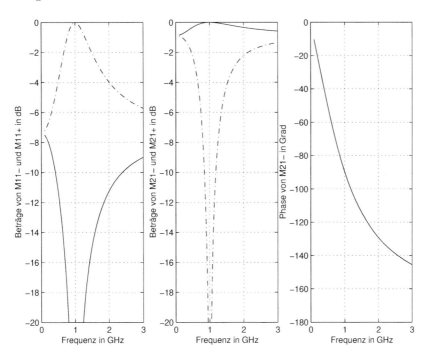

Bild 5.32: M-Parameterresultate für den -90°-Phasenschieber mit Impedanztransformation und Modeunterdrückung für $\omega_m = 1\,\text{GHz}$ (Gleichtakt: gestrichelt)

Ähnliche Ergebnisse mit zugehörigen Messungen sind in [19] zu finden. Diese Multifunktionskomponente ist wiederum sehr interessant für den Einsatz als Subkomponente. Ein Beispiel für den Einsatz in einem Hybrid-Koppler ist ebenfalls in [19] zu finden.

5.2.5 Modekonverter und Modeweichen

Die Aufgabe eines Modekonverters besteht darin eine Gleichtaktwelle in eine Gegentaktwelle und umgekehrt zu konvertieren. Idealerweise ist ein Modekonverter für die beiden Moden angepasst ($M_{ii}^+ = M_{ii}^- = 0$). In der Praxis lässt sich dieses, sofern man keine aufwendigen Modeweichen einsetzt, nur für ein MM-Tor erzielen. Für ein verlustloses Netzwerk muss sich für die Modekonversionsparameter der Betrag von 1 ergeben, ($|M_{ij}^{+-}| = |M_{ji}^{-+}| = 1$ oder $|M_{ij}^{-+}| = |M_{ji}^{+-}| = 1$). Die restlichen Transmissionsparameter sind null.

Modekonverter lassen sich in zwei Klassen einteilen:

1.: Transmissionskonverter,   2.: Reflexionskonverter.

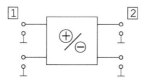 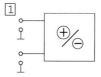

Bild 5.33: Blockschaltbilder des Transmissions- (links) und des Reflexionskonverters (rechts)

Im Abschnitt 5.3.3 (Symmetrierglieder) werden ausführlich *Transmissionskonverter* für die Konversion einer unsymmetrischen Welle in eine Gegentaktwelle vorgestellt. Eine unsymmetrische Leitung lässt sich als kurzgeschlossenes Zweileiterpaar vorstellen. Folglich lassen sich die Ergebnisse auch auf einen Transmissionskonverter für ein Zweitorpaar einsetzen. Für die Transmissionskonverter lassen sich auf der Basis von der Vielzahl von Symmetriergliedern sehr viele Typen ableiten.

Reflexionsmodekonverter sind hingegen in der Elektrotechnik unbekannt. Bei Reflexionskonvertern handelt es sich um ein Eintorpaar. Für ein ideales Netzwerk verbleiben die vier M-Parameter

$$M_{11}^- = M_{11}^+ = 0 \quad \text{und} \quad \left|M_{11}^{+-}\right| = \left|M_{11}^{-+}\right| = 1 \quad .$$

Dass die Reflexionskonverter jedoch sich sehr sinnvoll einsetzen lassen, ist im folgenden Kapitel unter der Thematik der Dual-Mode-Resonatoren nachzulesen.

Der einfachste Reflexionskonverter besteht aus einem Leerlauf und einem Kurzschluss, wie in der Abbildung 5.34 dargestellt.

Bild 5.34: Realisierung eines breitbandigen Reflexionsmodekonverters

Betrachtet man den Fall einer einfallenden Gleichtaktwelle, so ist ersichtlich, dass ein Teil der Wellen mit dem Reflexionsfaktor von 1 und der andere Teil der Wellen mit dem Reflexionsfaktor von -1 und somit als Gegentaktwelle reflektiert wird. Dieser einfache Konverter ist in der Praxis extrem breitbandig.

Es wird im Abschnitt 6.5 gezeigt, dass auch schmalbandige Reflexionsmodekonverter von großem technischem Interesse sind. Sofern der Parallelschwingkreis des schmalbandigen Modekonverters aus Bild 5.35 in Resonanz ist, weist dieser Konverter die gleichen Eigenschaften auf, die der Breitbandkonverter.

Außerhalb der Resonanzfrequenz stellt dieser Modekonverter nur einen besseren oder schlechteren Kurzschluss für den Gleich- und Gegentaktmode dar.

Ersetzt man beim Breitbandmodekonverter den Kurzschluss durch einen Serienschwingkreis, so erhält man einen weiteren schmalbandigen Reflexionsmodekonverter, der den

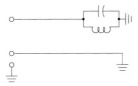

Bild 5.35: Aufbau eines schmalbandigen Reflexionsmodekonverters

Gleich- und Gegentaktmode außerhalb der Resonanzfrequenz hochohmig reflektiert.

Eine `Modeweiche` muss drei Mixed-Mode-Tore aufweisen. An einem Tor liegen beiden Moden an und zu den beiden anderen Tore kann jeweils nur ein Mode transmittieren.

Mittels eines Transformators lässt sich eine Modeweiche bemäß Abbildung 5.36 umsetzen. Diese ist u.a. für die Schaltungssimulation sehr interessant.

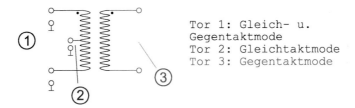

```
Tor 1: Gleich- u.
Gegentaktmode
Tor 2: Gleichtaktmode
Tor 3: Gegentaktmode
```

Bild 5.36: Aufbau einer Modeweiche mittels eines Transformators

Bild 5.37 zeigt hingegen eine grundsätzliche Konstruktion und die wichtigen M-Parameter für eine ideale und verlustfrei Modeweiche.

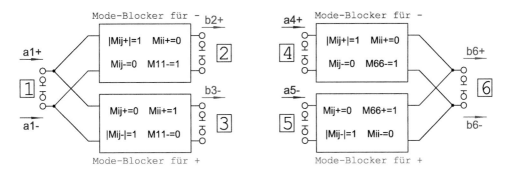

Bild 5.37: Grundkonstruktion einer Modeweiche und ideale M-Parameter

Eine Modeweiche besteht somit aus zwei Modeblockern, die den Blockmode als Leerlauf sperren. Da viele Modeblocker für den Blockmode mit einen Kurzschluss reflektieren, muss man diese ggf. mit einer $\lambda/4$-Leitung erweitern. Ein Beispiel zeigt das Bild 5.38.

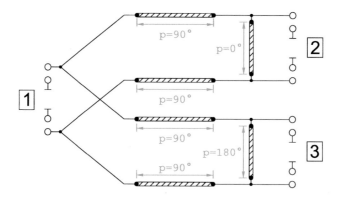

Bild 5.38: Schaltplan einer Modeweiche mit Leitungen

Die zugehörigen Simulationsresultate mit den wichtigsten M-Parametern sind im Bild 5.39 für eine Mittenfrequenz von 1 GHz abgedruckt.

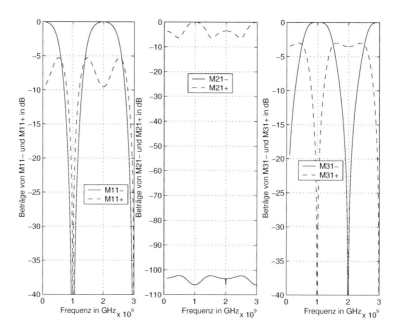

Bild 5.39: M-Parameter einer Modeweiche für 1 GHz, die mittels Leitungen erstellt wurde

5.2.6 Propagation-Matrix für Mixed-Mode-Systeme

Aus der unsymmetrischen Schaltungssynthese von Zweitoren wurde die Transmissionsmatrix $[\Sigma]$ eingeführt. Im Gegensatz zu den Streuparametern verknüpfen Transmissionsparameter nicht die ein- mit den auslaufenden Wellengrößen, sondern jeweils die Größen eines Tores. So können mit geringem Aufwand die Streuparameter mehrerer hintereinandergeschalteter Netzwerke berechnet werden. Für Dual-Mode-Systeme lässt sich ein Äquivalent herleiten, welches den Namen P-Matrix (für Propagation-Matrix) trägt. Zur

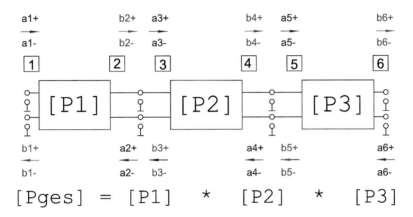

Bild 5.40: Hintereinanderschaltung dreier MM-Zweitorpaare mittels P-Matrix

Berechnung der gesamten M-Matrix $[M_{ges}]$ aus den M-Matrizen $[M_i]$ der Teilkomponenten werden zunächst die Parameter für alle P-Matrizen $[P_i]$ bestimmt. Unter Ausnutzung von Identitäten der Wellengrößen (siehe Abbildung 5.40) kann dann die gesamte P-Matrix $[P_{ges}]$ über eine Matrizenmultiplikation berechnet werden. Aus $[P_{ges}]$ wird schließlich $[M_{ges}]$ gebildet.

Außerdem ist das De-embedding von MM-Zweitorpaaren möglich, also die Extraktion einer von anderen Netzwerken umgebenen Komponente. Notwendig sind dazu die Streuparameter der benachbarten Netzwerke. Die aus der Matrix $[M_{ges}]$ gebildete Matrix $[P_{ges}]$ wird dazu mit den Inversen der P-Matrizen der umgebenden MM-Zweitorpaare multipliziert. Aus der resultierenden P-Matrix kann dann die zum De-Embedding-MM-Zweitorpaar gehörige M-Matrix gewonnen werden. Die P-Matrix ist folgendermaßen definiert:

$$\begin{pmatrix} a_1^+ \\ a_1^- \\ b_1^+ \\ b_1^- \end{pmatrix} = \begin{bmatrix} P_{11} & P_{12} & P_{13} & P_{14} \\ P_{21} & P_{22} & P_{23} & P_{24} \\ P_{31} & P_{32} & P_{33} & P_{34} \\ P_{41} & P_{42} & P_{43} & P_{44} \end{bmatrix} \begin{pmatrix} b_2^+ \\ b_2^- \\ a_2^+ \\ a_2^- \end{pmatrix} . \tag{5.24}$$

Zur Umrechnung der P-Parameter aus dem M-Parametern muss die M-Matrix aus Gleichung (5.2) zunächst neu sortiert werden:

$$\begin{pmatrix} b_1^+ \\ b_1^- \\ b_2^+ \\ b_2^- \end{pmatrix} = \begin{bmatrix} M_{11}^+ & M_{11}^{+-} & M_{12}^+ & M_{12}^{+-} \\ M_{11}^{-+} & M_{11}^- & M_{12}^{-+} & M_{12}^- \\ M_{21}^+ & M_{21}^{+-} & M_{22}^+ & M_{22}^{+-} \\ M_{21}^{-+} & M_{21}^- & M_{22}^{-+} & M_{22}^- \end{bmatrix} \begin{pmatrix} a_1^+ \\ a_1^- \\ a_2^+ \\ a_2^- \end{pmatrix} . \tag{5.25}$$

Zur überschaubaren Berechnung werden Vektoren und Matrix in Teilvektoren und Teilmatrizen aufgeteilt.

$$\begin{pmatrix} \vec{b_1} \\ \vec{b_2} \end{pmatrix} = \begin{bmatrix} [M_{11}] & [M_{12}] \\ [M_{21}] & [M_{22}] \end{bmatrix} \begin{pmatrix} \vec{a_1} \\ \vec{a_2} \end{pmatrix} \tag{5.26}$$

mit

$$\vec{b_1} = \begin{pmatrix} b_1^+ \\ b_1^- \end{pmatrix}, \quad \vec{b_2} = \begin{pmatrix} b_2^+ \\ b_2^- \end{pmatrix}, \quad \vec{a_1} = \begin{pmatrix} a_1^+ \\ a_1^- \end{pmatrix}, \quad \vec{a_2} = \begin{pmatrix} a_2^+ \\ a_2^- \end{pmatrix},$$

$$[M_{11}] = \begin{bmatrix} M_{11}^+ & M_{11}^{+-} \\ M_{11}^{-+} & M_{11}^- \end{bmatrix}, \quad [M_{12}] = \begin{bmatrix} M_{12}^+ & M_{12}^{+-} \\ M_{12}^{-+} & M_{12}^- \end{bmatrix},$$

$$[M_{21}] = \begin{bmatrix} M_{21}^+ & M_{21}^{+-} \\ M_{21}^{-+} & M_{21}^- \end{bmatrix}, \quad [M_{22}] = \begin{bmatrix} M_{22}^+ & M_{22}^{+-} \\ M_{22}^{-+} & M_{22}^- \end{bmatrix}.$$

Matrix (5.26) enthält die Gleichungen

$$\vec{b_1} = [M_{11}]\,\vec{a_1} + [M_{12}]\,\vec{a_2} \qquad , \tag{5.27}$$

$$\vec{b_2} = [M_{21}]\,\vec{a_1} + [M_{22}]\,\vec{a_2} \qquad . \tag{5.28}$$

Stellt man (5.28) nach $\vec{a_1}$ frei, erhält man die erste Gleichung für die P-Matrix:

$$\vec{a_1} = [M_{21}]^{-1}\,\vec{b_2} - [M_{21}]^{-1}\,[M_{22}]\,\vec{a_2} \quad . \tag{5.29}$$

Die zweite Gleichung entsteht durch Einsetzen von (5.29) in (5.27):

$$\vec{b_1} = [M_{11}]\,[M_{21}]^{-1}\,\vec{b_2} + \left([M_{12}] - [M_{11}]\,[M_{21}]^{-1}\,[M_{22}] \right) \vec{a_2} \quad . \tag{5.30}$$

Aus den Gleichungen (5.29) und (5.30) ergibt sich die P-Matrix. Über einen Koeffizientenvergleich lassen sich folgende Umrechnungsgrößen bestimmen:

$$P_{11} = -P_x M_{21}^- , \quad P_{12} = P_x M_{21}^{+-} , \quad P_{21} = P_x M_{21}^{-+} , \quad P_{22} = -P_x M_{21}^+ , \tag{5.31}$$

$$P_{13} = P_x(M_{21}^- M_{22}^+ - M_{21}^{+-} M_{22}^{-+}) , \quad P_{14} = P_x(M_{21}^- M_{22}^{+-} - M_{21}^{+-} M_{22}^-) , \tag{5.32}$$

$$P_{23} = P_x(M_{21}^+ M_{22}^{-+} - M_{21}^{-+} M_{22}^+) , \quad P_{24} = P_x(M_{21}^+ M_{22}^- - M_{21}^{-+} M_{22}^{+-}) , \tag{5.33}$$

$$P_{31} = P_x(M_{11}^{+-} M_{21}^{-+} - M_{11}^+ M_{21}^-) , \quad P_{32} = P_x(M_{11}^+ M_{21}^{+-} - M_{11}^{+-} M_{21}^+) , \tag{5.34}$$

$$P_{41} = P_x(M_{11}^- M_{21}^{-+} - M_{11}^{-+} M_{21}^-) , \quad P_{42} = P_x(M_{11}^{-+} M_{21}^{+-} - M_{11}^- M_{21}^+) , \tag{5.35}$$

$$P_{33} = P_x(-M_{12}^+ M_{21}^+ M_{21}^- + M_{12}^+ M_{21}^{+-} M_{21}^{-+} + M_{22}^+ M_{11}^+ M_{21}^-$$
$$-M_{22}^+ M_{11}^{+-} M_{21}^{-+} - M_{22}^+ M_{11}^{-+} M_{21}^{+-} + M_{22}^+ M_{11}^{+-} M_{21}^+) , \tag{5.36}$$

$$P_{34} = -P_x(M_{12}^{+-} M_{21}^+ M_{21}^- - M_{12}^{+-} M_{21}^{+-} M_{21}^{-+} - M_{22}^{+-} M_{11}^+ M_{21}^-$$
$$+M_{22}^{+-} M_{11}^{+-} M_{21}^{-+} + M_{22}^- M_{11}^+ M_{21}^{+-} - M_{22}^- M_{11}^{+-} M_{21}^+) , \tag{5.37}$$

$$P_{43} = P_x(-M_{12}^{-+} M_{21}^+ M_{21}^- + M_{12}^{-+} M_{21}^{+-} M_{21}^{-+} + M_{22}^+ M_{11}^{-+} M_{21}^-$$
$$-M_{22}^+ M_{11}^- M_{21}^{-+} - M_{22}^{-+} M_{11}^{-+} M_{21}^{+-} + M_{22}^{-+} M_{11}^- M_{21}^+) , \tag{5.38}$$

$$P_{44} = -P_x(M_{12}^- M_{21}^+ M_{21}^- - M_{12}^- M_{21}^{+-} M_{21}^{-+} - M_{22}^{+-} M_{11}^{-+} M_{21}^-$$
$$+M_{22}^{+-} M_{11}^- M_{21}^{-+} + M_{22}^- M_{11}^{-+} M_{21}^{+-} - M_{22}^- M_{11}^- M_{21}^+) \tag{5.39}$$

mit

$$P_x = \frac{1}{M_{21}^{+-} M_{21}^{-+} - M_{21}^{+} M_{21}^{-}} \quad . \tag{5.40}$$

Die Umrechnung von P-Parametern in M-Parameter geschieht über eine ähnliche Rechnung wie die in den Gleichungen (5.24)-(5.30) vorgestellte. Daraus ergeben sich folgende Größen:

$$M_{11}^{+} = M_x(P_{31}P_{22} - P_{32}P_{21}) \,, \quad M_{11}^{+-} = M_x(P_{32}P_{11} - P_{31}P_{12}) \,, \tag{5.41}$$

$$M_{11}^{-+} = M_x(P_{41}P_{22} - P_{42}P_{21}) \,, \quad M_{11}^{-} = M_x(P_{42}P_{11} - P_{41}P_{12}) \,, \tag{5.42}$$

$$M_{12}^{+} = M_x(P_{33}P_{11}P_{22} - P_{33}P_{12}P_{21} - P_{13}P_{31}P_{22} + P_{13}P_{32}P_{21} + P_{23}P_{31}P_{12} - P_{23}P_{32}P_{11}),$$
$$M_{12}^{+-} = M_x(P_{34}P_{11}P_{22} - P_{34}P_{12}P_{21} - P_{14}P_{31}P_{22} + P_{14}P_{32}P_{21} + P_{24}P_{31}P_{12} - P_{24}P_{32}P_{11}),$$
$$M_{12}^{-+} = M_x(P_{43}P_{11}P_{22} - P_{43}P_{12}P_{21} - P_{13}P_{41}P_{22} + P_{13}P_{42}P_{21} + P_{23}P_{41}P_{12} - P_{23}P_{42}P_{11}),$$
$$M_{12}^{-} = M_x(P_{44}P_{11}P_{22} - P_{44}P_{12}P_{21} - P_{14}P_{41}P_{22} + P_{14}P_{42}P_{21} + P_{24}P_{41}P_{12} - P_{24}P_{42}P_{11}),$$

$$M_{21}^{+} = M_x P_{22} \quad , \quad M_{21}^{+-} = -M_x P_{12} \quad , \tag{5.43}$$

$$M_{21}^{-+} = -M_x P_{21} \quad , \quad M_{21}^{-} = M_x P_{11} \quad , \tag{5.44}$$

$$M_{22}^{+} = M_x(P_{12}P_{23} - P_{22}P_{13}) \,, \quad M_{22}^{+-} = M_x(P_{12}P_{24} - P_{22}P_{14}) \,, \tag{5.45}$$

$$M_{22}^{-+} = M_x(P_{21}P_{13} - P_{11}P_{23}) \,, \quad M_{22}^{-} = M_x(P_{21}P_{14} - P_{11}P_{24}) \,. \tag{5.46}$$

mit

$$M_x = \frac{1}{P_{11}P_{22} - P_{12}P_{21}} \quad . \tag{5.47}$$

In [20] sind die zugehörigen Verifikationen und Tests zu finden.

5.3 Komponenten mit Zwei- und Dreileitersystemen am Ein- und Ausgang

Eingangs des Kapitels wurde festgestellt, dass integrierte Hochfrequenzschaltungen größtenteils nur noch symmetrische Ein- und Ausgänge aufweisen. Mittels dieser hochintegrierten IC's werden Umsetzungen niederfrequenter Signale in Hochfrequenzsignale realisiert. Sie liefern ein Kleinsignal für den Sendezweig und können ein Kleinsignal im Empfangszweig verarbeiten. Dieser Teil einer Sende-/Empfangseinrichtung heißt *Transceiver*.

In den nachgeschalteten, sogenannten *Frontends* einer Sende-/Empfangseinrichtung gibt es Leistungsverstärker, Kanalumschalter, Sende-/Empfangsumschalter und diverse weitere Komponenten, die alle mit diskreten Bauteilen realisiert sind.

Da symmetrische Schaltungen den 1.5- bis 2-fachen Aufwand an Bauteilen gegenüber unsymmetrischen Schaltungen bedeuten, werden diese Frontendschaltungen i.d.R. in unsymmetrischer Technik realisiert.

Komponenten, die eine Modenkonvertierung von den unsymmetrischen (auch unbalanciert genannt) in den symmetrischen (auch balanciert) Mode und umgekehrt vollziehen, werden BALUN (von balanciert zu unbalanciert) genannt.

Um derartige Bauteile beschreiben zu können, werden die allgemeinen M-Parameter hergeleitet. Die allgemeinen M-Parameter beinhalten die Verknüpfungen des unsymmetrischen Modes mit den Gleich- und Gegentaktmoden.

5.3.1   Zusammenhang zwischen S- und allgemeinen M-Parametern

An einem Balun bzw. auch an Komponenten, welche die Balun-Funktionalität beinhalten, liegen die drei Moden: Unsym., Gleichtakt und Gegentakt an. Der Gleichtaktmode ist wiederum ein Störmode. Ein Balun soll nur Energie zwischen dem unsymmetrischen Mode und dem Gegentaktmode konvertieren.

Allgemein kann ein derartiges Zweitorpaar mit einem unsymmetrischen Tor 1 (mit den anliegenden Wellengrößen a_1 und b_1) und dem Torpaar 2, das sich aus den beiden abstrahierten Toren 2 und 3 zusammensetzt, wie im Bild 5.41 gezeigt, dargestellt werden. Am Tor 2 sollen die Gleichtaktwellen a_2^+ und b_2^+ und am Tor 3 die Gegentaktwellen a_2^-

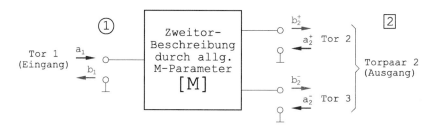

Bild 5.41: Darstellung eines allgemeinen MM-Zweitores mit unsymmetrischen Eingang und einem Gleich- und Gegentakttorpaar am Ausgang

und b_2^- anliegen.

Eine zweite Darstellungsform dieser Balun-Schaltungen ist ein Transmissionsmodekonverter, bei dem an einem Tor nur eine unsymmetrische Leitung angebracht ist, Bild 5.42. Während ein allgemeiner Transmissionsmodekonverter bidirektional die Moden konvertieren kann, ist es bei einem Balun nur unidirektional möglich.

Den Zusammenhang der im Bild 5.41 dargestellten herauslaufenden Wellen (b-Wellen) mit den hineinlaufenden Wellen (a-Wellen) beschreibt die Gleichung (5.48).

$$\begin{pmatrix} b_1 \\ b_2^- \\ b_2^+ \end{pmatrix} = \left[\begin{array}{cc|c} M_{11}^0 & M_{12}^{0-} & M_{12}^{0+} \\ M_{21}^{-0} & M_{22}^{--} & M_{22}^{-+} \\ \hline M_{21}^{+0} & M_{22}^{+-} & M_{22}^{++} \end{array} \right] \begin{pmatrix} a_1 \\ a_2^- \\ a_2^+ \end{pmatrix} \tag{5.48}$$

Die Trennung zwischen den gewünschten vier M-Parametern und den übrigen fünf M-Parameter, die eine Verknüpfung mit der Gleichtaktwelle aufweisen, ist in der Gleichung

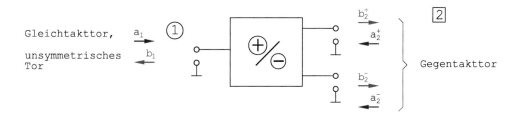

Bild 5.42: Unidirektionaler Transmissionsmodekonverter für die Konvertierung eines Gleichtaktmodes in ein Gegentaktmode

(5.48) herausgehoben.

In der weiteren Herleitung soll gezeigt werden, dass sich die M-Parameter aus den S-Parametern des Dreitores berechnen lassen, wie dieses bereits auch für die M-Parameter angegeben wurde.

Für den Zusammenhang zwischen den Gleich- und Gegentaktwellen und den unsymmetrischen Wellen an den Toren 2 und 3 gilt ([127]):

$$a_2^+ = \frac{1}{\sqrt{2}}(a_2 + a_3) \qquad a_2^- = \frac{1}{\sqrt{2}}(a_2 - a_3) \qquad b_2^+ = \frac{1}{\sqrt{2}}(b_2 + b_3) \qquad b_2^- = \frac{1}{\sqrt{2}}(b_2 - b_3) \quad .$$
(5.49)

Diese Verknüpfungen werden in der Gleichung (5.50) eingesetzt:

$$\begin{pmatrix} b_1 \\ \frac{1}{\sqrt{2}}(b_2 - b_3) \\ \frac{1}{\sqrt{2}}(b_2 + b_3) \end{pmatrix} = \begin{bmatrix} M_{11}^0 & M_{12}^{0-} & M_{12}^{0+} \\ M_{21}^{-0} & M_{22}^{-} & M_{22}^{-+} \\ M_{21}^{+0} & M_{22}^{+-} & M_{22}^{+} \end{bmatrix} \begin{pmatrix} a_1 \\ \frac{1}{\sqrt{2}}(a_2 - a_3) \\ \frac{1}{\sqrt{2}}(a_2 + a_3) \end{pmatrix} \quad .$$
(5.50)

Im Weiteren wird die erste Zeile in analytischer Darstellung sowie die Summe und die Differenz der 2. und der 3. Zeile dargestellt.

1. Zeile:
$$b_1 = M_{11}^0 \cdot a_1 + \frac{1}{\sqrt{2}}(M_{12}^{0+} + M_{12}^{0-}) \cdot a_2 + \frac{1}{\sqrt{2}}(M_{12}^{0+} - M_{12}^{0-}) \cdot a_3$$
(5.51)

2. + 3. Zeile:

$$\sqrt{2}\, b_2 = (M_{21}^{+0} + M_{21}^{-0}) \cdot a_1 + \frac{1}{\sqrt{2}}(M_{22}^{+} + M_{22}^{-+} + M_{22}^{+-} + M_{22}^{-}) \cdot a_2$$
$$+ \frac{1}{\sqrt{2}}(M_{22}^{+} + M_{22}^{-+} - M_{22}^{+-} - M_{22}^{-}) \cdot a_3$$
(5.52)

3. - 2. Zeile:

$$\sqrt{2}\, b_3 = (M_{21}^{+0} - M_{21}^{-0}) \cdot a_1 + \frac{1}{\sqrt{2}}(M_{22}^{+} - M_{22}^{-+} + M_{22}^{+-} - M_{22}^{-}) \cdot a_2$$
$$+ \frac{1}{\sqrt{2}}(M_{22}^{+} - M_{22}^{-+} - M_{22}^{+-} + M_{22}^{-}) \cdot a_3$$
(5.53)

Vergleicht man die drei Gleichungen (5.51-5.53) mit der 3×3 Streumatrix:

$$\begin{pmatrix} b_1 \\ b_2 \\ b_3 \end{pmatrix} = \begin{bmatrix} S_{11} & S_{12} & S_{13} \\ S_{21} & S_{22} & S_{23} \\ S_{31} & S_{32} & S_{33} \end{bmatrix} \begin{pmatrix} a_1 \\ a_2 \\ a_3 \end{pmatrix} \quad , \tag{5.54}$$

so ergeben sich die Beziehungen zwischen den 9 M- und den 9 S-Parametern:

$$S_{11} = M_{11}^0 \, , \tag{5.55}$$

$$S_{12} = \frac{1}{\sqrt{2}}(M_{12}^{0+} + M_{12}^{0-}) \, , \tag{5.56}$$

$$S_{13} = \frac{1}{\sqrt{2}}(M_{12}^{0+} - M_{12}^{0-}) \, , \tag{5.57}$$

$$S_{21} = \frac{1}{\sqrt{2}}(M_{21}^{+0} + M_{21}^{-0}) \, , \tag{5.58}$$

$$S_{22} = \frac{1}{2}(M_{22}^+ + M_{22}^{-+} + M_{22}^{+-} + M_{22}^-) \, , \tag{5.59}$$

$$S_{23} = \frac{1}{2}(M_{22}^+ + M_{22}^{-+} - M_{22}^{+-} - M_{22}^-) \, , \tag{5.60}$$

$$S_{31} = \frac{1}{\sqrt{2}}(M_{21}^{+0} - M_{21}^{-0}) \, , \tag{5.61}$$

$$S_{32} = \frac{1}{2}(M_{22}^+ - M_{22}^{-+} + M_{22}^{+-} - M_{22}^-) \, , \tag{5.62}$$

$$S_{33} = \frac{1}{2}(M_{22}^+ - M_{22}^{-+} - M_{22}^{+-} + M_{22}^-) \, . \tag{5.63}$$

Die 9 Gleichungen lassen sich auch nach den M-Parametern auflösen.

Für einen unsymmetrischen Eingang und einen symmetrischen Ausgang gilt:

Eigenparameter für den unsymmetrischen Mode:

$$M_{11}^0 = S_{11} \tag{5.64}$$

Eigenparameter für den Gleichtaktmode:

$$M_{22}^+ = \frac{1}{2}(S_{22} + S_{23} + S_{32} + S_{33}) \tag{5.65}$$

Eigenparameter für den Gegentaktmode:

$$M_{22}^- = \frac{1}{2}(S_{22} - S_{23} - S_{32} + S_{33}) \tag{5.66}$$

Konversionsparameter für den Gleichtaktmode in den unsymmetrischen Mode:

$$M_{12}^{0+} = \frac{1}{\sqrt{2}}(S_{12} + S_{13}) \tag{5.67}$$

Konversionsparameter für den Gegentaktmode in den unsymmetrischen Mode:

$$M_{12}^{0-} = \frac{1}{\sqrt{2}}(S_{12} - S_{13}) \tag{5.68}$$

Konversionsparameter für den unsymmetrischen Mode in den Gleichtaktmode:

$$M_{21}^{+0} = \frac{1}{\sqrt{2}}(S_{21} + S_{31}) \tag{5.69}$$

Konversionsparameter für den unsymmetrischen Mode in den Gegentaktmode:

$$M_{21}^{-0} = \frac{1}{\sqrt{2}}(S_{21} - S_{31}) \tag{5.70}$$

Konversionsparameter für den Gleichtakt- in den Gegentaktmode:

$$M_{22}^{-+} = \frac{1}{2}(S_{22} + S_{23} - S_{32} - S_{33}) \tag{5.71}$$

Konversionsparameter für den Gegentakt- in den Gleichtaktmode:

$$M_{22}^{+-} = \frac{1}{2}(S_{22} - S_{23} + S_{32} - S_{33}) \tag{5.72}$$

Die Transmission M_{21}^{-0} ist die zu optimierende Größe für ein Balun. An der Streuparameterlösung erkennt man, dass M_{21}^{-0} maximal wird, wenn sich die Beträge von S_{21} und S_{31} mit $\frac{1}{\sqrt{2}}$ aus der gleichmäßigen Signalteilung ergeben und die Phasen beiden Transmissionsgrößen exakt im Winkel von $180°$ zueinander stehen.

In diesem Fall ist nicht nur $\left|M_{21}^{-0}\right| = 1$, sondern auch $M_{21}^{+0} = 0$. D.h., dass keine Energie des unsymmetrischen Modes in den Gleichtaktmode konvertiert wird.

5.3.2 Symmetrischer Signalteiler

Im Bild 5.42 wurde angedeutet, dass ein derartiges Dreitor nur für die Modekonversion vom unsymmetrischen Mode in den Gegentaktmode verwendet wird. Dieses ist zwar die Hauptanwendung, aber nicht die ausschließliche Anwendung. Ganz ohne Bauelemen-

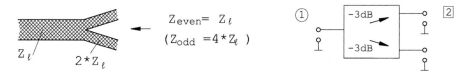

Bild 5.43: Signalteiler mit $100\,\Omega$-Ausgängen in Mikrostreifenleitertechnik (Draufsicht)

teaufwand kann man mittels des Modekonverters vom unsymmetrischen Mode in eine Gleichtaktwelle einen verlustlosen und am Eingang angepassten Signalteiler realisieren, Bild 5.43.

Die komplette M-Matrix dieser Schaltung findet man auch unter der Gleichung (5.74).

5.3.3 Symmetrierglieder

Im Folgenden werden die in der HF-Elektronik wichtigsten Schaltungen für die Konversion eines unsymmetrischen Leitungsmodes in ein symmetrischen Leitungsmode vorgestellt. In der Hochfrequenztechnik und dort insbesondere in der Antennentechnik findet man viele weitere Lösungsmöglichkeiten, die sich jedoch auf Realisierungsformen mit Leitungsbauteilen beziehen. Die Mehrzahl dieser Schaltungen lässt sich leider nicht mittels konzentrierter Elemente umsetzen, da u.a. Mantelströme von Außenleitern der Koaxialleitungen verwendet werden.

Bei einer unsymmetrischen Leitung stellen sich auf dem Leiter positive und negative Spannungen gegen die Masse ein. Sowohl in der Signalleitung, als auch in der Masse fließen Ströme, welche die gleiche Richtungsabhängigkeit haben. Die Stromaufteilung ist unsymmetrisch zugunsten der Masse.

Bei einer symmetrischen Leitung sind die Ströme und Spannungen beider Leitungen gleich groß und gegenphasig. Bei rein symmetrischen Betrieb fließt kein Massestrom.

Allgemein ist ein derartiges Symmetrierglied (oder auch Balun genannt) im Bild 5.44 dargestellt.

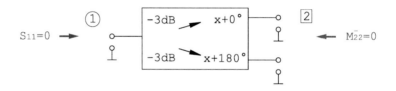

Bild 5.44: Verallgemeinerte Darstellung eines Baluns

Balun mit $\lambda/2$-Umwegleitung

Der ersichtlichste Weg, wie eine Schaltung realisiert wird, die die Bedingung unter der Gleichung (5.70) erfüllt, ist der, dass man am Ende einer unsymmetrischen Leitung mit dem Wellenwiderstand Z_ℓ zwei unsymmetrische Leitungen mit den Wellenwiderständen $2 \cdot Z_\ell$ anschaltet und eine der beiden Leitungen um $180°$ elektrischer Länge ($=\lambda/2$) verlängert.

Setzt man vernachlässigbar kleine Verluste voraus, so liegen an beiden Leitungsenden (Bild 5.45) die gleichen Spannungen und Ströme mit gegenphasiger Ausrichtung an. D.h., an den Leitungsenden sind in der Masse die Ströme und Spannung gleich Null.

Da die beiden Leitungshälften bereits einen Wellenwiderstand von $2 \cdot Z_\ell$ aufweisen, stellt sich der Wellenwiderstand von $4 \cdot Z_\ell$ für das symmetrische Leitungssystem ein.

Diese feste Impedanztransformation wie auch die schmalbandige Ausführung sind Nachteile dieser ansonsten sehr einfachen Konstruktionsform eines Baluns.

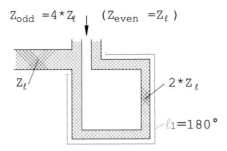

Bild 5.45: Balun als $\lambda/2$-Umwegleitung in Mikrostreifenleitertechnik (Draufsicht)

——————— Übung: M-Parameter der $\lambda/2$-Umwegleitung ———————

Geg: *Die Skizze der der $\lambda/2$-Umwegleitung wie auch die Torimpedanzen sind im Bild 5.45 angegeben.*

Ges: *Geben Sie jeweils die allgemeine M-Matrix für eine $\lambda/2$-Umwegleitung für die beiden Frequenzpunkte f_1 bei $\lambda/2$ und f_2 bei λ an.*

Lösung: *Für den Frequenzpunkt f_1 bei $\lambda/2$ gilt, dass das Signal am unsymmetrischen Eingangstor 1 in zwei gleichgroße Anteile in die folgenden Leitungen mit den Wellenwiderstand $2\,Z_\ell$ geteilt wird. Im oberen Zweig ist die Phasenverschiebung $0°$ und im unteren Zweig $180°$. Folglich wird die gesamte Energie in den Gegentaktmode konvertiert. Daraus folgt die Anpassung für M_{11}^0 und M_{22}^- sowie der Transmissionsfaktor von 1 für M_{21}^{-0}. Bedingt durch die gegebene Reziprozität ist M_{12}^{0-} ebenfalls 1. Aufgrund der Verlustfreiheit zwischen unsymmetrischen Mode und Gegentaktmode sind die Konversionsgrößen 0. Eine Gleichtaktwelle, die vom MM-Tor 2 einfällt und zu gleichen Teilen in die beiden Leitungen eingespeist wird, gelangt an Tor 1 mit $0°$ und $180°$ Phasendrehung. Diese beiden Anteile bilden einen Kurzschluss, so dass $M_{22}^+ = -1$ gilt.*

Die komplette M-Matrix für den Einsatzfrequenzpunkt f_1 bei $\lambda/2$ lautet:

$$\left[\mathbf{M}_{\lambda/2}\right] = \begin{bmatrix} 0 & 1 & 0 \\ 1 & 0 & 0 \\ 0 & 0 & -1 \end{bmatrix} \qquad . \tag{5.73}$$

Für den Frequenzpunkt f_2 bei λ gilt weiterhin, dass das Signal am unsymmetrischen Eingangstor 1 in zwei gleichgroße Anteile in die folgenden Leitungen geteilt wird. Im oberen Zweig ist die Phasenverschiebung $0°$ und im unteren Zweig $360°$. Folglich wird die gesamte Energie in den Gleichtaktmode konvertiert. Daraus folgt die Anpassung für M_{11}^0 und M_{22}^+ sowie der Transmissionsfaktor von 1 für M_{21}^{+0}. Aufgrund der Reziprozität gilt $M_{11}^{0+} = 1$. Die Konversionsgrößen sind wegen der verlustfreien Übertragung wiederum 0. Eine Gegentaktwelle, die vom MM-Tor 2 einfällt und in die beiden Leitungen eingespeist wird, gelangt an Tor 1 mit jeweils $0°$ und $360°$ Phasendrehung. Diese beiden Anteile bilden aufgrund ihrer Gegenphasigkeit einen Kurzschluss, so dass $M_{22}^- = -1$ gilt.

Die komplette M-Matrix des Baluns für den Frequenzpunkt f_2 bei λ lautet:

$$[\mathbf{M}_\lambda] = \begin{bmatrix} 0 & 0 & 1 \\ 0 & -1 & 0 \\ 1 & 0 & 0 \end{bmatrix} \qquad . \tag{5.74}$$

———— *Übung: M-Parameter der $\lambda/2$-Umwegleitung* ————

Die Anzahl von bekannten Symmetriergliedern mit Leitungen ist groß, [127]. Diese haben aber allesamt den Nachteil, das deren Aufbauten für moderne Hochfrequenzelektronik-schaltungen zu groß sind. Im Weiteren sollen nur die für hochintegrierte Schaltungen interessanten Konzepte vorgestellt werden.

Phasenschieber-Balun

$\pm 90°$-Baluns sind besonders interessant für relativ schmalbandige Schaltungen und Systeme wie WLAN. Benötigt man beispielsweise für breitbandige Applikationen Symmetrieglieder, so sollte man das Problem in zwei Schritte untergliedern:

1. Breitbandige $\pm 90°$-Phasenschieber entwerfen,

2. Phasenschieber zum Balun kombinieren.

Der Balun mit $\lambda/2$-Umwegleitung zeigte, dass man anstatt $\pm 90°$-Phasenschieber auch einen $0°$-Phasenschieber und einen $180°$-Phasenschieber einsetzen könnte. Oft haben diese wie auch bei der Umwegleitung leicht unterschiedliche Verluste und bieten daher nicht so gute Voraussetzungen wie ein $-90°$- und ein $+90°$-Phasenschieber.

Ein Art der Erhöhung der Bandbreiten von Phasenschiebern ist in [82] angegeben. Eine neue Methode für die Entwicklung von hochpräzisen und breitbandigen Phasenschiebern wird im kommenden Abschnitt gezeigt.

Möchte man zwei Phasenschieber zu einem Balun kombinieren, so kann man dadurch Bauelemente einsparen, indem man am Eingang beider Phasenschieber gleiche Shunt-Bauelemente vorsieht. Ansonsten muss natürlich auf die Impedanzverhältnisse geachtet werden.

$\pm 90°$-Balun

Ein Balun, der über eine Hoch-/Tiefpassfilterung ein Signal in zwei gleiche Teile aufteilt, soll als $\pm 90°$-Balun vorgestellt werden. Dieser $\pm 90°$-Balun ist in der Hochfrequenzelektronik mittlerweile das am häufigsten eingesetzte Symmetrierglied, da es neben dem geringen Bauteileaufwand auch jede Impedanztransformation erlaubt.

Die Schaltungstopologie für einen Aufbau mit konzentrierten Bauteilen ist im Bild 5.46 illustriert.

Sowohl das Tiefpassfilter als auch das Hochpassfilter transformieren den Abschlusswiderstand R zu den Eingangswiderständen $R_{in} = Z_1 // Z_2$. Am symmetrischen Tor lassen sich die Gleich- und Gegentaktwiderstände aus dem Widerstandswert R ermitteln:

$$R = Z_{odd}/2 = Z_-/2 = 2 Z_{even} = 2 Z_+ \qquad . \tag{5.75}$$

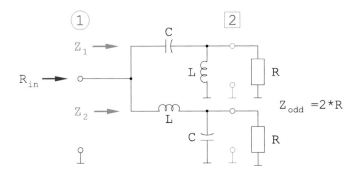

Bild 5.46: $\pm 90°$-Balun mit konzentrierten Elementen realisiert

Durch die gleiche Wahl der Bauteile für beide Zweige und der Einhaltung der Resonanzbedingung $\omega_0^2 = \frac{1}{LC}$ erzielt man eine Phasendrehung des Tiefpasszweiges von -90°.
Der Hochpasszweig dreht hingegen das Transmissionssignal um +90°. Somit herhält man
am symmetrischen Ausgang ein um 180° gedrehtes Gegentaktsignal.

Für die Analyse und dem Verständnis der Schaltung, kann die beiden Phasenschieber
auch als zwei Serienresonanzkreise in unterschiedlicher Aufbaufolge der zwei reaktiven
Elemente L und C mit Lastabgriff interpretieren. Die Dimensionierung lautet somit für
den allgemeinen Fall:

$$L = 2\,C\,R\,R_{in} \qquad \text{mit} \qquad C = \frac{1}{\omega_0\,\sqrt{2\,R\,R_{in}}} \qquad . \qquad (5.76)$$

Wie in weiteren Beispielen noch ersichtlich wird, funktioniert der $\pm 90°$-Balun auch bei
Abschlüssen $Z_{even} \neq R\,/\,2$ noch sehr gut.

Bei exakter Auslegung sind Eingang und Ausgang perfekt angepasst und die Modekonversion in den Gleichtaktmode ist Null:

$$M_{11}^0 = M_{22}^- = M_{21}^{+0} = M_{22}^{+-} = 0 \qquad .$$

Für den Einsatz in komplexeren Schaltungen weist der $\pm 90°$-Balun auch die ausge-
zeichnete Eigenschaft auf, dass er den Gleichtaktmode am symmetrischen Tor als Leerlauf
reflektiert:

$$M_{21}^{-0} = M_{22}^+ = 1 \qquad .$$

———— *Übung: Herleitung der Gleichungen in (5.76)* ————

*Leiten Sie anhand der in Bild 5.46 dargestellten Schaltung mit den Hilfsgrößen Z_1 und
Z_2 die unter (5.76) dargestellten Ergebnisse für die Berechnung von L und C her.*

———— *Übung: Herleitung der Gleichungen in (5.76)* ————

Möchte man diesen Balun für zwei Frequenzbänder (Dual-Band) einsetzen, so muss man
nur die Bauteile durch Parallelschwingkreise ersetzen. Für die Auslegung berechnet man
zunächst die beiden Schaltungen für die zwei Frequenzen nach den Gleichungen in (5.76).
Danach kann man die Berechnungsgleichungen im Kapitel 3.4 nutzen.

Mittels diesen Baluns kann man auch einen unsymmetrischen Signalteiler erstellen. Dabei bleibt der Eingangstor immer angepasst. Die Werte der Bauelemente für 1 GHz und die zugehörigen S-Parameter sind in der Tabelle 5.2 abgedruckt.

Tabelle 5.1: Bauelemente- und S-Parameterwerte eines unsymmetrischen Signalteilers bei 1 GHz

L/nH	C/pF	S21/dB	S22/dB	S31/dB	S33/dB
11.3 nH	2.3 pF	-3.0	-6.0	-3.0	-6.0
9.4 nH	1.9 pF	-1.7	-9.8	-4.9	-3.4
8.0 nH	1.6 pF	-1.0	-13.7	-6.8	-2.0
7.0 nH	1.4 pF	-0.6	-17.6	-8.8	-1.2
6.3 nH	1.3 pF	-0.4	-21.2	-10.6	-0.8
5.6 nH	1.1 pF	-0.3	-24.6	-12.3	-0.5
5.1 nH	1.0 pF	-0.2	-27.8	-13.9	-0.4
4.7 nH	0.9 pF	-0.1	-30.7	-15.3	-0.3
3.8 nH	0.8 pF	-0.1	-38.3	-19.1	-0.1

Sollen höhere Bandbreiten mit dieser Baluntechnik erzielt werden, so muss man die Anzahl der Elemente der beiden Phasenschieber erhöhen oder andere breitbandigere Phasenschieber einsetzen, worauf im Folgenden noch eingegangen wird.

Wicklungstransformator mit Mittelabgriff

In der Hochfrequenzmesstechnik und insbesondere für analytische Untersuchungen in der Schaltungssimulation ist der Wicklungstransformator mit Mittelabgriff das wichtigste Bauteil. Obwohl modernste Netzwerkanalysatoren bereits M-Parameter anzeigen können, liefern Schaltungssimulatoren noch keine Angaben über die Multimodeparameter. Zwar kann man die Gleichungen in den Schaltungssimulator eingeben, was jedoch sehr umständlich ist. Eine einfache Abhilfe schafft die Verwendung idealer Wicklungstransformatoren mit Mittelabgriff, die in jedem Schaltungssimulator verfügbar sind. Illustriert ist eine derartiger Balun im Bild 5.47.

Tor 1: unsymmetrischer Mode
Tor 2: Gegentaktmode
Tor 3: Gleichtaktmode

Bild 5.47: Wicklungstransformator mit Mittelabgriff als Balun

Ein weiteres Beispiel für den Einsatz eines Wicklungstransformators in dieser Analytik ist im Bild 5.48 gegeben. Dort wird ein ±90°-Balun für Bluetooth-Anwendungen mit einem rein symmetrischen Ausgangstor (Tore 1 und 2) und einem Ausgangtor mit Gleich- und Gegentaktwellenabschluss berechnet. Das letztere Tor wurde mit Hilfe eines Transformators realisiert. Der 25 Ω-Widerstand repräsentiert die Impedanz des Gleichtores[7].

---

[7]In der durchgeführten Simulation wurde der 25 Ω-Widerstand auf 30 Ω gesetzt, damit S_{33} sichtbar

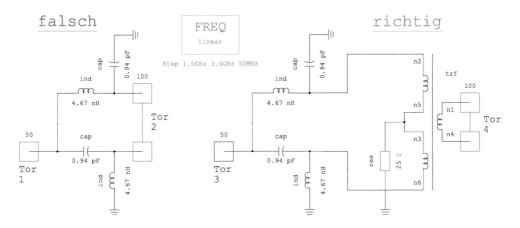

Bild 5.48: Simulation eines $\pm 90°$-Baluns mit reinem symmetrischen Ausgangstor (links) und mit Gleich- und Gegentaktausgangstor (rechts)

Für diese zwei Simulationen ergeben sich zwei sehr unterschiedliche Resultate, die auch illustrieren, wie notwendig eine Berücksichtigung der vorhandenen Gleichtaktabschlüsse ist. Obwohl S_{33} deutlich besser angepasst ist als S_{11}, ist S_{43} $(=M_{43}^{0-})$ schmalbandiger als S_{21}![8]

Bei der linken Simulation ist die Gleichtaktwelle mit $Z_{even} = \infty$ abgeschlossen.

Bei dieser Vorgehensweise entspricht der Gleichtaktwiderstand immer dem Widerstand, der am Mittelangriff angeschlossen und gegen Masse kontaktiert ist. Bei einem Übersetzungsverhältnis von 1:1[9] entspricht der Gegentaktwiderstand dem Widerstand des symmetrischen Ports.

Bei dieser Vorgehensweise kann man auch am Mittelabgriff ein Port anbringen und erhält zusätzlich die Gleichtaktkonversionsparameter und die Gleichtakteigenparameter.

Dass diese Wicklungstransformatoren als Bauteil nur in der Hochfrequenzmesstechnik eingesetzt werden, liegt an den Nachteilen von Transformatoren, die bereits im Abschnitt 3.2.2 erläutert wurden. Vorteilhaft an Transformatoren ist, dass diese sich mit einigem Aufwand sehr breitbandig realisieren lassen.

Spar-Balun

Abschliessend soll unter dem Namen Spar-Balun eine sehr einfache Schaltung neu eingeführt werden, die keine perfekte Balun-Funktionalität liefert.

Viele Hochfrequenzelektronikprodukte werden im Konsumermarkt eingesetzt, bei dem der Kostendruck sehr hoch ist. Mittlerweile werden nicht mehr die besten Halbleitermaterialien für Hochfrequenzschaltungen eingesetzt, da die Funktionalität anderer Materialien

---

ist.

[8]Für R=25 Ω hätte man sogar breitbandige perfekte Anpassung.

[9]! Bei Serenade muss 0.5 eingegeben werden, da nur das Windungsverhältnis eines Paares betrachtet wird.

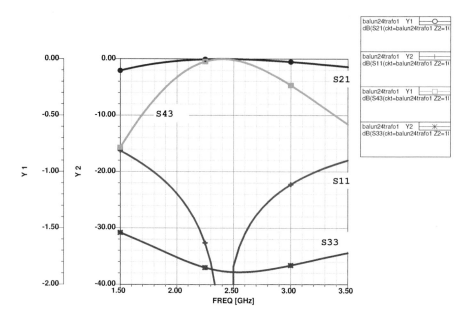

Bild 5.49: Ergebnisse des $\pm 90°$-Baluns mit reinem symmetrischen Ausgangstor (S_{11} und S_{21}) und mit Gleich- und Gegentaktausgangstor (S_{33} und S_{43})

oft genügt und eine Gesamtlösung der Schaltung, die auch einen Rechnerteil beinhaltet, dann als One-Chip-Lösung auf CMOS günstiger herstellbar ist.

Mit der gleichen Intention kann man den Spar-Balun einsetzen. Das elektrische Verhalten eine Schaltung muss nicht perfekt sein. Ist das Verhalten gut genug und erfüllt es den Zweck, so ist nur noch der Herstellungspreis als Auswahlkriterium heranzuziehen.

Der Aufbau des Spar-Baluns besteht aus nur zwei Bauelementen, wie im Bild 5.50 ersichtlich.

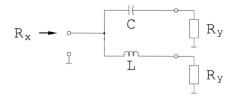

Bild 5.50: Spar-Balun mit nur zwei konzentrierten Elementen realisiert

Man weiss, dass eine Spule nur dann ein Signal um -90° dreht, wenn die Induktivität so groß ist, dass nahezu keine Energie transmittiert wird. Ähnlich verhält es sich mit der Kapazität. Demzufolge können diese beiden einfachsten Phasenschieber bei gewünschter Eingangsanpassung keine gewünschten $\pm 90°$-Phasendrehungen vollziehen.

Gibt man wiederum die Resonanzbedingung $\omega_0^2 = \frac{1}{L\,C}$ zur Auslegung vor, so erhält man zur Berechnung einer perfekten Eingangsanpassung das Resultat:

$$L = \frac{1}{\omega_0} \sqrt{2\, R_x\, R_y\, - R_y^2} \quad . \tag{5.77}$$

Gleichung (5.77) lässt sich nur für die Bedingung $\quad R_x > R_y \quad$ erfüllen! Für die Wellenwiderstände von üblichen erdgekoppelten symmetrischen Leitungen gilt der Zusammenhang

$$R_y = Z_{odd}/2 = Z_-/2 = 2\, Z_{even} = 2\, Z_+ \quad . \tag{5.78}$$

Bei einer genauen Untersuchung erkennt man, dass für eine (hypothetische) Leitung mit $Z_+ = 0\,\Omega$ die Schaltung perfekt funktioniert.

Ein Beispiel für eine Auslegung bei 2 GHz soll die Funktionalität des Spar-Baluns illustrieren. Die Impedanz- und Bauteilewerte können dem Bild 5.51 entnommen werden.

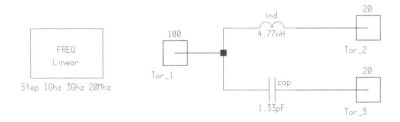

Bild 5.51: In der Schaltungssimulation realisierter Spar-Balun für die Mittenfrequenz von 2 GHz

Bei der Analyse erkennt man, dass die Eingangsanpassung für den unsymmetrischen Mode perfekt ist, $M_{11}^0 = 0$. Die Anpassung M_{22}^- der Gegentaktwelle ist mit -20 dB in der Praxis mehr als ausreichend.

Untersucht man die S-Parameter dieser Schaltung, so erkennt man, dass die Signalaufteilung (Amplitudenbedingung des Baluns) perfekt ist. Hingegen sind die Transmissionsphasen wie zu erwarten nicht exakt 180° von einander entfernt. Bild 5.52 zeigt die Phasenverläufe über der Frequenz an.

Man erkennt dass die Phasenwerte bei 2 GHz rund bei 71° liegen. Wie dieser Fehler sich auf die nunmehr vorhandene Transmissionsdämpfung und die Modekonversionen auswirkt zeigt das Bild 5.53.

Dieser Balun hat auch für verlustfreie Bauelemente Verluste von fast 0.5 dB für dieses Beispiel. In der Praxis erspart man sich jedoch die Bauteileverluste weiterer Bauelemente. Dadurch sind die zusätzlichen Transmissionsverluste rund zur Hälfte kompensiert. Die Konversionswerte in den Gleichtaktmode aus Bild 5.53 von rund -10 dB zeigen auf, dass die Transmissionsverluste für M_{21}^{-0} in der Konversion in den Gleichtaktmode begründet ist.

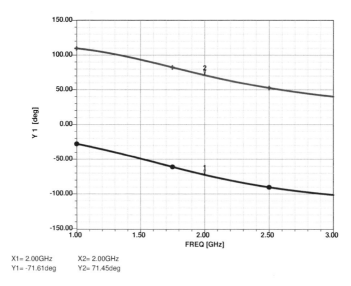

X1= 2.00GHz   X2= 2.00GHz
Y1= -71.61deg   Y2= 71.45deg

Bild 5.52: Phasenverläufe von S_{21} (induktive Kopplung, unten) und S_{31} (kapazitive Kopplung, oben) des berechneten Spar-Baluns

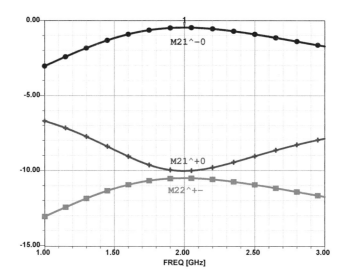

Bild 5.53: M-Parameter für die Transmission und Modekonversion des berechneten Spar-Baluns

5.4 Schaltungssynthese von symmetrischen Netzwerken

In diesem Abschnitt sollen die eingeführten Gleich- und Gegentaktgrößen zur Analyse von linearen Zwei- und Mehrtorkomponenten eingesetzt werden.

D.h., diese Komponenten werden in der Praxis gar nicht mit diesen Moden betrieben. Lediglich bei der rechnerischen Auslegung der Zwei- oder Mehrtore geht man davon aus, dass an einem Torpaar oder mehreren Torpaaren Gleich- oder Gegentaktwellen anliegen.

Jüngst wurde eine Theorie zur Schaltungssynthese von symmetrischen Netzwerken mit dem Namen ASTRID (A Synthesis Technique for symmetRIcal Devices) vorgestellt [44]. ASTRID eignet sich insbesondere zur Synthese von Filtern, Phasenschiebern, Allpässen, Impedanztransformatoren, Kopplern u. ä.. ASTRID ermöglicht über kurze Rechnungen exakte analytische Lösungen zu erzielen. Es können einfache Mono-Mode-Netzwerke (Zweitore) wie auch Mixed-Mode-Netzwerke synthetisiert werden.

Zunächst wird die Vorgehensweise für die Synthese von Zweitoren dargestellt und an drei Beispielen veranschaulicht. Danach wird erläutert, wie eine Synthese mit Mixed-Mode-Schaltungen durchzuführen ist.

Ein generelles symmetrisches Zweitor-Netzwerk ist im Bild 5.54 als normales Zweitor und als Eintorpaar (für Anregungen mit dem Gleich- und Gegentaktmode) dargestellt.

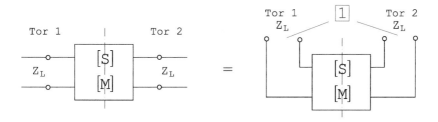

Bild 5.54: Allgemeines symmetrisches Netzwerk in S- bzw. M-Parametern mit zwei Toren (rechts: einem Torpaar)

Auch wenn symmetrische Zweitore aktive Bauelemente beinhalten, gilt immer für die Streuparameter $S_{11} = S_{22}$ und $S_{21} = S_{12}$. Somit kann man nur zwei Bedingungen wie beispielsweise die Anpassung und eine Phasenverschiebung vorgeben. Für den direkten Einsatz der S-Parameter in ein allgemeines Netzwerk wurde die Vorgehensweise im Kapitel 2 vorgestellt.

Mittels ASTRID wird das Netzwerk mit gewünschten Eigenschaften für eine Anregung mittels Gleich- und Gegentaktwellen untersucht. Dieses hat den Vorteil, dass man nur zwei halbe Netzwerke anstatt das volle Netzwerk analysieren muss. Insbesondere das Beispiel der Berechnung eines Dämpfungsgliedes zeigt, wie kurz dadurch die Lösungswege werden.

Anpassung

Ein beliebiges symmetrisches Netzwerk soll angepasst sein. Man erzeugt sich mit einer Gleichtaktanregung an Tor 1 und Tor 2 einen idealen Leerlauf (LL) in der Symmetrieebene und mit der Gegentaktanregung an Tor 1 und Tor 2 einen idealen Kurzschluss (KS) in der Symmetrieebene.

Durch die eingeführten LL- und KS-Ebenen findet keine Transmission mehr statt und es verbleiben zwei gleiche Eintore. Das Eintor am Tor 1 weist für den Leerlauf den Eingangs-reflexionsfaktor $r_+ \sim M_{11}^+ = r_{even}$ und die Eingangsimpedanz $Z_+ \sim Z_{even}$ und für den Kurzschluss den Reflexionsfaktor $r_- \sim M_{11}^- = r_{odd}$ und die Impedanz $Z_- \sim Z_{odd}$ auf, Bild 5.55.

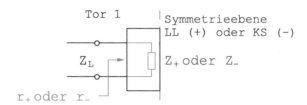

Bild 5.55: Reduziertes symmetrisches Zweitor für den LL- und den KS-Fall

Da die hineinlaufenden Wellen nur in der Symmetrieebene reflektiert werden können, muss der Unterschied zwischen dem Reflexionsfaktor der Gleichtaktwelle r_+ und dem Reflexionsfaktor der Gegentaktwelle r_- exakt 180° sein. D.h.:

$$r_+ = - r_-$$ (5.79)

Zur Erfüllung dieser Bedingung ist es belanglos, ob das Netzwerk verlustbehaftet ist[10] und welche absolute elektrische Längen zwischen den Toren und der Symmetrieebene vorhanden sind.

Da der linke und rechte Teil des Netzwerkes gleich sind, erfährt ein Signal, das am Tor 1 einfällt und nur in der Mitte mit dem Reflexionsfaktor 1 reflektiert wird, die gleiche Dämpfung und Phasenverschiebung wie ein Signal, das transmittiert wird. Es gilt folglich:

$$S_{21} = r_+$$ (5.80)

In der Schaltungssynthese muss deshalb nur das halbe Netzwerk betrachtet werden. Weiterhin ist es sinnvoll nicht mit den Reflexionsfaktoren sondern mit den Impedanzen Z_+ und Z_- zu arbeiten.

Setzt man die Gleichung aus (5.79) in den bekannten Zusammenhang zwischen Reflexionsfaktor und Wellenwiderstand mit den Bezugswiderstand Z_L

$$Z_x = \frac{1 + r_x}{1 - r_x} \cdot Z_L \qquad \text{und somit} \qquad Z_+ = \frac{1 + r_+}{1 - r_+} \cdot Z_L$$ (5.81)

ein und multipliziert die beiden Gleichungen miteinander

$$Z_+ \cdot Z_- = \frac{1 + r_+}{1 - r_+} \cdot Z_L \cdot \frac{1 - r_+}{1 + r_+} \cdot Z_L \qquad ,$$ (5.82)

---

[10]In der Regel sind andere Techniken zur Schaltungssynthese nur in der Lage verlustlose Schaltungen auszulegen.

so erhält man nach Kürzung:

$$\boxed{Z_+ \cdot Z_- \;=\; Z_L^2} \qquad .\tag{5.83}$$

Gleichung (5.83) ist, wie im Weiteren noch gezeigt wird, für die Filtersynthese die interessante Synthesegleichung. Möchte man angepasste Netzwerke entwickeln, die noch weitere Eigenschaften wie eine vorgegebene Signaldämpfung oder eine Phasenverschiebung, so ergeben sich basierend auf der Gleichung (5.81) Synthesegleichungen, die ein sehr einfachen Schaltungsentwurf ermöglichen.

Anpassung und Dämpfung

Soll ein Netzwerk eine bestimmte Dämpfung $\alpha = |S_{21}| = S_{21}$ ohne zusätzlicher Phasenverschiebung aufweisen, so kann man ausgehend von den Gleichungen (5.80) und (5.81) direkt die Bedingungen für den Gleich- und Gegentaktwellenwiderstand berechnen:

$$\boxed{Z_+ \;=\; \frac{1+\alpha}{1-\alpha}\, Z_L \;,\quad Z_- \;=\; \frac{1-\alpha}{1+\alpha}\, Z_L} \quad \text{bzw.} \quad r_+ = \alpha \;\;,\;\; r_- = -\alpha \;.\tag{5.84}$$

Am Ende dieses Abschnittes wird die einfache Anwendung dieser Synthesegleichungen für ein T-Dämpfungsglied gezeigt.

Anpassung und verlustfreie Phasenschiebung

Ein Phasenschieber ist angepasst und weist eine bekannte Transmissionsphase $\varphi = \beta\ell$ auf. Für einen verlustlosen Phasenschieber und einen allgemeinen Abschluss Z_A in der Symmetrieebene gilt bekanntlich bei halber Leitungslänge der Eingangswiderstand (z.B. aus Glg. (4.99)):

$$Z_{ein} \;=\; \frac{Z_A + jZ_L \tan\varphi/2}{1 + j\frac{Z_A}{Z_L}\tan\varphi/2} \qquad .\tag{5.85}$$

Es gilt

$$Z_+ = Z_{ein}\,|_{Z_A=\infty\,\Omega} \quad,\quad Z_- = Z_{ein}\,|_{Z_A=0\,\Omega} \qquad .\tag{5.86}$$

und ergibt sich somit:

$$\boxed{Z_+ \;=\; -j\,\frac{1}{\tan(\varphi/2)}\, Z_L \;\;,\;\; Z_- \;=\; j\tan(\varphi/2)\, Z_L} \qquad .\tag{5.87}$$

Alternativ kann man ausgehend von Gleichung (5.80) die Phasenverschiebung $S_{21} = r_+ = e^{-j\varphi}$ direkt in der Gleichung (5.81) zur Berechnung des notwendigen Gleich- und Gegentaktwiderstandes einsetzen und erhält für eine beliebige Phasenverschiebung die allgemeinen Synthesegleichungen:

$$\text{bzw.} \quad r_+ = e^{-j\varphi} \;\;,\;\; r_- = -e^{-j\varphi} \qquad .\tag{5.88}$$

Anpassung, ±90°-Phasenschiebung und Impedanztransformation

Für die Gleichtaktanregung ergibt sich der Abschluss als Leerlauf ($Z_A = \infty$) und für die Gegentaktanregung ergibt sich der Kurzschluss ($Z_A = 0$). Setzt man diese beiden Ergebnisse in (5.85) oder die Phasenwerte in der Gleichung (5.87) ein, so erhält man für einen -90°-Phasenschieber die beiden Bedingungen:

$$\boxed{Z_+ = -j\,Z_L \;, \quad Z_- = j\,Z_L} \qquad \text{bzw.} \qquad r_+ = -j \;\;,\;\; r_- = j \;\;. \qquad (5.89)$$

Betrachtet man einen 90°-Phasenschieber, so ändern sich jeweils die Vorzeichen. Vergleicht man diese Lösung mit der Berechung eines LC-Phasenschiebers in Kapitel 3.2.3, so erkennt man, dass hier bereits unmittelbar die Lösungen angegeben sind.

Es wurde bereits im Kapitel 4.3.2 gezeigt, dass eine 90° lange Leitung bei geeigneter Wahl von Z_L als Impedanztransformator eingesetzt werden kann. Gleiches gilt für die hier vorgestellten ±90°-Phasenschieber.

Anpassung und 180°-Phasenschiebung

Setzt man $\varphi = \pi$ in die Gleichungen unter (5.87) und (5.88) ein, so erhält man die jeweils beiden Bedingungen

$$\boxed{z_+ = 0 \;, \quad z_- = \infty} \qquad \text{bzw.} \qquad r_+ = -1 \;\;,\;\; r_- = 1 \qquad (5.90)$$

für einen verlustfreien 180°-Phasenschieber.

Anpassung und 360°-Phasenschiebung

Setzt man $\varphi = 2\,\pi$ in die Gleichungen unter (5.87) und (5.88) ein, so erhält man die Bedingungen

$$\boxed{z_+ = \infty \;, \quad z_- = 0} \qquad \text{bzw.} \qquad r_+ = 1 \;\;,\;\; r_- = -1 \qquad (5.91)$$

für einen 360°-Phasenschieber ohne Verluste.

In der Tabelle 5.2 sind die Ergebnisse für die wichtigsten Phasenschieber nochmals übersichtlich dargestellt. Die angegebenen Phasenschiebungen sind die Werte von $\angle S_{21} = -\varphi$.

Tabelle 5.2: Synthesewerte für die Berechnung von Phasenschiebern

Phasenschiebung	Z_+	Z_-	r_+	r_-
$-90°$	$-j\,Z_L$	$j\,Z_L$	$-j$	j
$90°$	$j\,Z_L$	$-j\,Z_L$	j	$-j$
$180°$	$0\,\Omega$	$\infty\,\Omega$	-1	1
$360°$	$\infty\,\Omega$	$0\,\Omega$	1	-1

Isolation

Soll ein Netzwerk bei einer bestimmten Frequenz eine perfekte Isolation aufweisen, so wird man jeweils zwischen den Reflexionsfaktoren und den Wellenwiderständen der Gleich- und Gegentaktwellen keinen Unterschied erkennen. Deshalb gilt:

$$\boxed{Z_+ = Z_-} \qquad , \qquad \boxed{r_+ = r_-} \qquad . \qquad (5.92)$$

Auch hier wird keine Verlustfreiheit vorausgesetzt. Diese einfache Bedingung erleichtert sehr die Vorgabe der Transmissionsnullstellen bei der Filtersynthese.

——————— *Übung: Auslegung eines T-Dämpfungsgliedes* ———————

Geg.: *Berechnen Sie die Widerstände R_1 und R_2 eines 3 dB Dämpfungsgliedes mit einer T-Struktur nach Bild 5.56.*

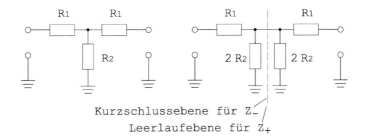

Bild 5.56: Dämpfungsglied mit T-Struktur (rechts: umgezeichnet für ASTRID-Synthese)

Lösung: *Eine Dämpfung von 3 dB entspricht einem Transmissionswert $\alpha = 0.708$.*

Direkt aus den beiden Gleichungen unter (5.84) ergeben sich die beiden Widerstände:
$$Z_+ = 292.5\,\Omega \quad und \quad Z_- = R_1 = 8.55\,\Omega \quad ,$$

mit der Angabe, dass der Gegentaktwiderstand Z_- direkt dem gesuchten Widerstand R_1 entspricht. Die Berechnung des Gleichtaktwiderstandes Z_+ des Netzwerkes nach Bild 5.56 liefert direkt den zweiten gesuchten Widerstand:
$$Z_+ = R_1 + 2\,R_2 \quad \Rightarrow \quad R_2 = \frac{Z_+ - R_1}{2} \quad , \quad R_2 = 142.0\,\Omega \quad .$$

——————— *Übung: Auslegung eines T-Dämpfungsgliedes* ———————

Vergleich man diese einfache Übung mit der Berechnung des Π-Dämpfungsgliedes, die im Kapitel 2 durchgeführt wurde, so erkennt man die Effizienz dieses ASTRID-Verfahrens.

Filtersynthese

Am Beispiel der in der Praxis sehr wichtigen gekoppelten Resonatorfilter wird weiterhin im Kapitel 6 gezeigt, welche Vorteile eine Synthese mit ASTRID gegenüber der herkömmlichen Synthesetechnik ([127]) bietet. Es wird beispielsweise gezeigt, dass mittels ASTRID eine optimale Synthese von Resonatorfiltern mit jeder Resonatorgüte möglich ist.

Einsatzgebiete der ASTRID-Synthesetechnik

Insbesondere im voluminösen Kommunikationsmarkt spielt die Anzahl der in einer Schaltung verwendeten Bauelemente eine sehr große Rolle. Zur Senkung der Bauteileanzahl werden die Funktionalitäten von klassischen Komponenten zusammengelegt.

Die Multi-Funktionskomponenten weisen beispielsweise eine Phasenschieber- und Tiefpasscharakteristik auf. In diesem Bereich werden nicht zuletzt auf Grund des Kostendrucks eine größere Anzahl neuer Komponenten benötigt.

Ein weiterer Bereich in dem man die ASTRID-Synthesetechnik einsetzen kann ist die Breitbandtechnik. Der Trend von modernen Kommunikationssystemen geht hin zu größeren Bandbreiten. Verteilt man mittels der ASTRID-Theorie mehrere Anpasspunkte über einen größeren Frequenzbereich, so gelingt es auch den anspruchsvollen Bandbreitenanforderungen gerecht zu werden.

Durch die Verwendung von mehreren Dienstleistungen in einem Gerät werden oft auch mehrere Frequenzbänder benötigt. Auch hier kann man neuartige Multi-Bandkomponenten mit der ASTRID-Synthese herleiten.

Im Folgenden soll die Synthese eines breitbandigen 180°-Phasenschiebers als weiteres Beispiel dienen.

——————— *Übung: Auslegung eines 180°-Phasenschiebers* ———————

Geg.: *Berechnen Sie die 2 Elemente C und L (in dieser Reihenfolge) eines symmetrischen 180°-Phasenschiebers nach Bild 5.57. L_k ist mit 1 nH vorgegeben. Die 180°-Phasenschiebung soll im ISM-Band bei 2.4 GHz erfolgen. Der Phasenschieber ist definitionsgemäß perfekt angepasst!*

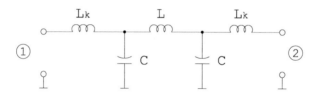

Bild 5.57: Schaltbild des zu berechnenden 180°-Phasenschiebers

Lösung:

1.: Gleichtaktuntersuchung

$$Z_+ = 0\,\Omega \quad \rightarrow \quad 0\,\Omega = j\,\omega\,L_k + \frac{1}{j\,\omega\,C} \quad \Rightarrow \quad C = \frac{1}{\omega^2\,L_k} = 4.40\,pF \qquad (5.93)$$

2.: Gegentaktuntersuchung

$$Z_- = \infty\,\Omega \quad \rightarrow \quad Y_- = 0\,\tfrac{1}{\Omega} \quad mit \quad Z_- = j\,\omega\,L_k + \frac{j\,\omega\,L}{2-\omega^2\,L\,C} \qquad (5.94)$$

$$Y_- = 0\,\tfrac{1}{\Omega} \quad \Rightarrow \quad 0\,\tfrac{1}{\Omega} = \frac{2-\omega^2\,L\,C}{Nenner} \quad \Rightarrow \quad L = \frac{2}{\omega^2\,C} = 2.00\,nH \qquad (5.95)$$

——————— *Übung: Auslegung eines 180°-Phasenschiebers* ———————

5.4.1 Analyse von symmetrischen Zweitornetzwerken

In den vorherigen Abschnitten wurde gezeigt, wie einfach man mittels einer Gleich- und Gegentaktuntersuchung eine Synthese durchführen kann. Sofern diese durchgeführt wurde, möchte man im Allgemeinen die Übertragungsfunktion untersuchen. Diese lässt sich auch wieder vorteilhaft mittels den Gleich- und Gegentaktleitwiderständen direkt angeben, [88]:

$$S_{21} = \frac{z_- - z_+}{(1 + z_-)(1 + z_+)} \quad .$$

(5.96)

Sofern man ein Netzwerk nicht im Hilfsblatt A.2 findet, stellt eine Analyse über Gleichung (5.96) den einfachsten Weg dar.

5.4.2 Synthese von symmetrischen Mixed-Mode-Netzwerken

Ein symmetrisches Mixed-Mode-Netzwerk soll so definiert werden, dass sich zwischen den Torpaaren eine Symmetrieachse befindet und dass zusätzlich bei der Teilung in einer oberen und unteren Sektion Symmetrie gegeben ist. Dieses ist im Bild 5.58 mittels der Angabe zweier Symmetrieachsen verdeutlicht und so als doppelte Symmetrie bezeichnet werden.

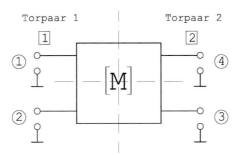

Bild 5.58: Mixed-Mode-Netzwerk mit doppelter Symmetrie

Ein symmetrisches Mixed-Mode-Netzwerk weist keine Modekonversion auf und lässt sich auf lediglich vier M-Parameter reduzieren:

$$\begin{pmatrix} b_1^- \\ b_2^- \\ b_1^+ \\ b_2^+ \end{pmatrix} = \begin{bmatrix} M_{11}^- & M_{21}^- & 0 & 0 \\ M_{21}^- & M_{11}^- & 0 & 0 \\ 0 & 0 & M_{11}^+ & M_{21}^+ \\ 0 & 0 & M_{21}^+ & M_{11}^+ \end{bmatrix} \begin{pmatrix} a_1^- \\ a_2^- \\ a_1^+ \\ a_2^+ \end{pmatrix} \quad .$$

(5.97)

Hatte man beim Zweitor nur die Hälfte zweimalig zu berechnen, so muss man bei diesem Mixed-Mode-Netzwerk lediglich ein Viertel viermalig berechnen. Folglich stiegt die Anzahl der Gleichungen, aber die Komplexität nimmt nicht zu.

Die Synthese derartiger Netzwerke läuft dergestalt ab, dass in einem ersten Schritt nur das Gegentaktnetzwerk mit der Vorgabe von M_{11}^- und M_{21}^- synthetisiert wird. Dafür muss man in der horizontalen Symmetrielinie Kurzschlüsse einführen. Es verbleibt ein symmetrisches

Zweitornetzwerk mit dem Eingangstor 1 und dem Ausgangstor 4. Dieses Netzwerk kann man nunmehr genauso behandeln, wie es als ASTRID-Verfahren eingeführt wurde. In diesem Fall gilt $S_{11} = M_{11}^-$ und $S_{21} = M_{21}^-$.

In einem separaten zweiten Schritt wird das Gleichtaktnetzwerk mit den Parametern M_{11}^+ und M_{21}^+ vorgegeben. Dafür muss man in der horizontalen Symmetrielinie Leerläufe einführen. Es verbleibt wiederum ein symmetrisches Zweitornetzwerk mit dem Eingangstor 1 und dem Ausgangstor 4 mit den Bedingungen $S_{11} = M_{11}^+$ und $S_{21} = M_{21}^+$ für das ASTRID-Verfahren.

Durch diese getrennte Vorgehensweise kann man bei geeigneter Wahl eines Netzwerkes zwei ganz unterschiedliche Eigenschaften für das Gleich- und Gegentaktverhalten der Schaltungen erzielen. Für die Wahl des Netzwerkes lassen sich schwerlich Vorgaben treffen. Hilfreich ist es für das Gegentaktverhalten von Schaltungen in unsymmetrischer Leitertechnik auszugehen und an der horizontalen Achse zu spiegeln. Um im Weiteren das Gleichtaktverhalten zu beeinflussen, kann man Shunt-Elemente in Querelemente umwandeln. Nach der Umwandlung sind diese Elemente für das Gleichtaktsignal nicht mehr existent.

5.5   Koppler und Grundlagen der Kopplersynthese

Abgesehen von der Messbrücke gibt es in der Elektronik keine Schaltung die einem so genannten HF-Koppler nahe kommen. Ein Koppler weist vier angepasste Tore auf und koppelt ein Signal, das an einem Tor einfällt, an zwei weiteren Toren aus. Das vierte Tor ist entkoppelt. Das zugehörige Symbol ist im Bild 5.59 dargestellt. Die S-Matrix eines

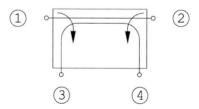

Bild 5.59: Symbol eines HF-Kopplers in einpoliger Darstellung

idealen (mindestens einfach symmetrisch aufgebauten) Kopplers ist in (5.98) dargestellt.

$$[\mathbf{S_{kopp}}] = \begin{bmatrix} 0 & \tau & \kappa & 0 \\ \tau & 0 & 0 & \kappa \\ \kappa & 0 & 0 & \tau \\ 0 & \kappa & \tau & 0 \end{bmatrix} \tag{5.98}$$

Hierbei steht die Variable τ für den Durchlassfaktor (Hauptpfad) und κ für den Koppelübertragungsfaktor (kurz Koppelfaktor oder -wert). Für diesen idealen verlustlosen Koppler gilt:

$$|\tau|^2 = 1 - |\kappa|^2 \qquad . \tag{5.99}$$

Die Koppelwerte liegen in der Praxis zwischen -40 dB und -3 dB. Die Tabelle im Anhang (1) gibt die Lösung der Gleichung (5.99) für die wichtigsten Koppelwerte an. Hierbei
muss S_{11} durch τ und S_{21} durch κ ersetzt werden. Diese Tabelle ist in der Praxis hilfreich
um die Transmissionsverluste im Hauptpfad anzugeben.

In der Praxis ist beim Koppler nicht nur die Anpassung endlich, sondern auch die Isolation
ν zum vierten Tor. Für den letzteren Fall erhält man die die Streumatrix

$$[\mathbf{S_{kopp}}] = \begin{bmatrix} 0 & \tau & \kappa & \nu \\ \tau & 0 & \nu & \kappa \\ \kappa & \nu & 0 & \tau \\ \nu & \kappa & \tau & 0 \end{bmatrix} \quad . \tag{5.100}$$

Für den Einsatz ist die so genannte Direktivität

$$\delta^{dB} = -(\nu^{dB} - \kappa^{dB}) \tag{5.101}$$

von Interesse. Diese Direktivität gibt den Signal-Störabstand der Messgröße wieder. Daher
ist es ein wesentliches Qualitätsmerkmal eines Kopplers.

Bei einem Koppler sollen zwei mal zwei Tore (hier die Tore 1 und 4 sowie 2 und 3)
voneinander isoliert sein. Somit muss die Bedingung (5.92) gelten. Weiterhin soll ein
Koppler an allen vier Toren angepasst sein. Somit muss die Bedingung (5.83) gelten.

Somit gilt am Torpaar 1: $M_{11}^- = M_{11}^+ = 0$, was gleichbedeutend mit: $S_{11} = S_{12} = S_{21} =$
$S_{22} = 0$ ist. Diese beiden Bedingungen sind nur für den Fall:

$$\boxed{Z_+ = Z_L \, , \quad Z_- = Z_L} \quad \text{bzw.} \quad \boxed{r_+ = 0 \, , \quad r_- = 0} \tag{5.102}$$

gültig. Dieser Grundsatz ist seit längerem bekannt ([101]):

> Zwei Tore sind dann angepasst und voneinander entkoppelt, wenn sowohl eine
> Gegentaktwelle als auch eine Gleichtaktwelle, die jeweils über diese beiden Tore
> (dieses Torpaar) ins Netzwerk hineinlaufen, angepasst sind.

Anhand der folgenden Koppler soll gezeigt werden, wie dieser Grundsatz angewandt wird.

5.5.1   Wilkinson-Koppler

Wilkinson-Koppler als Signalteiler

Andere Namen für diesen Wilkinson-Koppler sind $0°$-Koppler, Signalteiler, angepasstes Dreitor und Wilkinson-Teiler. Die Vielzahl der Namen für die im Bild 5.60 dargestellte Komponente spiegelt deren Bedeutung in der Praxis wieder.

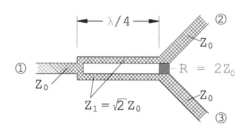

Bild 5.60: Dreitor-Wilkinson-Koppler als Draufsicht auf eine Mikrostreifenleitung zum Einsatz als angepassten Signalteiler

Beim Wilkinson-Koppler wird i.d.R. ein Tor mit einem Widerstand abgeschlossen. Deshalb wird dieser Koppler nur als Dreitor dargestellt.

Für diesen Koppler gilt das, was im Abschnitt 3.3.4 als idealer Signalteiler vorgestellt wurde und mit Gleichung (3.27) angegeben wurde:

$$[\mathbf{S_{ST}}] \;=\; -j \begin{pmatrix} 0 & 0.7 & 0.7 \\ 0.7 & 0 & 0 \\ 0.7 & 0 & 0 \end{pmatrix} \qquad . \tag{5.103}$$

Da dieser Signalteiler einen Widerstand beinhaltet, steht er auch nicht im Widerspruch zu dem Grundsatz, dass es kein allseits angepasstes verlustfreies Dreitor gibt.

Zur Analyse dieses Kopplers betrachten wir zunächst eine Gleichtaktwelle, die vom Torpaar 2, das sich aus dem Tor 2 und Tor 3 zusammensetzt, auf Tor 1 zuläuft. Für diese gleichphasige Welle haben wir am Torpaar 2 einen Wellenstand von $Z_{even} = Z_0/2$. Dieser muss zum Tor 1 auf Z_0 hochtransformiert werden. Deshalb benötigt man für die $\lambda/4$-Leitung einen Gleichtaktwellenwiderstand von $Z_0/\sqrt{2}$. Da mit Z_1 der Wellenwiderstand der unsymmetrischen Leitung angegeben ist und dieser dem doppelten Wert der Gleichtaktwelle entspricht, gilt $Z_1 = Z_0 \cdot \sqrt{2}$.

Der Widerstand R hat keinen Einfluss auf die Gleichtaktwelle, da durch diesen im gleichphasigen Betrieb kein Strom fließt.

Für den Gegentaktfall braucht man nur die über der Symmetrieebene liegende Hälfte des Kopplers betrachten, da in der Mitte das Potential null ist und folglich auf Masse gemäß Bild 5.61 gesetzt werden kann.

Der Kurzschluss am Ende der $\lambda/4$-Leitung wird in einen Leerlauf transformiert und der verbleibende Widerstand $R/2$ muss dem Wellenwiderstand Z_0 entsprechen.

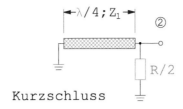

Bild 5.61: Ersatzschaltung für eine Gegentaktwelle am Wilkinson-Koppler

Dieser Koppler ist aufgrund der enthaltenen $\lambda/4$-Leitungen nur für eine Bandbreite von ca. 20% geeignet. Über mehrstufige Transformationsleitungen lässt sich die Bandbreite deutlich vergrößern. Bild 5.62 gibt die Lösung für einer zweistufige Transformation an.

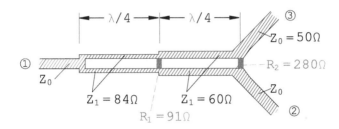

Bild 5.62: Zweistufiger Wilkinson-Koppler als Draufsicht auf eine Mikrostreifenleitung für Breitbandanwendungen

Wilkinson-Koppler als Modeweiche

Verwendet man alle vier Tore des Wilkinson-Kopplers, so treten unterschiedliche Moden auf. Fasst man die beiden Tore 3 und 4 (Bild 5.63) zu einem Torpaar zusammen, so wird die in diesem Torpaar eingespeiste Gleichtaktwelle nur zum Tor 1 und die eingespeiste Gegentaktwelle zum Tor 2 transmittiert.

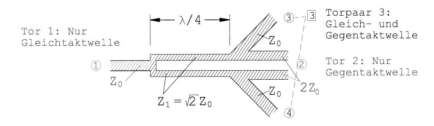

Bild 5.63: Viertor-Wilkinson-Koppler als Draufsicht auf eine Mikrostreifenleitung zum Einsatz als Modeweiche

5.5.2   Leitungskoppler

Die weiteren vorgestellten Koppler, wie auch der in der Messtechnik sehr wichtige Leitungs-koppler, lassen sich vorteilhaft mit der Gleich- und Gegentaktanalyse auslegen.

Der Leitungskoppler beruht die Verkopplung zweier TEM- oder Quasi-TEM-Leitungen über die Länge $\beta\ell$. Eine mögliche Realisierungsform ist im Bild 5.64 dargestellt.

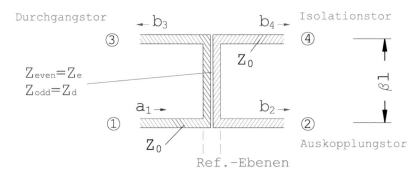

Bild 5.64: Draufsicht auf einen Leitungskoppler in Mikrostreifenleitertechnik

Die Gleich- und Gegentaktwiderstände werden im Weiteren nur normiert eingesetzt, $z_e = Z_e/Z_0$ und $z_d = Z_d/Z_0$.

Die mathematische Beschreibung beruht auf die Einleitung des Kopplerkapitels (Seite 173) mittels der Zerlegung dieses Viertores in zwei Zweitore durch die Gleich- und Ge-gentaktanregung.

Für eine Leitungshälfte gilt im Gleichtaktfall im Koppelbereich (innerhalb der Referenz-ebenen) unter Verwendung des Hilfsblattes A3 (Seite 368) für die normierte A-Matrix:

$$\begin{pmatrix} A^+ & B^+ \\ C^+ & D^+ \end{pmatrix} = \begin{pmatrix} \cos(\beta\ell) & j \cdot z_e \sin(\beta\ell) \\ j \cdot \frac{\sin(\beta\ell)}{z_e} & \cos(\beta\ell) \end{pmatrix} \qquad . \tag{5.104}$$

Mittels des Hilfsblattes A.6 lassen sich die zugehörigen Streuparameter für Reflexion und Transmission berechnen:

$$M_{11}^+ = \frac{j \cdot (z_e - 1/z_e) \sin(\beta\ell)}{2\cos(\beta\ell) + j \cdot (z_e + 1/z_e) \sin(\beta\ell)} \qquad , \tag{5.105}$$

$$M_{21}^+ = \frac{2}{2\cos(\beta\ell) + j \cdot (z_e + 1/z_e) \sin(\beta\ell)} \qquad . \tag{5.106}$$

Auch dieses Zweitor ist reziproke und reflexionssymmetrisch ($M_{21}^+ = M_{12}^+$ und $M_{11}^+ = M_{22}^+$).

Die Leitungshälfte des Kopplers lässt sich auf dem gleichen Weg für den Gegentaktfall berechnen:

$$\begin{pmatrix} A^- & B^- \\ C^- & D^- \end{pmatrix} = \begin{pmatrix} \cos(\beta\ell) & j \cdot z_d \sin(\beta\ell) \\ j \cdot \frac{\sin(\beta\ell)}{z_d} & \cos(\beta\ell) \end{pmatrix} \qquad , \tag{5.107}$$

$$M_{11}^- = \frac{j \cdot (z_d - 1/z_d) \sin(\beta\ell)}{2\cos(\beta\ell) + j \cdot (z_d + 1/z_d) \sin(\beta\ell)} \qquad , \tag{5.108}$$

$$M_{21}^- = \frac{2}{2\cos(\beta\ell) + j\cdot(z_d + 1/z_d)\sin(\beta\ell)} \quad \text{sowie} \quad M_{21}^- = M_{12}^- \text{ und } M_{11}^- = M_{22}^- \,.$$
$$(5.109)$$

Für den Viertor-Leitungskoppler sollen folgende Werte möglichst breitbandig synthetisiert werden:

$$S_{ii} = 0 \; ; \quad S_{41} = 0 \; ; \quad S_{32} = 0 \quad . \tag{5.110}$$

Damit die Forderung der Anpassung erfüllt wird, muss die Bedingung aus Glg. (5.83) lauten: $M_{11}^+ + M_{11}^- = 0$. Damit die Forderung der Isolation erfüllt wird, muss die Bedingung aus Glg. (5.92) lauten: $M_{21}^+ - M_{21}^- = 0$. Die zugehörige Lösung dieser beiden Bedingungen für den Entwurf eines Leitungskopplers ist:

$$\boxed{z_e \cdot z_d = 1} \quad . \tag{5.111}$$

Als weitere Größe lässt sich direkt aus den M-Parameter der Durchlassfaktor berechnen:

$$\tau = S_{31} = \frac{1}{2}(M_{21}^+ + M_{21}^-) = \frac{2}{2\cos(\beta\ell) + j\cdot(z_d + 1/z_d)\sin(\beta\ell)} \quad . \tag{5.112}$$

Ebenso lässt sich der komplexe Wert für den Koppelfaktor aus den M-Parameter direkt berechnen:

$$\kappa = S_{21} = \frac{1}{2}(M_{11}^+ - M_{11}^-) = \frac{j\cdot(z_d - 1/z_d)\sin(\beta\ell)}{2\cos(\beta\ell) + j\cdot(z_d + 1/z_d)\sin(\beta\ell)} \quad . \tag{5.113}$$

Man erkennt, dass sich τ und κ um 90° unabhängig von $\beta\ell$ unterscheiden! Weil dieser Koppler die beiden Ausgangssignale breitbandig mit diesem Phasenversatz von 90° teilt, wird der Leitungskoppler auch der Klasse der 90°-Koppler zugeordnet.

5.5.3 Hybrid-Koppler

Die beiden häufig eingesetzten Hybridkoppler (Bild 5.65) werden nicht als Koppler, sondern auch als 3 dB-Signalteiler und als Phasenschieber eingesetzt.

Der 180°-Hybrid[11], der auch als "Ratrace"-Koppler bezeichnet wird, dient zur Generierung von Gegentaktsignalen aus einem unsymmetrischen Signal.

Der 90°-Hybrid, der auch als "Branch-Line"-Koppler bezeichnet wird, dient zur Erzeugung von *komplexen* Signalen.

Beide sind oft Teilschaltungen komplexerer Komponenten wie balancierte Mischer. Die einfachen Dimensionierungsvorschriften der beiden Koppler sind im Bild 5.65 enthalten.

Die Streumatrix des 180°-Hybrids sieht bei Mittenfrequenz wie folgt aus:

$$\left[\mathbf{S^{180°-Hyb}}\right] = -j\begin{pmatrix} 0 & 0 & 0.707 & 0.707 \\ 0 & 0 & 0.707 & -0.707 \\ 0.707 & 0.707 & 0 & 0 \\ 0.707 & -0.707 & 0 & 0 \end{pmatrix} \quad . \tag{5.114}$$

---

[11]Die Angabe in Grad bezieht sich immer auf die Differenzphase zwischen den Ausgängen.

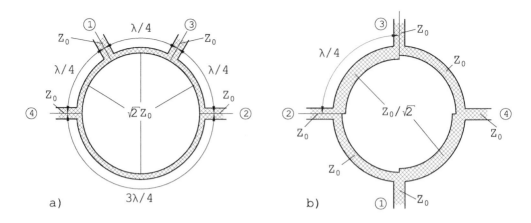

Bild 5.65: Hybrid-Koppler: a) 180°-Hybrid;   b) 90°-Hybrid

Die Streumatrix des 90°-Hybrids sieht bei Mittenfrequenz wie folgt aus:

$$\left[\mathbf{S}^{90°-\mathbf{Hyb}}\right] = -\begin{pmatrix} 0 & 0 & 0.707 & j\,0.707 \\ 0 & 0 & j\,0.707 & 0.707 \\ 0.707 & j\,0.707 & 0 & 0 \\ j\,0.707 & 0.707 & 0 & 0 \end{pmatrix} . \qquad (5.115)$$

Beide Koppler lassen sich über Anregungen mit Gleich- und Gegentaktsignalen berechnen. Bei beiden Kopplern gilt bei einer Anregung am Tor 1 und am Tor 2:

$$M_{11}^{+} = M_{11}^{-} = 0 \qquad (5.116)$$

und folglich Anpassung an Tor 1 und Tor 2 und Entkopplung zwischen Tor 1 und Tor 2.

———— *Übung: Auslegung eines 90°-Hybrid-Kopplers* ————

Regen Sie die beiden Tore 1 und 3 mit Gleich- und Gegentaktwellen an und werten Sie die sich ergebenden Kettenschaltungen nach Bild 5.66 aus, so dass sich mit den Bedingungen nach Glg. (5.116) Entkopplung zwischen den Toren 1 und 3 und allseitige Anpassung ergibt.

Weiterhin soll eine 3 dB-Kopplung (bzw. -Signalteilung) erfolgen.

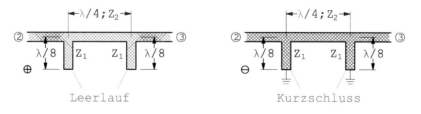

Bild 5.66: Ersatzschaltbild der 90°-Hybrid-Koppler bei Gleich- und Gegentaktanregung

———— *Übung: Auslegung eines 90°-Hybrid-Kopplers* ————

5.5.4   Resistiver Koppler und $\pm 90°$-LC-Koppler

Einem besonderen Hinweis gilt den auch in [101] dargestellten sogenannten Resistive Koppler, Bild 5.67.

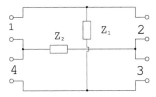

Bild 5.67: Prinzipieller Aufbau des resistiven Kopplers

Der Wege der Berechnung dieses Kopplers entspricht wiederum dem des Leitungskopplers. Bei einer Gleich- und Gegentaktanregung an den beiden Toren 1 und 4 ergeben sich jeweils die beiden einfachen Ersatzschaltungen nach Bild 5.68.

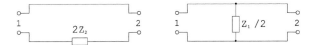

Bild 5.68: Ersatzschaltbilder für Gleich- und Gegentaktanregung des resistiven Kopplers

Setzt man diesen Koppler nach [101] für Breitbandanwendungen in der Messtechnik ein, so setzt man vorteilhaft zwei Widerstände ($R_1 = Z_1$ und $R_2 = Z_2$) ein, die die Bedingung

$$Z_0^2 = Z_1 Z_2 \qquad (5.117)$$

erfüllen müssen. Für $Z_1 = Z_2 = Z_0$ ergibt sich eine gleichmässige Signalteilung mit 6 dB Dämpfung. Generell berechnen sich die Dämpfungen beider Signalpfade über

$$S_{21} = \frac{Z_0}{Z_0 + Z_2} \qquad \text{und} \qquad S_{41} = \frac{Z_2}{Z_0 + Z_2} \qquad . \qquad (5.118)$$

Dieser Koppler, der sich mit nur zwei Bauelementen aufbauen lässt, ist besonders interessant für Mixed-Mode-Anwendungen. Weitgehend unbekannt ist, dass dieser Koppler bei der Verwendung von nur einer Kapazität und einer Induktivität als 90°-Koppler arbeitet, [48]. Dieser im Bild 5.69 dargestellte 90°-Koppler lässt sich nur von einem Tor erdsymmetrisch beschalten. Die anderen Tore sind dann erdunsymmetrisch. Verwendet man diesen Koppler in unsymmetrischen Aufbauten, so lassen nur zwei Tore unsymmetrische Beschaltungen zu, Bild 5.69. Diese Nachteile haben zum Beispiel bei der Beschaltung von symmetrischen Antennen keine Auswirkungen, [48]. In dieser Applikation übernimmt dieser einfache Koppler die Funktionalität eines Baluns, eines Signalteilers und eines Isolators[12]

---

[12]Isolatoren werden im Kapitel 10 eingeführt.

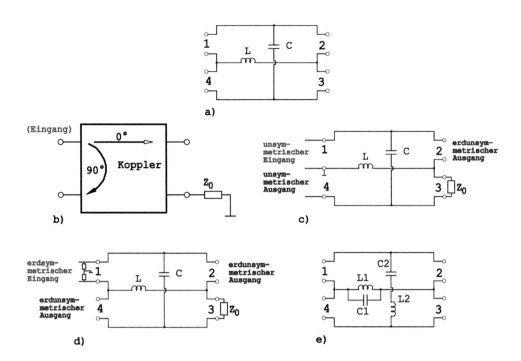

Bild 5.69: Prinzipieller Aufbau des a) 90°-LC-Kopplers, b) dessen Wirkprinzips, c) in unsymmetrische Beschaltung, d) in erdsymmetrische Beschaltung, e) als Dual-Band-Koppler

Als -90°-Koppler müssen lediglich L und C getauscht werden, was auch dem Grundprinzip des Dual-Band-Kopplers entspricht. Diese ±90°-Koppler haben jeweils nur eine Dämpfung von 3 dB sofern gilt: $Z_0 = \omega L = \frac{1}{\omega C}$.

Kapitel 6

Resonatoren und Filter

Schaltungen, die ein stark frequenzabhängiges Übertragungsverhalten aufweisen werden als Filterschaltungen oder kurz Filter bezeichnet. In der Anwendung werden diese Filterschaltungen sehr häufig eingesetzt. Als Bauelemente werden man entweder Kondensatoren und Spulen und/oder Leitungen und/oder so genannte Resonatoren, die in verschiedensten Technologien hergestellt werden. Da die Synthese von Filtern ein sehr weites Gebiet ist, kann in diesem Kapitel nur ein Einblick gegeben werden.

Prinzipiell kann man zwei Klassen von Filtern unterscheiden: einerseits die Tief- und Hochpässe und andererseits die Bandpässe und Bandsperren.

Tief- und Hochpässe werden i.d.R. aus konzentrierten Spulen und Kondensatoren synthetisiert. Zur Verwirklichung können dann auch quasi-konzentrierte Bauelemente eingesetzt werden. Zu deren Berechnung nutzt man Filterentwurfsverfahren mit Butterworth- oder Tschebyscheff-Standardtiefpässen.

Bandpässe und Bandsperren werden in der Praxis oft aus Resonatoren hergestellt. Die einfachsten Resonatoren können aus einer Serien- oder Parallel-L-C-Kombination bestehen. Andere bereits vorgestellte Resonatoren sind die $\lambda/4$- und $\lambda/2$-Leitungen. Im unteren Frequenzbereich sind die Quarze wichtige Resonatoren und im oberen Frequenzbereich sind noch die dielektrischen Resonatoren zu nennen. Bandsperren haben in der Praxis eine geringe Bedeutung als Bandpässe.

Die gebräuchlichsten Wege zur Auslegung von Bandpässen sind

1. Synthese aus Butterworth- oder Tschebyscheff-Standardtiefpässen.
2. Berechnung als elliptische Filter.
3. Arbeiten mit Kuroda-Identitäten und Einheitsleitungen.
4. Entwurf schmalbandiger Filter mit Resonatoren und Invertern.
5. Gekoppelte Resonatorfilter.

Auf die Synthese von Tief-, Hoch- und Bandpassfiltern aus Butterworth- oder Tschebyscheff-Standardtiefpässen wird im weiteren wie auch in vielen anderen Hochfrequenzwerken ein-

© Springer Fachmedien Wiesbaden GmbH, ein Teil von Springer Nature 2018
H. Heuermann, *Hochfrequenztechnik*, https://doi.org/10.1007/978-3-658-23198-9_6

gegangen (z.B. [5, 72]). Diese Filter haben den Nachteil, dass sie keine Transmissionsnull-stellen im Stopband besitzen.

Als verbesserte Filter setzt man in der Praxis bei Bedarf die elliptischen Filter ein. Bild 6.1 zeigt das typische Übertragungsverhalten eines elliptischen Filters und eines zweikreisigen Resonatorfilters (ein Butterworth-Filter ist i.d.R. deutlich "flacher" im Stopband als das Resonatorfilter).

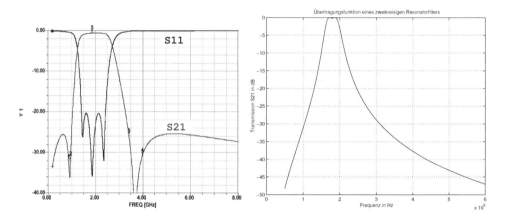

Bild 6.1: Bandpass mit (links:) elliptischer und (rechts:) Resonatorfilter-Übertragungsfunktion

Mittels elliptischer Filter lassen sich breitbandig gleiche Stopband-Eigenschaften realisie-ren, was deren großer Vorteil ist. Ein sehr gutes Filterhandbuch für die Auslegung der elliptischen Filter ist [97].

Wie man unter Zuhilfenahme der sogenannten Kuroda-Identitäten und Einheitsleitungen aus Standardfiltern Mikrowellenfilter mit verteilten Bauelementen synthetisiert, ist in [5] und dem Standardwerk der Hochfrequenzfiltersynthese [72] nachzulesen.

In der Filtersynthese für die Hochfrequenztechnik sind Entwurfsverfahren für schmalban-dige Filter mit Resonatoren und Invertern das zentrale Forschungsthema der letzten Jahr-zehnte. Zur erfolgreichen Umsetzung dieser Theorien benötigt man Resonatoren höchster Güte (= sehr wenig Verluste). Deshalb sind diese Theorien nicht für die Masse der Appli-kationen anwendbar. Einen sehr guten deutschsprachigen Einstieg in eine dieser Theorien findet man in [5] und [58].

Bereits vor vielen Jahrzehnten wurde die Theorie gekoppelter Bandpassfilter aufgestellt [25, 127]. Da die gekoppelten Bandpassfilter das breiteste Anwendungsspektrum haben, soll im Weiteren die Theorie für zweikreisige Filter im Detail erläutert werden. Im Gegen-satz zu den in [25, 127] dargestellten Lösungen handelt es sich hier um exakte geschlossene Gleichungen, die sich sehr einfach anwenden lassen.

Bevor wir jedoch auf diese Theorie eingehen können, müssen die Eigenschaften von Re-sonatoren verstanden sein. Diese Resonatortheorie ist auch für den Entwurf von Oszillato-ren von großer Wichtigkeit. Im Weiteren wird auch ein neuartiges Verfahren zur Steigerung der belasteten Resonatorgüte vorgestellt.

6.1 Synthese aus Butterworth- oder Tschebyscheff-Standardtiefpässen

Bei der Spezifikation von Tiefpassfiltern (TP-Filtern) wie auch Hochpassfiltern (HP-Filtern) und Bandpässen (BP) werden folgende Größen angegeben:

A_d: maximale Durchlassdämpfung (engl.: insertion loss) in dB,

A_c: maximale Welligkeit (maximaler Rippel) im Durchlassbereich (engl.: ripple) in dB,

A_s: minimale Sperrdämpfung (engl.: stopband attenuation) in dB,

f_d: Durchlassgrenzfrequenz (engl.: cutoff frequency),

f_c: 3 dB-Eckfrequenz (engl.: corner frequency),

f_s: Sperrgrenzfrequenz (engl.: stopband edge frequency).

f_{max}: Maximale zugesicherte Frequenz für A_s.

n: Filterordnung.

Diese Größen sind im Bild 6.2 für ein TP dargestellt.

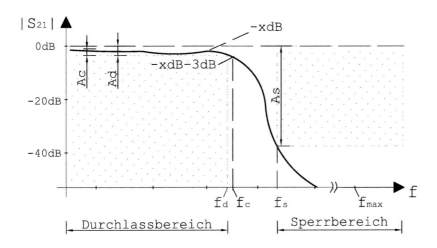

Bild 6.2: Übertragungsfunktion und Spezifikationen eines Tiefpasses

Im Filterentwurf setzt man zunächst die Bauelemente als verlustfrei an. Somit sind A_d und A_c für den ersten Entwurfsschritt identisch.

Die Übertragungsfunktion dieser Filter rührt von den mathematischen Butterworth- und Tschebycheff-Polynomen her.

Übertragungsfunktion der Butterworth-TP-Filter

Das Butterworth-Filter (früher auch Potenzfilter) weist gar keinen Rippel auf. Dafür ist A_s bei gleichen Bauelementeaufwand geringer als beim Tschebyscheff-Filter.

Mathematisch lässt sich die Übertragungsfunktion sehr einfach berechnen:

$$|S_{21}|^2 = \frac{1}{1 + k_d^2 \cdot f_n^{2n}} \tag{6.1}$$

mit der normierten Frequenz $f_n = f/f_c$ sowie der Dämpfungskonstante k_d und der Filterordnung n. Die zugehörigen Übertragungsfunktionen bis zur 5. Ordnung sind im Bild 6.3 dargestellt.

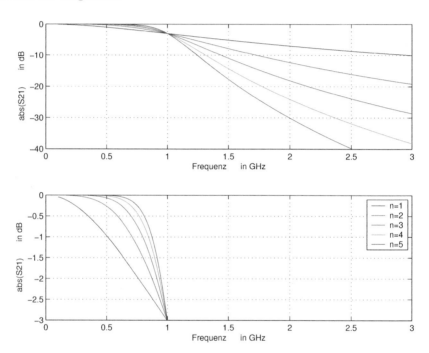

Bild 6.3: Übertragungsfunktionen von Butterworth-Tiefpässen (k_d=1)

Sind Verzerrungen (konstante Gruppenlaufzeiten) wichtig, so bevorzugt man dieses Butterworth-Filter. Spielen hingen nur geringe Durchgangverluste bei möglichst großen Sperrunterdrückungen eine Rolle, so greift man bevorzugt auf ein Tschebyscheff-Filter zurück.

Übertragungsfunktion der Tschebycheff-TP-Filter

Der Rippel A_c eines Tschebycheff-Filters berechnet sich aus der Vorgabe der Dämpfungskonstante k_d:

$$A_c = 10 \cdot \log\left(1 + k_d^2\right)\ dB \tag{6.2}$$

Je größer die Welligkeit im Durchlassbereich ist, desto mehr höher sind die Isolationswerte im Sperrbereich.

Die Übertragungsfunktion eines Tschebycheff-Filters lässt sich über

$$|S_{21}|^2 = \frac{1}{1 + k_d^2 \cdot T_n^2} \tag{6.3}$$

mit

$$T_1 = f_n; \qquad T_2 = 2f_n^2 - 1; \qquad T_3 = 4f_n^3 - 3f_n; \qquad T_n = 2f_n T_{n-1} - T_{n-2} \tag{6.4}$$

berechnen.

Die zugehörigen Übertragungsfunktionen bis zur 4. Ordnung sind im Bild 6.4 dargestellt.

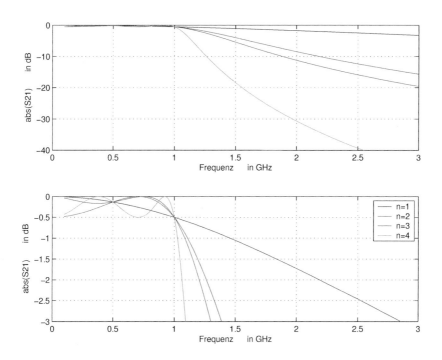

Bild 6.4: Übertragungsfunktionen von Tschebycheff-Tiefpässen (A_c=0.5 dB, k_d=0.349)

6.1.1 Schaltungsentwurf von Standardfiltern

Der Schaltungsentwurf für Butterworth- und Tschebycheff-Filtern (kurz Standardfiltern) beruht in der Praxis auf dem Tiefpass und dem Einsatz von Tabellen. Ein TP kann mittels einem niederohmigen Eingang (Kondensator gegen Masse) oder einem hochohmigen Eingang (Serien-Spule) die zunehmende Isolation zu hohen Frequenzen erzeugen.

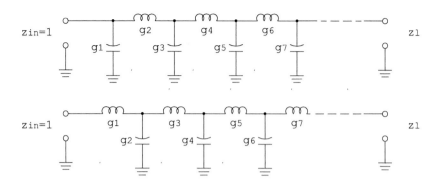

Bild 6.5: Standard-TP mit normierte Impedanzwerte für den Filterentwurf

Schaltungsentwurf von TP-Filtern

Für den Schaltungsentwurf eines Tiefpasses sind somit zwei Aufbauten möglich. Bild 6.5 stellt diese beiden TP für das Arbeiten mit einer Tabelle vor.

Die Elemente eines realen Tiefpassfilters lassen sich einfach über

$$L_i = \frac{g_i \, Z_0}{\omega_d} \qquad \text{und} \qquad C_i = \frac{g_i}{Z_0 \, \omega_d} \tag{6.5}$$

berechnen mit den Größen:

g_i: Elementewert des normierten Filters (aus der Tabelle),

Z_0: Systemimpedanz (am Eingang; i.d.R. $50\,\Omega$),

ω_d: Kreisfrequenz an der Durchlassgrenze: $\omega_d = 2\pi f_d$.

Die Elementewerte g_i berechnen sich für ein Butterworth-Filter mit $k_d=1$ über die einfache Gleichung:

$$g_i = 2 \sin\left(\frac{\pi(2\,i - 1)}{2\,n}\right) \qquad \text{mit} \qquad i = 1, 2, \dots n \qquad . \tag{6.6}$$

Tabellarisch sind die Werte bis zur 5. Ordnung dargestellt.

Tabelle 6.1: Elementewerte g_i für ein normiertes Butterworth-Tiefpassfilter ($A_c=3\,\text{dB}$, $k_d=1$)

n	g_1	g_2	g_3	g_4	g_5	z_l
1	2					1
2	1.414	1.414				1
3	1	2	1			1
4	0.7654	1.848	1.848	0.7654		1
5	0.6180	1.618	2	1.618	0.6180	1

Für einen Tschebycheff-TP lässt sich keine einfache Gleichung zur Elementeberechnung mehr angeben. Die drei wichtigsten Tabellen für den Schaltungsentwurf sind nachfolgend dargestellt.

Zu bemerken ist, dass die unsymmetrisch aufgebauten Filter eine Impedanztransformation vollziehen und somit nicht in einem $50\,\Omega$-System eingesetzt werden können.

Tabelle 6.2: Elementewerte g_i für ein normiertes Tschebycheff-Tiefpassfilter (A_c=0.2 dB, k_d=0.2171)

n	g_1	g_2	g_3	g_4	g_5	z_l
1	0.4342					1
2	1.038	0.6745				0.6499
3	1.228	1.153	1.228			1
4	1.303	1.284	1.976	0.8468		0.6499
5	1.339	1.337	2.166	1.337	1.339	1

Tabelle 6.3: Elementewerte g_i für ein normiertes Tschebycheff-Tiefpassfilter (A_c=0.5 dB, k_d=0.3493)

n	g_1	g_2	g_3	g_4	g_5	z_l
1	0.6986					1
2	1.403	0.7071				0.5040
3	1.596	1.097	1.596			1
4	1.760	1.193	2.366	0.8419		0.5040
5	1.706	1.230	2.541	1.230	1.706	1

Tabelle 6.4: Elementewerte g_i für ein normiertes Tschebycheff-Tiefpassfilter (A_c=1.0 dB, k_d=0.5089)

n	g_1	g_2	g_3	g_4	g_5	z_l
1	1.018					1
2	1.822	0.6850				0.3760
3	2.024	0.9941	2.024			1
4	2.099	1.064	2.831	0.7892		0.3760
5	2.135	1.091	3.001	1.091	2.135	1

Schaltungsentwurfbeispiele von TP-Filter

Bei Eingabe der Tabellenwerte für ein Filter 5. Ordnung, einer Durchlassfrequenz von 1 GHz und einer Systemimpedanz von $50\,\Omega$ ergeben sich folgende Werte:

Butterworth: L1=L5= 4.9 nH;   C2=C4= 5.2 pF;   L3= 15.9 nH
Tschebycheff (A_c=0.5 dB):   L1=L5= 13.6 nH;   C2=C4= 3.9 pF;   L3= 20.2 nH

Diese Werte wurde im Schaltungssimulator ADS eingegeben: Bild 6.6 zeigt die Streuparameter und die Gruppenlaufzeitwerte dieser beiden Filter.

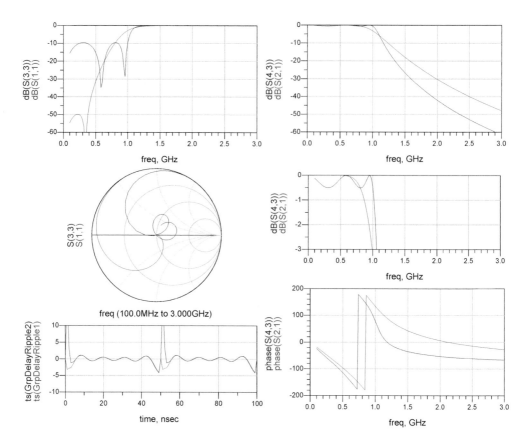

Bild 6.6: Simulationsergebnisse der beiden Filter 5. Ordnung (rot: Butterworth, blau: Tschebycheff)

Man erkennt, dass das Butterworth-Filter bei tiefen Frequenzen sehr gut und bei mittleren Frequenzen nur schlecht angepasst ist. Hingegen ist das Tschebycheff-Filter im gesamten Durchlassbereich mittelmässig angepasst. Im Sperrverhalten ist es dem Butterworth-Filter überlegen. Das Butterworth-Filter hat weniger dispersiven Phasengang im Übergangsbereich und eine geringere Gruppenlaufzeit.

Konvertierung in HP-Filtern

Da Hochpässe sperren, wenn Tiefpässe durchlassen und umgekehrt, kann man durch die Einführung einer neuen normierten Frequenz $f_n^{HP} = 1/f_n$ einen HP mit der vorgestellten TP-Theorie auslegen. Dieses hat zur Folge, dass die Elementewerte der Einheitsfilter invertiert werden müssen, s. Bild 6.7.

Konvertierung in BP-Filtern

Auch die Konvertierung der Standard-TP in Bandpässe ist möglich. Jedoch muss für die Einhaltung der unteren und der Bandgrenzen ein deutlich größerer Aufwand getrieben

Bild 6.7: Umrechnung eines Standard-Tiefpasses zum Hochpass

werden, der in der Spezialliteratur der Filtersynthese (z.B. [97, 72]) ausführlich dargestellt wird.

Die prinzielle Vorgehensweise ist die, dass aus einem Kondensator ein Parallelschwingkreis und aus einer Spule ein Serienschwingkreis transformiert wird, Bild 6.8.

Bild 6.8: Konvertierungsweg eines Standard-Tiefpasses zum Bandpass

Diese Bandpasssynthese ist komplex und lässt sich oft nicht umsetzen, da die Bauelemente nahezu verlustfrei sein müssten. Daher wird die im Folgenden vorgestellte Synthese für BP-Filter in der Praxis für einfache Bandpässe bevorzugt.

6.2   Synthese von speziellen Filtern

Synthese von Tiefpass- und Hochpassfiltern aus dem Leitungsersatzschaltbild

Diese einfache Vorgehensweise, wie es im Beispiel der Überlandleitung (s. Seite 73) dargestellt wurde, ermöglicht nunmehr den Entwurf von Tiefpässen, basierend auf der Vorgabe von der Eckfrequenz f, der Leitungslänge ℓ sowie dem Kapazitätsbelag C' und der einfachen Gleichung:

$$L' = Z_L^2 C' \quad . \tag{6.7}$$

Die Anzahl der Serien-L's und Shunt-C's leitet sich von der 10°-Regel ab. Somit liefert diese Theorie unmittelbar Filter mit sehr vielen Elementen.

Je kleiner C' und je länger man die Leitung gewählt, desto steiler wird das Filter. Steigert man die Steilheit durch C', so nimmt die Anpassung im Durchlassbereich immer weiter ab. Hingegen bleibt die Anpassung bei einer Leitungsverlängerung unverändert. Die Leitungsverlängerung hat jedoch den Nachteil, dass der Bauteileaufwand steigt.

Die HP-Auslegung wird wieder, wie es im Bild 6.7 angegeben ist, durchgeführt.

Der HF-Standard-Bandpass

Ohne auf die Theorie einzugehen, soll an dieser Stelle das einfachste Bandpassfilter, das mit gekoppelten $\lambda/4$-Leitungen gefertigt wird, vorgestellt werden. Bei gekoppelten Leitungen ist eine Gleichtakt- (engl.: even) und eine Gegentaktwelle (engl.: odd) ausbreitungsfähig[1]. Die zugehörigen Wellenwiderstände für den Gleichtaktfall Z_{even} und den Gegentaktfall Z_{odd} lassen sich mit Softwaretools (z.B. Serenade: Transmission Line Tool) für verschiedene Leitersysteme berechnen. Das Standard-Bandpassfilter, das zum Teil auch nur zum ESD-Schutz oder zur DC-Entkopplung eingesetzt wird, benötigt die normierten Wellenwiderstände: $z_{even} = 3$, $z_{odd} = 1$.

Für eine Mikrostreifenleitung ist dieses Filter im Bild 6.9 dargestellt. Für das WLAN-

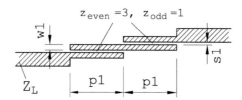

Bild 6.9: HF-Standard-Bandpass in Mikrostreifenleitertechnik (p1: $\lambda/4$)

System ergibt sich für eine Mikrostreifenleitung mit den folgenden Eigenschaften: $h = 0.4\,\text{mm}$, $\epsilon_r = 4.5$, $\tan(\delta) = 0.001$,   Met.: Cu mit t $= 0.17\,\text{um}$

ein 5 GHz-Bandpass mit den Daten der gekoppelten Leitung:

$$w_1 = 0.153\,\text{mm} \ , \quad s_1 = 0.042\,\text{mm} \ , \quad p_1 = 8.66\,\text{mm} \qquad .$$

Die Beträge der Reflexion und Transmission dieses Filters sind im Bild 6.10 dargestellt.

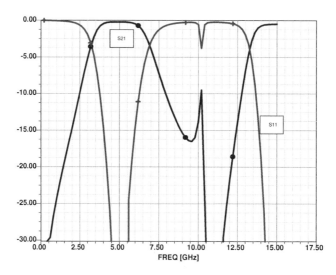

Bild 6.10: WLAN-Beispiel für den HF-Standard-Bandpass in Mikrostreifenleitertechnik

---

[1]Hierauf wird im Kapitel 5 im Detail eingegangen.

6.3 Grundlagen der Resonatoren

Resonatoren haben als Elemente in Resonatorfiltern wie auch in Hochfrequenzoszillatoren die herausragende Bedeutung. Die einfachste Art kurzzeitig ein MHz- oder GHz-Signal zu erzeugen ist im Bild 6.11 dargestellt. In der linken Schalterstellung wird der Kondensator aufgeladen. Nach der Umschaltung schwingt dieser LC-Schwingkreis (-Resonator) kurzzeitig bei der Resonanzfrequenz.

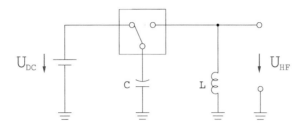

Bild 6.11: Aufbau zur Erzeugung eines sinusförmigen Hochfrequenzsignals

Ein Großteil der Entwicklungszeit eines spannungsgesteuerten Oszillators (VCO: Voltage Controlled Oscillator) wird für die optimale Dimensionierung des abstimmbaren Resonators verwandt.

Sehr entscheidend sowohl für das Phasenrauschen eines Oszillators wie auch für die Transmissions- und Sperreigenschaften von Resonatorfiltern sind die sogenannten Güten der Resonatoren.

Bild 6.12 gibt eine Übersicht über die verfügbaren Güten von Resonatoren und Elementen, die in verschiedenen Technologien hergestellt werden, als Funktion über der Frequenz. Mittlerweile lassen sich LC-Glieder mit Güten von 10 bei 10 GHz fertigen. Sehr robuste BAW-Filter (engl.: Bulk Acoustic Wave) treten neuerdings in Konkurrenz zu den SAW-Filtern (engl.: Surface Acoustic Wave).

Die Entwicklung von SAW-Resonatoren mit Güten, die bisher nur Quarze aufwiesen, ermöglichte überhaupt die mobile Kommunikationstechnik. SAW-Filter verwenden akustische Oberflächenwellen auf piezoelektrischen Materialien. Bei BAW-Filtern nutzt man die Silizium-Halbleitertechnologie und verwendet akustischen Moden, die sich im Substrat bewegen und im Inneren reflektiert werden.

Bezüglich dem inneren Aufbau der für die Digital- und Nachrichtentechnik wichtigen Quarzresonatoren und der SAW-Resonatoren wird auf [127] verwiesen. Diese Resonatoren und dazugehörige Filter können mit der folgenden Theorie behandelt werden.

Als Hohlleiterresonator setzt man im allgemeinen eine $\lambda/2$ lange Hohlleiterleitung ein, die beispielsweise in [72, 107, 127] vorgestellt wird. Somit gehören die Hohlleitungsresonatoren zu den Leitungsresonatoren, die im Weiteren in allgemeiner Form behandelt werden. Die für den Frequenzbereich von 0.5 GHz bis 20 GHz sehr wichtigen dielektrischen Resonatoren werden am Ende des übernächsten Abschnittes präsentiert.

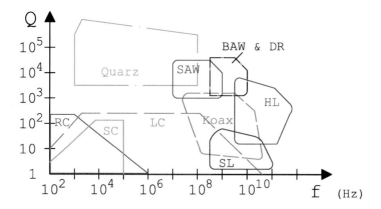

Q
10^5
10^4
10^3
10^2
10
1
10^2
10^4
10^6
10^8
10^10
f (Hz)
BAW & DR
Quarz
SAW
HL
RC
SC
LC
Koax
SL
HL: Hohlleiterfilter
SC: Switched Capacitor-Filter
Koax: Koaxialleitungsfilter
RC: aktive Filter = RC-Filter
SL: Streifenleitungsfilter
DR: dielektrisches Resonatorfilter
BAW: Bulk Acoustic Waves Filter
Quarz: Quarzfilter
SAW: Surface Acoustic Waves Filter
LC: LC-Filter

Bild 6.12: Einsatzbereich mit realisierbarer Güte der Elemente verschiedener Technologien

Kenngrößen von Resonatoren

Im Bereich der Resonanzfrequenz verhält sich jeder Resonator wie ein Serien- oder Parallelschwingkreis. Deshalb genügt es sich zur Darstellung der Kenngrößen von Resonatoren auf diese beiden einfachen Sonderfälle zu beschränken. Bild 6.13 zeigt beide verlustbehafteten Resonanzkreise.

R
L
C
Verluste
G
L
C
Verluste

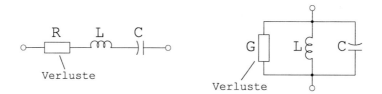

Bild 6.13: Serien- und Parallelkreis mit RLC-Elementen

Für diese beiden Resonatoren gelten folgenden Kenngrößen:

	Serienkreis	Parallelkreis	
Impedanz/Admittanz:			
	$Z_S = R + j\,(\omega L - \frac{1}{\omega C})$	$Y_P = G + j\,(\omega C - \frac{1}{\omega L})$	(6.8)

Serienkreis   Parallelkreis

Resonanzfrequenz:

$$\omega_r = 2\pi\, f_r = \frac{1}{\sqrt{LC}} \tag{6.9}$$

Kennimpedanz und -admittanz, charakteristische Impedanz und Admittanz:

$$X_K = \omega_r L = \frac{1}{B_K} = \frac{1}{\omega_r C} = \sqrt{\frac{L}{C}} \tag{6.10}$$

Verlustfaktor des Resonators:

$$\tan\delta_r = \frac{R}{\omega_r L} \qquad\qquad\qquad \tan\delta_r = \frac{G}{\omega_r C} \tag{6.11}$$

Resonatorgüte:

$$Q_0 = \frac{1}{\tan\delta_r} \tag{6.12}$$

$$Q_0 = \frac{\omega_r L}{R} \qquad\qquad\qquad Q_0 = \frac{\omega_r C}{G} \tag{6.13}$$

Verstimmung:

$$\nu = \frac{\omega}{\omega_r} - \frac{\omega_r}{\omega} = \frac{\Delta\omega + \omega_r}{\omega_r} - \frac{\omega_r}{\Delta\omega + \omega_r} \tag{6.14}$$

Näherung für $\Delta\omega = \omega - \omega_r \ll \omega_r$:

$$\nu \approx \frac{2\,\Delta\omega}{\omega_r} \tag{6.15}$$

Normierte Frequenz:

$$\Omega = Q_0\,\nu \tag{6.16}$$

Relative Resonatorbandbreite (engl.: resolution bandwidth):

$$B_{res} = \frac{2\,\Delta\omega_{3dB}}{\omega_r} = \frac{2\,\Delta f_{3dB}}{f_r} \approx \frac{1}{Q_0} \tag{6.17}$$

Impedanz/Admittanz:

$$Z_S = R + j\omega_r L\nu \qquad\qquad Y_P = G + j\omega_r C\nu \tag{6.18}$$

$$Z_S = R\,(1 + j\Omega) \qquad\qquad Y_P = G\,(1 + j\Omega) \tag{6.19}$$

——— *Übung: Herleitung der Gleichung (6.18)* ———

Leiten Sie aus den Gleichungen (6.8), (6.9),(6.14) und (6.16) die Gleichung für die Impedanz eines Serienschwingkreises nach Glg. (6.18) her.

Übung: Herleitung der Gleichung (6.18) ———

Unbelastete Resonatoren

Bei tiefen Frequenzen im Elektronikbereich ist es möglich, Schaltungen mit Messgeräten (LCR-Meter, Oszilloskope), die einen so großen Eingangswiderstand aufweisen, so dass dieser vernachlässigbar ist, zu vermessen. Mit einem derartigen Messgerät kann man den Resonator ohne Belastung vermessen.

Der Gütefaktor bzw. die bereits vorgestellte Resonatorgüte Q_0 eines derartig unbelasteten Schwingkreises lässt sich verallgemeinert definieren durch:

$$Q_0 = 2\pi \; \frac{\text{gespeicherte Energie}}{\text{Energieverlust pro Periode}} \qquad . \tag{6.20}$$

Für einen Serienschwingkreis ergibt sich:

$$Q_0 = 2\pi \; \frac{\frac{1}{2} L \, \hat{I}^2}{\frac{1}{2} R \, \hat{I}^2 \, T_r} = \frac{\omega_r \, L}{R} \qquad . \tag{6.21}$$

Für die Schwingungsperiode gilt: $T_r = 1/f_r$.

Gleichung (6.21) verifiziert die unter Gleichung (6.12) angegebenen Berechnungsvorschriften für Q_0.

Gleichung (6.12) dient als Dimensionierungsvorschrift für die Schwingkreise zur Erzielung einer maximalen Resonatorgüte: Sofern die Bauelemente L und C die gleichen Bauteilegüten aufweisen, gilt, dass

- für einen Serienschwingkreis die Induktivität möglichst groß und die Kapazität möglichst klein gewählt werden muss.

- für einen Parallelschwingkreis die Induktivität möglichst klein und die Kapazität möglichst groß gewählt werden muss.

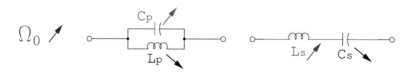

Bild 6.14: Visualisierung der Aussagen für die Gütensteigerung bei Resonatoren

Bei SMD- oder On-Wafer-Schaltungen begrenzen die parasitären Bauelemente den Wertebereich.

Im Folgenden sollen für einen derartig unbelasteten Serienschwingkreis die Impedanz Z_S und die Admittanz Y_S über der normierten Frequenz Ω untersucht werden. Nach Gleichung (6.19) gilt für den Serienkreis:

$$Z_S = R \left(1 + j\Omega \right) \quad , \qquad Y_S = \frac{1}{Z_S} = \frac{1}{R} \, \frac{1}{1 + j\Omega} \qquad . \tag{6.22}$$

Die normierte Frequenz Ω ist proportional zur Verstimmung ν und somit bei der Resonanzfrequenz f_r null. Es ist bekannt, dass man den Serienwiderstand R aus der Widerstandsmessung von Z_S bei der Resonanzfrequenz ($\Omega = 0$) bestimmen kann.

Unterhalb von f_r ist die normierte Frequenz Ω negativ und oberhalb ist Ω positiv. Trägt man das Produkt $Y_S R$ über der normierten Frequenz auf, so ergibt sich das Bild 6.15 ($df = \Delta f$).

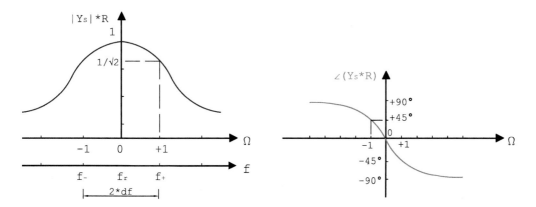

Bild 6.15: Betrag und Phase der auf R normierten Admittanz aufgetragen über der normierten Frequenz Ω

In der Nähe der Resonanzfrequenz gilt für die normierte Frequenz mit (6.15) und (6.16)

$$\Omega \approx Q_0 \frac{2\,\Delta f}{f_r} \quad . \tag{6.23}$$

Bestimmt man über eine Betrags- oder Phasenmessung der Admittanz die beiden Frequenzen f_- und f_+ und somit den Wert $2\Delta f$, so kann man aufgrund des Zusammenhanges, dass Ω bei den zugehörigen Frequenzen den Betrag von 1 aufweist, die unbelastete Güte über

$$Q_0 \approx \frac{f_r}{2\,\Delta f_{3dB}} \tag{6.24}$$

bestimmen.

Die gleiche Vorgehensweise kann man auch für einen Parallelschwingkreis anwenden. Bei diesem arbeitet man vorteilhaft mit der normierten Impedanz Z_p/R. Es ergibt sich das gleiche Ergebnis für die unbelastete Güte.

Im Hochfrequenzfall wird ein Resonator sowohl während einer Messung wie auch im Einsatz in einer Schaltung immer belastet.

Belastete Resonatoren

Bisher wurde nur der eigentliche (unbelastete) Resonator betrachtet. In realen Hochfrequenzschaltungen muss ein Resonator an die restliche Schaltung angekoppelt werden. Jedes Ankoppelnetzwerk belastet den Resonator. Die zusätzlichen Verluste werden mittels

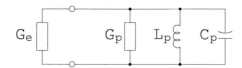

Bild 6.16: Ersatzschaltbild eines belasteten Resonators

eines weiteren Widerstandes bzw. Leitwertes berücksichtigt. Als Beispiel soll der Parallelresonator nach Bild 6.16 dienen.

Der Leitwert G_e stellt die Ersatzschaltung für die Verluste des Ankoppelnetzwerkes dar. Vermisst man den Resonator mittels eines Netzwerkanalysators im $50\,\Omega$-System, so berechnet sich G_e über $1/50\,\Omega$.

Genauso wie die Resonatorgüte Q_0 ist die sogenannte **externe Güte** Q_{ext} aus dem Quotienten des Kennleitwertes durch den Leitwert G_e definiert:

$$Q_{ext} = \frac{1}{\tan\delta_{ext}} = \frac{B_K}{G_e} = \frac{\omega_r\,C_p}{G_e} \qquad . \tag{6.25}$$

Für die Resonatorgüte gilt unverändert:

$$Q_0 = \frac{1}{\tan\delta_r} = \frac{B_K}{G_p} \qquad . \tag{6.26}$$

Die sogenannte **belastete Güte** Q_L setzt sich nach

$$Q_L = \frac{1}{\tan\delta_L} = \frac{B_K}{G_p + G_e} \qquad . \tag{6.27}$$

zusammen. Folglich gilt auch:

$$\tan\delta_L = \tan\delta_r + \tan\delta_{ext} \quad ; \qquad \frac{1}{Q_L} = \frac{1}{Q_0} + \frac{1}{Q_{ext}} \qquad . \tag{6.28}$$

Die Größe der belasteten Güte ist in einer Schaltungsrealisierung am Ende der entscheidende Wert, damit ein Filter möglich wenig Transmissionsverluste bei maximaler Sperrdämpfung oder ein Oszillator möglichst geringes Phasenrauschen hat.

Statt mit der externen Güte wird in der Praxis häufiger mit dem *Koppelfaktor k* gearbeitet. Der reelle Koppelfaktor definiert sich über

$$k = \frac{Q_0}{Q_{ext}} \qquad . \tag{6.29}$$

Somit ergibt sich für die belastete Güte unter Verwendung von Gleichung (6.28)

$$Q_L = \frac{Q_0}{1+k} \qquad . \tag{6.30}$$

Man erkennt, dass für eine sehr schwache Ankopplung (k geht gegen null) die belastete Güten fast der unbelastete Güte entspricht. Dieses ist der Fall, wenn man für Oszillatoren ein optimales Resonatorfilter anstrebt, das einen möglichst geringen Δf-Wert hat.

Die Kopplungen ordnet man drei charakteristischen Fällen zu:

```
schwache oder unterkritische Kopplung  :  k < 1    ⇐ Oszillatoren
kritische Kopplung                      :  k = 1
harte oder überkritische Kopplung       :  k > 1    ⇐ Filter
```

Die Ankoppelwerte für Bandpassfilter, die mehrere Resonatoren enthalten, liegen in der Praxis bei der überkritischen Kopplung. Auf Realisierungsformen von Ankopplungen wird bei der Vorstellung von Ausführungsformen und Resonatorschaltungen noch eingegangen. Zunächst werden die reinen Leitungsresonatoren ohne Ankoppelverluste vorgestellt.

Das folgende Beispiel, das mittel der Freeware SynRF [109] erstellt wurde, stellt für 1 GHz ein Bandpass bestehend aus den Bauelementen $C = 5\,pF$; $L = 5\,nH$; $G = 1/200\,\frac{1}{\Omega}$; $Z_0 = 50\,\Omega$ dar. Die beiden Tore belasten den Resonator mit $25\,\Omega$. Hingegen liegt der

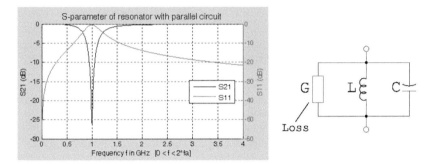

Bild 6.17: HF-Verhalten eines Parallelschwingkreises, der als Bandpass eingesetzt wird

Verlustwiderstand bei nur $200\,\Omega$, was die harte Ankopplung zur Folge hat.

6.3.1 Theorie der $\lambda/4$-Leitungsresonatoren

Im Kapitel 4 wurden die Eigenschaften von TEM- und Quasi-TEM-Leitungen vorgestellt. Es wurden bereits die $\lambda/4$-Leitungen als Impedanztransformatoren eingeführt. Da $\lambda/4$-Leitungen nur die halbe Baulänge von $\lambda/2$-Leitungen haben, werden die $\lambda/4$-Leitungen bevorzugt als Resonatoren eingesetzt.

Wir starten mit einer Beschreibung einer leerlaufenden $\lambda/4$-Leitung nach Bild 6.18 und werden diese Ergebnisse auf eine kurzgeschlossene $\lambda/4$-Leitung übertragen.

Bild 6.18: Leerlaufende $\lambda/4$-Mikrostreifenleitung $(Z_w = Z_L)$

Die elektrischen Eigenschaften einer Leitung können mit der Angabe des Wellenwider-standes Z_L, der Ausbreitungskonstanten γ, die sich aus der Dämpfungskonstante α und der Phasenkonstante β zusammensetzt, und der mechanischen Länge l vollständig beschrieben werden.

Ziel dieser kurzen Herleitung ist es, zu zeigen, dass bei der Länge $l = \lambda/4$ sich eine leerlaufende Leitung wie ein Serienschwingkreis und eine kurzgeschlossene Leitung wie ein Parallelschwingkreis verhält. Am Ende der Herleitung stehen Gleichungen zur Verfügung, mit denen man aus einem gegebenen Referenzfilter[2] den Wellenwiderstand der $\lambda/4$-Leitungen ermitteln kann.

Genauso wie sich der Eingangswiderstand Z_E für den verlustlosen Fall aus den Leitungsgleichungen herleiten ließ (Gleichung 4.98), kann man den Eingangswiderstand einer Leitung für den verlustbehafteten Fall aus den allgemeinen Leitungsgleichungen (4.29) berechnen.

$$Z_E = Z_A \frac{1 + \frac{Z_L}{Z_A} \cdot \tanh(\gamma l)}{1 + \frac{Z_A}{Z_L} \cdot \tanh(\gamma l)} = \frac{1 + \frac{Z_L}{Z_A} \cdot \tanh(\gamma l)}{\frac{1}{Z_A} + \frac{1}{Z_L} \cdot \tanh(\gamma l)} \qquad . \tag{6.31}$$

Für den Fall, dass die Leitung am Ende mit einem Leerlauf abgeschlossen ($Z_A = \infty$) ist, vereinfacht sich Gleichung (6.31) zu

$$Z_E = Z_L \frac{1}{\tanh(\gamma l)} = Z_L \frac{\cosh(\gamma l)}{\sinh(\gamma l)} \qquad . \tag{6.32}$$

Mit Hilfe der komplexen Funktionenlehre [11] gelangt man mit $\gamma = \alpha + j\beta$ zu

$$Z_E = Z_L \frac{\cosh(\alpha l) \cdot \cos(\beta l) + j \cdot \sinh(\alpha l) \cdot \sin(\beta l)}{\sinh(\alpha l) \cdot \cos(\beta l) + j \cdot \cosh(\alpha l) \cdot \sin(\beta l)} \qquad . \tag{6.33}$$

Die Phasenkonstante β lässt sich durch das Verhältnis von der Kreisfrequenz ω zur Phasengeschwindigkeit v_p ausdrücken:

$$\beta = \frac{\omega}{v_p} \qquad . \tag{6.34}$$

Wir möchten für die leerlaufende Leitung eine Ersatzschaltung für den Frequenzbereich $\Delta\omega$ bei der Resonanzkreisfrequenz ω_r finden und führen deshalb ein:

$$\omega = \omega_r + \Delta\omega \qquad . \tag{6.35}$$

Mit den Gleichungen (6.34) und (6.35) und der Länge $l = \lambda/4$ sowie dem bereits hergeleiteten Zusammenhang $v_p = \lambda f$ und $\lambda = \lambda_r$ ergibt sich für das Argument

$$\beta l = \frac{\omega_r}{v_p} \frac{\lambda}{4} + \frac{\Delta\omega}{v_p} \frac{\lambda}{4} = \frac{\omega_r}{\lambda f_r} \frac{\lambda}{4} + \frac{\Delta\omega}{v_p} \frac{\lambda}{4} = \frac{\pi}{2} + \frac{\Delta\omega}{v_p} \frac{\lambda}{4} \qquad . \tag{6.36}$$

Setzt man dieses Resultat in die Argumente ein, so lassen sich folgende Näherungen durchführen:

$$\cos\left(\frac{\pi}{2} + \frac{\Delta\omega}{v_p} \frac{\lambda}{4}\right) \approx -\frac{\Delta\omega}{v_p} \frac{\lambda}{4} \qquad , \tag{6.37}$$

$$\sin\left(\frac{\pi}{2} + \frac{\Delta\omega}{v_p} \frac{\lambda}{4}\right) \approx 1 \qquad . \tag{6.38}$$

---

[2]Ein Referenzfilter ist ein LC-Filter, das über ein beliebiges Filtersyntheseverfahren ermittelt wurde.

Weiterhin gilt näherungsweise für $\alpha l = \alpha \frac{\lambda}{4} \ll 1$

$$\cosh(\alpha l) \approx 1 \; ; \qquad \sinh(\alpha l) \approx \alpha l \qquad . \tag{6.39}$$

Setzt man diese Näherungen der Gleichungen (6.37)-(6.39) in die Glg. (6.33) ein, so gilt:

$$Z_E \approx Z_L \frac{-\frac{\Delta\omega}{v_p} l + j\,\alpha\,l}{-\alpha\,l\,\frac{\Delta\omega}{v_p} l + j} \qquad . \tag{6.40}$$

Mit $\alpha\,l\,\frac{\Delta\omega}{v_p}\,l \ll 1$ folgt:

$$Z_E \approx Z_L\,(\alpha\,l + j\frac{\Delta\omega}{v_p}\,l) \; = \; Z_L\,(\alpha\,\frac{\lambda}{4} + j\frac{\Delta\omega}{v_p}\,\frac{\lambda}{4}) \qquad . \tag{6.41}$$

Vergleichen wir dieses Ergebnis des Eingangswiderstandes einer leerlaufenden $\lambda/4$-Leitung mit dem Eingangswiderstand eines Serienschwingkreises nach Glg. (6.18)

$$Z = R + j\omega_r L \nu \qquad , \tag{6.42}$$

so lassen sich unmittelbar die Verluste der Leitung in eine ohmsche Belastung des Schwingkreises umrechnen:

$$R \approx Z_L\,\alpha\,l \qquad . \tag{6.43}$$

Für den Entwurf von Filtern mit Leitungsresonatoren aus Referenzfiltern mit Schwingkreisen ist der Zusammenhang von Wellenwiderstand der Leitung und Kennwiderstand (bzw. Induktivität) des Referenzfilters gesucht. Zu diesem Zusammenhang gelangt man, wenn man die Imaginärteile der Gleichungen (6.41) und (6.42) vergleicht und zusätzlich unter der Zuhilfenahme von Gleichung (6.15) einführt:

$$\frac{\Delta\omega}{4}\frac{\lambda}{v_p} = \frac{\Delta\omega}{4}\frac{\lambda}{\lambda f} = \frac{\Delta\omega}{4}\frac{2\pi}{(\omega_r + \Delta\omega)} = \frac{\pi\,\Delta\omega}{2\,(\omega_r + \Delta\omega)} \approx \frac{\pi\,\nu}{4 + 2\nu} \tag{6.44}$$

$$\omega_r L\,\nu \approx Z_L\,\frac{\pi\,\nu}{4 + 2\nu} \implies L \approx Z_L\,\frac{\pi}{\omega_r\,(4 + 2\nu)} \tag{6.45}$$

Für die Auslegung des Resonators betrachtet man Glg. (6.45) bei der Resonanzfrequenz ($\nu = 0$) und erhält einen sehr einfachen Zusammenhang zwischen der Induktivität des Serienschwingkreises (die man vom Referenzfilter kennt) und dem gesuchten Leitungswellenwiderstand des Resonators:

$$Z_L \approx \frac{4}{\pi}\,\omega_r\,L \qquad . \tag{6.46}$$

Somit kann man bei einem gegebenen Referenzfilter, das aus einem (Serien-) Schwingkreis realisiert ist, den Wellenwiderstand des Resonators berechnen, und anschließend über die Glg. (6.43) die Güte und die relative Bandbreite dieses Resonators bei bekannter Dämpfung α der Leitung bestimmen.

Verwendet man die Ergebnisse für L und R zur Berechnung der Resonatorgüte nach Gleichung (6.12), so gilt

$$Q_0 = \omega_r\,\frac{L}{R} \approx \omega_r\,\frac{Z_L\,\pi}{4\,\omega_r\,Z_L\,\alpha\,l} = \frac{\pi}{4\,\alpha\,l} \qquad . \tag{6.47}$$

Bild 6.19: Ersatzschaltung eines leerlaufenden $\lambda/4$-Resonators im Bereich der Resonanzfrequenz

Mittels $l = \lambda/4$ lässt sich die Resonatorgüte direkt aus der Leitungsdämpfung berechnen:

$$Q_0 \approx \frac{\pi}{\alpha\,\lambda} = \frac{\pi\,f\,\sqrt{\epsilon_r}}{\alpha\,c_0} \qquad . \tag{6.48}$$

Der aus Glg. (6.48) ableitbare Zusammenhang zwischen Güte, Wellenlänge (bzw. Leitungslänge) und Dämpfungskonstante α ist von großer Bedeutung für passive Elemente und Komponenten der Hochfrequenztechnik:

> Die Verluste eines Bauelementes oder einer Komponente sind umgekehrt proportional zum Volumen.

Dass die eingeführten Näherungen im Bereich der Resonanzfrequenz sehr genau sind, zeigt das Bild 6.20.

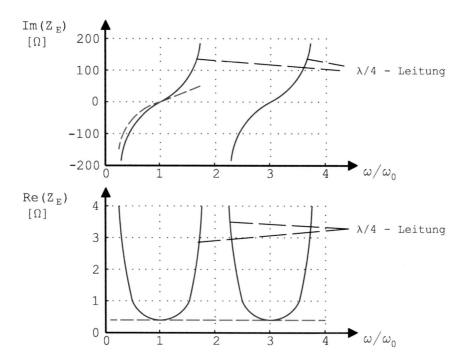

Bild 6.20: Vergleich der Impedanzen einer leerlaufenden $\lambda/4$-Leitung und eines RLC-Serienschwingkreises (in rot dargestellt) über der Frequenz ($Z_L = 50\,\Omega$, $Q = 100$)

$\lambda/4$-Resonator mit Kurzschluss

Die Herleitung des Wellenwiderstandes eines $\lambda/4$-Leitungsresonators (Bild 6.21) aus den Kenngrössen eines Parallelkreises erfolgt auf dem gleichen Weg wie für den leerlaufenden Resonator.

Bild 6.21: Ersatzschaltung eines am Ende kurzgeschlossenen $\lambda/4$-Resonators bei Resonanzfrequenz

Für die Güte Q_0 ergibt sich wiederum Glg. (6.48). Der Wellenwiderstand berechnet sich in diesem Fall vorteilhaft aus der Kapazität C:

$$Z_L \approx \frac{\pi}{4} \frac{1}{\omega_r C} \quad . \tag{6.49}$$

Für die Verlustberechnung gilt nun:

$$R \approx \frac{Z_L}{\alpha\, l} \quad . \tag{6.50}$$

Wahl der Leitungssysteme für $\lambda/4$-Resonatoren

Möchte man Parallel- oder Serienschwingkreise, die gegen Masse geschaltet sind, ersetzen, so verwendet man das Leitungssystem, in dem man die Schaltung bevorzugt auslegt.

Will man hingegen Schwingkreise ersetzen, die in Serie geschaltet sind, so muss man ein symmetrisches Leitungssystem einsetzen. Bild 6.22 zeigt ein Beispiel.

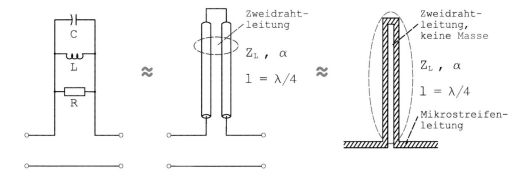

Bild 6.22: Ersatzschaltung und $\lambda/4$-Resonator in symmetrischer Leitertechnik seines Parallelschwingkreises, der in Serie geschaltet ist

6.4   Beschaltete Resonatoren

Bisher wurden hauptsächlich die unbelasteten Resonatoren betrachtet. Sowohl für die Messtechnik wie auch für den Einsatz als Schaltungskomponente lässt sich der Resonator nicht mehr unbelastet betrachten.

Als Komponente lässt sich ein Resonator nur einfach einsetzen, wenn er eine Beschaltung in Form eines sogenannten Koppelnetzwerkes am Ein- bzw. Ausgang aufweist, die diesen auf ein $50\,\Omega$-System optimiert.

Neben der Beschaltung spielt die Einbaulage so wie die Wahl des Schwingkreises eine entscheidende Rolle für die Funktionalität eines beschalteten Resonators. Man unterscheidet drei Fälle:

- Transmissionsresonator: Der Resonator ist als Durchgangselement (Zweitor) in die Schaltung geschaltet. Die transmittierte Leistung ist im Resonanzfall maximal, weit ab von ω_r wird die ankommende Leistung am Eingang weitgehend reflektiert. Die Anordnung wirkt als *Bandpass*.

- Reflexionsresonator: Der Resonator ist über ein Koppelnetzwerk als Abschlußelement (Eintor) in einer Schaltung geschaltet. Dabei nimmt der Resonator im Resonanzfall aufgrund seines rein ohmschen Charakters maximale Wirkleistung auf.

- Reaktionsresonator: Der Resonator ist als Leitungsdiskontinuität (Zweitor) an eine durchlaufende Leitung gekoppelt. Die transmittierte Leistung im Resonanzfall ist minimal. Fern von der Resonanz wird der größte Teil der ankommenden Leistung übertragen. Die Anordnung stellt eine *Bandsperre* dar.

Diese Typen von beschalteten Resonatoren werden im Weiteren betrachtet.

6.4.1   Transmissionsresonatoren

Resonatoren bzw. die Ersatzschwingkreise haben bei der Resonanzfrequenz entweder einen sehr kleinen oder einen sehr großen Eingangswiderstand.

In einfachen Filterschaltungen werden Resonatoren oft direkt elektrisch mit dem $50\,\Omega$-System verschaltet. Jedoch werden zwei gleiche Resonatoren untereinander niemals direkt gekoppelt. Dieses wird im Abschnitt über die zweikreisigen Resonatorfilter (Kap. 6.6) gezeigt.

Hingegen möchte man für die Realisierung von Oszillatoren nur die Resonanzeigenschaften eines Resonators ausnutzen. Der einfachste Transmissionsresonator besteht aus der direkten Ankopplung des Resonators an das Leitungssystem mit dem Wellenwiderstand Z_L, wie es im Bild 6.23 dargestellt ist.

Wie bereits in der Diskussion der unbelasteten Resonatoren eingeführt, gilt, dass der Resonator basierend auf einem Parallelschwingkreis die besten Güteeigenschaften hat, wenn die Induktivität möglichst klein ist. Bauteilegüte für Spule und Kondensator von 40 sind ein guter Mittelwert für Halbleiter und SMD-Bauelemente. Das folgende Bild 6.24 zeigt die belastete Güte Q_L und die Transmissionsverluste $|S_{21}|$ des im Bild 6.23 dargestellten

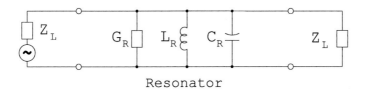

Resonator

Bild 6.23: Realisierung eines Transmissionsresonators mit Parallelschwingkreis als einfachstes Bandpass-Resonatorfilter

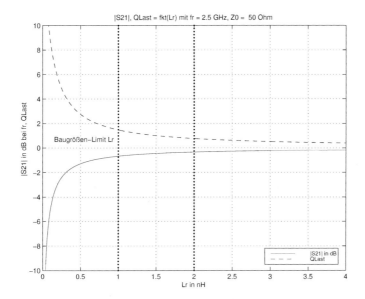

Bild 6.24: Belastete Güte eines Parallelschwingkreises über der Induktivität aufgetragen im 50 Ω-System für 2.5 GHz und Bauelementegüte von 40

einfachsten Transmissionsresonators. Man erkennt, dass die belastete Güte für "Bauteilanschläge" von 1 nH bzw. 2 nH weit unter 2 liegen.

Die Resonanzeigenschaften sind um so besser, je weniger der Resonator belastet wird. Deswegen setzt man bei Oszillatoren bevorzugt lose angekoppelte Resonatoren ein.

Diese lose oder schwache Ankopplung beinhaltet immer eine Impedanztransformation. Möchte man im 50 Ω-System einen Transmissionsresonator bzw. ein einfaches Bandpass-Resonatorfilter mittels eines Resonators realisieren, so kann man

1. den Resonator (z.B. $\lambda/4$-Leitung mit Kurzschluss gegen Masse) direkt anschließen.

2. den Resonator über ein Impedanztransformationsnetzwerk anschließen.

Beispielsweise würde man bei einer $\lambda/4$-Leitung mit Kurzschluss gegen Masse, deren Eingangswiderstand bei Resonanz hochohmig und im Sperrbereich niederohmig ist, über die Impedanztransformation das 50 Ω-System auf rund 200 Ω hoch und im Anschluss wieder herunter transformieren (Bild 6.25 mit dem Transformationsverhältnis n). Dadurch stei-

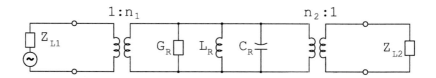

Bild 6.25: Realisierung eines Transmissionsresonators als einfaches Bandpass-Resonatorfilter mit Impedanztransformatoren

gen zwar die Verluste im Durchlassbereich an, aber die Sperrdämpfung wird gegenüber einer direkten Ankopplung deutlich erhöht. Durch das erhöhte innere Impedanzniveau wird die Fehlanpassung im Sperrbereich vergrößert.

Ein Hochfrequenzimpedanztransformator lässt sich mittels einer Spule und eines Kondensators realisieren (s. Γ-Transformator). Bei geschickter Partition werden nur zwei zusätzliche Bauelemente für eine diskrete Realisierung benötigt. Bei verteilten Bauelementen erkennt man (optisch) i.d.R. auch nur ein weiteres Element am Ein- und Ausgang. Bild 6.26 illustriert die meist verwendete Schaltung mit Koppelkondensatoren am Ein- und Ausgang. Die Koppelinduktivitäten findet man in der Schaltungsrealisierung nicht. Sie verringern die effektive Induktivität des Resonatorelementes L_R, was allgemein als Verstimmung des Resonators durch die Ankopplung bezeichnet wird.

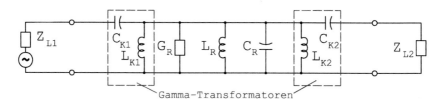

Bild 6.26: Realisierung eines Transmissionsresonators als Bandpass-Resonatorfilter mit Γ-Transformatoren

Ein derartiger mittels kleinen Koppelkondensatoren realisierter Resonator besteht beim Aufbau mittels SMD-Bauelemente aus lediglich 4 Bauteilen, Bild 6.27.

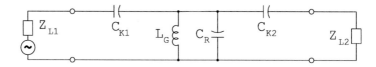

Bild 6.27: Hardware-Aufbau eines Transmissionsresonators als Bandpass-Resonatorfilter mit Γ-Transformatoren

Hier gilt für die Induktivitäten der Zusammenhang:

$$\frac{1}{L_G} = \frac{1}{L_R} + \frac{1}{L_{K1}} + \frac{1}{L_{K2}} \qquad \text{mit} \qquad \omega_r^2 = \frac{1}{L_R C_R} \quad . \tag{6.51}$$

Wiederum erneut für Bauelementegüten von 40 und der Frequenz von 2.5 GHz wurden die belasteten Güten und zugehörigen Transmissionsverluste des nunmehr durch die Γ-Transformation verbesserten Resonatorfilters nach Bild 6.26 berechnet und die Resultate im Bild 6.28 für ein $50\,\Omega$-System abgedruckt. Bei minimalen Bauteilewerten von $1\,\mathrm{nH}$

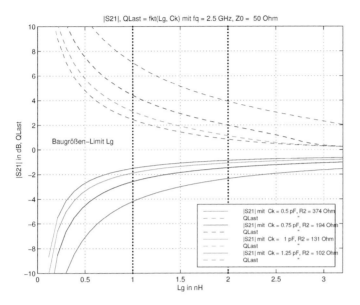

Bild 6.28: Belastete Güte eines Parallelschwingkreises mit Γ-Transformation über der Induktivität und in Abhängigkeit der Koppelkapazität aufgetragen

und $0.5\,\mathrm{pF}$ ergibt sich numehr die verbesserte belastete Güte von rund 7^3.

Die Streuparameter des Transmissionsresonators lassen sich für die Serienschaltung der zwei Transformatoren und dem Schwingkreis gemäss Bild 6.25 wie auch einen Serienschwingkreis aus der Kettenschaltung und Werten der Teilschaltungen aus den Hilfsblättern berechnen:

$$[S] = \begin{pmatrix} -\dfrac{1-k_1+k_2+j\Omega}{1+k_1+k_2+j\Omega} & \dfrac{2\sqrt{k_1 k_2}}{1+k_1+k_2+j\Omega} \\[3mm] \dfrac{2\sqrt{k_1 k_2}}{1+k_1+k_2+j\Omega} & -\dfrac{1+k_1-k_2+j\Omega}{1+k_1+k_2+j\Omega} \end{pmatrix} \qquad . \tag{6.52}$$

Für einen Serienschwingkreis entfallen jedoch die Minuszeichen für S_{11} und S_{22}! In der Gleichung (6.52) ergeben sich für einen Parallelschwingkreis die reellen Koppelfaktoren

$$k_i = \frac{1}{n_i^2 \, G_R \, Z_{Li}} \qquad \text{mit} \qquad i = 1,2 \tag{6.53}$$

und für einen Serienschwingkreis die Koppelfaktoren

$$k_i = \frac{n_i^2 \, Z_{Li}}{R_R} \qquad \text{mit} \qquad i = 1,2 \qquad . \tag{6.54}$$

---

[3]Mit R_2 wurden die inneren Impedanzen angegeben.

Der Übertragungsfaktor n_i ist dem Bild 6.25 zu entnehmen. Messtechnisch lässt sich, wie man aus der Transmissionsgleichung für S_{21} herleiten kann, die belastete Güte, die sich nunmehr über

$$Q_L = \frac{Q_0}{1 + k_1 + k_2} \tag{6.55}$$

berechnet, aus der relativen 3 dB-Bandbreite von S_{21} über

$$Q_L = \frac{f_r}{2\,df} \tag{6.56}$$

gemäss Bild 6.29 bestimmen.

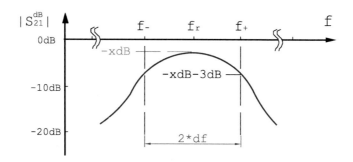

Bild 6.29: Diagramm zur Darstellung der Berechnung von Q_L aus der Transmissionsmessung

Messtechnisch lassen sich die Reflexions-Streuparameter bei Resonanzfrequenz aufnehmen und mittels Gleichung (6.50) beide Koppelfaktoren berechnen:

$$k_1 = \frac{1 - S_{11}|_{f_r}}{S_{11}|_{f_r} + S_{22}|_{f_r}} \quad , \quad k_2 = \frac{1 - S_{22}|_{f_r}}{S_{11}|_{f_r} + S_{22}|_{f_r}} \quad . \tag{6.57}$$

Eine mögliche Aufbauform mit guten Güteeigenschaften stellt der Ringresonator in Mi-krostreifenleitertechnik nach Bild 6.30 dar.

Bild 6.30: Ringresonator mit kapazitiver Ein- und Auskopplung

6.4.2 Reflexionsresonatoren

Ein Realisierungsbeispiel für einen lose bzw. schwach angekoppelten Resonator, wie es beispielsweise für einen Oszillator sehr interessant ist, ist im Bild 6.31 für eine Mikrostreifenleitungschaltung dargestellt. Für eine derartige Ankopplung kann ein reiner Serien-

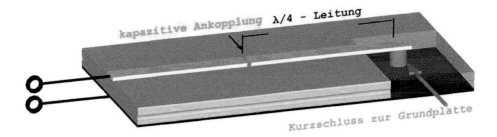

Bild 6.31: Kurzgeschlossener $\lambda/4$-Resonator in Mikrostreifenleitertechnik mit loser kapazitiver Ankopplung

kondensator oder (verallgemeinert) die Ersatzschaltung nach Bild 6.32 dienen. Bei dem

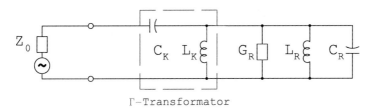

Bild 6.32: Ersatzschaltung eines Resonators mit Ankopplung über eine Impedanztransformation mittels eines Γ-Transformators

Resonator im Bild 6.32 ist nur der Koppelkondensator als zusätzliches Element sichtbar. Jedoch wird eine Impedanztransformation mittels eines Γ-Transformators vollzogen. Die Parallelschaltung der Transformatorinduktivität L_K und der Resonatorinduktivität ergibt die einzig vorhandene Ersatzinduktivität der Leitung. Die "effektive" Induktivität des Resonators wird somit größer, wodurch die Resonanzfrequenz zu einer tieferen Frequenz *verstimmt* wird. Möchte man wie im Bild 6.31 dargestellte verteilte Schaltungen auslegen, so muss man zur Berechnung der Ankoppelnetzwerke einen sogenannten Feldsimulator verwenden.

Zur allgemeinen Berechnung eines Reflexionsresonators, bei dem ein Serien- oder Parallelschwingkreis über ein Impedanztransformator mit dem Transformationsverhältnis n verbunden ist, arbeitet man mit den Eingangsreflexionswert, der sich wiederum aus dem Koppelfaktor k und der normierten Frequenz Ω berechnen lässt:

$$S_{11} = \frac{1 - k + j\Omega}{1 + k + j\Omega} \qquad . \tag{6.58}$$

Die Koppelfaktoren für Serien- und Parallelschwingkreis berechnen sich erneut über die Gleichungen (6.53) und (6.54).

Durch Umstellung der Gleichung (6.58) lässt sich der Koppelfaktor aus der Messung berechnen:

$$k = \frac{1 - S_{11}|_{f_r}}{1 + S_{11}|_{f_r}} \qquad . \tag{6.59}$$

Zur Veranschaulichung entspricht $k = G_{in}/G_r$, wobei G_{in} der leitwert am Ausgang des Γ-Trafos ist. Mit steigendem Transformationsverhältnis verbessert sich die Anpassung bei der Resonanzfrequenz[4]. Wiederum sollte sich die Güte des beschalteten Resonators aus den Streuparametern und dem 3 dB-Abfall gemäss Bild 6.33 bestimmen lassen.

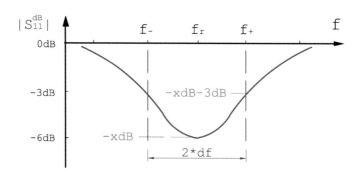

Bild 6.33: Diagramm zur Darstellung der Berechnung von Q_L aus der Reflexionsmessung

In der Nähe der Resonanzfrequenz gilt für die Eingangsimpedanz des Reflexionsresonators

$$Z_E \approx \frac{R_R}{n^2} \left[1 + j\, Q_0 \frac{2\, df}{f_r} \right] \qquad . \tag{6.60}$$

Mittels des Verhältnisses

$$F = \left(\frac{\frac{R_R}{n^2} + Z_L}{Z_E + Z_L} \right)^2 \tag{6.61}$$

der Leistung, die in R_R bzw. G_R weit außerhalb der Resonanz dissipiert[5], und der Leistung, die in R_R bei Resonanz dissipiert, kann man die belastete Güte aus der Reflexionsmessung bestimmen:

$$Q_L = \sqrt{\frac{1 - F}{F}} \frac{f_r}{2\, df} \qquad . \tag{6.62}$$

Reflexionsresonatoren mit sehr hohen Güten können aus Koaxialleitungen gefertigt werden, sofern kein Dielektrikum eingebracht wird. Damit der Innenleiter von solchen Koaxialleitern Halt findet, schaltet man zwei Resonatoren parallel (Bild 6.34 a)). Benötigt man einen Resonator mit kurzer Bauform, so kann man auch einen kapazitiven Abschluss einsetzen (Bild 6.34 b)).

Eine präzise Berechnung der Ein- und Auskoppelnetzwerke ist bei allen Leitungssystemen nur mit Feldsimulatoren durchzuführen.

---

[4]In Oszillatoren wird ausgenutzt, dass zusätzlich der Phasengang immer steiler wird.
[5]Dissipiert bedeutet, dass die Leistung in Wärme umgesetzt wird.

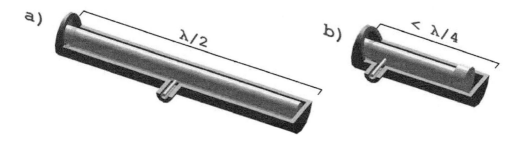

Bild 6.34: Koaxiale Leitungsresonatoren mit a) kapazitiver Kopplung und b) galvanischer Kopplung

6.4.3 Dielektrischer Resonator und Reaktionsresonatoren

Für Anwendungen in mehrkreisigen Filtern hoher Güte und insbesondere als selektives Element in Oszillatoren werden dielektrische Resonatoren eingesetzt. Der meist zylindrische dielektrische Resonator besteht aus einem verlustarmen, temperaturstabilen Dielektrikum mit hoher Permittivitätszahl ϵ_r. Dank seines geringen Preises, der hohen Güte und kleinen Dimensionen hat sich der dielektrische Resonator auch in Konsumerprodukten etabliert.

Die sich bei Resonanz aufbauenden elektromagnetischen Felder sind im Bild 6.35 dargestellt.

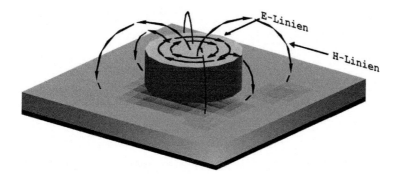

Bild 6.35: Feldverteilung des TE_{01}-Grundmodes im dielektrischen Resonator

Details über den TE_{01}-Grundmode und die sich ausbildenden höheren Moden sind in der Literatur nachzulesen [127, 67]. Beim Design ist es wichtig zu berücksichtigen, dass der dielektrische Resonator wie auch jeder Leitungsresonator weitere Resonanzen bei höheren Frequenzen hat. Damit ein Oszillator nicht bei höheren Resonanzen schwingt, müssen Tiefpassstrukturen enthalten sein.

Anhand der Permittivitätszahl, des Radius a und der Höhe h lässt sich die Resonanzfrequenz des Grundmodes eines zylindrischen Resonators näherungsweise berechnen [65]:

$$f_r = \frac{34}{a\,\sqrt{\epsilon_r}}\left(\frac{a}{h} + 3.45\right) \quad \text{in GHz bzw. mm} \quad . \tag{6.63}$$

Das Verhältnis h/a sollte im Bereich von 0.8 sein, damit der Abstand zu dem nächsthöheren Mode groß ist.

Als bevorzugtes Dielektrikum wird Bariumtitanat ($BaTi_4O_9$) mit verschiedenen Zusätzen (Zr, Sn, Zn, u.a.) eingesetzt. Die Eigenschaften dieser Dielektrika sind bei 10 GHz:

$$Güte: 3000 - 20000 \quad ,$$
$$Temperaturkoeffizient: \pm 10 \text{ ppm}/°C \quad ,$$
$$Permittivität: 20 - 200 \quad .$$

Dielektrische Resonatoren lassen sich leicht an Mikrostreifenleitungen ankoppeln.

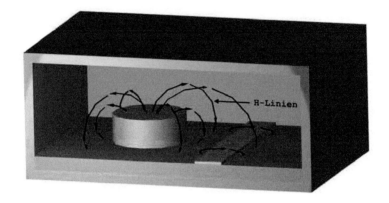

Bild 6.36: Dielektrischer Resonator im geschirmten Gehäuse an einer Mikrostreifenleitung angekoppelt

Oft sind die Anforderungen an die Einstellung der Resonanzfrequenz so hoch, dass die Resonatoren selbst in Konsumerprodukten über eine Stellschraube, die sich im oberen Abschirmbereich befindet, individuell getrimmt werden.

Eine Ersatzschaltung für einen Mikrostreifenresonator ist im Bild 6.37 angegeben.

In der Praxis ist der Entwickler gut beraten einen dielektrischen Resonator nach Bild 6.37 in mehreren Positionen präzise mittels eines vektoriellen Netzwerkanalysators (s. Kapitel 10) zu vermessen und die Daten im Anschluss mittels der gezeigten Ersatzschaltung zu fitten (s. Kapitel 9).

Diese dielektrischen Resonatoren sind die wichtigsten Vertreter für die **Reaktionsresonatoren**, die auch als *Resonator als Leitungsdiskontinuität* bezeichnet werden. Hierbei handelt es sich in der Transmission um Bandsperren.

Ähnlich wie beim Reflexionsresonator wird auch hier die mit steigender Güte steiler werdende Phase für das reflektierte Signal ausgenutzt. Hinzu kommt, dass der Betrag der Reflexion die gleiche Bandpasscharakteristik hat, wie der Betrag eines Transmissionsresonators.

Reaktionsresonatoren können entweder wie im Bild 6.37 ersichtlich durch einen Transformator, der in Serie geschaltet und durch einen Parallelschwingkreis abgeschlossen ist, oder

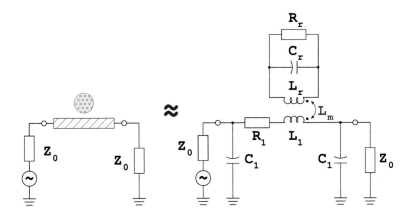

Bild 6.37: Links: Topansicht eines dielektrischen Resonators und einer Mikrostreifenleitung; rechts: Ersatzschaltung für einen dielektrischen Resonator in einer Mikrostreifenleitung

durch einen Transformator, der gegen Masse geschaltet und durch einen Serienschwingkreis abgeschlossen ist, realisiert werden.

Die Streumatrix für einen derartigen Reaktionsresonator mit Shunt-Transformator und Serienschwingkreis lautet:

$$[S] = \begin{pmatrix} \frac{-k}{1+k+j\Omega} & \frac{1+j\Omega}{1+k+j\Omega} \\ \frac{1+j\Omega}{1+k+j\Omega} & \frac{-k}{1+k+j\Omega} \end{pmatrix} \quad . \tag{6.64}$$

Für den im Bild 6.37 gegebenen Resonator sind hingegen lediglich positive Vorzeichen für S_{11} und S_{22} zu verwenden.

In der Gleichung (6.64) ergibt sich für den Fall mit Parallelschwingkreis der Koppelfaktor

$$k = \frac{1}{2\,n^2\,G_R\,Z_L} \tag{6.65}$$

und für den Fall mit Serienschwingkreis der Koppelfaktor

$$k = \frac{n^2\,Z_L}{2\,R_R} \quad . \tag{6.66}$$

Aus der Isolation des Bandsperrverhaltens der Transmission bei Resonanzfrequenz lässt sich der Koppelfaktor über

$$k = \frac{1}{S_{21}|_{f_r}} - 1 \tag{6.67}$$

ermitteln. Für dieses Resonatorsystem kann die unbelastete Güte direkt aus der 3 dB-Bandbreite der Transmission über

$$Q_0 = \frac{f_r}{2\,df} \tag{6.68}$$

bestimmt werden. Die belastete Güte lässt sich über Gleichung (6.30) aus der unbelasteten Güte bestimmen.

6.5   Dual-Mode-Resonatoren

Anfangs des Abschnittes 6.3 wurde ausführlich auf die große Anzahl der Technologien eingegangen, in denen Resonatoren heutzutage gefertigt werden. Diese verschiedenen Technologien wurden hauptsächlich deshalb entwickelt, um Resonatoren mit verbesserten Güten in den Markt bringen zu können. Hauptsächlich lassen sich nur die unbelasteten Güten durch eine Technologieverbesserung steigern.

Für einzelne Resonatorschaltungen wie auch für Filter ist die belastete Güte eines Resonators entscheidend. Im Folgenden wird eine neueste Erfindung gezeigt, die ein Konzept enthält, wie man die belasteten Güten von Resonatoren steigern kann, [49].

Wie bereits gezeigt wurde, kann man mittels einer Impedanztransformation die belastete Güte eine Resonators deutlich verbessern.

Bei den neuen Dual-Mode-Resonatoren handelt es sich um Resonatorbeschaltungen, die eine Impedanztransformation und die Verwendung des Gleich- und des Gegentaktmodes kombiniert. Die Grundidee von Mixed-Mode-Resonatoren ist folgende:

- Die Energie passiert als Mode 1 ein Kopplungsnetzwerk.

- Ein schmalbandiger Modekonverter (mit Resonatorelement) erzeugt Mode 2.

- Mode 2 wird vom Kopplungsnetzwerk reflektiert.

- Schmalbandiger Modekonverter erzeugt aus Mode 2 wiederum Mode 1.

- Mode 1 kann das Kopplungsnetzwerk passieren.

Im Weiteren sollen die grundlegenden Systeme und einige sich daraus ergebene Schaltungen vorgestellt werden.

Dual-Mode-Transmissionsresonatoren

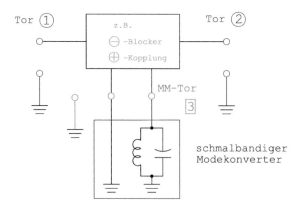

Bild 6.38: Darstellung des Konzeptes für ein Dual-Mode-Transmissionsresonator mit ein Ankoppelnetzwerk, das den Gegentakt blockt

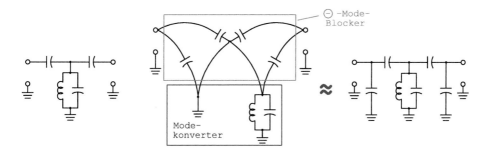

Bild 6.39: Links: klassischer Transmissionsresonator; mittig und rechts: Dual-Mode-Transmissionsresonator

Ein mögliches Konzept für ein Dual-Mode-Transmissionsresonator ist im Bild 6.38 dargestellt. Der Resonator ist hierbei Teil eines Modekonverters. Mit rein unsymmetrischen Signalen wird ein Signal am Tor 1 eingekoppelt und am Tor 2 wieder ausgekoppelt. Das eingekoppelte Signal wird durch das Ankoppelnetzwerk aufgeteilt und als Gleichtaktwelle über das MM-Tor 3 dem frequenzselektiven Reflexionsmodekonverter (Abschnitt 5.2.5) zugeführt. Dort wird es bei der Resonanzfrequenz schmalbandig in den Gegentaktmode konvertiert. Das Gegentaktsignal wird vom Ankoppelnetzwerk aufgrund der integrierten Modeblockerfunktionalität reflektiert und erneut den Modekonverter zugeführt. Diese nunmehr in ein Gleichtaktsignal konvertierte Energie kann durch das Tor 2 ausgekoppelt werden. Dieses Konzept erscheint recht aufwendig. Jedoch wurde in der Sektion 5.2.3 ge-

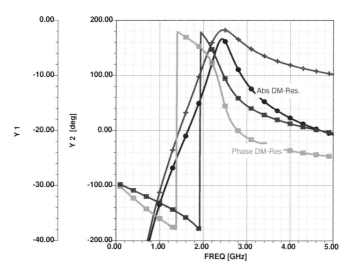

Bild 6.40: Betrag (Y1 in dB) und Phase (Y2 in Grad) von S_{21} eines Γ-Transformation- und eines Dual-Mode-Transmissionsresonators

zeigt, wie einfach Modeblocker umsetzbar sind. Wie einfach die Lösung für das gegebene Problem ist, illustriert das Bild 6.39.

Insbesondere mittels einer Schaltungssimulation ist es möglich, sehr einfach die Eigen-

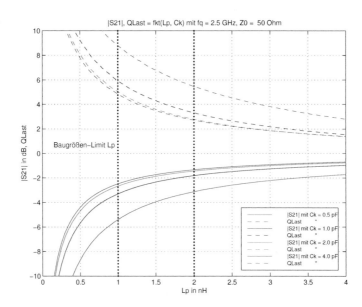

Bild 6.41: Belastete Güte eines Parallelschwingkreises in MM-Beschaltung

schaften des Resonatorfilters mit Γ-Transformation und mit Dual-Mode-Konzept zu vergleichen, siehe Bild 6.40. Es wurden folgende Bedingungen eingesetzt: L_{min} =1 nH, C_{min} =1 pF, $Q_L = Q_C$ =40, f=2.5 GHz. Man erkennt im Bild 6.40, dass die Filtereigenschaft des Dual-Mode-Konzeptes und auch die Phasensteilheit bei 2.5 GHz deutlich besser ist. Steigerung der Güte durch Mixed-Mode-Konzept stellt das Bild 6.41 heraus (Bauelemente: $Q_L = Q_C$ =40, Frequenz: 2.5 GHz). Man erkennt, dass die belastete Güte bei 2.5 GHz von rund 7 auf rund 9 gesteigert werden konnte. Dass sich der prozentuale Effekt zu höheren Frequenzen viel deutlicher auswirkt, illustriert das Bild 6.42. Als Randbedingung für die Bauelemente galt erneut: $Q_L = Q_C$ =40, L_{min}: 1 nH, C_{min}: 0.5 pF. Generell erkennt man jedoch, dass sich die belastete Güte immer noch sehr abhängig von der unbelasteten Güte ist. Diese Konzept lässt sich noch weiter ausgestalten. Man kann andere Koppelnetzwerke mit Modeblockerfunktionalität und auch andere Modekonverter wählen. Genauso lässt sich auch anstatt des Gegentaktmodes der Gleichtaktmode blocken. Dieses bedingt jedoch, dass es sich bei den Toren 1 und 2 um MM-Tor handelt. Ein derartiges Beispiel soll für den Dual-Mode-Reflexionsresonator vorgestellt werden.

Dual-Mode-Reflexionsresonatoren

Ein Konzept für ein Reflexionsmodekonverter ist in der Abbildung 6.43 dargestellt. Basierend auf diesem Konzept, das insbesondere in die zur Zeit in der Halbleitertechnik am häufigsten eingesetzten Push-Push-, differentiellen bzw. kreuzgekoppelten Oszillatoren einsetzbar ist, wurde ein Oszillator entwickelt, [45]. Dieses Konzept unterscheidet sich in der letztendlichen Realisierung lediglich durch ein zusätzlichen Kurzschluss. Es konnte sowohl in der Simulation als auch in der Messung gezeigt werden, dass durch die Verwendung dieses Dual-Mode-Konzeptes das Phasenrauschen um gut 6 dB bei 2.5 GHz vermindert werden kann.

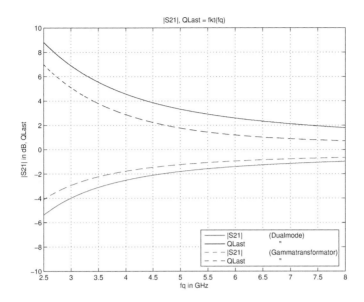

Bild 6.42: Belastete Güte eines Parallelschwingkreises mit Ankopplung und in MM-Beschaltung

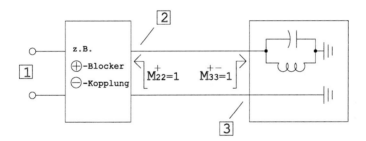

Bild 6.43: Darstellung des Konzeptes für ein Dual-Mode-Reflexionsresonator mit ein Ankoppelnetzwerk, das den Gleichtakt blockt

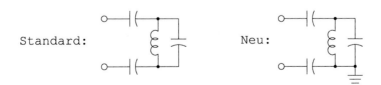

Bild 6.44: Veränderung des Reflexionsresonators nach Einführung der DM-Technik

6.6 Gekoppelte zweikreisige Resonatorfilter beliebiger Güte

Es wurde bereits in der Einleitung dieses Kapitels bemerkt, dass neben den LC-Kettenfiltern, die aus Standardtiefpässen synthetisiert werden, die gekoppelten Resonatorfilter eine sehr große Bedeutung für den Entwurf von Bandpässen haben. Bei den Hochfrequenzfiltern haben diese gekoppelten Resonatorfilter mit Abstand die größte Verbreitung.

Bei den gekoppelten Resonatorfiltern werden die zweikreisigen Filter am meisten eingesetzt. Ausnahmen bilden nur BAW- und SAW-Filter sowie professionelle Wellenleiterfilter für Basis-, Satelliten- und ähnlichen Stationen.

Einzelresonatoren hoher Güte eignen sich für kommerzielle Frequenzbänder nicht als Filter, da diese deutlich geringere Durchlassbandbreiten haben. Einzelresonatoren mittlerer und geringer Güte eignen sich nicht, da deren Flankensteilheit in der Regel zu gering ist. Für zweikreisige Filter verdoppelt man die Steilheit der Filterflanken der Einzel-Resonatoren von typisch 20 dB/Dekade auf 40 dB/Dekade, [127].

Für zweikreisige Filter mit Resonatoren mittlerer Güte galt die genäherte Herleitung der Literaturquellen [17, 25, 125, 127] als die für die Praxis beste Theorie, die recht brauchbare Startwerte lieferte. Für Filter mit Resonatoren, die eine sehr hohe Güte aufweisen, findet man in [5, 58, 70, 72] nützliche Theorien.

Erst im Jahr 2004 wurde – basierend auf dem ASTRID-Verfahren für symmetrische Netzwerke – eine alternative und exakte Theorie eingeführt, die sowohl für Resonatoren geringer Güten als auch für Resonatoren hoher Güten optimale Resultate liefert, [44].

Mittels ASTRID lassen sich auch Resonatorfilter mit mehr als zwei Resonatoren und verschiedensten Konfigurationen auslegen. Jedoch zeigt das zweikreisige Resonatorfilter bereits sämtliche Effekte und ist noch sehr übersichtlich darstellbar. Weiterhin ermöglicht ASTRID auch die Synthese von verlustbehafteten Filtern. Da jedoch für viele Fälle verlustlose Filter genügend gute Startwerte für die Realisierung bieten, wollen wir uns im Folgenden auch auf diese beschränken.

6.6.1 Übersicht: Zweikreisige Resonatorfilter

Mit gekoppelten Resonatorfiltern lassen sich Bandpassfilter, Bandsperren und Kombinationen aus beiden realisieren. In der Praxis ist meistens ein Bandpassfilter gesucht, das ggf. eine sehr gute selektive Oberwellenunterdrückung aufweist.

Genauso wie bei Einzelresonatoren gibt es je zwei Konstruktionsarten, Bandpässe und Bandsperren aus Serien- und Parallelresonatoren zu realisieren. Diese vier Fälle sind im Bild 6.45 dargestellt.

Bei den Resonatoren kann es sich um verschiedenste Realisierungsformen handeln. Der LC-Resonator kann somit auch die Ersatzschaltung darstellen. Die Kopplungsnetzwerke mit den Koppelfaktoren k können wiederum in verschiedensten Techniken realisiert werden. Es muss lediglich Energie von einem Resonator in den anderen gekoppelt werden. Beispiele für Kopplungen sind:

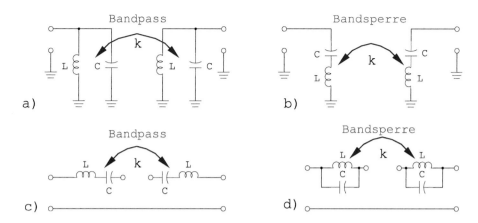

Bild 6.45: Darstellung sämtlicher Konfigurationen von Filtern mit zwei gekoppelten Resonatoren

Spannungs- und/oder Stromkopplung und/oder

magnetische- und/oder elektrische Feldkopplung oder

akustische oder optische Kopplung.

Kopplungsnetzwerke können aus lediglich Zweiklemmenelementen oder auch aus komplexen verteilten Netzwerken bestehen. Für die Filtersynthese ist es vorteilhaft, wenn das Kopplungsnetzwerk wiederum mit konzentrierten Ersatzschaltungen modelliert werden kann.

Auf den Spezialfall eines konzentrierten Kopplungsnetzwerkes mit zwei Klemmen wollen wir uns im Weiteren beschränken. Beispiele für derartige Netzwerke sind:

- Ein Kondensator oder eine Spule

- Ein Serien- oder Parallelschwingkreis

- Eine beliebige Kombination aus Kondensatoren und Spulen

Weiterhin soll nur das in der Praxis sehr interessante gekoppelte Parallelschwingkreisfilter (Filter a, Bild 6.45) detaillierter untersucht und analysiert werden.

6.6.2 Synthese von gekoppelten Parallelschwingkreisen mit Spannungskopplung

Für ein gekoppeltes Resonatorfilter mit Parallelschwingkreisen sind verschiedene Koppelschaltungen im Bild 6.46 dargestellt.

Sofern man hochintegrierte Schaltungen mit konzentrierten und/oder quasi-konzentrierten Induktivitäten realisiert, ist die magnetische Kopplung nach c) und d) sehr vorteilhaft,

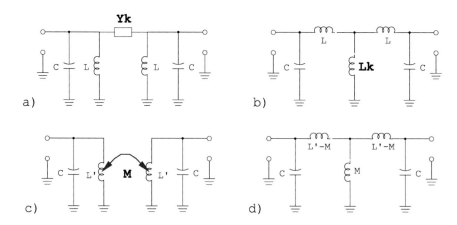

Bild 6.46: Darstellung von gekoppelten Parallelschwingkreisfiltern mit a) allgemeiner Spannungskopplung, b) induktiver Stromkopplung, c) magnetischer Kopplung und d) Ersatzschaltungbild für c)

da in diesem Fall zwei Induktivitäten auf nahezu der Fläche einer Induktivität realisiert sind.

Eine Stromkopplung bedingt, dass entweder die Spulen auf einer gemeinsamen Koppelspule stehen (Bild 6.46 b) und d)) oder die Kapazitäten auf einer gemeinsamen Kapazität stehen, [127].

Die Spannungskopplung ist ein eher allgemeiner Fall. Als Koppelnetzwerk lässt sich jedes Klemmenelement[6] wie in a) dargestellt oder gar jedes Zweitor vorstellen.

Die weitere mathematische Herleitung soll auf a) und dem Einsatz eines allgemeinen Klemmenelementes beruhen. Weiterhin soll nach Bild 6.47 der Parallelschwingkreis mit dem Blindleitwert jB und das Koppelelement mit dem Blindleitwert jB_k beschrieben werden.

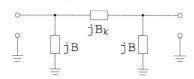

Bild 6.47: Ersatzschaltung zweikreisiger spannungsgekoppelter Resonatorfilter basierend auf Parallelschwingkreisen

Das Koppelelement $Z_k = 1/Y_k$ ist in der Praxis deutlich hochohmiger als die Schwingkreiselemente. Jeder Schwingkreis hat die Resonanzkreisfrequenz ω_r. Durch das Koppelelement werden die beiden Schwingkreise in gleicher Art und Weise leicht verstimmt, da die Schaltung symmetrisch ist. Besteht das Koppelelement nur aus einem Kondensator C_k, so werden die Schwingkreise kapazitiv belastet. Es stellt sich über den Pfad C_k und

---

[6]Ein sehr interessanter Sonderfall sind Resonatoren als Koppelelemente, da die Filtergüte dann nahezu bei der Resonatorgüte liegt.

C eine Frequenz ω_1 ein, die kleiner ω_r ist, und über den Pfad C_k und L eine Frequenz ω_2 ein, die zwischen ω_1 und ω_r liegt.

Das Filter weist bei den Frequenzen ω_1 und ω_2 eine perfekte Anpassung auf. Mit diesem Wissen kann man in die Filtersynthese mit dem ASTRID-Verfahren starten. Die zugehörigen Frequenzlagen gibt das Bild 6.48 wieder.

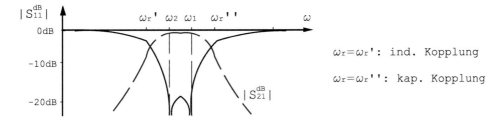

Bild 6.48: Frequenzpunkte bei einem gekoppelten Resonatorfilter

Die analytische Berechnung hat folgende Ausgangspunkte:

Gegeben: Topologie: Bild 6.47, ω_1, ω_2 und ω_r (Vorgaben für die Synthese)

Gesucht: L, C, B_k

Für eine Gleichtaktanregung an beiden Toren stellt sich in der Symmetrieebene eine magnetische Wand und somit ein Leerlauf ein. In diesem Fall verbleibt als Eingangsadmittanz:

$$Y_{even} \;=\; j\,B \qquad . \tag{6.69}$$

Für eine Gegentaktanregung an beiden Toren stellt sich in der Symmetrieebene eine elektrische Wand und somit ein Kurzschluss ein. In diesem Fall verbleibt als Eingangsadmittanz:

$$Y_{odd} \;=\; j\,(B + 2B_k) \qquad . \tag{6.70}$$

Die Bedingung für die Anpassung lautet nach Gleichung (5.83):

$$Y_{odd}\,Y_{even} \;=\; \frac{1}{Z_L^2} \qquad . \tag{6.71}$$

Folglich erhält man mit (6.69) und (6.70):

$$-B^2 - 2\,B_k\,B \;=\; \frac{1}{Z_L^2} \qquad . \tag{6.72}$$

Gleichung (6.72) gilt bei den Kreisfrequenzen ω_1 und ω_2. Somit ergeben sich die beiden Gleichungen:

$$-B_1^2 - 2\,B_{k1}\,B_1 \;=\; \frac{1}{Z_L^2} \qquad , \tag{6.73}$$

$$-B_2^2 - 2\,B_{k2}\,B_2 \;=\; \frac{1}{Z_L^2} \qquad , \tag{6.74}$$

mit den Leitwerten für den Parallelschwingkreis:

$$B_1 \;=\; \omega_1\, C \;-\; \frac{1}{\omega_1\, L} \;=\; \nu_1\, \omega_r\, C \qquad , \tag{6.75}$$

$$B_2 \;=\; \omega_2\, C \;-\; \frac{1}{\omega_2\, L} \;=\; \nu_2\, \omega_r\, C \qquad , \tag{6.76}$$

$$\text{mit} \quad \nu_i \;=\; \left(\frac{\omega_i}{\omega_r} - \frac{\omega_r}{\omega_i} \right) \quad \text{und} \quad \omega_r^2 \;=\; \frac{1}{L\,C} \quad . \tag{6.77}$$

Für die weitere Rechnung benötigt man eine Wahl der Topologie des Koppelnetzwerkes. Wir wollen im Weiteren zunächst einen einfachen Kondensator und dann einen Resonator in Form eines dritten Parallelschwingkreises wählen.

6.6.2.1   Das kapazitiv gekoppelte Resonatorfilter

Eine rein kapazitive Kopplung (Bild 6.49) hat den Vorteil, dass diese sich oft sehr leicht feinjustieren lässt, was bei den gekoppelten Resonatorfiltern in der Praxis ein wichtiger Aspekt ist.

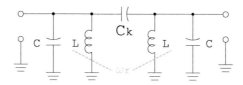

Bild 6.49: LC-Schaltung für ein spannungsgekoppeltes Resonatorfilter mit Koppelkondensator

Bei der Wahl eines Kondensators für B_k gilt

$$B_{k1} \;=\; \omega_1\, C_k \quad \text{und} \quad B_{k2} \;=\; \omega_2\, C_k \quad . \tag{6.78}$$

Setzt man die Blindleitwerte der Gleichungen (6.75), (6.76) und (6.78) in die Gleichungen (6.73) und (6.74) ein, so kommt man zu

$$-\nu_1^2\, \omega_r^2\, C^2 \;-\; 2\,\omega_1\, C_k\, \nu_1\, \omega_r\, C \;=\; \frac{1}{Z_L^2} \quad /\!/ \cdot \nu_2\, \omega_2 \qquad , \tag{6.79}$$

$$-\nu_2^2\, \omega_r^2\, C^2 \;-\; 2\,\omega_2\, C_k\, \nu_2\, \omega_r\, C \;=\; \frac{1}{Z_L^2} \quad /\!/ \cdot \nu_1\, \omega_1 \quad . \tag{6.80}$$

Die nächsten Schritte sind die Multiplikation mit den angegebenen ν_i- und ω_i-Größen und eine Subtraktion beider Gleichungen:

$$\left(\nu_1\, \nu_2^2\, \omega_1\, \omega_r^2 - \nu_1^2\, \nu_2\, \omega_2\, \omega_r^2 \right) C^2 \;=\; \frac{\nu_2\, \omega_2}{Z_L^2} - \frac{\nu_1\, \omega_1}{Z_L^2} \qquad , \tag{6.81}$$

$$\Longrightarrow \quad C \;=\; \sqrt{ \frac{\nu_2\, \omega_2 - \nu_1\, \omega_1}{Z_L^2\, \omega_r^2\, \nu_1\, \nu_2 (\nu_2\, \omega_1 - \nu_1\, \omega_2)} } \quad . \tag{6.82}$$

Die Induktivität L bekommt man aus Gleichung (6.77) und die Koppelkapazität über Gleichung (6.79) aus

$$C_k = -\frac{\frac{1}{Z_L^2} + \nu_1^2\,\omega_r^2\,C^2}{2\,\omega_1\,\nu_1\,\omega_r\,C} \qquad . \tag{6.83}$$

Ein Beispiel mit den Frequenzen f_1=0.95 GHz, f_2=1.05 GHz und f_r=1.2 GHz ergibt die Werte: C=6.21 pF, L=2.83 nH und C_k=3.37 pF. Die sich ergebenden Reflexions- und Transmissionseigenschaften des Filters sind im Bild 6.50 dargestellt.

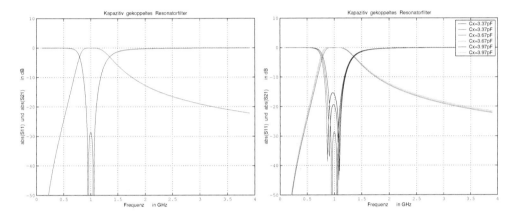

Bild 6.50: Resultate eines synthetisierten kapazitiv gekoppelten Filters, (rechts mit fehlerhaften Koppelkapazitäten bis zu 20%)

Man erkennt im Bild 6.50 sehr gut die beiden Frequenzpunkte mit der perfekten Anpassung. Des weiteren zeigt das rechte Bild, dass die Empfindlichkeit auf Abweichungen vom idealen Wert der Koppelkapazität bei dieser Auslegung im normalen Rahmen liegt.

Relativ schlecht ist bei diesem Filter die Unterdrückung zu hoher Frequenzen. Ein Filter mit einer induktiven Kopplung hat diesbezüglich ein deutlich besseres Verhalten, weist aber bei tiefen Frequenzen eine schlechte Unterdrückung auf.

Abhilfe schafft hier ein Resonator als Koppelelement.

6.6.2.2 Das induktiv gekoppelte Resonatorfilter

Das induktiv gekoppelte Resonatorfilter unterscheidet sich vom kapazitiv gekoppelten Filter nur durch das Koppelelement, 6.51.

Die Herleitung entspricht der des kapazitiv gekoppelten Filters und die Ergebnisse unterscheiden sich nur leicht:

$$C = \sqrt{\frac{\nu_2\,\omega_1 - \nu_1\,\omega_2}{Z_L^2\,\omega_r^2\,\nu_1\,\nu_2(\nu_2\,\omega_2 - \nu_1\,\omega_1)}} \qquad , \tag{6.84}$$

$$L_k = \frac{1}{\omega_1}\,\frac{2\,\nu_1\,\omega_r\,C}{\frac{1}{Z_L^2} + \nu_1^2\,\omega_r^2\,C^2} \qquad . \tag{6.85}$$

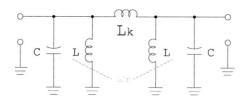

Bild 6.51: LC-Schaltung für ein spannungsgekoppeltes Resonatorfilter mit Koppelspule

6.6.2.3   Resonatoren als Koppelelemente

In der Filtersynthese für gekoppelte Resonatorfilter wurden i.d.R. keine Resonatoren als Koppelelemente zugelassen (z.B. [5, 127]).

Der Einsatz von Resonatoren ist jedoch hilfreich, da manche Filter - wie die akustischen Filter[7] - keine anderen Elemente erlauben.

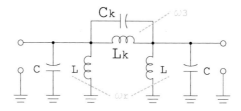

Bild 6.52: LC-Schaltung für ein spannungsgekoppeltes Resonatorfilter mit Koppelresonator

Bei einem derartigen Filter (Bild 6.52) gibt es mit dem weiteren Bauteil Lk einen weiteren Freiheitsgrad. Sinnvoll ist, diesen Freiheitsgrad für die effektive Unterdrückung einer Oberwelle einzusetzen. Zwar lässt sich mittels ASTRID diese Bedingung einfach berücksichtigen, doch in diesem Fall ist die Parallelresonanz von L_x und C_x bei ω_3 direkt die Lösung.

Für die Blindleitewerte des Koppelresonators gilt:

$$B_{k1} \;=\; \omega_1 C_k \;-\; \frac{1}{\omega_1 L_k} \;=\; \nu_{31}\,\omega_3\,C_k \quad , \tag{6.86}$$

$$B_{k2} \;=\; \omega_2 C_k \;-\; \frac{1}{\omega_2 L_k} \;=\; \nu_{32}\,\omega_3\,C_k \quad , \tag{6.87}$$

$$\text{mit} \quad \nu_{3i} \;=\; \left(\frac{\omega_i}{\omega_3} - \frac{\omega_3}{\omega_i} \right) \quad \text{und} \quad \omega_3^2 \;=\; \frac{1}{L_k C_k} \quad . \tag{6.88}$$

Setzt man diese Blindleitwerte der Gleichungen (6.75), (6.76), (6.86) und (6.87) in die Gleichungen (6.73) und (6.74) ein, so erhält man

$$-\nu_1^2\,\omega_r^2\,C^2 \;-\; 2\,\nu_{31}\,\omega_3\,C_k\,\nu_1\,\omega_r\,C \;=\; \frac{1}{Z_L^2} \quad // \cdot \nu_2\,\nu_{32} \quad , \tag{6.89}$$

$$-\nu_2^2\,\omega_r^2\,C^2 \;-\; 2\,\nu_{32}\,\omega_3\,C_k\,\nu_2\,\omega_r\,C \;=\; \frac{1}{Z_L^2} \quad // \cdot \nu_1\,\nu_{31} \quad . \tag{6.90}$$

---

[7]SAW: Surface Acoustic Wave oder BAW: Bulk Acoustic Wave

Die nächsten Schritte sind wiederum die Multiplikation mit den angegebenen ν_i- und ν_{3i}-Größen und eine Subtraktion beider Gleichungen:

$$\left(\nu_1 \nu_2^2 \nu_{31} \omega_r^2 - \nu_1^2 \nu_2 \nu_{32} \omega_r^2 \right) C^2 = \frac{\nu_2 \nu_{32}}{Z_L^2} - \frac{\nu_1 \nu_{31}}{Z_L^2} \quad , \tag{6.91}$$

$$\Longrightarrow \quad C = \sqrt{\frac{\nu_2 \nu_{32} - \nu_1 \nu_{31}}{Z_L^2 \omega_r^2 \nu_1 \nu_2 (\nu_2 \nu_{31} - \nu_1 \nu_{32})}} \quad . \tag{6.92}$$

Die Induktivität L erhält man aus Gleichung (6.77) und die Koppelkapazität über Gleichung (6.89) aus

$$C_k = - \frac{\frac{1}{Z_L^2} + \nu_1^2 \omega_r^2 C^2}{2 \nu_{31} \omega_3 \nu_1 \omega_r C} \quad . \tag{6.93}$$

Letztlich kann die Induktivität L_k über die Resonanzbedingung aus Gleichung (6.88) berechnet werden.

Das Beispiel mit den Frequenzen f_1=0.95 GHz, f_2=1.05 GHz und f_r=0.85 GHz[8] ergibt die Werte: C=9.93 pF, L=3.53 nH, L_k=6.60 nH und C_k=0.43 pF. Die sich ergebenden Reflexions- und Transmissionseigenschaften des Filters mit nunmehr unterschiedlichen Steilheiten sind im rechten Bereich des Bildes 6.53 dargestellt.

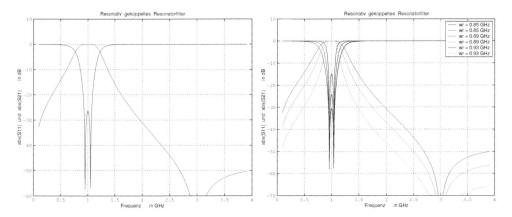

Bild 6.53: Resultate eines synthetisierten gekoppelten Resonatorfilters, (rechts mit gesteigendem ω_r)

Auf der rechten Seite des Bildes 6.53 wurde für die beiden Frequenzen f_1=0.96 GHz, f_2=1.04 GHz die Resonanzfrequenz f_r von 0.85 GHz auf f_r=0.93 GHz an f_1 herangeführt. Man erkennt, dass die Steilheit des Filters stark zunimmt. Je steiler man das Filter entwirft, desto empfindlicher wird es bezüglich Verluste. D.h. für ein steilflankiges Filter kommen nur Resonatoren von höchster Güte in Betracht.

In [44] wurde anhand einer SMD-Umsetzung gezeigt, dass sich diese Filtersynthese im Gegensatz zu anderen Verfahren auch für Bauelemente mit geringen Güte eignet. Ein weiterer Vorteil dieser Filtersynthese liegt in der dem guten Gruppenlaufzeitverhalten,

---

[8]Achtung, hier ist eine induktive Kopplung im Band vorteilhaft.

Im Bild 6.54 sind die mit sehr wenig Welligkeit behafteten Gruppenlaufzeiten für die drei unterschiedlichen Steilheiten nach Bild 6.53 dargestellt.

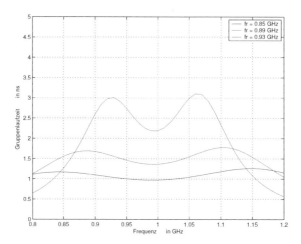

Bild 6.54: Gruppenlaufzeiten des Resonatorfilters mit Koppelresonator unterschiedlicher Steilheiten

Diese sehr geringe Welligkeit der Gruppenlaufzeit zeigt, dass diese Filter sehr wenig dispersive Verzerrungen verursachen.

6.6.2.4 Implementierte Impedanztransformation

Elliptische Filter ([97]) stehen in enger Verwandschaft zu den hier vorgestellten, mittels Resonatoren gekoppelten zweikreisigen Filtern[9]. Zu elliptischen Filtern mit Impedanztransformation gelangt man nur mit unsymmetrischen Topologien, ([97], S. 58 ff).

Dieses gilt ebenfalls generell bei gekoppelten Resonatorfiltern[10]! Um eine Impedanztransformation in den hergeleiteten Filtern des vorherigen Kapitels zu integrieren, setzt man vorteilhaft einen Γ-Impedanztransformator ein. Der im Kapitel 3.2.2 eingeführte Transformator mit Serienkondensator ist die beste Wahl für diesen Fall. Dieser Transformator nach Bild 6.55 (links) eignet sich, da durch diesen eine Spule verkleinert und nur ein weiterer Kondensator, der in der Praxis preisgünstiger und mit besserer Qualität zu realisieren ist als eine Spule.

Für diesen Impedanztransformator gilt: $R_1 < R_2$.

Als Resultate erhält man unter Verwendung der Mittenfrequenz $\omega_m = \frac{\omega_2 - \omega_1}{2}$:

$$C_t = \frac{1}{\omega_m} \sqrt{\frac{1 / R_1}{R_2 - R_1}} \quad , \tag{6.94}$$

$$L_t = R_1 R_2 C_t \quad , \qquad L_a = \frac{1}{\frac{1}{L} + \frac{1}{L_t}} \quad . \tag{6.95}$$

---

[9]Die (symmetrischen) elliptischen Filter lassen sich auch mit dem ASTRID-Verfahren herleiten.
[10]Im Gegensatz zu dem, was in [127] angegeben wird.

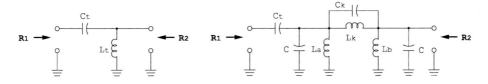

Bild 6.55: Links: Eingesetzter Γ-Impedanztransformator; rechts: modifiziertes Resonatorfilter mit Impedanztransformation

Für eine Impedanztransformation von $R_1 = 20\,\Omega$ und $R_2 = 50\,\Omega$ und die sonstigen Daten vom letzten Beispiel ergeben sich die neuen Bauteile C_t =6.50 pF und L_a =2.29 nH. Die Filterfunktion wurde in der ersten Auflage dargestellt und entspricht exakt dem linken Teil des Bildes 6.53.

Beidseitige Impedanztransformation

Möchte man sehr steilflankige Filter herstellen, so ist man wie auch bei den Resonatoren durch einen "Bauelementeanschlag" in Form von minimalen Induktivitäten und minimalen Kapazitäten insbesondere in der Halbleiter-, der LTCC- und der SMD-Technik beschränkt.

Hier gibt es die gleiche Abhilfe wie bei den Resonatoren. Legt man das Filter für ein höheres Impedanzniveau aus, so kann man eine höhere Steilheit bei jedoch auch vergrößerten Transmissionsverlusten erzielen. In diesem Fall muss man die zuvor gezeigte Impedanztransformation beidseitig durchführen und somit zwei Koppelkondensatoren verwenden.

6.6.3 Angepasste Filter

Filter verursachen im Sperrbereich durch die Reflexionen öfters Störungen. Deshalb ist der neueste Trend in der Forschung und Entwicklung die Konzept- und Produktfindung von Filtern, die einerseits breitbandig angepasst sind und andererseits die gewünschte im Durchlassbereich möglichst verlustarme Übertragungsfunktion aufweisen. Die Herleitung solcher Bandpassfilter geht den gleichen Weg wie bei der Astrid-Methode und ist in [78] nachzulesen.

Bei Tief- und Hochpässen ist die Eigenentwicklung recht einfach. Man kann das Kernfilter (TP oder HP) mit zwei Diplexern verschalten, die für den Ausgang im Sperrbereich mit jeweils 50 Ω terminiert sind. Die Diplexer werden im weiteren Kapitel vorgestellt. Altenativ zum Diplexer auch die im Kapitel 3.3.4 vorgestellten Doppel-Γ-Transfomatoren vor und hinter den Filtern eingesetzt werden. Hochintegrierte kaufbare Filter sind auch schon verfügbar.

6.7 Frequenzweichen

Frequenzweichen haben die Aufgabe ein Tor mit mindestens zwei anderen Toren zu verbinden, wobei die Durchgangsfrequenzen (einzelnen Frequenzbänder) immer unterschiedliche

Werte aufweisen. Handelt es sich um mehr als zwei Frequenzbänder, so spricht man von einem `Multiplexer`, Bild 6.56.

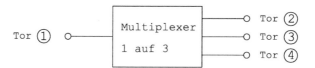

Bild 6.56: Allgemeine Darstellung eines Multiplexers

Gibt es nur zwei Frequenzbänder, so spricht man einem `Diplexer`, sofern die Bänder relativ weit voneinander entfernt sind, oder von einem `Duplexer`, wenn die Bänder sehr eng aneinander liegen. Entspricht die Bandbreite zwischen den beiden Bändern der Bandbreite der einzelenen Bändern oder weniger, so handelt es sich um einen Duplexer. Duplexer werden oft auch als RX/TX-Weichen bezeichnet.

Die Frequenzweiche hat Parallelen zur Modeweiche. Bei der Frequenzweiche muss dafür gesorgt werden, das der Eingangswiderstand eines Bandpasses im Arbeitsband eines anderen Filters hochohmig ist (idealerweise einem Leerlauf entspricht), Bild 6.57.

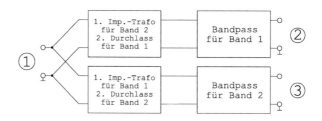

Bild 6.57: Aufteilung eines Duplexer bzw. Diplexers in Bandpässen und Impedanztransformatoren

Dieser Weg der Entkopplung dieser beiden Zweige ist nicht der Einzige, wie bereits das Beispiel des $\pm 90°$-Kopplers zeigte. Dieser stellt eine breitbandige Lösung einer TP/HP-Kombination mit Impedanztransformation dar. In [97] ist ein weiterer Weg einer TP/HP-Kombination unter Verwendung von Standard-Filter dargestellt. Ein weiterer Weg der Kombination zweier Bandpässe wird in der kommenden Übung vorgestellt.

——————— *Übung: Diplexer aus Schwingkreisen* ———————

Geg.: *Ein Diplexer gemäß Bild 6.58 soll für $f_1 = 1\,GHz$ eine verlustfreie Transmission ($|S_{21}| = 1$) und bei $f_2 = 2\,GHz$ eine verlustfreie Transmission ($|S_{31}| = 1$) aufweisen. Das Filter ist für beide Frequenzen an Antennentor perfekt angepasst, ($S_{11} = 0$). Vorgegeben sind die beiden Bauelementewerte $C_1 = 10\,pF$ und $L_1 = 3\,nH$.*

Ges.: *Berechnen Sie die Werte der Bauelemente C_2, C_3, L_2 und L_3.*

Die beiden Parallelschwingkreise isolieren jeweils einen Pfad:

$L_2 // C_2$ *sperrt bei* $2\,GHz \sim \omega_2$,

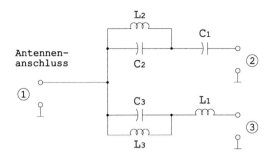

Bild 6.58: Aufbau eines Diplexers mit Serien- und Parallelschwingkreisen

$L_3 // C_3$ sperrt bei $1\,\mathrm{GHz} \sim \omega_1$.

$$\Rightarrow \quad \omega_2^2 = \frac{1}{L_2\,C_2} \ ; \qquad \omega_1^2 = \frac{1}{L_3\,C_3} \tag{6.96}$$

Weiterhin muss für die beiden Serienschwingkreise gelten:

$$\omega_1^1 = \frac{1}{L_x\,C_1} \ ; \qquad \omega_2^2 = \frac{1}{L_1\,C_x} \qquad . \tag{6.97}$$

Diese beiden einfachen Bedingungen liefern direkt: $\quad L_x = 2.53\,nH$ und $C_x = 2.11\,pF$.

Mittels den Ergebnissen aus den Gleichungen (3.36) bis (3.38) lassen sich L_2 und C_3 berechnen:

$$\text{mit} \quad \nu_1 = \frac{\omega_1}{\omega_2} - \frac{\omega_2}{\omega_1} = -\frac{3}{2} \quad \text{und} \quad \nu_2 = \frac{\omega_2}{\omega_1} - \frac{\omega_1}{\omega_2} = \frac{3}{2} \quad \text{gilt} \tag{6.98}$$

$$L_2 = -L_x \cdot \frac{\nu_1\,\omega_1}{\omega_2} = 1.90\,nH \quad \text{und} \quad C_3 = C_x \cdot \frac{\omega_2}{\nu_2\,\omega_1} = 2.81\,pF \quad . \tag{6.99}$$

Über die Bedingungen nach (6.96) lassen sich die beiden verbleibenden Bauelementewerte berechnen:

$L_3 = 9.01\,nH$ und $C_2 = 3.33\,pF$.

————— Übung: Diplexer aus Schwingkreisen —————

Kapitel 7

Hochfrequenzschalter

Schalter werden in der HF-Technik eingesetzt, um das Ausgangssignal eines Leistungsver-stärkers auf verschiedene Pfade zu leiten, eine Antenne mit verschiedenen Sende- (TX-) und Empfangs-Zweigen (RX-Zweigen) zu verbinden. Weiterhin findet man Schalter in Mo-dulatoren und schaltbaren Phasenschiebern. In der Mess- und Produktionstechnik werden HF-Schalter zur Vermessung eines Messobjektes mittels verschiedener Geräte genutzt.

Dieses Kapitel stellt die am Häufigsten genutzten HF-Schalter vor. Zunächst werden die elektromechanischen Schalter vorgestellt. Noch ausführlicher wird im Weiteren auf die elektronischen Schalter eingegangen.

7.1   Koaxiale Relais

Elektromechanische koaxiale Schalter werden bevorzugt in der Messtechnik eingesetzt, wo die Kosten des Schalters und die Schaltzeiten eine untergeordnete Rolle spielen.

Die wichtigsten Spezifikationen eines Koaxial-Relais sind:

- Frequenzbereich,
- Eingangsleistung,
- Transmissionsverluste,
- Isolation,
- Anpassung,
- Wiederholbarkeit und
- Lebensdauer.

Frequenzbereich: Koaxiale Relais sind von 0 Hz bis 40 GHz verfügbar.

Eingangsleistung: Hier müssen zwei Betriebsarten unterschieden werden: Hot-Switching und Cold-Switching. Weiterhin muss unterschieden werden, ob eine Leistung dauerhaft anliegt (Dauerstrichsignal), oder ob die Leistung nur kurzzeitig anliegt (gepulstes Signal).

© Springer Fachmedien Wiesbaden GmbH, ein Teil von Springer Nature 2018
H. Heuermann, *Hochfrequenztechnik*, https://doi.org/10.1007/978-3-658-23198-9_7

Ein gepulstes Signal, das in den Zeitschlitzen geschaltet wird, in denen keine Leistung anliegt (Cold-Switching), kann i.d.R. größer als 100 W sein.

Transmissionsverluste: Diese vergrößern sich aufgrund der Eindringtiefe δ über der Frequenz. Typisch sind Werte von 0.2 dB bei 4 GHz, 0.5 dB bei 18 GHz und 1.0 dB bei 40 GHz für einen guten Schalter.

Isolation: Die Isolationswerte von koaxialen Relais liegen bei >90 dB bei 18 GHz und >50 dB bei 40 GHz.

Wiederholbarkeit: Die Wiederholbarkeit wird von den Herstellern nach 5 Millionen Schaltvorgängen mit einem Wert von 0.03 dB spezifiziert. D.h., der Unterschied zwischen den Transmissionswerten ist kleiner als -60 dB (Berechnung: $\Delta S_{21}^{dB} = 20 \lg \left(|S_{21}' - S_{21}''| \right)$). Aufgrund dieser hervorragenden Eigenschaften werden Relais auch in Präzisionsmessgeräten eingesetzt.

Lebensdauer: Die Lebensdauer wird von den Herstellern mit über 5 Millionen Schaltvorgängen spezifiziert, liegt jedoch in der Praxis (z.B. Halbleitermesstechnik) deutlich höher.

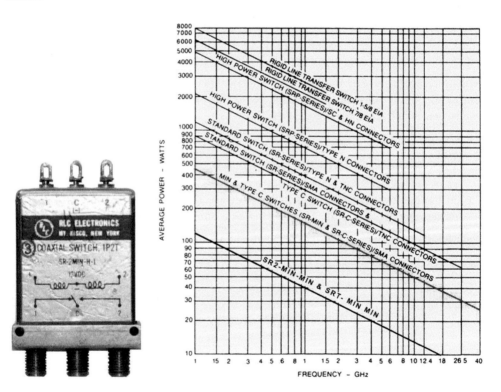

Bild 7.1: Links: HF-Relais mit Koaxialsteckern; rechts: frequenzabhängige Verluste von Relais (Quelle: Online-Katalog der Firma RLC Electronics)

Bild 7.1 zeigt einerseits ein Foto eines Koaxial-Relais und andererseits veranschaulicht es das Leistungs-Frequenz-Diagramm. Dieses zeigt, dass ein Koaxial-Relais im MHz-Bereich sehr viel HF-Leistung verkraften kann. Mit der höher werdenden Frequenz verringert sich stetig die Leistungsverträglichkeit der Relais. Die steigenden Verluste über der sinkenden Eindringtiefe sind hier ein massgeblicher Faktor.

In der Praxis sind auch genannte *latching relays* sehr interessant. Diese bistabilen Relais besitzen die Eigenschaft, dass sie im stromlosen Zustand zwei verschiedene stabile Schaltzustände einnehmen können.

7.1.1 Reed-Relais

Das sogenannte Reed-Relais arbeitet mit Federkontakten, die sich in einem luftleeren oder einem mit Schutzgas gefüllten Raum (Glasröhrchen) befinden und durch ein magnetisches Feld betätigt werden. Im Gegensatz zu normalen Relais, das rein elektromechanisch bewegt wird) haben Reed-Relais eine wesentlich höhere Lebensdauer, die bei 1 Million Schaltzyklen und darüber liegt.

Die beiden Reed-Schaltkontakte sind federnd gelagert und bestehen aus edelmetallbeschichtetem ferromagnetischem Material (Weicheisen). Zwischen den beiden Kontakten befindet sich im Ruhezustand ein Zwischenraum. Bei einem von außen zugeführten magnetischen Strom werden die beiden Federkontakte geschlossen. Diesen Schließvorgang wird mittels einen Elektromagneten vollzogen, der sich um den Glaskörper befindet. Die Abbildung 7.2 zeigt ein Foto des inneren Reed-Kontaktes.

Bild 7.2: Foto eines Reed-Kontaktes im geschlossenen Zustandes (Quelle: wikipedia.de)

Wie aus einem Reed-Kontakt ein Koaxial-Relais entsteht, verbildlicht die Abbildung 7.3. Die Federkontakte in dem Glasröhrchen werden mit einer Abschirmung versehen, die als Massefläche fungiert, wie es bei einer Koaxialleitung der Fall ist. Zudem sind die Federkontakte so dimensioniert, dass das Kriterium eines $50\,\Omega$-Wellenwiderstandes erfüllt wird. Um die Abschirmung ist eine Spule aufgewickelt, die ein Magnetfeld zur Schließung der Federkontakte verursacht und dabei das HF-Signal nicht beeinflusst.

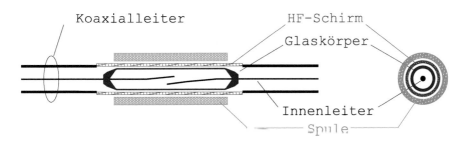

Bild 7.3: Illustration des Aufbaus eines Reed-Relais.

Der Reed-Kontakt wurde bereits 1936 von W. B. Elwood patentiert. Auch in der Elektronik wird dieser Kontakt bis hin in SMD-Relais eingesetzt. Die Vorteile dieses Kontaktes sind: Haltbarkeit, stromloser Stationärbetrieb, explosionssicher und höhere Stromverträglichkeit. Nachteiligt gegenüber den Standard-Relais sind die höheren Kosten.

7.1.2　Freilaufdiode

Durch den Fluss des Stromes baut sich in einer Spule ein Magnetfeld auf. Wird der Stromfluss unterbrochen, dann versucht die Spule seinen „alten" Zustand beizubehalten. Da nach der Abschaltung der Strom nicht mehr fließt, zugleich aber die aufgeladene Energie W nicht einfach entweichen kann, erhöht sich die Spannung der Spule schnell auf verhältnismäßig hohe Werte, wie die Abbildung 7.4 darstellt.

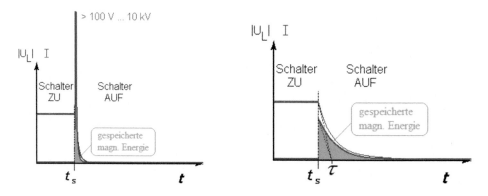

Bild 7.4: Spannung am Relaiskontakt, links: ohne Freilaufdiode; rechts: mit Freilaufdiode

Durch hohe Spannungen werden oft andere Schaltungen gestört und können elektronische Bauteile zerstört werden. Damit der Strom durch die induktive Last (Motor, Relaisspule, etc) nach Abschalten der Spannung weiter fließen kann und Spannungsspitzen durch Induktion vermieden werden, wird antiparallel zur Stromflussrichtung durch die Last eine Diode nach Bild 7.5 angeschlossen.

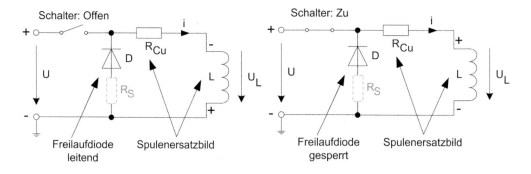

Bild 7.5: Freilaufdiode an der Spule

Bei geschlossenem Schalter ist die Freilaufdiode D wirkungslos, da sie sperrt. Der Strom wächst nach einer Exponentialfunktion $i = \frac{U}{R_{Cu}}\left(1 - e^{-t/\tau}\right)$ mit der Zeitkonstante $\tau = \frac{L}{R_{Cu}}$ bis zu einem Endwert, der nur durch die treibende Spannung und dem Gleichstromwiderstand des Kreises bestimmt ist.

Beim Öffnen des Schalters wirkt die Spule als Generator und treibt den Strom in zunächst unveränderter Stärke über die dann leitende Freilaufdiode. Dabei setzt sich die magnetische Energie in Wärme um. Der Strom klingt mit $i = \frac{U}{R_{Cu}}\left(e^{-t/\tau}\right)$ mit der Zeitkonstante $\tau = \frac{L}{R_{Cu}}$ ab wie auch die induzierte Spannung U_L, siehe Abbildung 7.4.

Durch die Umstellung der Induktionsspannungsformel U_L lässt sich die Entladezeit $dt = -L\frac{di}{U_L}$ ermitteln. Beim offenen Schalter fällt an der Spule die Durchlassspannung der Diode ab und verursacht eine Zeitkonstante, die sich im Millisekunden-Bereich bewegt. Das hat zur Folge, dass die gespeicherte magnetische Energie über einen längeren Zeitraum (konstant) abgegeben wird. Mit einem Serienwiderstand R_S im Diodenzweig kann die Zeitkonstante τ reduziert und somit das Schalten eines Relais beschleunigt werden. Der mathematische Zusammenhang stellt sich so dar:

$$\tau = \frac{L}{R_{Cu}+R_S} \quad .$$

Die Beschaltung der Spule durch die Freilaufdiode und R_S beeinflusst merklich die Umschaltzeit. Bei optimaler Beschaltung kommt man unter 0.2 ms.

7.2   MEMS

Elektromechanische Schalter, die mittels Verfahren der Halbleiter-Fertigungstechnologie hergestellt werden, nennt man <u>M</u>icro <u>E</u>lectro-<u>M</u>agnetic <u>S</u>witches oder auch kurz MEMS.

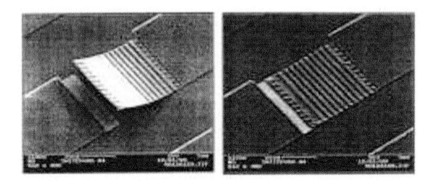

Bild 7.6: Foto eines MEMS-Schalters im geöffneten und geschlossenen Zustand

Bei MEMS wird der Leiter einer Hochfrequenzleitung über eine elektrostatische Kraft geschaltet. Nachteilig an MEMS ist, dass die Spannung für diese leistungslose Umschaltung i.d.R. größer als 20 V sein muss.

MEMS unterscheidet man in zwei Kategorien:

1. Ohmsche Schalter,

2. Kapazitive Schalter.

Der ohmsche Schalter besteht - wie die koaxialen Relais - aus einer metallischen Kontakt-
struktur. Da jedoch die Schalterkräfte bei MEMS sehr klein sind, fallen ohmsche Schalter
durch "Verkleben" aus.

Beim kapazitiven Schalter befindet sich zwischen den beiden Leiterkontakten eine dünne
dielektrische Schicht. Somit wird bei diesem Schalter nur eine Kapazität von einem großen
Wert (z.B. 20 pF, Durchgang) auf einen kleinen Wert (z.B. 0.05 pF, Isolation) geschaltet.
Diese Schalter weisen eine deutlich höhere Lebensdauer als die ohmschen Schalter auf,
lassen sich aber nur im Hochfrequenzbereich einsetzen.

MEMS haben sich aufgrund ihrer Zuverlässigkeitsprobleme, der relativ langsamen Schaltzeiten (typ. 5 ms) und der notwendig hohen Schaltspannung noch nicht in Massenproduk-
ten durchgesetzt, werden jedoch aufgrund ihrer Vorteile gegenüber elektronischen Schaltern stark forciert. Die Vorteile sind:

- Breitbandigkeit und hohe Grenzfrequenz,

- geringe Durchgangsverluste und hohe Isolation,

- Linearität,

- ESD-Festigkeit,

- Leistungsfreie Steuerung und

- kein 1/f-Rauschen.

Nachteilig an der MEMS-Technik sind die hohen Steuerspannungen, Baugrößen, hohe
Kosten, aufwendige Gehäusetechnik, schlechte Reproduzierbarkeit.

7.3   PIN-Dioden-Funktionalität und -Schalter

In der Hochfrequenztechnik werden nach wie vor eine große Anzahl von Dioden eingesetzt.
Eine sehr gute Darstellung der wichtigsten Dioden ist in [121] zu finden.

Um ein Hochfrequenzsignal zu schalten, eignet sich nur eine Dioden-Konstruktionsform.
Diese so genannte PIN-Dioden bestehen aus den drei Schichten: hochdotierte p^+ Kontakt-
zone, möglichst eigenleitende (intrinsic) i-Mittenzone und hochdotierte n^+ Kontaktzone.
Der Name dieser speziellen Diode setzt sich aus diesem Dreischichtaufbau zusammen.

PIN-Dioden waren die letzten Jahrzehnte die am Häufigsten eingesetzten HF-Schalter in
der modernen Kommunikationstechnik. Sie zeichnen sich als Hochfrequenzschalter durch

- den geringen Preis,

- die große Linearität,

- die große Leistungsfestigkeit,

- eine hohe ESD-Robustheit,

- geringe Verluste und
- eine kleine Bauform

aus. Nachteilig am Einsatz von PIN-Dioden als Hochfrequenzschalter ist, dass im durchgeschalteten Zustand das Steuersignal nicht leistungslos sein kann. Zum Durchschalten der PIN-Diode wird ein dauerhaft fließender Gleichstrom benötigt, der im Bereich von einigen mA liegt.

Zum Grundverständnis dieses HF-Schalter genügt es, die PIN-Diode als steuerbaren HF-Widerstand aufzufassen. Mittels einer Stromsteuerung wird über ein DC-Pfad (Spulen mit perfekter HF-Isolation, z.B. $100\,\text{nH}$) der Serienwiderstand (PIN-Diode) im HF-Pfad hoch- oder niederohmig gesetzt, Bild 7.7.

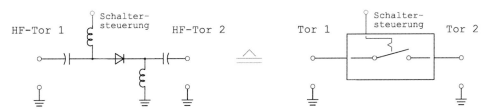

Bild 7.7: PIN-Diodenschalter als Serienschaltelement

Im Weiteren werden die stationären Verhältnisse der PIN-Dioden im Sperr- und Flussbereich dargestellt. Danach wird das Umschaltverhalten der Dioden-Schalter beschrieben. Abschließend werden Anwendungen als Hochfrequenzschalter behandelt.

7.3.1 Aufbau einer PIN-Diode

Ein Gleichstrom an einer Diode kann nur fliessen, wenn eine positive Spannung zwischen Anode und Kathode den Wert der Diffusionsspannung U_D überschreitet, Bild 7.8.

Bild 7.8: Schaltbild und zugehöriger Aufbau einer Standarddiode

Die PIN-Diode unterscheidet sich von der PN-Diode dadurch, dass diese eine weitere Schicht aufweist. Einen schematischen Schnitt durch eine PIN-Diode mit abrupten p^+/ν- und ν/n^+-Übergängen und typischen Dotierungen zeigt Bild 7.9. Die innere Zone (Mittenzone) mit der Weite w ist sehr schwach und recht homogen dotiert.

Eine ideale Eigenleitung (intrinsic) lässt sich bei einem Halbleiter in der Praxis nicht einstellen. Es tritt in jedem noch so reinen Halbleiter immer eine Störstellenleitung auf.

Stellt sich eine schwache (Überschuss-) Dotierung mit Donatoren $N_D \leq 10^{13}\,\text{cm}^{-3}$ ein, so spricht man von einer ν-Dotierung und der PνN-Struktur (leicht n-leitend).

Stellt sich eine schwache (Überschuss-) Dotierung mit Akzeptoren $N_A \leq 10^{13}\,\text{cm}^{-3}$ ein, so spricht man von einer π-Dotierung und der PπN-Struktur (leicht p-leitend).

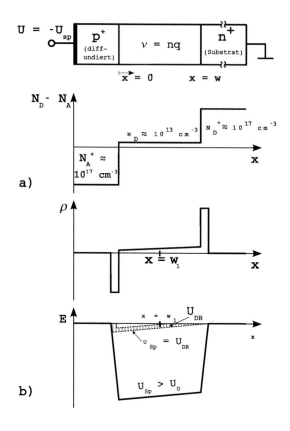

Bild 7.9: a) Aufbau sowie Dotierungsprofil einer PIN-Diode mit pνn-Struktur und *abrupten* Übergängen.   b) Darstellung der Raumladung $\rho = q(N_D - N_A)$ und der Feldstärke E bei teilweiser (gestrichelte Kurven) und vollständiger (strichpunktiert: $U_{sp} = U_{DR}$; durchgezogen: $U_{sp} > U_{DR}$) Ausräumung der ν-Zone

7.3.2   PIN-Diode im stationären Sperrbereich

Die Kontaktzonen sind sehr hoch dotiert und somit sehr gute Leiter. Deshalb fällt die Sperrspannung U_{sp} nur in der i-Zone ab.

Wie bei abrupten p$^+$n-Dioden folgt bei Sperrschichtweiten $w_1 < w$ die Sperrschichtweite w_1 aus

$$U_D + U_{sp} = \frac{q}{\epsilon} \, N_D \, \frac{w_1^2}{2} \qquad \Rightarrow \qquad w_1 = \sqrt{\frac{2\,\epsilon}{q\,N_D}\,(U_D + U_{sp})} \qquad (7.1)$$

mit der Elementarladung $q = 1.602 \cdot 10^{-19}$ As, der dielektrischen Konstanten ϵ und der

Diffusionsspannung

$$U_D = kT \ln(N_A^+ N_D/n_i^2) \qquad \text{(pνn-Struktur)} \quad , \qquad\qquad (7.2)$$

mit der Inversionsdichte (auch Eigenleitungsdichte) $n_i^2 = n \cdot p$.

Die Mittenzone bzw. i-Zone ist vollständig ausgeräumt, wenn $w_1 = w$ wird. Die zugehörige Durchreichspannung (punch through voltage) U_{DR} ist

$$U_{DR} = \frac{q\,N_D\,w^2}{2\,\epsilon} - U_D \qquad \text{(pνn-Struktur)} \quad . \qquad\qquad (7.3)$$

Liegen größere Sperrspannungen an, so bleibt die Weite der Raumladungszone nahezu bei w. Jedoch steigt die Feldstärke E, wie im Bild 7.9 dargestellt, gleichmäßig an.

Die Ersatzschaltung nach Bild 7.10 zeigt die Verhältnisse für den Betrieb in Sperrrichtung.

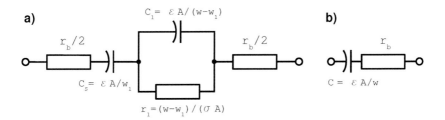

Bild 7.10:   a) Ersatzschaltung einer PIN-Diode im Sperrbetrieb;   b) Genäherte Ersatzschaltung für höhere Frequenzen

Mit jeweils $r_b/2$ sind die ohmschen Widerstände der Kontaktzonen bezeichnet. C_s ist die Kapazität der ausgeräumten i-Zone.

Der Bereich $w - w_1$ der restlichen i-Zone hat einen Widerstand r_1 mit der Leitfähigkeit $\sigma = q\mu N_D$ und eine Kapazität C_1, die den Verschiebungsstrom im nicht ausgeräumten Bereich berücksichtigt.

Für eine Dotierung von beispielsweise $N_D = 10^{12} - 10^{13}\,\mathrm{cm}^{-3}$ und einer Beweglichkeit von $\mu_n = 1500\,\mathrm{Vs/cm^2}$ (Silizium) liegt die dielektrische Relaxationsfrequenz der i-Zone $2\pi f_d = \sigma/\epsilon$ im Bereich 25-250 kHz.

Im höheren Frequenzbereich überwiegt dann der Verschiebungsstrom. Es gilt $1/\omega C_1 > r_1$. Die Parallelschaltung aus C_1 und r_1 kann somit zusammengefasst und zu einem Serienelement $z_x = z_1$ vereinfacht werden:

$$z_x = \frac{1/(j\omega C_1)}{1 + 1/(j\omega C_1\,r_1)} \simeq \frac{1}{j\omega C_1} + \frac{1}{\omega^2\,C_1^2\,r_1} \quad . \qquad\qquad (7.4)$$

Der kapazitive Anteil von z_x wird mit c_s zu c:

$$\frac{1}{C} = \frac{1}{C_s} + \frac{1}{C_1} = \frac{w}{A\,\epsilon} \quad . \qquad\qquad (7.5)$$

Der Realteil von z_x mit den Angaben für c_1 und r_1 aus Bild 7.10

$$r_x = \frac{\sigma}{\omega^2 \, A \, \epsilon^2} \, (w - w_1) \simeq 0 \qquad (7.6)$$

ist null für $w = w_1$ und für hohe Frequenzen, da er proportional zu $1/\omega^2$ ist.

Somit verbleibt als Ersatzschaltung für den Sperrbetrieb der PIN-Diode nur die Serienschaltung der Kapazität c und des Bahnwiderstandes r_b (0.5-5 Ω).

Der Bahnwiderstand setzt sich aus den beiden Widerständen der hochdotierten Zonen mit den Längen l_{p+} und l_{n+} zusammen:

$$r_b = \frac{l_{p+}}{q \, N_A^+ \, \mu_p \, A} + \frac{l_{n+}}{q \, N_D^+ \, \mu_n \, A} \quad . \qquad (7.7)$$

7.3.3 PIN-Diode im stationären Flussbereich

Bei Betrieb in Flussrichtung werden durch die anliegende Flussspannung Ladungsträger in die i-Zone injiziert. Wegen der hohen Dotierung der Kontaktzonen ist der Strom am p^+i-Übergang nahezu ausschließlich ein Löcherstrom und am ni^+-Übergang ein Elektronenstrom. Die induzierten Minoritätsladungsträger haben eine Dichte p bzw. n, die viel größer als die Dotierungskonzentration in der hochreinen i-Zone ist. Sie rekombinieren daher bevorzugt miteinander und haben dieselbe Lebensdauer τ. Wegen $n \gg N_D$, $p \gg N_D$ (für eine ν-Zone) folgt aus der Neutralitätsbedingung $n \simeq p$. Folglich entspricht der ganze Diodenstrom dem Rekombinationsstrom der Löcher und der Elektronen. Aus dem Verhältnis von gespeicherter Ladung Q eines Vorzeichens und der Rekombinationslebensdauer τ ergibt sich der Flussstrom:

$$I_f = \frac{q \, n \, A \, w}{\tau} = \frac{q \, p \, A \, w}{\tau} \quad . \qquad (7.8)$$

Das Bild 7.11 illustriert die Verteilung der injizierten Ladungsträger für eine PIN-Diode mit hohen Dotierungen der Kontaktzonen für ein großes Verhältnis von Diffusionslänge

$$L_{n,p} = \sqrt{D_{n,p} \, \tau} \qquad (7.9)$$

und der Weite w der i-Zone. Der Diffusionskoeffizient D lässt sich über die Nernst-Einstein-Gleichung

$$D_{n,p} = \frac{k \, T}{q} \, \mu_{n,p} \qquad (7.10)$$

auch als Funktion der Beweglichkeit ausdrücken. Wegen

$$\tau_{n,p} = \frac{m_{n,p} \, \mu_{n,p}}{q} \qquad \text{gilt} \qquad L_{n,p} = \sqrt{k \, T \, m_{n,p}} \, \frac{\mu_{n,p}}{q} \qquad . \qquad (7.11)$$

Die Beweglichkeit der Elektronen von GaAs ist viel größer als die von Silizium (8000 gegenüber 1350), aber die Beweglichkeit der Löcher fällt für GaAs deutlich schlechter aus (300 gegenüber 480).

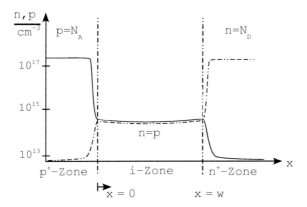

Bild 7.11: Schematische Verteilung der injizierten Ladungsträger bei einer in Flussrichtung betriebenen PIN-Diode

Deshalb kommt heute nur Silizium als Halbleiter für PIN-Dioden in Betracht, zumal die Silizium-Technologie weit besser beherrscht wird und kostengünstiger ist.

Für den differentiellen Widerstand r_f der i-Zone gilt mit der Leitfähigkeit $\sigma = q(n\mu_n + p\mu_p)$ sowie $n = p$ mit der Gleichung (7.8):

$$r_f = \frac{w}{\sigma\,A} = \frac{w}{q\,n\,(\mu_n + \mu_p)\,A} = \frac{w^2}{\tau\,I_f\,(\mu_n + \mu_p)} \quad . \tag{7.12}$$

Mit ansteigendem Flussstrom I_f steigen proportional die Ladungsträger an, die in der i-Zone injiziert werden, und es sinkt der Flusswiderstand r_f.

Wenn der Flusswiderstand möglichst klein sein soll, so sollte w verringert werden, da ein quadratischer Zusammenhang besteht. Hingegen steigt die Sperrkapazität C nur linear mit $1/w$ (Gleichung (7.5)).

Bild 7.12 zeigt die Wechselstrom-Ersatzschaltung einer PIN-Diode für einen Betrieb in Flussrichtung.

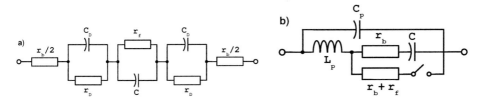

Bild 7.12:   a) Detaillierte Ersatzschaltung einer PIN-Diode im Flussbereich;   b) Zusammengefasste Ersatzschaltung für Sperr- und Flussbereich mit idealem Schalter und Gehäusekapazität C_p sowie der parasitären Induktivität L_p

An den Kontaktzonen treten Rekombinationsverluste und Diffusionskapazitäten auf. Diese wurden im detaillierten Ersatzschaltbild (ESB) mittels r_D und c_D berücksichtigt. Als

Leitwert gilt für diese Verluste

$$1/r_D + j\omega C_D = \frac{q\, I_f}{kT}\, \sqrt{\omega\, \tau}\, (1 + j)/2 \qquad . \tag{7.13}$$

Dieser Leitwert wird im Hochfrequenzfall so groß, dass er vernachlässigt werden kann.

Das ESB im Bild 7.12 b) beinhaltet neben den verbliebenen drei Elementen der PIN-Diode (r_b, C und r_f) noch die beiden parasitären Elemente C_p und L_p, die maßgeblich durch das Gehäuse und die Bonddrähte verursacht werden. In der Praxis ist C_p oft größer als die Sperrkapazität C, und deshalb ist es wichtig, ein möglichst kleines Gehäuse zu wählen oder ohne Gehäuse zu arbeiten. Bei PIN-Dioden in SMD-Gehäuse muss man immer noch zusätzlich an den beiden Anschlüssen Shunt-Kondensatoren gegen Masse berücksichtigen.

Allgemeine Anm.: Es ist üblich, die zu den Halbleitern gehörigen Ersatzgrößen (hier z.B. r_f) mit kleinen Buchstaben und die zu den Gehäusen gehörigen Ersatzgrößen mit großen Buchstaben zu kennzeichnen. Die innere Halbleiter-Ersatzschaltung nennt man intrinsisches Modell und die äußere Gehäuse-Ersatzschaltung nennt man extrinsisches Modell (Bild 7.12: L_P und C_P).

7.3.4   Schaltverhalten von PIN-Dioden

Die Schaltvorgänge sollen hier nur qualitativ vorgestellt werden. Prinzipbedingt sind die Umschaltzeiten wesentlich schneller als bei mechanischen Schaltern, aber bereits in der Anwendung als RX/TX-Schalter und als Schalter in Modulatoren in einer kritischen Größenordnung.

Umschaltung durch Großsignale

Wenn der Pegel eines Hochfrequenzsignales, das geschaltet werden soll, groß genug ist, dann genügt eine Halbwelle dieses Hochfrequenzsignales zum Öffnen und Schließen des Schalters. Hierfür muss die gesamte in der Diode gespeicherte Ladung ausgeräumt werden. Damit dieses erfolgt ist, muss für die Wechselstromamplitude des HF-Signals

$$\hat{I} > \frac{\omega}{2}\, \tau\, I_f \tag{7.14}$$

gelten. D.h., für eine Diode mit einer Rekombinationslebensdauer $\tau = 10\,\mu s$ bei einer Frequenz von $1\,GHz$ und einem Flussstrom von $I_f = 10\,mA$ muss der Wechselstrom Amplituden von mehr als $3\,A$ erreichen[1].

Gleichung (7.14) besagt, dass bei kleinen Frequenzen bereits ein kleiner anliegender HF-Strom genügt, um die eine gesperrte Diode durchzuschalten. Aus diesem Grund werden PIN-Dioden nicht unter 1 MHz eingesetzt.

---

[1]Das sind Bedingungen, die bereits bei GSM900-Handsets auftreten können.

Der Einschaltvorgang

Elektronen und Löcher bewegen sich aufgrund eines anliegendes E-Feldes der Feldstärke E mit den mittleren Geschwindigkeiten

$$v_n = -\mu_n E \quad \text{bzw.} \quad v_p = \mu_p E \quad . \tag{7.15}$$

In der i-Zone ist die Feldstärke des E-Feldes so groß, dass dieser lineare Zusammenhang nicht mehr gilt und die Driftgeschwindigkeit der Elektronen nahezu der Sättigungsgeschwindigkeit v_s entspricht. v_s entspricht der thermischen Geschwindigkeit der Ladungsträger von 10^7 cm/s. Im Weiteren wird grob angenähert, dass sich auch die Löcher mit der Sättigungsgeschwindigkeit bewegen.

Im Einschaltmoment bei $t = 0$ werden Ladungsträger aus den hochdotierten Kontaktzonen in die i-Zone mit der Sättigungsgeschwindigkeit v_s injiziert. Dieses Durchdringen der i-Zone ist erst dann abgeschlossen, wenn die Ladungsträger die **gegenüberliegende** Kontaktzone erreicht haben. Die notwendige Zeit liegt bei

$$t_1 \simeq w/v_s \quad . \tag{7.16}$$

Folglich lässt sich über eine kurze Weite in der i-Zone eine schnelle Einschaltzeit einstellen. Illustriert ist der Einschaltvorgang im Bild 7.13.

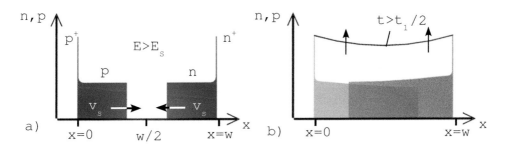

Bild 7.13: Verteilung der injizierten Ladungsträger in der i-Zone im Einschaltvorgang für   a) $t < w/(2v_s)$ und   b) $w/(2v_s) < t < w/v_s$

Während die Einschaltzeit i.d.R. in akzeptablen Größenordnungen liegt, gibt es mit der Ausschaltzeit häufiger Probleme.

Der Ausschaltvorgang

Ab dem Ausschaltmoment bei $t = 0$ sollen sämtliche Ladungsträger, die sich in der i-Zone befinden, abgezogen werden. Dieses erfolgt im *besten* Fall durch einen aufgezwungenen Sperrstrom I_{sp}[2]. Bild 7.14 stellt die Vorgänge, die beim Ausschalten der PIN-Diode ablaufen, über der Zeit dar.

---

[2] Dieses erfordert eine negative Spannungsversorgung, die man sich ggf. sparen möchte.

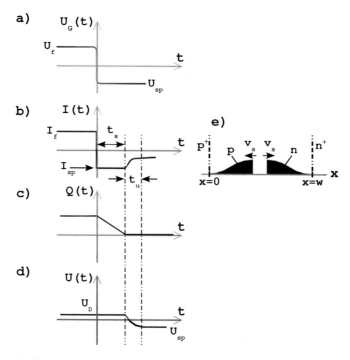

Bild 7.14: Ausschaltvorgang einer PIN-Diode: a) Spannungsverlauf des Steuersignales;   b) Stromverlauf des Steuerstromes;   c) Ladung in der i-Zone   d) Spannung an der Diode;   e) Verteilung der injizierten Ladungsträger

Die Speicherzeit

$$t_s \simeq \tau \, I_f/I_{sp} \tag{7.17}$$

wird benötigt, bis sich die rückströmenden Ladungsträgerwolken trennen. Des weiteren wird zusätzlich die Übergangszeit

$$t_u \simeq w/(2v_s) \tag{7.18}$$

benötigt, um die i-Zone komplett zu räumen und die Diode auszuschalten:

$$t_2 = t_s + t_u \qquad . \tag{7.19}$$

Die Schaltzeiten von PIN-Dioden können bis in den μs-Bereich reichen. Insbesondere wenn kein negativer Sperrstrom zur Verfügung steht, sollte dafür gesorgt werden, dass die Ladungsträger einen "Entladungspfad" vorfinden. Allzu große, aufgeladene Koppel- und Blockkondensatoren verzögern oft in praktischen Schaltungen die Schaltzeiten.

7.3.5 Bauformen von PIN-Dioden

In den Abbildungen 7.15 und 7.16 sind verschiedene Bauformen von PIN-Dioden darge-stellt.

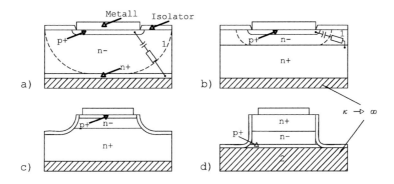

Bild 7.15: Bauformen von PIN-Dioden   a) Planardiode mit langer Mittelzone;   1. parasi-täres RC-Glied im Randbereich   b) Planardiode mit kurzer Mittelzone;   c) Mesadiode
d) "Upside-down"-Mesadiode;   2. Metallwärmesenke direkt an der aktiven Schicht

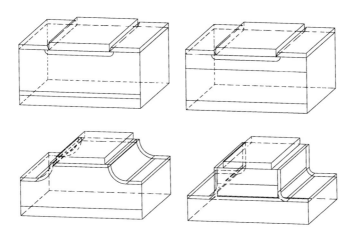

Bild 7.16: 3-D-Darstellung der Bauformen von PIN-Dioden aus dem Bild 7.15

In der Vergangenheit setzte man bevorzugt die aufwendigeren Mesa-Bauformen ein, da diese prinzipbedingt kleinere parasitäre Elemente haben. Mit zunehmender Erfahrung in der Siliziumtechnologie ist man demgegenüber heute in der Lage, mit der ungünstigeren planaren Bauform PIN-Dioden mit ausgezeichneten Eigenschaften zu fertigen.

Vorteilhaft an der planaren Technologie nach b) ist die Integrierbarkeit in sogenannten MMIC's (engl.: Monolithic Microwave Integrated Circuit) und der sehr günstige Herstel-lungspreis. Z.Z. werden PIN-Dioden noch nicht in MMIC's eingesetzt.

7.3.6   PIN-Dioden Schalter-Anordnungen

PIN-Dioden waren die am Häufigsten eingesetzten Schalter in der Hochfrequenztechnik
(s.u.a. [5, 121]). Aufgrund der bereits erwähnten Nachteile werden sie oft auch mit $\lambda/4$-
Leitungen kombiniert. Da sich PIN-Dioden nur schwer mit anderen Halbleitertechnologien
integrieren lassen, handelt es sich bei PIN-Dioden-Schaltern i.d.R. um diskrete Aufbauten.

Das Bild 7.17 zeigt einen ein- und einen zweipoligen Schalter für den Fall, dass positive
und negative Steuersignale (U_D) zur Verfügung stehen.

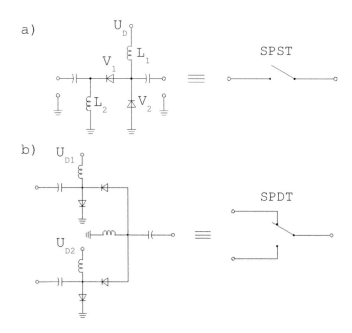

Bild 7.17: PIN-Diodenschalter: a) einpoliger Schalter SPST (Single Pole Single Thru) und
b) zweipoliger Umschalter SPDT (Single Pole Double Thru)

Derartige Schaltungen lassen sich in SMD-Technik bis 8 GHz realisieren und weisen bei
5 GHz typisch noch eine Isolation von 40 dB bei nur 0.7 dB Einfügedämpfung und mehr
als 12 dB Reflexionsdämpfung auf.

Oft steht kein negatives Steuersignal U_D zur Verfügung. In diesem Fall muss man unterscheiden, ob Schalter für Breitbandanwendungen oder schmalbandige Anwendungen
benötigt werden. Bei breitbandigen Anwendungen muss man ggf. auf V_2 (Bild 7.17) ver-
zichten, und somit stellt sich nur rund die halbe Isolation ein.

Die meisten Anwendungen sind schmalbandig und oft werden PIN-Dioden-Schalter als
Senderempfangsumschalter für ein Betrieb mit nur einer Antenne benötigt. In diesem Fall
kann man, wie im Bild 7.18 dargestellt, zwischen L_1 und V_2 eine $\lambda/4$-Leitung einfügen
und die Richtung von V_2 drehen.

Dieses Schalteranordnung hat die beiden Vorteile, dass 1. im Empfangsfall (RX) kein
Steuerstrom benötigt wird und eine lange sogenannte "Standby"-Zeit erzielbar ist sowie

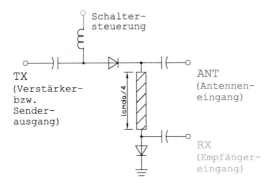

Bild 7.18: PIN-Diodenschalter zur TX/RX-Umschaltung mit nur einem positiven Steuersignal und keinem Stromverbrauch im RX-Fall

2. Die ungradzahligen Oberwellen des Verstärkers sehr gut unterdrückt werden. Dieser Schalter ist in dieser Art und Weise in nahezu jedem GSM-Gerät enthalten.

Neben reinen Schaltern lassen sich mit PIN-Dioden eine Reihe von veränderbaren Komponenten herstellen. Im Weiteren sollen exemplarisch veränderbare Dämpfungsglieder und Phasenschieber vorgestellt werden.

Steuerbare Dämpfungsglieder

Ein elektronisch veränderbares Dämpfungsglied (engl.: attenuator) soll über einen großen Frequenzbereich eine sehr große Reflexionsdämpfung aufweisen und sich in der Einfügedämpfung über einen weiten Bereich regeln lassen. Hochpräzise kann man diesen Anforderungen gerecht werden, indem man zwei Shunt-PIN-Dioden und eine Serien-PIN-Diode jeweils über eine rechnergesteuerte Stromsteuerung einstellt (Bild 7.19)[3].

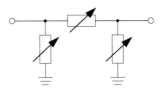

Bild 7.19: Prinzipschaltbild eines steuerbaren Dämpfungsgliedes, das mittels zweier Shunt- und einer Serien-PIN-Diode realisiert werden kann

Steuerbare Dämpfungsglieder werden beispielsweise in Hörfunk- und Fernsehempfangsstufen (-tunern) eingesetzt, um den Empfänger vor zu großen Empfangssignalen zu schützen. Hierfür muss sich die Dämpfung nicht präzise einstellen lassen. Aus Kostengründen

---

[3]Die Auslegung dieses π-Dämpfungsgliedes wurde bereits im Kapitel 2.3 vollzogen. Den fehlenden Zusammenhang zwischen Flussstrom $I_f = I_R$ und einstellbaren Widerstand kann man den Datenblätter der PIN-Dioden entnehmen.

muss oft auf eine Rechnersteuerung verzichtet werden. Im Fernseher detektiert ein Spitzenwertgleichrichter (Detektor) die Eingangsleistung, das detektierte Signal wird mittels einer Operationsverstärkerschaltung in ein Konstantstrom umgewandelt, und dieser Regelstrom steuert ein einfaches Dämpfungsglied nach Bild 7.20[4].

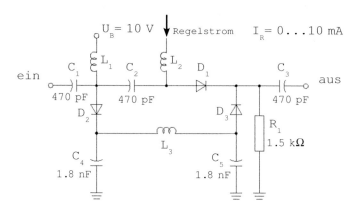

Bild 7.20: PIN-Dioden-Dämpfungsglied, wie es in Fernsehtunern eingesetzt wird

R_1 wird so gewählt, dass sich D_2 und D_3 für $I_R = 0$ auf $75\,\Omega$ (Systemimpedanz der Antenne) einstellen (Schalter sperrt und ist angepasst). Mit steigendem Regelstrom sinkt der Strom durch D_2 und D_3. Fallen mehr als $9\,V$ an R_1 ab, so muss D_1 voll durchgesteuert werden, da D_2 und D_3 nicht mehr leitend sind. Diese Schaltung kann nur durch eine Selektion der Dioden D_1 und D_2/D_3 feinoptimiert werden.

Mit dieser Schaltung erreicht man eine Reflexionsdämpfung von $10\,dB$ über den gesamten Dämpfungsbereich von $0.5\,dB$ bis rund $60\,dB$ für Hörfunk- und Fernsehtuner.

Schaltbarer Phasenschieber

Schaltbare Phasenschieber werden benötigt, wenn man Signale modulieren, komplexwertige (IQ) Signale generieren oder Gruppenantennen steuern möchte.

Der Transmissions-Laufzeit Phasenschieber (Bild 7.21) lässt sich sehr präzise herstellen. Die dazu notwendigen SPDT-Schalter sind im Bild 7.17 dargestellt.

Da eine $l_2 =$ n·$\lambda/2$ lange Leitung mit beliebigem Wellenwiderstand zwei Tore mit gleicher Eingangsimpedanz durchverbindet, fällt der Phasenschieber bei diesen Längen (bzw. den zugehörigen Frequenzen) aus!

Nutzt man diesen Phasenschieber z.B. in der bekannten BPSK-Modulation, so darf die Modulationsfrequenz nur ein Bruchteil der maximal möglichen Umschaltfrequenz liegen. Für derartige Anwendungen bieten Transistoren deutlich höhere Schaltfrequenzen.

---

[4]Die Kapazitäten sind so groß, dass sie für das Hochfrequenzsignal Kurzschlüsse bilden, und die Induktivitäten blocken das Hochfrequenzsignal.

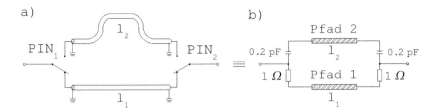

Bild 7.21: a) Prinzipschaltbild eines Transmissions-Laufzeit Phasenschiebers mit PIN-Dioden und b) zugehöriges ESB

7.4 HF-Transistor-Schalter

Als HF-Transistor-Schalter wurden in der Vergangenheit zunächst GaAs-Mesfet-Schalter für Kleinsignalanwendungen verwendet, die von den deutlich besseren HEMT-Schaltern, die auch Signale bis zu einigen Watt schalten können, abgelöst wurden. Aktuell drängen die merklich günstigeren CMOS-Schalter auf den Markt.

Die Vorteile all dieser Transistor-Schalter gegenüber PIN-Dioden-Schalter sind:

- schnelleres Design,
- integrierbar,
- schnellere Schaltvorgänge,
- nahezu leistungsfreier Betrieb.

Die Nachteile dieser Transistor-Schalter gegenüber PIN-Dioden-Schalter sind:

- etwas teurer,
- geringere obere Einsatzfrequenz,
- ESD-empfindlicher,
- etwas mehr Einfügedämpfung,
- geringere Leistungsverträglichkeit.

Isolationswerte, Platzbedarf und Anzahl der Bauelemente der Gesamtschaltung sind vergleichbar.

Jedoch werden für die Massenanwendungen diesen neuen HEMT- und CMOS-Schalter in Multiplexanwendungen zunehmend eingesetzt, da der Schaltungsaufwand für PIN-Dioden-Schalter bei der Anzahl der Kanäle nicht mehr tragbar ist. Es ist nicht unüblich, dass ein Schalter-IC 2 Antennentore und 8 RX-/TX-Tore verküpft.

7.5   Schalter für differentielle Schaltungen

Ein idealer Schalter in der Elektronik und Hochfrequenztechnik weist einen sehr geringen Durchlasswiderstand für den durchgeschalteten Fall und eine sehr große Isolation sowie hochohmige Eingänge für den Sperrfall auf. In der HF-Technik heißt das, dass der Schalter im durchgeschalteten Zustand möglichst geringe Transmissionsverluste und eine möglichst gute Eingangsanpassung aufweisen soll. Im geöffneten Zustand sollte ein Schalter vorzugsweise beidseitig einen Leerlauf nachbilden und eine möglichst geringe Transmission aufweisen.

Als technologische Realisierungsformen elektronisch steuerbarer Schalter kennt man Relais, MEMS, Transistorschalter und alleinig in der Hochfrequenztechnik PIN-Dioden-Schalter. Alle diese Realisierungsformen lassen sich in erster Näherung durch einen Serienwiderstand für den durchgeschalteten Zustand und einer Sperrkapazität im geöffneten Zustand beschreiben.

Da jedoch in HF-Schaltungen kleinste Kapazitäten von nur 200 fF bereits merkliche Transmissionen zulassen, sind insbesondere die Isolationseigenschaften von einzelnen Schaltern recht schlecht realisierbar. Beispielsweise weist die in HF-Schaltungen am häufigsten eingesetzte PIN-Diode in modernster Bauform (z.B. BAR 88 von Infineon) bei 2 GHz lediglich eine Isolation von 23 dB auf. Bei 10 GHz sind es nur noch 10 dB Isolation. Die aufgelisteten einzelnen Schalter der verschiedenen Technologien sollen im Weiteren als Schalterelemente bezeichnet werden.

HF-Sende-/Empfangsysteme (Transceiver) unterteilt man in ein Kleinsignal-Transceiver-IC und dem sogenannten Frontend. Das hochintegrierte Transceiver-IC bewerkstelligt eine frequenzstabilisierte Signalumsetzung zum niederfrequenten Bereich. Diese ICs sind heutzutage fast ausschließlich in der sogenannten symmetrischen Schaltungstechnik aufgebaut. Frontends beinhalten die Komponenten Leistungsverstärker, Filter, Schalter, rauscharme Empfangsverstärker und Antennen. Diese Komponenten sind in der Regel in unterschiedlichen Technologien hergestellt. Folglich handelt es sich bei Frontends um diskret aufgebaute Schaltungen. Für Antennen, Verstärker und Filter gibt es heutzutage Realisierungsformen in symmetrischen Schaltungstechnik, die deutlich vorteilhafter sind als die unsymmetrischen Schaltungen. Da man prinzipiell jede unsymmetrische Schaltung durch Spiegelung (und somit fast doppelten Bauelementeaufwand) in eine symmetrische Schaltung umwandeln kann, kennt man auch Lösungen für Schalter. Derartige Lösungen für Frontends haben sich jedoch noch nicht durchgesetzt, da u.a. der Aufwand für die Bauelemente als zu groß und somit als zu teuer eingestuft wird.

Folglich werden die HF-Schalter fast ausschließlich in unsymmetrischer Schaltungstechnik hergestellt und eingesetzt. Da Schalter mit nur einer PIN-Diode in der Praxis oft eine ungenügende Isolation aufweisen, realisiert man einen Durchgangsschalter oft aus der Zusammenschaltung von zwei Dioden, wie es in Bild 7.17 a) als SPST-Schalter dargestellt ist. Das linke Schaltertor hat im Sperrfall einen hochohmigen Eingangswiderstand und das rechte Schaltertor einen niederohmigen Eingangswiderstand.

SPST-Schalter dienen als Subkomponente in komplexeren Schalterkonfigurationen, wie z.B. einen SPDT-Schalter (Bild 7.17 b)), der als Umschalter einsetzbar ist. Folglich beschränkt sich die weitere Betrachtung auch nur auf SPST-Schaltern, da diese die wesentliche Sub-Komponente aller komplexeren Schalter ist.

Ein Hochfrequenzschalter sollte möglichst das gleiche Verhalten aufweisen, wie man es von einem idealen Schaltern erwartet. Jedoch hat der SPST als PIN-Dioden-Realisierung im gesperrten Zustand nur ein Tor, das einen hochohmigen Eingangswiderstand aufweist. Der Nachteil an dem niederohmigen Eingangswiderstand ist, dass sich hier keine Schalter zusammenschalten lassen, um beispielsweise eine Signalaufteilung in verschiedene Kanäle zu bewerkstelligen. Weiterhin ist nachteilig, dass der SPST zwei Polaritäten einer Steuerspannung benötigt.

Diese beiden Nachteile könnte man dadurch eliminieren, in dem man die Shunt-Diode im SPST nicht einsetzt. In diesem Fall ist jedoch die Isolation, die nunmehr einzig auf der Sperrkapazität der Serien-Diode beruht, ungenügend. Ein weiterer Nachteil dieser Aufbauform ist, dass im Sendefall die gesamte Sendeleistung durch die Serien-Diode fließt und diese aufgrund ihres endlichen Serienwiderstandes die Leistung dämpft und für die Sendeleistung ausgelegt sein muss.

Möchte man Frontendschaltungen in symmetrischer Schaltungstechnik fertigen, die nachweislich für Verstärker, Filter und Antennen Vorteile aufweist, so ist der Bauelementeaufwand einer in der Masseebene gespiegelten SPST-Schaltung recht groß.

Gegenstand dieses Abschnittes sind zwei neue Architekturen für SPST-Schaltern, [53], die im Weiteren als X-SPST- und Z-SPST-Schalter bezeichnet werden. Beide lassen sich nur in symmetrischer Schaltungstechnik umsetzen. Beide Schalter weisen den Vorteil auf, dass sie im gesperrten Zustand eine höhere (theoretisch unendlich große) Isolation als SPST-Schalter aufweisen. Eine nahezu perfekte Isolation weisen beide Schalter dann auf, wenn die eingesetzten Bauelemente exakt gleich sind. D.h., dass die Eigenschaften der Bauelemente nicht optimal sein müssen. Gleichheit der Bauelemente ist insbesondere in der Platinenfertigung für Leitungsstrukturen und in der Halbleiterfertigung für Elemente auf einem Wafer sehr gut gegeben. Beide Schalter benötigten in ihren Minimalkonfiguration nur zwei Schalterelemente (z.B. PIN-Dioden) und haben somit einen Bauelementeaufwand, der mit bekannten unsymmetrischen Schaltern vergleichbar ist.

7.5.1 Beschreibung der symmetrischen Schalteranordnungen

Beide neuen SPST-Architekturen basieren auf Arbeiten zu sogenannten Modeblockern, Abschnitt 5.2.3. In diesem Abschnitt findet sich der Kreuzblocker. Der Reflexionsfaktor r des Modeblockers lässt sich über

$$r = \frac{1 - 2y}{1 + 2y} \qquad (7.20)$$

mit dem normierten Leitwert $y = Z_0/Z$ berechnen.

Weiterhin wurde darauf hingewiesen, dass anstatt einer beliebigen Impedanz auch ein beliebiges Zweitor eingesetzt werden kann. An dieses Zweitor werden keine Bedingungen gestellt und somit kann es auch nichtreziprok und aktiv sein. Wie es sich zeigen wird, ist eine verlustarme Leitung eine sehr gute Wahl. Auch bei Einsatz eines derartigen Zweitores stellt sich breitbandig eine Isolation des Gegentaktsignals ein.

Beschreibung des X-SPST-Schalters mit konzentrierten Elementen

Die allgemeine Schaltung des X-SPST-Schalters ist in der Umsetzung mit konzentrierten Elementen im linken Teil des Bildes 7.22 dargestellt.

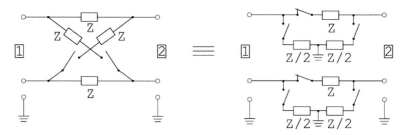

Bild 7.22: Allgemeines Schaltbild des durchgeschalteten X-SPST-Schalters mit konzentrierten Elementen und zugehöriges Ersatzschaltbild (ESB)

Dieser Schalter bildet bei geschlossenen Schalterelementen den Kreuzblocker nach. D.h. bei geschlossenen Schalterelementen des X-SPST sind die Serienschalter des Ersatzschaltbildes (ESB) geöffnet und die Shunt-Schalter geschlossen. Im Durchlassfall sind die Schalterelemente des X-SPST (wie im Bild 7.22 dargestellt) geöffnet. Es sind in diesem Fall nur die in den Längszweigen enthaltenen konzentrierten Elemente Teil der stromdurchflossenen Schaltung, sofern die Schalterelemente eine gute Isolation aufweisen. Letzteres ist bereits mit Standard-PIN-Dioden gegeben. Bei der Wahl des Bauelementes oder der Schaltung aus konzentrierten Bauelementen zur Realisierung der Impedanz Z ist man frei. Ein wichtiges Kriterium für die Auslegung ist mit Sicherheit der resultierende Reflexionsfaktor für den Sperrfall, der sich über Gleichung (7.20) berechnen lässt.

Einen schaltungstechnisch sehr geringen Aufwand hat man, wenn man für Z einzig einen Koppelkondensator wählt. Noch weniger Aufwand macht ein sehr kurzes Leitungsstück, dass noch durch eine konzentrierte Induktivität ausreichend gut modelliert werden kann. In beiden Fällen gilt jedoch zu berücksichtigen, dass der Eingangsreflexionsfaktor r nahezu einem Kurzschluss entspricht.

Bei der konzentrierten Impedanz kann es sich auch um ein Koppelelement eines Filters handeln, wodurch ein ansonsten in Serie geschaltetes Filter mit dem Schalter verschmilzt. Durch die Impedanzsprünge im Filter lassen sich nochmals verbesserte Isolationen erzielen.

Beschreibung des X-SPST-Schalters mit verteilten Elementen

Wie in Bild 7.23 dargestellt, lassen sich auch anstatt eines Klemmenelementes Z ein Zweitor mit der allgemeinen Streumatrix [S] einsetzen. Unterschiedlich ist, dass bei Schaltungsrealisierungen für die Netzwerke [S], die die Transmissionsphase merklich drehen (z.B. ab $10°$), ein zweites Schaltelement pro Querpfad eingesetzt werden muss.

Ein sehr interessantes Zweitor stellt eine Leitung dar. Bei genauen Untersuchungen erkennt man jedoch, dass derartige Schalter sich nur in sehr guter Qualität bis zur Leitungslänge von $\lambda/2$ herstellen lassen. In dem Frequenzbereich, in dem die Leitung eine Länge von $\lambda/4$ aufweist, sind die Eingangsreflexionsfaktoren r im Bereich eines oft gewünschten Leerlaufes.

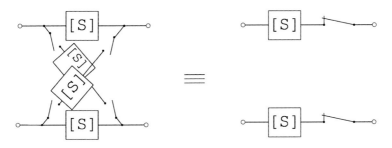

Bild 7.23: Allgemeines Schaltbild des durchgeschalteten X-SPST-Schalters mit verteilten Elementen und zugehöriges vereinfachtes ESB

Diese Topologie ist natürlich im Höchstfrequenzbereich (z.B. für Automobil-Radarsysteme bei 77 GHz) besonders interessant, da es in diesem Frequenzbereich nur wenig konzentrierte Bauelemente in der Frontendtechnik gibt.

Vorteile des X-SPST-Schalters

Vorteilhaft an dem X-SPST-Schalter ist, dass die Sendeleistung im durchgeschalteten Zustand nicht durch die Schalterelemente fließt. Somit weist dieser Schalter deutlich weniger Transmissionsverluste als ein SPST-Schalter auf. Weiterhin lassen sich Schalterelemente einsetzen, deren maximale Leistungsverträglichkeit weit unter der angelegten Leistung ist. Dieses verringert die Kosten ist bei Großsignalanlagen immens. Neben den beiden Schaltern werden noch vier weitere Bauelemente benötigt. Hier können Kondensatoren, Leitungen oder sonstige Elemente eingesetzt werden, die die Funktionalität bzgl. des Reflexionsverhalten und der Isolation verbessern können.

Beschreibung des Z-SPST-Schalters

Auch der Z-SPST-Schalter (Bild 7.24) nutzt die besonderen Eigenschaften des Kreuzblockers.

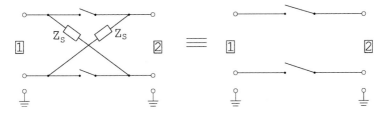

Bild 7.24: Schaltbild des offenen Z-SPST-Schalters und zugehöriges gut genähertes ESB

Bei dieser Architektur sind die Schaltelemente wie auch bei traditionellen Schaltern in den Längszweigen eingefügt. Zusätzlich findet man in den Querzweigen jeweils ein Impedanzelement Z_S, dass die Eigenschaften des geöffneten Schaltelementes nachbildet. Eine für viele Schaltelemente genügend gute Nachbildung stellt der Einsatz einer Kapazität dar. Bei komplexeren Schaltelementen bzw. über große Bandbreiten oder bei hohen Frequenzen kann man auch direkt jeweils ein Schalterelement, das nicht durchgeschaltet wird, einsetzen. Somit entspricht der Schalter im gesperrten Zustand wiederum einen Kreuz-blocker.

Neben der Isolationswirkung der Schalter wirkt die Modeunterdrückungsstruktur. Resul-tierend ergibt sich auch bei Bauelementeschwankungen eine sehr gute Isolation. Weiterhin ist an diesem Schalter vorteilhaft, dass der Eingangswiderstand breitbandig und beidsei-tig recht hochohmig ist. Darüber hinaus erlauben manche Systeme für einen Einsatz von PIN-Diodenschaltern nur einen Stromverbrauch im Sendebetrieb. Auch dieses gewährlei-stet dieser neuartige Schalter.

Vorteile des Z-SPST-Schalters

Der Z-SPST-Schalter verhält sich breitbandig so, wie man es sich von einem sehr guten Schalter vorstellt. Im gesperrten Zustand sind die Eingänge beidseitig hochohmig und die Isolation ist auch bei größeren Bauelementstreuungen noch sehr gut. Bzgl. der Leistungs-verträglichkeit verhält sich der Z-SPST-Schalter wie ein bekannter SPST-Schalter.

Insbesondere die Z-SPST-Schalterarchitektur bietet auch für Anwendungen in der nieder-frequenten Elektronik und Elektrotechnik ein großes Verbesserungspotential. Die Isolatio-nen von Halbleiterschaltern lassen sich merklich steigern, wodurch die Halbleiterschalter immer mehr die mechanischen Schalter verdrängen.

Weitere Einsatzmöglichkeiten beider symmetrischer Schalter

Die neue Architektur der symmetrischen Schalter wird den Einzug der symmetrischen Schaltungstechnik für Frontend-Schaltungen beflügeln. Damit lassen sich die anderen Vorteile der Komponenten Verstärker, Filter und Antennen nutzen. Weiterhin erlaubt insbesondere die Architektur des X-SPST-Schalters mit den vielen Freiheitsgraden die Integration von sehr verlustarmen Schaltern innerhalb anderer Komponenten wie Filter. Durch den Aufbau derartiger Multifunktionskomponenten lassen sich Bauelemente und somit Platz und Kosten einsparen.

Da insbesondere für Leistungsanwendungen der X-SPST-Schalter eine äußerst interessan-te Komponente darstellt, ist es auch attraktiv, diesen symmetrischen Schalter über zwei Baluns, die z.B. durch jeweils eine 180°-Umwegleitung realisiert werden, in unsymmetri-sche Systeme einzusetzen.

Ein großes Anwendungsfeld wird insbesondere mit dem Einzug der breitbandigen draht-gebundenen Kommunikationstechnik für kostengünstige Systeme mittels der "Twisted-Pair"-Technik gesehen.

Die Schalter sind auch für Gleichspannungen einsetzbar, sofern eine positive und negative Spannungsversorgung mit gleicher Amplitude vorliegt.

Resultate aus der Praxis

Die ausgezeichneten Eigenschaften dieser Schalter wurden in [21, 52] mit vielen Messungen verifiziert. Es wurden mit einfachen PIN im 0402-Gehäusen Isolationen von mehr als 50 dB erzielt und es konnten mit diesen extrem preiswerten Dioden Schalter im zweistelligen Wattbereich realisiert werden.

Kapitel 8

Lineare Verstärker und Rauschen

Bei der folgenden Einführung in die Entwicklung von linearen HF-Verstärkern wird nur auf Verstärker eingegangen, bei denen die Spannungs- und Stromamplituden der zu verarbeitenden Signalgrößen klein gegenüber den Werten der Arbeitspunkte sind. Mittels dieser präsentierten Theorie lassen sich sämtliche Hochfrequenzverstärker mit Ausgangsleistungen bis zu 27 dBm und auch Leistungsverstärker für lineare Systeme (z.B. UMTS, WLAN) auslegen. Somit deckt man einen Großteil der Verstärkerapplikationen ab. Lediglich die Leistungsverstärker lassen sich nicht in ihrer vollen Breite durch die vorgestellten Techniken beschreiben.

Durch die rasche Weiterentwicklung der Halbleitertechnologie werden auch im Bereich höchster Frequenzen Transistorverstärker verwendet. In den letzten Jahrzehnten dominierte der Einsatz von GaAs-Transistoren, die immer noch bei Frequenzen über 4 GHz sehr häufig eingesetzt werden. Mittlerweile zeichnen sich die SiGe-Transistoren durch hohe Betriebssicherheit, geringe Kosten, lange Lebensdauer und sehr geringes Rauschen aus. Im Folgenden wird beispielhaft die Verstärkerdimensionierung anhand eines Verstärkers mit SiGe-Transistor für eine Mittenfrequenz von 0.9 GHz demonstriert.

Zunächst werden die Kenngrößen dieser Verstärker beschrieben. Danach wird an einem praktischen Beispiel gezeigt, wie man einen Kleinsignalverstärker für ein relativ schmales Frequenzband optimiert. Dabei wird auf die grundlegenden Arbeitsschritte wie zum Beispiel der Arbeitspunkteinstellung und MAG-Untersuchungen eingegangen. Im Weiteren werden die Ergebnisse einer nichtlinearen Simulation kurz vorgestellt. Abschließend wird auf die Rauschkenngrößen sowie die Rauschphänomene von HF-Schaltungen und auf einfache Rauschzahlberechnungen und Rauschzahlmessungen kurz eingegangen.

© Springer Fachmedien Wiesbaden GmbH, ein Teil von Springer Nature 2018
H. Heuermann, *Hochfrequenztechnik*, https://doi.org/10.1007/978-3-658-23198-9_8

8.1 Kenngrößen von Kleinsignalverstärkern

8.1.1 Leistungsverstärkung

In der Literatur findet man eine Vielzahl von Definitionen des Leistungsgewinns (Leistungsverstärkung oder auch nur Verstärkung) eines Verstärkers (allein sieben in [127]), die sich aus den Streuparametern des Transistors und den Reflexionswerten der Anpassnetzwerke berechnen lassen. Hier sollen nur die wichtigsten Definitionen bzw. Kenngrößen ohne Herleitung vorgestellt werden, die zur Auslegung eines Verstärkers wichtig sind.

Die Leistungsverstärkung v_p ist definiert durch:

$$v_p = \frac{\text{An der Last abgegebene Wirkleistung}}{\text{Maximal verfügbare Wirkleistung am Verstärkereingang}} = \frac{P_L}{P_{\max}} \quad . \quad (8.1)$$

Die Quelle, die den Verstärker speist, soll den Reflexionsfaktor r_Q aufweisen. Der Eingangsreflexionsfaktor der Last, die am Ausgang des Verstärkers angeschlossen ist, soll mit r_L bezeichnet werden.

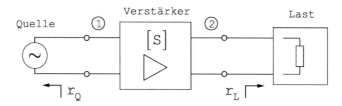

Bild 8.1: Verstärker mit Generator- und Lastbeschaltung

Über eine kurze Herleitung (s. Kap. 10 lässt sich zeigen, dass man die Leistungsverstärkung exakt aus den Reflexionsfaktoren und den Streuparametern S_{ij} des Verstärkers berechnen kann:

$$v_p = \frac{|S_{21}|^2 \, (1 - |r_Q|^2) \, (1 - |r_L|^2)}{|(1 - S_{11} \, r_Q) \, (1 - S_{22} \, r_L) - S_{21} \, S_{12} \, r_Q \, r_L|^2} \quad . \quad (8.2)$$

Führt man ideale Bedingungen bzgl. der Rückwärtsisolation ($S_{12} = 0$) und der ein- und ausgangsseitigen Anpassung ($S_{11}^* = r_Q$, $S_{22}^* = r_L$) ein, so ergibt sich die maximale Leistungsverstärkung:

$$v_{p\max} = \frac{|S_{21}|^2}{(1 - |S_{11}|^2) \, (1 - |S_{22}|^2)} \quad . \quad (8.3)$$

Die maximale Leistungsverstärkung gibt an, welchen Gewinn an Hochfrequenzenergie man im Bestfall mit einem gegebenen Transistor erzielen kann und ist deshalb für Abschätzungen sehr wichtig. Jedoch muss immer beachtet werden, dass die Größe auf mindestens einer Näherung basiert.

Die Näherung der perfekte Rückwärtsisolation ($S_{12} = 0$) würde bewirken, dass ein linearer Verstärker niemals instabil wird. In der Praxis nehmen die Optimierungen bzgl. der Stabilität jedoch einen sehr großen Raum ein.

8.1.2 Stabilität

Die größte Gefahr beim Entwurf eines Verstärkers ist die, dass der Verstärker schwingt. Damit man Schwingungen sicher vermeidet, muss man die Stabilitätsbedingung von aktiven Zweitoren kennen.

Eine notwendige Bedingung zur Sicherstellung, dass ein Verstärker <u>nicht</u> schwingt ist durch die Überprüfung der Vor- und Rückwärtstransmissionswerte vorzunehmen:

$$\left| S_{21}^{dB} \right| \; < \; \left| S_{12}^{dB} \right| \qquad . \tag{8.4}$$

Diese einfache Gleichung erklärt das Phänomen der Instabilität:
Die Rückwärtsisolation ist geringer als die Verstärkung.

Hier kann die zu höheren Frequenzen abnehmende Isolation am Transistor genauso Schuld sein wie die oft unterschätzten DC-Versorgungspfade, Bild 8.2.

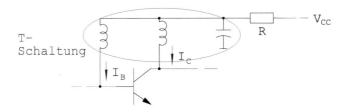

Bild 8.2: DC-Versorgungsleitungen für Basis und Kollektor bilden über die PI-Schaltung z.B. 180°-Phasenschieber

Bild 8.2 verdeutlicht darüber hinaus, dass zur Amplitudenbedingung von (8.4) noch eine Phasenbedingung hinzu kommt. Gilt mit $n = 0, 1, 2, 3, \dots$:

$$\angle S_{21} + \angle S_{12} \; = \mathrm{n} \cdot 2\,\pi \qquad , \tag{8.5}$$

so liegt eine `Mitkopplung` vor und der Verstärker schwingt, sofern gleichzeitig (8.4) nicht erfüllt ist. Da man im HF-Bereich oft sehr große Phasendrehungen über der Frequenz hat, gibt es in der Regel immer einen Frequenzwert um die Phasenbedingung für die Mitkopplung zu erfüllen.

Diese einfache Untersuchung ist jedoch in der Praxis nicht ausreichend, da die äußeren Abschlussimpedanzen des Verstärkers merklich in die Stabilitätsbetrachtung eingehen.

<u>Stabilitätsfaktor k</u>

In einer Vielzahl von Publikationen ist hergeleitet, wie man den `Stabilitätsfaktor k` anhand der S-Parameter eines Zweitores berechnen kann (z.B. in [127]). An dieser Stelle soll vorab nur das für die Praxis wichtige Ergebnis dieser Herleitungen vorgestellt werden, mit dem sich die sogenannte `absolute Stabilität` sichern lässt:

$$\boxed{\; k \; > \; 1 \;} \qquad \text{mit} \qquad k = \frac{1 + \left| \det S \right|^2 - \left| S_{11} \right|^2 - \left| S_{22} \right|^2}{2 \, \left| S_{12} \, S_{21} \right|} \tag{8.6}$$

$$\text{wobei gilt :} \qquad \det S = S_{11} \, S_{22} - S_{12} \, S_{21} \qquad . \tag{8.7}$$

Weiterhin müssen folgende beide Bedingungen erfüllt werden:

$$|S_{12}\,S_{21}| < 1 - |S_{11}|^2 \quad \text{und} \quad |S_{12}\,S_{21}| < 1 - |S_{22}|^2 \quad . \tag{8.8}$$

Die Bedingungen nach (8.8) werden in der Praxis nicht untersucht. Der Schaltungsimulation liefert die Stabilitätszahl k, die auf alles Fälle beim Verstärkerentwurf berücksichtigt werden muss.

Werden alle diese Kriterien für die absolute Stabilität über der Frequenz eingehalten, so ist absolut sichergestellt, dass kein möglicher passiver Reflexionsabschluss dieses aktive Zweitor zu Schwingungen anregt.

Diese einfache Stabilitätsuntersuchung wendet man auf den gesamten Verstärker an. In der Praxis kontrolliert man mittels des Schaltungssimulators hauptsächlich den k-Faktor. Dessen Berechnung führt man bei jedem Optimierungsschritt parallel zu den sonstigen Berechnungen aus.

Stabilitätskontrolle

Zur praktischen Kontrolle von Verstärkern werden am Ein- und Ausgang sogenannte Tuner geschaltet. Bei Tunern handelt es sich um verlustarme $50\,\Omega$-Leitungen oft in Form von offenen Bandleitungen, bei denen mittels einer oder mehreren Mikrometerschrauben eine einstellbare kapazitive Last verschoben werden kann. Somit weisen die Eingangsreflexionsfaktoren dieser Tuner immer Kreise im Smith-Chart auf, sofern man diese Schieber verschiebt. Mittels dieser einfachen Hilfsmittel lassen sich schnell sämtliche Reflexionswerte im Smith-Chart über eine endliche Diskretisierung einstellen.

Es sind auch automatische Messplätze (sogenannte Load-Pull-Messplätze) kommerziell erwerblich. Jedoch liegen deren Anschaffungskosten in Bereichen, die diesen Erwerb nur für besondere Anwendungen rechtfertigen.

Detaillierte Stabilitätsbetrachtung

Als *absolut stabil* wird ein linearer Verstärker dann bezeichnet, wenn er mit beliebigen passiven Generator- und Lastabschlüssen ($|r_G| < 1$, $|r_L| < 1$) an Ein- und Ausgangstoren stets stabil arbeitet.

Bedingt stabil ist ein Verstärker, wenn er nur in bestimmten Bereichen der passiven Abschlüsse stabil arbeitet, er in den anderen Bereichen jedoch instabil wird. Zur Veranschaulichung dieser Abschlussbedingungen dient Bild 8.3 des Verstärkers als allgemeines Zweitor mit der Generatorimpedanz Z_G bzw. dem Generatorreflexionsfaktor r_G und der Lastimpedanz Z_L bzw. dem Lastreflexionsfaktor r_L.

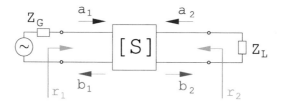

Bild 8.3: Verstärker als allgemeines Zweitor mit Generator- und Lastbeschaltung

Der Eingangsreflexionsfaktor r_1 des Zweitores mit Abschluss ist dann

$$r_1 = \frac{b_1}{a_1} = S_{11} + \frac{S_{21} S_{12} r_L}{1 - S_{22} r_L} \tag{8.9}$$

und der Ausgangsreflexionsfaktor

$$r_2 = \frac{b_2}{a_2} = S_{22} + \frac{S_{21} S_{12} r_G}{1 - S_{11} r_G} \qquad . \tag{8.10}$$

Für absolute Stabilität wird $|r_1| < 1$ und $|r_2| < 1$ gefordert. Wenn andernfalls der Betrag eines Reflexionsfaktors $|r_i| > 1$ ist, hat der zugehörige Eingangswiderstand einen negativen Realteil, wie man aus der Definition für den Reflexionsfaktor leicht sehen kann. Ist der Realteil eines Eingangswiderstandes negativ, so kann er ein passives verlustbehaftetes Netzwerk entdämpfen und Oszillationen erzeugen. Im Fall des allgemeinen Zweitores muss also

$$\left| S_{11} + \frac{S_{21} S_{12} r_L}{1 - S_{22} r_L} \right| < 1 \quad \text{und} \quad \left| S_{22} + \frac{S_{21} S_{12} r_G}{1 - S_{11} r_G} \right| < 1 \tag{8.11}$$

erfüllt sein.

Im Folgenden sollen nur die Bedingungen für r_1 dargestellt werden. Für r_2 gilt die gleiche Vorgehensweise und gelten die gleichen Aussagen.

Die Gleichung (8.9) ist eine gebrochene rationale Funktion (konforme Abbildung), die Kreise aus der r_1-Ebene auf Kreise in der r_L-Ebene abbildet. Mittelpunkt M_L und Radius ρ_L der Bildkreise in der r_L-Ebene ergeben sich aus (vgl. [116])

$$M_L = \frac{(S_{22} - S_{11}^* \det S)^*}{|S_{22}|^2 - |\det S|^2} \quad \text{und} \quad \rho_L = \frac{S_{12} S_{21}}{|S_{22}|^2 - |\det S|^2} \tag{8.12}$$

mit $\det S = S_{11} S_{22} - S_{12} S_{21}$.

Aus der geometrische Betrachtung (Bild 8.4) der Abbildungseigenschaften der r_1-Ebene in der r_L-Ebene lassen sich nun Aussagen über die Stabilität des Zweitores treffen. In der r_1-Ebene ergeben Reflexionsfaktoren $|r_1| > 1$ instabile Betriebszustände (schraffiert). Um zu ermitteln, welche Lastwiderstände zu diesen Reflexionsfaktoren gehören, wird der Einheitskreis $|r_1| = 1$ in die r_L-Ebene abgebildet.

Der Lastwiderstand soll rein passiv sein, so sind in der r_L-Ebene auch nur die Werte innerhalb des Eingangskreises relevant. Ergeben sich innerhalb des Einheitskreises über die r_1-Transformation doppelt schraffierte Flächen, so ist der Verstärker für r_L-Werte, die in diesen doppelt schraffierten Flächen liegen, instabil. Für die weißen Flächen gilt Stabilität. Insgesamt ist er in diesem Fall nur bedingt stabil.

Fall a, b, c, und d zeigen bedingt stabile Fälle. In e und f kann ein beliebiger passiver Abschluss angeschlossen werden (absolut stabil).

Ähnliche Überlegungen ergeben sich aus Gleichung (8.10) für r_g. Tatsächlich wird aber, wenn für ein $|r_L| < 1$ der Eingangsreflexionsfaktor $|r_1| < 1$ ist, der Verstärker für jeden Generatorreflexionsfaktor r_G mit positivem Realteil stabil sein. Eine Überprüfung der Stabilität hinsichtlich $|r_2| < 1$ entfällt somit.

Basierend auf diesen Überlegungen wurde der bereits eingeführte k-Faktor, der die Darstellbarkeit sehr vereinfacht, hergeleitet.

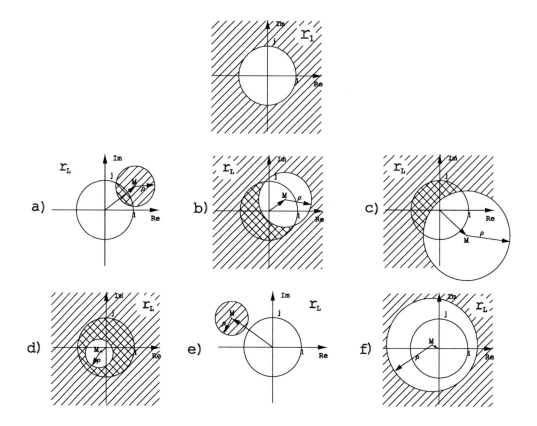

Bild 8.4: Geometrische Stabilitätsbetrachtung eines Verstärkers in der r_L-Ebene

8.1.3 Maximaler Leistungsgewinn und maximaler stabiler Gewinn

In einem System wird von einem Verstärker erwartet, dass er die Signalleistung um einen gewünschten Wert anhebt. Die notwendige minimale Verstärkung bestimmt oft die Wahl des Transistortyps. Hochfrequenztransistoren weisen einen starken Frequenzgang bezüglich der maximal möglichen Leistungsverstärkung auf. Diesen frequenzabhängigen maximal verfügbaren Leistungsgewinn (engl.: MAG, maximum available gain) kann man über die Streuparameter über folgenden Zusammenhang berechnen:

$$\text{MAG} = \left| \frac{S_{21}}{S_{12}} \left(k - \sqrt{k^2 - 1} \right) \right| \quad . \tag{8.13}$$

Dieser Zusammenhang gilt nur für $k \geq 1$! In der Praxis sollte der MAG-Wert um mindestens $2\,\text{dB}$ über der gewünschten Verstärkung liegen. Im Unterschied zu $v_{p\max}$ ist in der Berechnung vom MAG-Wert S_{12} nicht zu null gesetzt worden.

In Bereichen, in denen die Stabilität nicht gegeben ist ($k < 1$), kann der MAG-Wert zu falschen Resultaten führen, weil der Gewinn bei Selbsterregung ggf. unendlich wird.

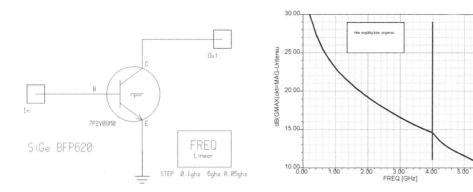

Bild 8.5: Links: Simulation zur MAG-Darstellung; rechts: MAG-Resultate für den BFP620 beim Arbeitspunkt von 2V

Dieses gilt in der Praxis jedoch nur für komplexere Schaltungen. Im Falle von gegebenen Transistorwerten wie im Bild 8.5 tritt dieser Fall $k < 1$ bis 4 GHz auf.

In Datenblättern wird bevorzugt der maximale stabile Gewinn MSG (engl.: maximum stable gain) angegeben. Dieser berechnet sich einfach aus:

$$\text{MSG} = \left| \frac{S_{21}}{S_{12}} \right| \qquad . \tag{8.14}$$

Es gilt: $\text{MSG} = \text{MAG}$ bei $k = 1$.

Der Vorteil des MSG gegenüber dem MAG ist, dass dieser für jede Schaltung (auch für $k < 1$) gültig ist. Jedoch ist der MSG in der Praxis für eine stabile Schaltung größer als der MAG ($k > 1$), wie sich leicht aus der Gleichung (8.13) herleiten lässt.

8.2 Entwurf von Schmalband-Verstärkern

Im folgenden Beispiel soll anhand eines schmalbandigen 900 MHz-Kleinsignalverstärkers das Vorgehen für den Entwurfsprozess gezeigt werden. Dieser Entwurf wurde für einen SiGe-Transistor von Infineon (BFP620), der beim Arbeitspunkt von 2V vermessen wurde, durchgeführt. Dieser Transistor der SIEGET-Familie (SIEmens Grounded Emitter-Transistor) zeichnet sich dadurch aus, dass der Kollektoranschluss nicht mehr auf der Rückseite des Chips liegt und dadurch die Emitterinduktivität um Faktor 4 verkleinert werden konnte, was merklich die Transistoreigenschaften beeinflusst, [60].

Zum Entwurf eines linearen HF-Transistor-Verstärkers müssen einige Daten von dem zu verwendenden Transistortyp bekannt sein. Im einfachsten Fall sind die S-Parameter vom Hersteller verfügbar. Dieses ist mittlerweile die Regel und davon soll ausgegangen werden. Sind die S-Parameter nicht gegeben, so können diese auch selbst mittels eines Netzwerkanalysators gemessen werden. Dabei ist darauf zu achten, dass während der Messung der Arbeitspunkt eingehalten wird, der auch in der zu entwerfenden Schaltung zu erwarten ist. Ist die genaue Kenntnis der S-Parameter für einen speziellen Arbeitspunkt eines einzelnen Transistors nicht erforderlich, wird man sich die messtechnische Bestimmung der S_{ij} ersparen und auf das Datenblatt des entsprechenden Typs zurückgreifen. Hierin sind die S-Parameter über der Frequenz und in einem genau definierten Arbeitspunkt im Rahmen der Exemplarstreuung angegeben.

Diese sogenannten Kleinsignalverstärker werden bei Hochfrequenzanwendungen am Häufigsten in Emitterschaltungen verwendet. Für die Emitterschaltung stellen die Hersteller Streuparametermessdateien für verschiedene Arbeitspunkte im sogenannten S2P-Datei-Format zur Verfügung.

Sämtliche folgenden Kenngrößen und Vorgehensweisen sollen in diesem Kapitel anhand eines Transistors in praktischen Beispielen erläutert werden. Eine in der Anzahl der Frequenzpunkte gekürzte Angabe der vom Hersteller gegebenen linearen Parameter sieht wie folgt aus:

```
!  INFINEON TECHNOLOGIES Small Signal Semiconductors
!  BFP620 , Si-NPN RF-Transistor in SOT343
!  Vce=2 V,   Ic=8 mA
!  Common Emitter S-Parameters:
#  GHz  S  MA  R  50
!  f          S11              S21              S12              S22
! GHz     Mag    Ang      Mag    Ang      Mag    Ang      Mag    Ang
  0.200  0.8312  -21.8   21.109  163.1   0.0183  76.1   0.9477  -15.4
  0.400  0.7710  -42.9   19.447  147.1   0.0351  67.5   0.8729  -30.0
  0.600  0.6996  -62.3   17.279  133.5   0.0478  60.6   0.7748  -42.5
  0.800  0.6264  -79.1   15.163  122.4   0.0575  54.7   0.6721  -52.9
  1.000  0.5666  -93.5   13.241  113.6   0.0654  50.5   0.5828  -60.9
  1.200  0.5217 -107.3   11.680  106.0   0.0714  47.1   0.5049  -68.4
  1.400  0.4798 -119.5   10.348   99.5   0.0769  44.3   0.4438  -74.9
  1.600  0.4556 -131.0    9.297   93.7   0.0825  42.7   0.3878  -80.5
  1.800  0.4388 -141.3    8.419   88.6   0.0866  41.5   0.3404  -86.1
  2.000  0.4229 -150.0    7.670   84.1   0.0917  40.1   0.3021  -90.9
  3.000  0.4130  172.7    5.243   64.8   0.1147  34.7   0.1662 -120.6
  4.000  0.4749  144.9    3.914   48.5   0.1359  27.8   0.1538 -173.1
  5.000  0.5311  125.9    3.037   34.4   0.1524  21.3   0.1899  151.8
  6.000  0.5797  113.2    2.457   22.5   0.1699  15.8   0.2239  124.4
!
!  f        Fmin      Gammaopt       rn/50
! GHz       dB        MAG     ANG      -
  0.900     0.64      0.22     25     0.12
  1.800     0.71      0.09     97     0.08
  2.400     0.75      0.06    139     0.09
  3.000     0.87      0.09   -175     0.10
  4.000     0.99      0.19   -147     0.08
  5.000     1.17      0.26   -125     0.11
  6.000     1.34      0.38   -101     0.17
```

Der obere Block gibt die komplexen Streuparameter des Transistors wieder und der untere Block gibt die für die Rauschzahlberechnung notwendigen Kenngrößen des Transistors an.

Hierin werden die minimale Rauschzahl F_{min}, Werte für die Rauschanpassung Gammaopt, der auf $50\,\Omega$ normierte äquivalente Rauschwiderstand r_n und ggf. die Abschlussbedingungen für maximale Leistungsverstärkung mit angegeben.

Beim Entwurf eines linearen Verstärkers sind folgende Eigenschaften zu beachten:

- Betriebsspannung und Stromverbrauch

- Bandbreite und Mittenfrequenz

- Verstärkung

- Ein- und Ausgangsreflexion

- Ausgangsleistung

- Wärme-Management

- Stabilität (s. Abschnitt 8.1.2)

- Intermodulation (s. Abschnitt 8.3.1)

- Rauschzahl (s. Abschnitt 8.5.3)

Diese Eigenschaften des Verstärkers können allesamt in einer linearen und einer nichtlinearen Schaltungssimulation berechnet und im laufenden Entwurf beobachtet werden. Dieses ist wichtig, damit der Entwickler den Überblick behält.

8.2.1 Analyse des Transistors im Arbeitspunkt

Die Betriebsspannung und der Stromverbrauch sind von der Transistorgröße (Gate- und Basis-Weite) und der geforderten Verstärkung abhängig.

I.d.R. wird ein Transistor gewählt, der bei einer verfügbaren Betriebsspannung (z.B. 3V) theoretisch 3-6 dB mehr Verstärkung liefert, als es erforderlich ist. Kann die erforderliche Verstärkung nicht realisiert werden, so muss man einen mehrstufigen Verstärker bauen.

Die Stromversorgung von Basis und Kollektor[1] erfolgt immer über Tiefpassfilter. I.d.R. startet das Filter mit einem hochohmigen Eingang aus Sicht des HF-Signales (d.h. eine Spule). Insbesondere am Ausgang wählt man recht kleine Spulenwerte, da somit der Serienwiderstand auch klein ist und der Wirkungsgrad hoch ausfällt. Weiterhin ist der Transistor am Ausgang niederohmig, so dass die Tiefpassfunktionalität bereits bei recht kleinen Eingangsimpedanzen gegeben ist.

Die Arbeitspunkteinstellung erfolgt nach den Kriterien, wie man sie aus der Elektronik kennt. Wichtig ist, dass die Arbeitspunkteinstellung der Einstellung entspricht, bei der die Streuparameter des Transistors vermessen wurden.

Lineare Verstärker werden im so genannten Klasse-A-Betrieb ($U_{CE} = V_{CC}/2$) eingesetzt. Im Weiteren folgt eine Kurzdarstellung, die sich auf reine lineare HF-Verstärker beschränkt.

---

[1]Das Gleiche gilt auch immer für Gate und Drain von Feldeffekttransistoren.

<u>Aussteuerbereich</u>

Die maximale Betriebsspannung ist oft durch den Transistor begrenzt. Beim BFP620 soll in unserem Beispiel eine maximale Spannung von 2 V gewählt werden, da dessen maximaler Wert auf $U_{CE} \leq 2.3\,\mathrm{V}$ limitiert ist.

Als Strombegrenzung des Stromes I_C auf der Kollektorseite dient der Kollektorwiderstand R_C, Bild 8.6.

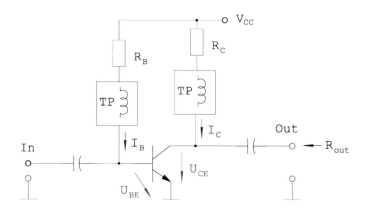

Bild 8.6: Linearer HF-Transistorverstärker mit Tiefpässen (TP) und Widerständen zur Arbeitspunkteinstellung (mit Koppelkondensatoren und ohne HF-Anpasselemente)

Als Arbeitspunktspannung am Kollektor U_{CE} wird in der Praxis rund der halbe Wert der Betriebsspannung V_{CC} gewählt.

$$R_C = \frac{V_{CC}}{2\,I_C} \qquad . \qquad (8.15)$$

Für die Wahl des Kollektorstromes I_C kann man drei Einsatzfälle des Verstärkers unterscheiden ($R_{out} \simeq R_C$):

a) Auslegung auf maximale Ausgangsleistung $\quad\Longrightarrow\quad R_{out} < 50\,\Omega$

b) Auslegung auf beste Breitbandanpassung $\quad\Longrightarrow\quad R_{out} = 50\,\Omega$

c) Auslegung auf minimalen Stromverbrauch $\quad\Longrightarrow\quad R_{out} > 50\,\Omega$

Diese drei Fälle sind im Ausgangskennlinienbild 8.7 des Transistors dargestellt.

I_B muss nun über die Berechnung von $R_B = (V_{CC} - 0.7\,V)/I_B$ so groß gewählt werden, dass sich der gewünschte Kollektorstrom I_C über der Stromverstärkung am Ausgang einstellt. Wie im Weiteren gezeigt wird, ist neben der Erstellung einer linearen Simulation die Erstellung einer einfachen nichtlinearen Schaltungssimulation notwendig. Diese nichtlineare Simulation kann man direkt verwenden um R_B ohne weitere analytische Berechnungen auszulegen.

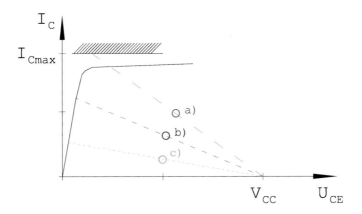

Bild 8.7: Linearer Aussteuerbereich für die drei Fälle der Arbeitspunkteinstellung

Genügt diese "einfache" Arbeitspunkteinstellung nicht, weil beispielsweise diese Schaltung über große Temperaturbereiche eingesetzt wird, so kann man auf integrierte Schaltungen wie den BCR400, die als Arbeitspunktstabilisator bezeichnet werden, zurückgreifen.

S-Parameteranalyse

In einem weiteren Schritt möchte man bei gegebenen Streuparametern für einen Arbeitspunkt eines Transistors die erreichbaren Eigenschaften analysieren. Häufig handelt es sich hierbei lediglich um die erreichbare maximale Verstärkung (MAG).

Hierbei sollte man jedoch nicht den Fehler begehen, die in der Praxis gegebenen parasitären Größen zu vernachlässigen. Das Bild 8.8 zeigt eine *falsche* reine Transistoranalyse im linken Teil und korrekte Analyse im rechten Teil.

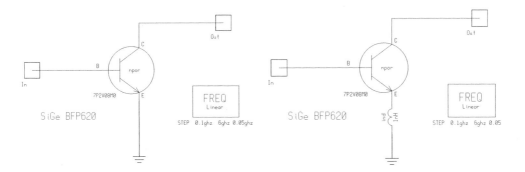

Bild 8.8: Links: k-Simulationsmodell des reinen Transistors; recht: k-Simulationsmodell des parasitär beschalteten Transistors

Die Simulation im linken Bildteil entspricht exakt der Simulation im Bild 8.5. Der dargestellte Transistor beinhaltet die gleichen s2p-Informationen wie die "Blackbox" im Bild 8.5.

Dass diese beiden Simulationen sehr unterschiedliche Informationen liefern, zeigt bereits die Darstellung der zugehörigen k-Werte im Bild 8.9.

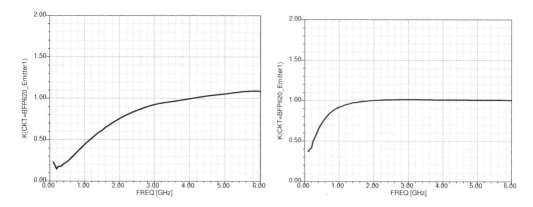

Bild 8.9: Links: Simulationsergebnis des reinen Transistors; rechts: Simulationsergebnis des parasitär beschalteten Transistors

Man erkennt, dass die Stabilität des parasitär beschalteten Transistors deutlich besser ist. Der Grund dafür liegt darin, dass die Induktivität[2] eine Stromgegenkopplung verursacht.

Die Ergebnisse des k-Faktors des beschalteten Transistors zeigen, dass eine MAG-Untersuchung erst ab ca. 1.5 GHz exakt ist. Die sich ergebenden MAG-Werte sind im Bild 8.10 abgedruckt.

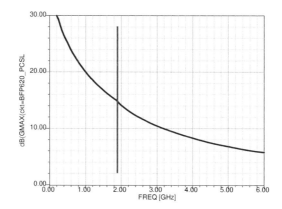

Bild 8.10: MAG-Simulationsergebnis des parasitär beschalteten Transistors

Bild 8.10 zeigt bei 900 MHz noch eine Verstärkung (Gain) von knapp 24 dB. In der Praxis weicht der bei 900 MHz angegebene Wert von ca. 21 dB nicht weit vom exakten Wert ab.

8.2.2 Schaltungsoptimierung des Transistorverstärkers

Außer in Messgeräten und optischen Übertragungsstrecken für die Breitbandeigenschaften erforderlich sind, werden Hochfrequenzverstärker im Regelfall in schmalbandige An-

---

[2]Bei Mikrostreifenleiterschaltungen verhalten sich die Durchführungen gegen Masse näherungsweise wie eine Induktivität.

wendungen eingesetzt. Im Weiteren werden wir uns auf schmalbandige Anwendungen beschränken. Jedoch sind diese hier gezeigten Vorgehensweisen auch für breitbandige Anwendungen mit mehrstufigen Impedanztransformatoren durchführbar.

Für die folgende Berechnung der Transformationsnetzwerke zur ein- und ausgangsseitigen Anpassung wird zunächst angenommen, dass der Transistor rückwirkungsfrei ($S_{12} = 0$) ist.

Mit dieser groben Näherung gelangt man zu einer sinnvollen Topologie des Transformationsnetzwerkes, das mittels eines Optimierers präzise ausgelegt wird. Da auch die Tiefpässe für die Stromzuführungen bzw. Arbeitspunkteinstellungen einen merklichen Einfluss auf das elektrische Verhalten der Transformationsnetzwerke haben, ist eine sinnvolle Berechnung nur mit einem Schaltungssimulator durchführbar.

Zur Topologie des Impedanztransformationsnetzwerkes gelangt man in einfacher Art und Weise mit der Anwendung des sogenannten Smith-Chart-Tools. Dieses ist detailliert im Abschnitt 4.3.5 und Anhang A.11 beschrieben. Andere Möglichkeiten einer direkten Synthese für reelle Impedanzen über geschlossenen Gleichungen sind im Abschnitt 3.2.2 präsentiert wurden.

Meistens legt man die Anpassungsnetzwerke auf Leistungsanpassung (konjugiert komplexe Eingangswiderstände) aus, gegebenenfalls aber auch auf Rauschanpassung.

Bereits mit der Wahl der Transistors ist es sehr hilfreich, durchgehend im Design-Prozess Stabilitätsuntersuchungen zu machen.

Die zu entwerfenden Topologien der Ein- und Ausgangsnetzwerke hängen von zwei Faktoren ab:

1. Basis und Emitter müssen über eine Spule an eine Gleichspannungsquelle geschaltet werden.

2. Die bei 900 MHz gegeben komplexen Ein- und Ausgangsreflexionsfaktoren.

Zu 1.: Die sogenannten "Choke"-Spulen können Teil des HF-Anpassungsnetzwerkes sein. Darin sollten auch relativ große HF-Kondensatoren (ca. 100 pF[3]) eingesetzt werden, damit gute HF-Kurzschlusse realisiert werden können. Somit hat die Choke-Spule für das HF-Anpassnetzwerk nur die Funktionalität einer Shunt-Spule.

Zu 2.: Die zu verwendende Technik zur schmalbandigen Anpassung eines beliebigen komplexen Reflexionsfaktors wurde mit der Einführung des Hilfsblattes A.7 (Drehung im Smith-Chart) erläutert. Die sich aus dieser Theorie ergebenden Transformationskurven im Smith-Chart sind im Bild 8.11 dargestellt.

Sowohl am Eingang als auch am Ausgang ergab sich als Anpassnetzwerk vom Transistor aus gesehen jeweils eine Spule gegen Masse und ein Serienkondensator. Es war eine Randbedingung, dass die Shunt-Spule eines der beiden Netzwerkelemente sein sollte, damit die Anzahl der Bauteile und die Größe der Induktivität klein gehalten werden konnte. Somit

---

[3]Die Größe des Kondensatorwertes bestimmt die gegebene Technologie. Je größer, desto besser ist die Funktionalität, sofern die parasitären Größen und Verluste unverändert bleiben.

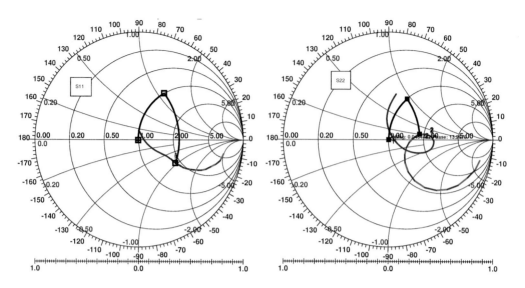

Bild 8.11: Impedanztransformationen bei 900 MHz am Eingang (links) und am Ausgang (recht)

hat man bereits einen Koppelkondensator[4] und spart folglich zwei weitere Bauteile.

Die sich ergebene einfache Schaltung einschließlich der seriellen parasitären Induktivitäten der Kondensatoren von $L = 1\,\mathrm{nH}$ ist im Bild 8.12 dargestellt.

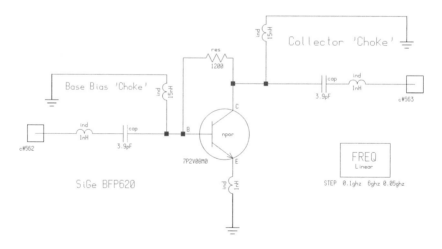

Bild 8.12: Lineares Simulationsmodell des Transistors BFP620 für ein 900 MHz-Verstärker

Die resultierenden Spulen- und Kondensatorwerte wurden der Normreihe entnommen. Da die Stabilität für tiefe Frequenzen mit dem gegebenen Anpassnetzwerk nicht gewährleistet werden konnte, musste ein ziemlich hochohmiger und somit bei 900 MHz nahezu

---

[4]Koppelkondensatoren dienen der Gleichspannungsentkopplung zweier in Serie geschalteten Komponenten.

unwirksamer Widerstand für eine Spannungsgegenkopplung eingesetzt werden. Die Bauelementeauslegung musste deshalb in zwei Durchläufen erfolgen.

Die sich ergebenen charakteristischen Eigenschaften dieser Schaltung sind in den folgenden Bildern dargestellt. Das Bild 8.13 stellt die Anpassungen am Ein- und Ausgang in Form von S_{11} und S_{22} sowie das Transmissionsverhalten in Form von S_{21} dar.

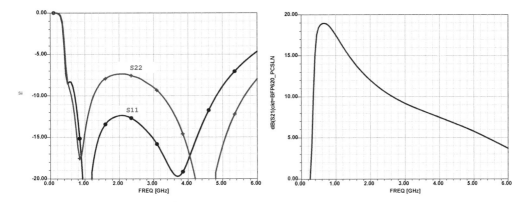

Bild 8.13: Ein- und ausgangsseitige Anpassungen und Verstärkung des 900 MHz-Verstärkers

Die Isolation und die Stabilität werden im Bild 8.14 in Form von S_{12} sowie k wiedergegeben.

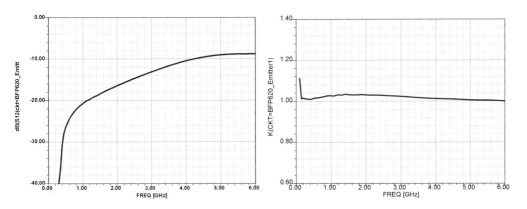

Bild 8.14: Isolation und Stabilität des 900 MHz-Verstärkers

Gegenkopplung

Die beiden für lineare HF-Verstärker interessanten Gegenkopplungsmaßnahmen, die man einführen muss, sofern die Stabilität nicht gegeben ist, wurden bereits eingeführt.

Stromgegenkopplung: Einerseits bewirkt eine Impedanz zwischen dem Emitter und der Masse, dass bei sinkenden Kollektor-Emitter-Widerstand und somit bei steigendem Kollektorstrom eine immer größere Spannung am Emitter anliegt. Folglich sinkt U_{BE} und somit I_B. Dadurch sinkt über dem Faktor der Stromverstärkung jedoch auch der Kollektorstrom. D. h., dass der Kollektorstrom nicht beliebig ansteigen kann bzw., dass die

Stromverstärkung mit steigendem Kollektorstrom abnimmt. Durch die endlichen Kontaktierungslängen zwischen dem Emitter und der Masse hat man zu hohen Frequenzen immer eine Stromgegenkopplung.

Spannungsgegenkopplung: Bei der Spannungsgegenkopplung darf im Rückkoppelnetzwerk zwischen dem Kollektor- und dem Basisanschluss des Transistors keine große elektrische Phasendrehung auftreten. Im einfachsten Fall wird ein kleiner Teil der Ausgangsspannung über ein Widerstand auf die Eingangsspannung zurückgekoppelt. Da die Ausgangsspannung am Kollektor gegenüber der Eingangsspannung an der Basis um 180° in der Phase verschoben ist, verringert die rückgekoppelte Spannung die Eingangsspannung und beschränkt somit auch die Verstärkung.

Für eine praktische Rückkopplung sind jedoch endliche nicht zu vernachlässigende Leitungslängen zu berücksichtigen. Deshalb lässt sich diese Rückkopplung bei diskreten SMD-Lösungen nur für Frequenzen bis rund 1 GHz einsetzen. Diese dient hauptsächlich dazu, die Verstärkung und somit Schwingneigungen für den unteren Frequenzbereich zu begrenzen.

8.3   Analyse des nichtlinearen Verhaltens von Verstärkern

Für einige Verstärkerentwürfe genügt es bei weiten nicht, sich auf die Analyse des linearen Verhaltens zu beschränken. Diese Aussage gilt generell für Leistungsverstärker, aber auch für Kleinsignalverstärker, sofern sie in Applikationen mit großen Systemforderungen eingesetzt werden sollen, wie es z.B. beim GSM-System der Fall ist.

Man kann fast immer sagen, dass jede Halbleiterkomponente ein nichtlineares Verhalten aufweist. Bei vielen Komponenten wie Kleinsignalverstärkern sind diese Effekte sehr klein, müssen jedoch zur Erfüllung der Systemspezifikation untersucht und ggf. optimiert werden.

Im Folgenden soll eine kurze Einführung in die Grundlagen der nichtlinearen Effekte helfen die im Anschluss folgende nichtlineare Simulation, die der Praktiker durchführt, besser zu verstehen.

8.3.1   Grundlagen der nichtlinearen Verzerrungen

Lineare Verstärker weisen nur sehr geringe nichtlineare Effekte auf. Deshalb kann man um den Arbeitspunkt die schwachen Effekte mit einer Polynomdarstellung beschreiben [127]:

$$y_{(t)} - y_0 = a_1(x_{(t)} - x_0) + a_2(x_{(t)} - x_0)^2 + a_3(x_{(t)} - x_0)^3 + \dots \qquad . \qquad (8.16)$$

Dabei ist $y_{(t)}$ die Ausgangs- und $x_{(t)}$ die Eingangsgröße, die als allgemeine Ersatzgrößen für die Basisspannung bzw. dem Basisstrom und der Kollektorspannung bzw. dem Kollektorstrom stehen. x_0 und y_0 bezeichnet den Arbeitspunkt. Die Koeffizienten a_i werden als zeitunabhängig angenommen, so dass eine quasistatische Betrachtung möglich ist.

Bei einer Anregung mit einem monofrequenten Signal

$$x_{(t)} = \hat{x}_1 \cos(\omega_1 t) \quad \text{und} \quad x_0 = 0 \tag{8.17}$$

entstehen Signalkomponenten bei

$$
\begin{array}{lll}
\omega = 0 & y_0 = -\frac{1}{2}a_2\hat{x}_1^2 & \text{Gleichanteil,} \\
\omega_1 & y_{1(t)} = \hat{x}_1(a_1 + \frac{3}{4}a_3\hat{x}_1^2) & \text{Grundwelle} = 1. \text{ Harmonische,} \\
2\omega_1 & y_{2(t)} = \frac{1}{2}a_2\hat{x}_1^2 & 1. \text{ Oberwelle} = 2. \text{ Harmonische,} \\
3\omega_1 & y_{3(t)} = \frac{1}{4}a_3\hat{x}_1^3 & 2. \text{ Oberwelle} = 3. \text{ Harmonische.}
\end{array}
$$

Es ist zum Einen ein Gleichsignalanteil zu erkennen, der bei Leistungsapplikationen merklich den Arbeitspunkt verändern kann. Zum Anderen erkennt man, dass das Signal bei der Arbeitsfrequenz (Grundwelle oder -schwingung) nicht linear übertragen wird. Letztlich erkennt man die Entstehung von Oberwellen. Diese sind in Schaltungen mittels eines Spektrumanalysators am einfachsten zu messen und geben dem erfahrenden Ingenieur ein quantitatives Maß für das nichtlineare Verhalten des Verstärkers.

Wird jetzt ein Signal mit zwei Spektralkomponenten betrachtet,

$$x(t) = \hat{x}_1 \cos(\omega_1 t) + \hat{x}_2 \cos(\omega_2 t) \quad , \tag{8.18}$$

so ergeben sich bei einer Polynomdarstellung dritten Grades die in Tabelle 8.1 aufgelisteten Frequenzkomponenten unter Angabe der wichtigsten Amplituden.

Tab. 8.1: Frequenzkomponenten bei Aussteuerung einer kubischen Kennlinie durch zwei Signale mit ω_1 und ω_2

$\boxed{\omega = 0}$			$\boxed{\omega_1 - \omega_2}$
$x_0 + \frac{1}{2}a_2(\hat{x}_1^2 + \hat{x}_2^2)$			$\hat{x}_1^2\hat{x}_2^2 a_2$

$\boxed{2\omega_1 - \omega_2}$	$\boxed{\omega_1}$	$\boxed{\omega_2}$	$\boxed{2\omega_2 - \omega_1}$
$\frac{3}{4}\hat{x}_1^2\hat{x}_2 a_3$	$\hat{x}_1\{a_1 + \frac{3}{4}a_3(\hat{x}_1^2 + 2\hat{x}_2^2)\}$		$\frac{3}{4}\hat{x}_1\hat{x}_2^2 a_3$

$\boxed{\omega_1 + \omega_2}$	$\boxed{2\omega_1}$	$\boxed{2\omega_2}$	$\boxed{\omega_2 + \omega_1}$
	$\frac{1}{2}\hat{x}_1^2 a_2$		

$\boxed{2\omega_1 + \omega_2}$	$\boxed{3\omega_1}$	$\boxed{3\omega_2}$	$\boxed{2\omega_2 + \omega_1}$
	$\frac{1}{4}\hat{x}_1^3 a_3$		

Bei einer Polynomdarstellung höheren Grades würden weitere Oberwellen bzw. Harmonische entstehen. Aus den Amplituden der Oberwellen berechnet sich eine Kenngröße für die nichtlineare Verzerrung, der Klirrfaktor, zu

$$Kl = \sqrt{\frac{y_2^2 + y_3^2 + \dots}{y_1^2 + y_2^2 + y_3^2 + \dots}} \quad . \tag{8.19}$$

Mit den Effektivwerten ist dieser definiert als

$$Kl = \frac{\text{Effektivwert aller Oberwellen}}{\text{Effektivwert aller Harmonischen}} \qquad . \tag{8.20}$$

8.3.2   Nichtlineare Effekte und Simulation eines HF-Verstärkers

Ein starkes nichtlineares Verhalten spiegelt sich dergestalt wieder, dass es keinen linearen Zusammenhang zwischen der Ein- und Ausgangsleistung gibt. Bild 8.15 illustriert ein derartiges nichtlineares Verhalten unter Angabe der sogenannten IP$_3$- und P$_{-1dB}$-Punkte.

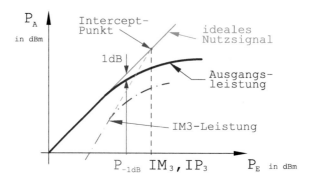

Bild 8.15: IP$_3$- bzw. IM$_3$- und P$_{-1dB}$-Punkte eines Verstärkers

Der P$_{-1dB}$-Punkt gibt die Eingangsleistung an, bei der die Verstärkung sich gegenüber einer linearen Verstärkung um 1 dB verringert hat.

Der IP$_3$-Punkt gibt die berechnete Eingangsleistung an, bei der das nichtlineare Mischprodukt der zweiten und der dritten Harmonischen (bei einer Anregung zweier eng benachbarter Signale im Bereich der Grundwelle) der Eingangsleistung der Grundwelle entspricht. Im so genannten Intercept-Punkt dritter Ordnung (IP$_3$) ist somit die extrapolierte Nutzleistung und die extrapolierte Störleistung gerade gleich groß.

Leistungsverstärker werden in diesem Leistungsbereich des P$_{-1dB}$-Punktes betrieben. Kleinsignalverstärker werden zwar nicht in diesem Bereich eingesetzt, aber lassen sich auch durch diese Kenngrößen spezifizieren.

Bei Einsatz von Kleinsignalverstärkern interessieren dann bezüglich des nichtlinearen Verhaltens weitestgehend die Größen der Oberwellengeneration, die wiederum sehr eng mit dem Intercept-Punkt (IP$_3$) verknüpft sind. Je höher der (IP$_3$)-Punkt ist, desto linearer verhält sich der Verstärker.

Wenn die Durchgangskennlinie jetzt mit zwei Frequenzen ω_1 und ω_2 angesteuert wird, ergeben sich zusätzliche Spektralkomponenten entsprechend obigem Schema (Tabelle **??**). Liegen die beiden Frequenzen mit

$$\omega_2 = \omega_1 + \Delta\omega \quad , \tag{8.21}$$

dicht beieinander, so liegen die nichtlinearen Mischprodukte nah bei den Grundfrequenzen, was im Bild 8.16 veranschaulicht wird. Die Komponenten bei $2\omega_1 - \omega_2$ und $2\omega_2 - \omega_1$ werden als Intermodulationsprodukte dritter Ordnung (IM3) bezeichnet. In der Abbildung 8.16 sind die Amplituden von Nutz- und Störsignal logarithmisch aufgetragen.

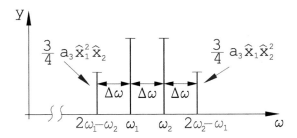

Bild 8.16: Spektrum bei Aussteuerung einer kubischen Kennlinie mit zwei eng benachbarten Frequenzen ω_1 und $\omega_2 = \omega_1 + \Delta\omega$

Sind x_1 und x_2 zwei amplitudenmodulierte Signale $(\hat{x}_1(t) = \hat{x}_1 \cos(\Omega_1 t), \hat{x}_2(t) = \hat{x}_2 \cos(\Omega_2 t)$ mit $\Omega_i \ll \omega_i)$, so ist in der Amplitude der Grundwelle

$$y_1 = a_1 \hat{x}_1 + \frac{3}{4} a_3 \hat{x}_1 (\hat{x}_1^2 + 2\hat{x}_2^2) \tag{8.22}$$

der Einfluss der verzerrten Modulation $\hat{x}_2$ auf die Amplitude y_1 zu erkennen. Die Modulation von y_1 wird durch die Modulation von $\hat{x}_1$ (gewünschtes zu verstärkendes Signal) und der verzerrten Modulation von $\hat{x}_2$ (benachbartes Störsignal) gebildet. Dieser Effekt wird als *Kreuzmodulation* bezeichnet.

Dieser Effekt stellt für lineare Verstärker eine sehr kritische Größe dar. Eine Angabe des IM$_3$-Punktes erlaubt einen Rückschluss auf Größe der Kreuzmodulation und hilft somit bei der Systemauslegung.

Zur Simulation eines nichtlinearen Verstärkers verwendet man einen Simulator, der auf dem Verfahren "Harmonic Balance" aufgebaut ist. Dieses bietet bereits die Studentenversion des Simulators "Serenade". Auf die mathematischen Hintergründe dieses Verfahrens kann im Rahmen dieses Buches nicht detailliert eingegangen werden.

Die notwendige nichtlinearen Transistormodelle entsprechen i.d.R. den Spice-Modellen. Diese Modelle beschreiben die elektrischen Eigenschaften über Polynome und fitten eine große Schar von Messwerten, die in unterschiedlichsten Arbeitspunkten für den jeweiligen Transistor aufgenommen wurden. Beispielsweise wird das sogenannte "Gummel-Poon"-Modell für den BFP 620-Transistor eingesetzt. Die zugehörigen und im Weiteren verwendeten Werte lauten:

```
***************************************************************
*  Infineon Technologies                                      *
*  SPICE Library Version 4.1              18.06.2018           *
*  www.infineon.com/products/discrete/index.htm               *
*                                                             *
***************************************************************
.MODEL BFP620 NPN(
+ IS = 3.543E-16      BF = 557.1        NF = 1.021
+ VAF = 1000          IKF = 2.262       ISE = 2.978E-12
+ NE = 3.355          BR = 100          NR = 1
+ VAR = 1.2           IKR = 0.00631     ISC = 1.923E-14
```

```
+ NC = 2.179        RB = 2.674        IRB = 1.8E-05
+ RBM = 2.506       RE = 0.472        RC = 2.105
+ XTB = -0.9        EG = 1.114        XTI = 3.43
+ CJE = 3.716E-13   VJE = 0.8986      MJE = 0.3152
+ TF = 1.306E-12    XTF = 2.71        VTF = 0.492
+ ITF = 2.444       PTF = 0           CJC = 2.256E-13
+ VJC = 0.7395      MJC = 0.3926      XCJC = 1
+ TR = 3.884E-10    CJS = 6E-14       VJS = 0.5
+ MJS = 0.5         FC = 0.8215)
*********************************************************
```

Eine nichtlineare Simulation, die die Schaltung nach Bild 8.12 untersuchen soll, ist im Bild 8.17 abgedruckt.

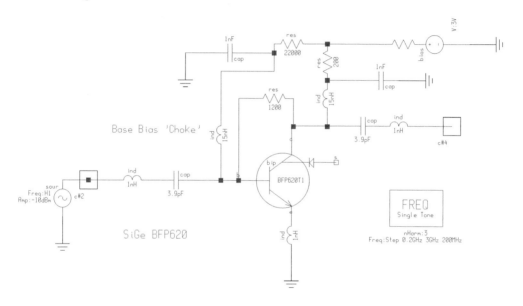

Bild 8.17: Nichtlineares Simulationsmodell des Transistors BFP620 für ein 900 MHz-Verstärker

Es wurde eine Hochfrequenzquelle mit einer definierten Leistung und eine Gleichspannungsquelle mit zugehörigen Gleichstrompfaden zusätzlich implementiert.

Eine derartige (numerische) Simulation ist nicht mehr exakt, jedoch in der Praxis ausreichend, und bietet nicht mehr die vollen Informationen der komplexen Streuparameter und der daraus ableitbaren Größen. Dafür lassen sich andere Größen berechnen, wie die Leistungen der Oberwellen und das zeitliche Verhalten des Signals. Derartige Resultate sind im Bild 8.18 abgebildet.

Man erkennt eine starke zweite Oberwelle und eine merkliche Verformung des sinusförmigen Signales, das am Eingang eingespeist wurde.

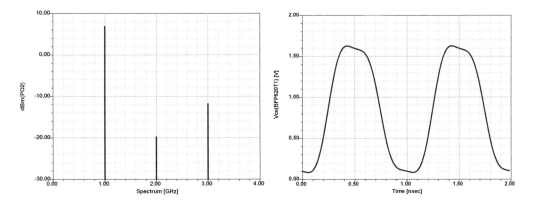

Bild 8.18: Grund- und Oberwellen sowie das zeitliche Spannungsverhalten an der Kollektor-Emitterstrecke des 900 MHz-Verstärkers

8.4 Kompensation des Millereffektes

Bei der Millerkapazität handelt es sich um die parasitäre Kapazität zwischen Basis und Kollektor. Mit zunehmender Frequenz wird über diese Kapazität immer mehr Energie vom Ausgang zum Eingang zurück gekoppelt. Diese Gegenkopplung ist der Hauptgrund weshalb die Verstärkung von Transistoren mit zunehmender Frequenz abnimmt.

In [110] und [119] wird beschrieben wie man diese Millerkapazitäten für differentielle Verstärkerschaltungen kompensieren kann. Die Resultate sind in Bild 8.19 dargestellt.

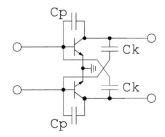

Bild 8.19: Schaltbild des kompensierten Transmissionsverstärkers

Durch das Hinzufügen zweier über Kreuz zwischen Basis und Kollektor angeschlossener Kompensationskapazitäten C_k wie in Abbildung 8.19 werden die parasitären Basis-Kollektor-Kapazitäten C_p neutralisiert, sofern beide Werte gleich sind. Durch die Neutralisierung der Millerkapazität C_p steigt das Verstärkungs-Bandbreite-Produkt des Verstärkers und damit die maximale stabile Verstärkung an.

Diese Kompensationsschaltung stellt einen Kreuz-Modeblocker (realisiert durch die vier gleichen Kondensatoren) für das Gegentaktsignal dar, der zu den beiden Transistoren parallel geschaltet ist. Da der Kreuzblocker perfekt und breitbandig das Gegentaktsignal unterdrückt, wird kaum noch Energie vom Ausgang auf den Eingang gekoppelt. U.a. wird auch die Rückwärtsisolation immens erhöht.

8.5   Grundlagen der Theorie des elektrischen Rauschens

Elektrische Schaltungen jeden Frequenzbereiches weisen neben ihren eigentlichen Nutzsignale immer Störsignale auf. Neben möglichen deterministischen Störungen wie IM3-Produkte, Einstrahlung durch anderen Schaltungen treten immer stochastische Störungen in Form vom elektrischen Rauschen auf. Das elektrische Rauschen ist in den elektronischen Schaltungen stets vorhanden.

8.5.1   Grundbegriffe

Als Rauschen bezeichnet man statistische Prozesse oder Signale, deren Verlauf nicht vorhersagbar ist und die keine nutzbaren Informationen beinhalten.

Jedem Nutzsignal der Leistung P ist ein Rauschsignal mit der Leistung N überlagert. Das Verhältnis P/N wird als Signal-Rauschverhältnis bzw. Signal-Rauschleistungsverhältnis oder auch kurz Störabstand bezeichnet.

Von der Rauschanpassung spricht man, wenn die Impedanztransformation eines oder mehrerer Tore nicht auf Leistungsanpassung optimiert ist, sondern so ausgelegt ist, dass ein bestes Signal-Rauschverhältnis erzielt wird.

Die Rauschzahl F gibt das Verhältnis des Signal-Rauschverhältnisses am Eingang eines Zweitores zu dem Signal-Rauschverhältnis am Ausgang wieder.

8.5.2   Rauschquellen

Rauschenergie wird in der Praxis durch eine große Anzahl an möglichen Quellen generiert. Im Folgenden wird nur auf die wichtigsten Fälle für die moderne Hochfrequenztechnik eingegangen. Detailliert sind die Rauschquellen und -phänomene unter anderem in [102] dargestellt.

Thermisches Rauschen

Durch die regellose Wärmebewegung von Elektronen und/oder Löcher in Metallen, Widerstandsmaterialien oder Halbleitern wird ein so genanntes Widerstandsrauschen oder auch thermisches Rauschen bewirkt.

Betrachtet man einen beliebigen Widerstand oder auch eine komplexe Impedanz als Rauschquelle und schließt diese angepasst ab, so erhält man die maximal verfügbare Rauschleistung:

$$N_{av} \; = \; k\,T\,\Delta f \qquad\qquad . \qquad\qquad (8.23)$$

Die drei enthaltenen Größen bedeuten:

k : Boltzmann-Konstante: $1.38\,10^{-23}\,\mathrm{Ws/K}$

T : absolute Temperatur in K

Δf: Bandbreite (Das System ist oft durch Bandpassfilter begrenzt.)

Man erkennt, dass die verfügbare Rauschleistung unabhängig von der Größe des rauschenden Widerstandes ist. Hingegen steigt N_{av} proportional zur Temperatur und zur Bandbreite des Systems.

Die Grundgleichung (8.23) wird auch für die anderen Rauschquellen und das Rauschen am Ausgang von Zweitoren verwendet. In diesen Fällen wird T durch eine effektive Rauschtemperatur T_e ersetzt.

Passive Bauelemente wie Resonatoren werden auf möglichst geringe Verluste optimiert, damit man einen möglichst guten Signal-Rauschabstand behält. Mit zunehmender Abweichung des Wirkwiderstandes vom Systemwiderstand (50 Ω) wird weniger Rauschenergie durch das Bauelement eingekoppelt.

Schrotrauschen

Halbleiterbauelemente und Elektronenröhren weisen neben dem thermischen Rauschen ein zusätzliches Rauschphänomen, das Schrotrauschen auf. In Halbleitern ist dafür die regellose Ladungsbewegung durch die Potentialschwelle verantwortlich. Im Gegensatz zu einfachen Leitungen und passiven Bauelementen findet in Halbleitern kein Ladungstransport statt. Stattdessen wird der Energietransport von gequantelten Ladungsträgern, die einen diskreten Charakter haben, durchgeführt. Das Schrotrauschen wurde bereits 1918 von Schottky aufgrund theoretischer Überlegungen vorausgesagt!

Die Berechnung der verfügbaren Rauschleistung eines Halbleiterbauteiles aufgrund des Schrotrauschens muss individuell durchgeführt werden.

Beispiel: PIN-Diode: Es kann gezeigt werden, dass die effektive Rauschtemperatur T_e einer PIN-Diode in guter Näherung der absoluten Temperatur T entspricht, [102]. Folglich hat das Schrotrauschen durch die große Anzahl der Ladungsträger keinen großen Einfluss. Eine PIN-Diode kann als komplexe Impedanz mit zwei oder mehr Zuständen betrachtet werden.

Beispiel: Schottky-Diode: Mittels eines Metall-Halbleiterüberganges werden für Hoch- und Höchstfrequenzanwendungen Dioden gefertigt, die nur auf Majoritätsträgereffekten beruhen und die deshalb sehr gute Eigenschaften für den Einsatz in Detektoren und Mischern haben.

Derartige Schottky-Dioden können als näherungsweise verlustfrei betrachtet werden und weisen somit nahezu kein thermisches Rauschen auf. Der wesentliche Rauscheinfluss liegt im Schrotrauschen. Die nichtlineare Kennlinie zwischen Strom I und Spannung U einer Schottky-Diode wird durch

$$I = I_{ss}\left(e^{\left[\frac{q}{nkT}U\right]} - 1\right) \tag{8.24}$$

beschrieben. Es ist neben der Elementarladung q, der Sättigungsstrom I_{ss} und der empirisch zu ermittelnde Idealitätsfaktor $n = 1.05...1.15$ enthalten. In der Anwendung des Ingenieurs führt man in der Praxis die Temperaturspannung

$$U_T = \frac{nkT}{q} = 25.9\,\mathrm{mV} \tag{8.25}$$

für die Werte $n = 1$ und $T = 300\mathrm{K}$ ein.

Die Diode wird beim eingestellten Kleinsignal-Wechselstromleitwert

$$G_s = \frac{I_0 + I_{ss}}{U_T} \tag{8.26}$$

für den Arbeitspunkt mit dem Gleichstrom I_0 betrachtet und angepasst.

Wenn man die exakte Analyse des Phänomens des Schrotrauschens für die Schottky-Diode untersucht, dann gelangt man für die effektive Rauschtemperatur zu dem einfachen Resultat ([102])

$$T_e = \frac{n}{2} T \qquad . \tag{8.27}$$

Folglich rauscht eine Schottky-Diode um ca. 50 % weniger als ein vergleichbarer Widerstand. In der Praxis heißt das, dass ein Empfangsmischer, der mit einer Schottky-Diode aufgebaut wird und auf 50 Ω angepasst ist, weniger rauscht als viele andere Mischerkonstruktionen.

Weitere Beispiele für diverse Spezialdioden und die verschiedenen Transistoren müssen in der Spezialliteratur nachgeschlagen werden.

1/f-Rauschen

Das thermische Rauschen und das Schottky-Rauschen kann in der Praxis als näherungsweise frequenzunabhängiges weißes Rauschen betrachtet werden.

In der Messtechnik von Rauschspektren erkennt man bei stromdurchflossenen Halbleitern unterhalb einer Eckfrequenz f_c einen logarithmisch steigenden Wert der Rauschenergiedichte. Dieses Phänomen wird als `1/f-Rauschen` oder auch als Funkelrauschen (engl.: flicker noise) bezeichnet. Es kann wissenschaftlich noch nicht vollständig erklärt werden. Es tritt bei verschiedenen Halbleitermaterialien unterschiedlich stark auf[5] und ist auch abhängig von den Konstruktionen der Bauelemente. Bipolartransistoren sind weniger empfindlich (f_c=100 Hz bis 1 kHz). Bei Feldeffekttransistoren können je nach Ausführungsform Werte für die Eckfrequenz bis 10 MHz erreicht werden.

Dieses niederfrequente Rauschen wird leider durch nichtlineare Mischprozesse in die höherfrequenten Signalbänder gemischt und verschlechtert dort erheblich das Signal-Rauschverhältnis.

Eine Hypothese für das 1/f-Rauschen ist die einfache Annahme, dass ein Transistor bei tiefen Frequenzen mit der 1/f-Charakteristik verstärkt. Gestützt wird diese Behauptung durch Ergebnisse der Oszillatorentwicklung, [59]. Diese auch im Bild 8.20 dargestellten Resultate weisen diesen potentiellen Einfluss dadurch nach, dass in der Verstärkereinheit bewusst eine Gegenkopplung für tiefe Frequenzen implementiert ist. Diese soll die Verstärkung im unteren Frequenzbereich (1-1000 kHz) reduzieren. Der für die Gleichspannungsentkopplung notwendige Kondensator verhindert den Einsatz zu tieferen Frequenzen.

Es ist ersichtlich, dass diese Maßnahme Erfolg hat und das Phasenrauschen des Oszillators merklich verbessert.

---

[5]Bei GaAs tritt es viel stärker als bei Si auf.

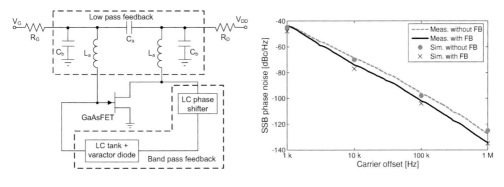

Bild 8.20: Aufbau und Messergebnisse eines Oszillators mit 1/f-Rauschunterdrückungsschaltung

Weitere Rauschquellen

Es wurden die für die Schaltungstechnik wichtigsten Rauschquellen aufgelistet. Eine weitere Rauschquelle in der Halbleitertechnik ist das so genannte Generations- und Rekombinationsrauschen, [127]. In der Röhrentechnik spielen das Influenzrauschen und das Stromverteilungsrauschen eine wichtige Rolle. Bei der Satellitenkommunikation muss man sich überdies die winkelabhängige Antennenrauschtemperatur berücksichtigen, die durch eine große Anzahl von Rauschquellen wie die Erdatmosphäre, Sonne und weiteren kosmischen Radioquellen abhängig ist.

8.5.3　Rauschzahl eines Zweitores und einer Kaskade

Jedes in einer Übertragungskette enthaltene Zweitor bzw. Vierpol verschlechtert das Signal-Rauschverhältnis, da es keine verlustfreien elektrischen Netzwerke gibt. Ein Datensignal bezeichnet man als Signal und kürz es mit S ab. Ein Rauschsignal wird mit N (engl. noise) abgekürzt, Bild 8.21.

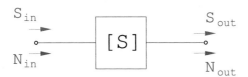

Bild 8.21: Daten- und Rauschsignale am Ein- und Ausgang eines Zweitores

Ein Maß wie stark das Signal-Rauschverhältnis (SNR) durch ein Zweitor verschlechtert wird, gibt die Rauschzahl F wieder:

$$F = \frac{S_{in}/N_{in}}{S_{out}/N_{out}} \quad . \tag{8.28}$$

Ein verlustfreies Netzwerk hat somit die ideale Rauschzahl: $\overline{F} = 1$. Die Rauschzahl kann nur Werte größer 1 annehmen. Als logarithmierter Wert gilt für alles technischen

Bauteile:

$$F^{dB} \; > \; 0 \text{ dB} \qquad \text{mit} \qquad F^{dB} = 10 \lg{(F)} \text{ dB} \qquad . \qquad (8.29)$$

Das Maß der Verschlechterung des Störabstandes eines Zweitores lässt sich auch alternativ durch die effektive Rauschtemperatur beschreiben, die direkt aus der Rauschzahl berechnet werden kann:

$$T_e \; = \; T\,(F-1) \quad \text{bzw.} \quad F \; = \; 1 + \frac{T_e}{T} \qquad . \qquad (8.30)$$

Bevor wir auf die Berechnung der Rauschzahl von passiven Zweitoren und für die Berechnung der Gesamtrauschzahl von Kettenschaltungen eingehen können, ist es notwendig, dass der sogenannte verfügbare Gewinn eingeführt wird.

Verfügbarer Gewinn

Der verfügbare Gewinn G_{av} eines Zweitores gibt das Verhältnis zwischen verfügbarer Ausgangsleistung bei Leistungsanpassung am Tor 2 (P_{2av}) zu der maximal von der Quelle (Generator) abgebbaren Leistung wieder (P_g).

$$G_{av} \; = \; \frac{P_{2av}}{P_g} \qquad \text{bzw.} \qquad G_{av}^{dB} = 10 \lg{(G_{av})} \text{ dB} \qquad (8.31)$$

Diese Bedingungen am Ein- und Ausgang müssen nicht den Bedingungen entsprechen, mit denen das Zweitor betrieben wird. Sofern jedoch alles in $50\,\Omega$-Technik aufgebaut wird, lässt sich der (logarithmische) Wert des verfügbaren Gewinns einfach aus der Vorwärtstransmission berechnen:

$$50\,\Omega - \text{System} \quad \Longrightarrow \quad G_{av}^{dB} \; = \; 20 \; \lg{(|S_{21}|)} \text{ dB} \qquad . \qquad (8.32)$$

Die Rauschzahl eines passiven Zweitores

Das Rauschen von passive Zweitoren (die auch keine Dioden enthalten) ist rein thermisch. Über eine kurze Herleitung gelangt man zu der einfachen allgemeinen Lösung:

$$F \; = \; \frac{1}{G_{av}} \qquad . \qquad (8.33)$$

Im $50\,\Omega$-Leitungstechnik lässt sich somit die Rauschzahl direkt aus den Streuparametern angeben:

$$50\,\Omega - \text{System} \quad \Longrightarrow \quad F^{dB} \; = \; -S_{21}^{dB} \; = \; 20 \; \lg{\left(\frac{1}{|S_{21}|}\right)} \text{ dB} \qquad . \qquad (8.34)$$

Die Rauschzahl eines HF-Verstärkers

Typische Rauschzahlen von rauscharmen Verstärkern (kurz LNA aus dem engl.: low noise amplifier) für eine Frequenz von 2 GHz liegen bei Rauschanpassung um 1 dB. Dabei wird eine Leistungsverstärkung von fast 15 dB erreicht.

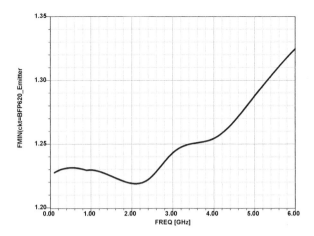

Bild 8.22: Rauschzahl über der Frequenz des für 900 MHz optimierten BFP620-Verstärkers in SiGe-Technologie (FMIN in dB)

Früher war das Verstärkerrauschen ein dominantes Problem in Empfangsschaltungen. Heutzutage überwiegen die Verluste der passiven Komponenten und die Filterbandbreiten, wie im Weiteren gezeigt wird. Dieses zeigt auch das Bild 8.22 auf.

Die Verluste der Antenne, der vor dem LNA geschalteten Filter haben in der Praxis einen noch größeren Einfluss auf die Systemrauschzahl als die des LNA-Transistors, was im nächsten Abschnitt erläutert wird.

<u>Rauschzahl einer Kaskade von Zweitoren</u>

Schaltet man mehrere Zweitore in Kaskade (Kettenschaltung) und kennt man entweder die Rauschzahl F_i oder die Rauschtemperatur T_{ie} sowie den verfügbaren Gewinn G_{iav} eines jeden Zweitores $i = 1, 2, 3, ...$, so kann die Gesamtrauschzahl F oder die Gesamtrauschtemperatur T_e über

$$F = F_1 + \frac{F_2 - 1}{G_{1av}} + \frac{F_3 - 1}{G_{1av}G_{2av}} + \frac{F_4 - 1}{G_{1av}G_{2av}G_{3av}} + ... \qquad (8.35)$$

beziehungsweise

$$T_e = T_{1e} + \frac{T_{2e}}{G_{1av}} + \frac{T_{3e}}{G_{1av}G_{2av}} + \frac{T_{4e}}{G_{1av}G_{2av}G_{3av}} + ... \qquad (8.36)$$

ermittelt werden.

Diese Kaskadenformel (auch Friis'sche Formel) gibt die Aufbauvorschrift für einen rauscharmen Empfänger:

1. Möglichst direkt am Eingang wird ein möglichst rauscharmer Verstärker (geringes F_i) mit möglichst großer Verstärkung (G_{iav}) benötigt.

2. Sämtliche folgenden Komponenten haben nur noch einen geringen Einfluss auf die Gesamtrauschzahl F.

Messung der Rauschzahl

Die Rauschzahlen von modernen Verstärkern sind so gering, dass man diese, sofern man nicht selbst Transistoren produziert, nicht messen muss, sondern der Simulation entnehmen kann.

Die Rauschzahl der passiven Komponenten entspricht deren Dämpfung und lässt sich folglich auf eine Streuparametermessung zurückführen.

In der Vergangenheit wurde das Rauschen von aktiven Komponenten entweder durch die *3 dB-Methode* oder durch die *Y-Faktor-Methode* gemessen, [101]. Mittlerweile werden Standardmessgeräte eingesetzt, [60].

8.5.4 Auslegung rauscharmer Empfänger

Bei der Auslegung von Übertragungssystemen spielt die Berechnung der Empfangsdynamik (Signal-Rauschverhältnis am Empfänger) einen sehr wesentlichen Aspekt. Durch eine Freiraumdämpfung oder eine Leitungsdämpfung wird das Übertragungssignal stark gedämpft. Der Empfänger muss so ausgelegt sein, dass das Eigenrauschen (oder Empfängerrauschpegel) geringer ist als das Empfangssignal.

Hilfreich ist die Einführung des logarithmierten Wertes der nach Gleichung (8.23) eingeführten Rauschleistung für die Bandbreite von $\Delta f = 1\,\mathrm{Hz}$ und Zimmertemperatur $(T = 290\,\mathrm{K})$:

$$N_{1Hz}^{dBm} = 10 \, \log\left(\frac{k\,T\,1\,\mathrm{Hz}}{1\,\mathrm{mW}}\right) \mathrm{dBm} = -174\,\mathrm{dBm} \qquad . \tag{8.37}$$

Die am Empfänger anliegende Grundrauschleistung N_{noise} lässt sich bei gegebener Gesamtrauschzahl F entweder über

$$N_{noise} = k\,T\,\Delta f\,F = N_{av}\,F \tag{8.38}$$

oder als logarithmierter Wert

$$N_{noise}^{dBm} = N_{1Hz}^{dBm} + \Delta f^{dB} + F^{dB} \tag{8.39}$$

mit

$$\Delta f^{dB} = 10 \, \log\left(\frac{\Delta f}{1\,\mathrm{Hz}}\right) \mathrm{dB} \qquad . \tag{8.40}$$

berechnen.

Beispielsweise erhält man mit $N_{1Hz}^{dBm} = -174\,\mathrm{dBm}$ und $\Delta f = 10\,\mathrm{MHz}$ ($\Delta f^{dB} = 70\,\mathrm{dB}$) sowie $F^{dB} = 3\,\mathrm{dB}$ einen Grundrauschpegel von $-101\,\mathrm{dBm}$.

Man erkennt an diesem praktischen Beispiel, dass die Bandbreite der Empfangsfilter einen dominanten Einfluss hat.

Das Bild 8.23 zeigt einen möglichen Aufbau einer Empfängerschaltung, bestehend aus verschiedenen Komponenten. Deren Funktion und notwendigen Eigenschaften zur Entwicklung eines rauscharmen und robusten HF-Empfängers werden im weiteren erläutert.

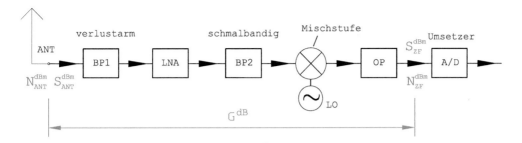

Bild 8.23: Typischer Aufbau einer HF-Empfängerschaltung

<u>ANT</u>: Hinter der Antenne (typische Abkürzung ANT) lässt sich die Rauschleistung N_{ANT}^{dBm} und die Signalleistung S_{ANT}^{dBm} angeben. Oft wird vernachlässigt, dass eine Antenne Transmissionsverluste aufweist, was insbesondere für kleine kompakte Antennen unzulässig ist. Die Rauschleistung N_{ANT}^{dBm} lässt sich aus Gleichung 8.38 berechnen, wobei die Empfangsbandbreite der Antenne eingerechnet werden muss.

<u>BP1</u>: Dieses Filter wird zunehmend wichtiger, da die vielen Störsignale aus benachbarten Empfangsbändern einerseits den LNA in Kompression fahren können oder andererseits durch IM-Produkte das Empfangssignal stören. Zur Reduktion der Gesamtrauschzahl sollte dieses Filter möglichst verlustarm sein.

<u>LNA</u>: Der LNA sollte neben der möglichst geringen Rauschzahl auch möglichst viel Verstärkung und eine möglichst große Unterdrückung von Störsignalen aus der Gleichspannungsversorgungsleitung aufweisen.

<u>BP2</u>: Sofern BP1 nicht die notwendige Bandbreitenreduktion erfüllt muss dieses Filter BP2 diese Funktion übernehmen. Bzgl. Verluste muss BP2 nicht mehr optimiert werden.

<u>LO</u>: Ein Lokaloszillator und eine Mischstufe setzen das HF-Signal in den Zwischenfrequenzbereich (typisch im unteren MHz- und oberen kHz-Bereich) um. Diese beiden Komponenten und auch die korrekte Informationsumsetzung sind im Kapitel 10 detaillierter beschrieben.

<u>OP</u>: Dieser Operationsverstärker verstärkt das Empfangssignal. Da die Gesamtverstärkung wird ohne die Gefahr einer Oszillation der Empfangsstufe merklich angehoben, da die Einzel-Verstärker in zwei verschiedenen Frequenzbereichen operieren.

<u>A/D</u>: Am A/D-Konverter wird das Empfangssignal digitalisiert und einem Mikroprozessor zur Verfügung gestellt.

Die Rauschleistung am A/D-Wandler berechnet sich aus der Grundrauschleistung (Gleichung 8.39) und der Verstärkung der Empfängerkette G^{dB}:

$$N_{ZF}^{dBm} = N_{1Hz}^{dBm} + \Delta f^{dB} + F^{dB} + G^{dB} \qquad . \qquad (8.41)$$

Hingegen berechnet die Signalleistung am A/D-Konverter schlicht über

$$S_{ZF}^{dBm} = S_{ANT}^{dBm} + G^{dB} \qquad . \qquad (8.42)$$

Das Signal-Rauschverhältnis (engl. signal-to-noise ratio; SNR) am A/D-Umsetzer wird aus dem Verhältnis der Leistungen berechnet:

$$\text{SNR}_{\text{ZF}}^{\text{dB}} = S_{ZF}^{dBm} - N_{ZF}^{dBm} \qquad . \qquad (8.43)$$

Das SNR ist am A/D-Wandler immer um den Wert der Rauschzahl des Empfängers schlechter als an der Antenne.

Zwei weitere Größen am Empfänger sind die Empfindlichkeit und die Dynamik.

Empfindlichkeit: Die Empfindlichkeit am Empfänger ist der kleinste dBm-Wert, der vom A/D-Wandler detektiert werden kann.

Dynamik: Die Dynamik am Empfänger ist der Unterschied in dB zwischen den kleinsten Wert, der vom A/D-Wandler detektiert werden kann, zum maximal detektierbaren A/D-Wandler-Wert.

Kapitel 9

Modelling, Fitting und Spulenentwurf

Stand der Technik ist, dass man sehr gute und hervorragend reproduzierbare Bauelemente kaufen oder gar selbst fertigen kann. Mit diesen über der Serie sehr *gleichen* Bauelemente lassen sich präzise Hochfrequenzschaltungen entwickeln, sofern man über genaue Modelle dieser Bauelemente verfügt.

Leider sind die Modelle von Bauelementen für den Hochfrequenzbereich oft gar nicht oder nur unzureichend verfügbar. So muss der Entwickler sich sehr häufig seine Bauelemente selbst charakterisieren bzw. modellieren.

Dieses Kapitel soll anhand der Modellierung einer Halbleiterspule demonstrieren, wie der Prozess der Charakterisierung basierend auf gegebenen S-Parametern vonstatten geht.

Die Modellierung lässt sich unterteilen in die beiden Schritte `Modellfindung` und `Angleichung` der Bauelemente des Modells an die Messwerte, was im Weiteren als *Fitting* bezeichnet wird.

Es erklärt sich von selbst, dass andere Hochfrequenzbauelemente andere Modelle benötigen und dass in der Praxis eine große Anzahl von Modellen von technischen Interesse sind. Auf all diese Modelle kann leider nicht eingegangen werden. Jedoch soll das Beispiel der planaren Halbleiterspule dazu dienen, die Schwierigkeiten der Erstellung von Modellen und auch des Fittings exemplarisch aufzuzeigen.

Am Ende dieses Kapitels wird ausführlich auf den Entwurf von planaren Spulen, wie sie typisch für die LTCC- und Halbleitertechnik sind, eingegangen.

© Springer Fachmedien Wiesbaden GmbH, ein Teil von Springer Nature 2018
H. Heuermann, *Hochfrequenztechnik*, https://doi.org/10.1007/978-3-658-23198-9_9

9.1   Modelle zum Fitting einer Spule

Unter dem angelsächsischen Begriff *Fitting* versteht man den Vorgang, wenn man die Variablen einer Ersatzschaltung (Modell) so gegen eine oder mehrere Messungen optimiert, dass die elektrische Charakteristik der Ersatzschaltung möglichst gut der Charakteristik der Messresultate entspricht.

Ein Fitting findet nicht nur für gemessene Objekte statt. Häufig verwendet man es auch, um mit Resultaten aus der Feldsimulation eine Bibliothek basierend auf einem Ersatzmodell für eine Klasse von Bauteilen aufzubauen.

Im Folgenden soll anhand einer Modellierung einer 3.6 nH Spule gezeigt werden, wie ein Fitting-Prozess in der Praxis aussieht.

Dazu werden zunächst zwei Modelle vorgestellt, die für das Fitting und die physikalische Beschreibung gute bzw. sehr gute Resultate liefern.

<u>Das PI-Modell</u>

Das sogenannte PI-Modell einer Spule, die in Serie geschaltet ist (Bild 9.1), beinhaltet die Elemente, die für ein Design den größten Einfluss haben.

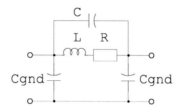

Bild 9.1: PI-Ersatzschaltbild einer Spule

Das dominanteste Element (=Kernelement) ist die Serieninduktivität L, die sich aus der eigentlichen Spule und Anschlusselementen wie z.B. Bonddrähten zusammensetzt.

Der Widerstand R berücksichtigt `frequenzunabhängig` die Verluste der Spule.

Der Kondensator C beinhaltet die Kopplungskapazität zwischen Eingangs- und Ausgangswicklungen der Spule.

Die beiden i.d.R. gleichen Kondensatoren Cgnd berücksichtigen die Kapazität zwischen der Masse und den Windungen einer Spule.

Je nach der Größe der Serieninduktivität L und den parasitären Kondensatoren C und Cgnd ergibt sich eine Parallelresonanz bei Frequenzen zwischen 0.01-20 GHz. Für diese Resonanz müssen die Kondensatoren wie folgt berücksichtigt werden:

$$Cr = \frac{C\,Cgnd}{2\,C + Cgnd} \qquad . \tag{9.1}$$

Gegebenenfalls können die Kondensatoren C oder Cgnd entfallen, was zur Folge hat, dass die Kondensatoren Cgnd oder C größer ausfallen. Voraussetzung ist, dass einer der beiden

Werte merklich größer ist als der andere. In diesem Fall lässt sich immer noch ein gutes Fitting durchführen, aber die Kondensatoren lassen sich nicht mehr stellvertretend für die physikalischen Effekte einsetzten.

Dieses hier vorgestellte PI-Modell wird bevorzugt für SMD-Bauteile eingesetzt. Arbeitet man mit Spulen, die in einer Halbleitertechnologie hergestellt wurden, so kann man die Substratverluste nicht mehr mit dem Serienwiderstand R fitten. In diesem Fall müssen noch zwei Widerstände Rgnd, die jeweils parallel zu den Kondensatoren Cgnd geschaltet sind, eingesetzt werden.

Will man die physikalische Effekte einer Spule separieren können, um diese weiter optimieren zu können, so setzt man ebenfalls das erweiterte PI-Modell nach Bild 9.2 ein.

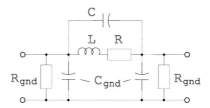

Bild 9.2: PI-Ersatzschaltbild einer Spule für Halbleiteranwendungen

Das reduzierte Modell wird man dann einsetzen, wenn man nicht an einer Interpretation der physikalischen Effekte einer Spule interessiert ist.

Mittel dieser einfachen Ersatzschaltung gelingt es sehr genau das elektrische Verhalten der Spule in einer Komponente (z.B. einem Filter) zu berechnen. Lediglich bei der Vorhersage der Verluste bietet dieses Modell nur befriedigende Ergebnisse. Benötigt man hierfür eine bessere Vorhersage, so muss man das PISK-Modell einsetzen.

Das PISK-Modell

Der größte Verlustmechanismus bei einer Spule ist bei Frequenzen über 2-4 GHz die Eindringtiefe δ (engl.: skin depth). Die Widerstandsverluste nehmen zu höheren Frequenzen in guter Näherung linear zu. Deshalb kann man mittels einer Parallelschaltung einer Spule (Lsk) und eines Widerstandes (Rsk) die frequenzabhängigen Verluste sehr gut modellieren (Bild 9.3).

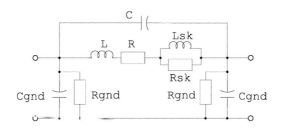

Bild 9.3: PISK-Ersatzschaltbild einer Spule

Zu beachten ist, dass Lsk und Rsk nur noch eine Ersatzschaltung zur Beschreibung der Eindringtiefe sind und sich nicht mehr mit einem physikalischen Teilelement der Spule erklären lassen.

Der Serienwiderstand R beinhaltet nunmehr die ohmschen Verluste der Spule.

Des Weiteren beinhaltet das PISK-Modell die beiden Widerstände Rgnd, die wiederum die zu tieferen Frequenzen sich vergrößernden Substratverluste berücksichtigen. Dieser Effekt ist oft kaum erkennbar.

Die Elemente L, C und Cgnd haben die gleiche Funktionalität wie beim PI-Modell.

9.2   Sensibilisierungsstrukturen zum optimalen Fitting

Verfügt man über eine Ersatzschaltung, deren Elemente so optimiert werden können, dass Messung (oder Feldsimulation) und Modell sehr gut übereinstimmen, so muss das Fitting noch kein gutes Resultat bringen!

Der Grund liegt darin, dass man darauf achten muss, dass der Gradient der einzelnen Variablen (Werte der Elemente) genügend steil ist. Mit anderen Worten ausgedrückt: Kann man die Wertes eines Elementes variieren und es tritt keine merkliche Veränderung des elektrischen Verhaltens der Komponente ein, so kann man kein präzises Fitting durchführen.

Diese in der Praxis sehr wichtige Aussage soll anhand der Darstellung der Fittingresultate einer Spule ohne und mit Sensibilisierung veranschaulicht werden.

9.2.1   Fitting einer Spule ohne Sensibilisierung

Im Bild 9.4 sind die Streuparameter der Messung und der Ersatzschaltung einer 3.6 nH Spule übereinanderliegend dargestellt. Die Anpassungen (S_{11}) sind dunkel dargestellt und weisen erwartungsgemäss für eine Serienspule kleine Werte bei tiefe Frequenzen und große Werte bei hohen Frequenzen (= starke Reflexion) auf. Hingegen erkennt man, dass der Transmissionswert (S_{21}) bei tiefen Frequenzen nahezu bei 1 ist (= 0 dB) und stark zu hohen Frequenzen abnimmt.

Da die Kurven von 50 MHz bis 10 GHz gut *übereinander liegen* würde man glauben, dass das Fitting sehr erfolgreich durchgeführt wurde.

Eine sehr entscheidene Größe für den Einsatz einer Spule ist der Serienwiderstand R. Von der Größe des Serienwiderstandes hängt oft ab, ob die Verluste der gesamten Komponente zu hoch sind oder nicht[1].

In dem folgenden Bild 9.5 erkennt man, dass sich die Streuparameter nur wenig ändern, wenn für den Serienwiderstand die Werte 3, 4 und 5 Ω einsetzt werden.

Möchte man sicher gehen, den richtigen Wert für den Serienwiderstand ermittelt zu haben, so muss man eine Konfiguration wählen, die sensibel auf kleine Abweichungen reagiert.

---

[1]Die Verluste von Kondensatoren sind in der Regel geringer als die von Spulen.

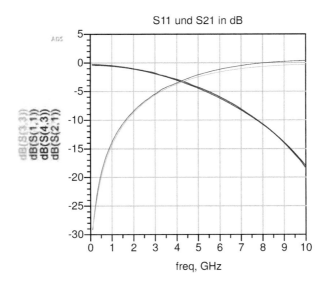

Bild 9.4: Fittingresultate für die Beträge von S_{11} und S_{21} zwischen PI-Ersatzschaltbild und der Messung einer 3.6 nH HF-Spule

Im aktuellen Fall der Serienspule wird ein großer Teil der Energie reflektiert. Nur ein kleiner Teil wird transmittiert. D.h., dass der Betrag des Serien-Blindwiderstandes zwischen 40 und 200 Ω liegt. Veränderungen im Bereich von 1 Ω haben nahezu keinen Einfluss auf den Transmissionswert.

Im Weiteren werden zwei Verfahren vorgestellt, die Veränderungen von 1 Ω deutlich machen.

9.2.2 Fitting einer Spule unter Verwendung eines Tiefpasses

Ein einfaches Tiefpassfilter besteht aus einer Serienspulen und zwei Kondensatoren, die gegen Masse geschalten sind. Ein Tiefpass hat im Durchlassbereich sehr geringe Verluste. Folglich ist S_{21} eines Tiefpasses im Durchlassbereich sehr sensitiv auf eine Änderung des Serienwiderstandes.

Setzt man die gleichen Kondensatoren als ideale Bauteile (wie diese im Schaltungssimulator enthalten sind) vor und hinter der Ersatzschaltung und auch vor und hinter den Messdaten, so haben sich zwar die resultierenden Streuparameter geändert, aber S_{21} ist sehr sensitiv auf eine Änderung des Serienwiderstandes der Spule.

Bild 9.6 zeigt die PI-Ersatzschaltung mit zwei vorgeschalteten 1 pF Kondensatoren.

Zum Fitting benötigt man immer zwei Rechnungen, die gegeneinander gefitted werden. Die zu Bild 9.6 korrespondierende Messung wird in Bild 9.7 dargestellt.

Nun sollen zusätzlich die Unterschiede zwischen dem PI- und dem PISK-Modell detaillierter diskutiert werden.

Im Bild 9.8 ist die Transmission und Reflexion der zum Tiefpass erweiterten Spule (im

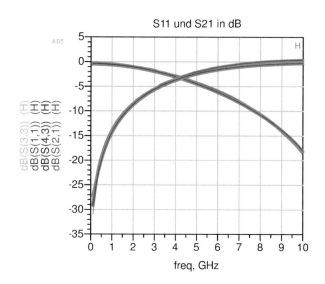

Bild 9.5: Tuningresultate des PI-Ersatzschaltbildes einer 3.6 nH HF-Spule bei Variation des Serienwiderstandes R mit 3, 4 und 5 Ω

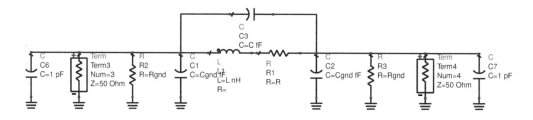

Bild 9.6: PI-ESB für eine Serienspule mit zwei Kondensatoren zum Tiefpass erweitert

großen Maßstab) wiedergegeben.

Das Bildes 9.9 stellt bis nur 3 GHz die Tuning-Ergebnisse mit dem PI-Modell dar. Es wurden die Werte des Serienwiderstandes in 1 Ω-Schritten getunt. Man erkennt bereits hier für die Transmission eine deutliche "Verbreiterung".In einer verbesserten Auflösung erkennt man, dass die die 3 Ω-Kurve bei 1.2 GHz und die 4 Ω-Kurve ab 2.2 GHz die Messkurve am Besten fitten. Insgesamt variierten die Verluste um rund 1.5 Ω bis 3 GHz.

Das dispersive Verhalten aufgrund der endlichen Eindringtiefe ist daran zu erkennen, da die Transmissionsmesswerte bei tiefen Frequenzen mit dem 3 Ω-PI-Modell und bei hohen Frequenzen mit dem 4 Ω-PI-Modell am Besten fittet.

Führt man ein Fitting mit dem PISK-Modell durch, so ergeben sich die Werte:
$$L=3.58\,\text{nH} \; ; \quad R=2.8\,\Omega \; ; \quad Rsk=1.1\,\Omega \; ; \quad Lsk=0.15\,\text{nH} \; ;$$
$$C=50\,\text{fF} \; ; \quad Cgnd=66\,\text{fF} \; ; \quad Rgnd=9700\,\Omega \; .$$

Bei dem Fitting mit dem PISK-Modell stellt sich wiederum raus, dass der Widerstand mit rund 3 Ω (exakt 2.8 Ω) die beste Übereinstimmung liefert. Weiterhin erkennt man deutlich, dass ein Fitting über dem gesamten Frequenzbereich sehr gut mit den Messwerten

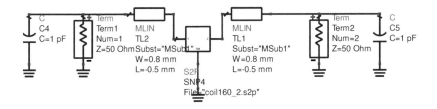

Bild 9.7: Messdatei als "Blackbox" umgeben von zwei De-embedding-Leitungen negativer Länge und mittels zweier Kondensatoren zum Tiefpass erweitert

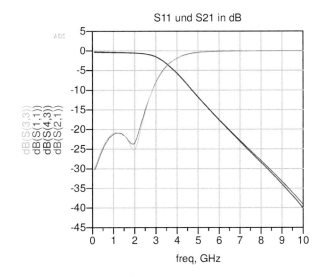

Bild 9.8: Resultate des PI-Ersatzschaltbildes einer 3.6 nH HF-Spule, die zum Tiefpass erweitert wurde

übereinstimmt (Bild 9.10).

Die hier demonstrierte Vorgehensweise, eine Spule zunächst ohne Sensibilisierung in einem ersten Schritt zu fitten und danach die Kenngrößen für die Verluste und Eindringtiefe durch eine Verwendung eines Tiefpasses in einem zweiten Schritt zu fitten, soll als zweistufiges Fitting bezeichnet werden.

9.2.3 Beurteilung einer Spule unter Verwendung des MAG's

Das Sensibilisierungs-Fitting einer Spule mit einem Tiefpass ist anschaulich. Jedoch ist die Darstellung der Sensibilisierung für den Serienwiderstand in der Frequenz begrenzt. Je größer der Spulenwert ist, desto größer ist die Einschränkung des Frequenzbereiches.

Eine Vorgehensweise, die für erfahrene Hochfrequenztechniker genauso anschaulich ist, besteht darin, dass man nicht mehr S_{21}, sondern das sog. MAG (engl.: Maximum Available Gain) betrachtet (s. auch Kapitel 8).

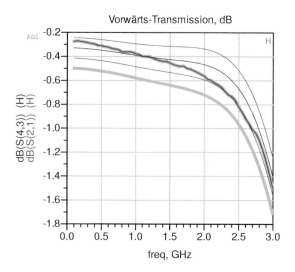

Bild 9.9: Hoch aufgelöste S_{21}-Tuningresultate der PI-Ersatzschaltung einer 3.6 nH HF-Spule, die zum Tiefpass erweitert wurde, bei Variation des Serienwiderstandes mit 3, 4 und 5 Ω im Vergleich mit den Messresultaten

Die maximale verfügbare Verstärkung lässt sich gemäß

$$\text{MAG} \quad = \quad \left| \frac{S_{21}}{S_{12}} \left(k - \sqrt{k^2 - 1} \right) \right| \tag{9.2}$$

$$\text{mit} \quad k \quad = \quad \frac{1 + |\det S|^2 - |S_{11}|^2 - |S_{22}|^2}{2\,|S_{12}\,S_{21}|} \tag{9.3}$$

$$\text{und} \quad \det S \quad = \quad S_{11} \cdot S_{22} - S_{12} \cdot S_{21} \tag{9.4}$$

aus den Streuparametern eines Zweitores berechnen. Diese Berechnung schliesst das Zweitor mathematisch so ab, dass immer optimale Anpassung ein- und ausgangsseitig vorliegt. D.h., der MAG gibt den maximalen S_{21}-Wert an, der mit dieser Komponente im Idealfall erzielt werden kann.[2]

Jeder HF-Schaltungssimulator kann den MAG-Wert (Ansoft/Serenade: GMAX) eines Zweitores unmittelbar basierend auf den Gleichungen (2.36) und (2.37) angeben.

Der große Vorteil der Verwendung des MAG-Wertes liegt darin, dass hier eine Transmissionssensibilisierung durchgeführt wird, die frequenzunabhängig ist!

Die MAG-Resultate bei Variation des Serienwiderstandes sind im Bild 9.11 dargestellt.

Die Ergebnisse in Bild 9.11 zeigen, dass die Ersatzschaltung des PISK-Modells für Verlustbeurteilungen von 2 GHz bis 8 GHz gute Resultate liefert. Man erkennt, dass Messfehler nunmehr einen deutlicher Einfluss haben.

---

[2]Der Einsatz des MAG's für passive Bauteile ist nicht weit verbreitet. Ursprünglich wurde der MAG zur Beurteilung von Transistoren eingesetzt, um zu erkennen, wieviel Verstärkung sich im "best case" mit dem Transistor erzielen lässt.

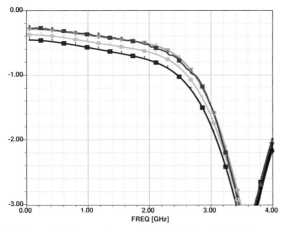

Bild 9.10: Hoch aufgelöste Tuningresultate bis 4 GHz der PISK-Ersatzschaltung einer 3.6 nH HF-Spule, die zum Tiefpass erweitert wurde, bei Variation des Serienwiderstandes mit 2.8, 3.8 und 4.8 Ω im Vergleich mit den Messresultaten

9.3 Die Praxis eines Modellings

Zur Modellierung wurde das frei verfügbare Programm **Serenade SV8.5** von Ansoft wie auch ADS von Keysight eingesetzt. Bei Serenade handelt sich um eine Studenten-Version, die auf der Vollversion des Standes V8.5 beruht. Dieses Programm war noch im Jahre 2001 aktuellster Stand, ist frei einsetzbar und lässt sich noch auf Computer installieren.

Bei der Installation ist zu bemerken, dass das Paket "Harmonica" installiert werden muss. Beim zweiten Paket Symphonie handelt es sich um einen Systemsimulator. Harmonica und Symphonie werden unter Serenade betrieben. Weiterhin dar der Rechner nur kein aktuelles Datum aufweisen.

Aufbau und Ablauf einer Spulen-Modellingssimulation

Serenade besitzt wie jedes moderne Programm eine Projektstruktur.

Im einfachsten Sinne ist das Fitting ein Angleichen zweier Schaltungen (Schematics).

1. Realisierung der Messwert-Schematic

Dafür benötigt man zunächst eine Schaltung, in der man die Messergebnisse eines sogenannten S2P-Files[3] einbindet (Bild 9.12). Diese Schaltung ist in dem Schematic-File *cap_ und_ Spulen.sch* realisiert.

Im Bild 9.12 sind Leitungen mit negativer Länge enthalten, damit die Messdaten in der Referenzebene der Spulenanschlüsse de-embedded werden (Hintergrund ist im Kapitel 2 erläutert).

---

[3]S2P- und TOU- sind die "klassischen" ASCII-Datei-Formate für frequenzabhängige n-Tor-Streuparameter.

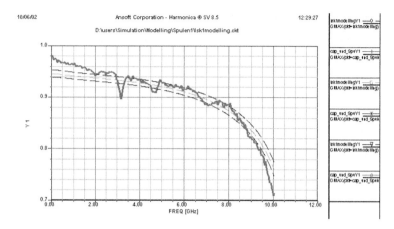

Bild 9.11: Tuningresultate bis 10 GHz der MAG-Werte der PISK-Ersatzschaltung einer 3.6 nH HF-Spule bei Variation des Serienwiderstandes mit 2.8, 3.8 und 4.8 Ω im Vergleich mit den Messresultaten

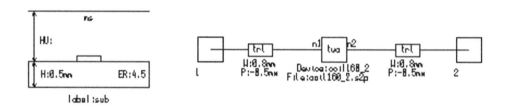

Bild 9.12: Schematic zur Einbindung der Messwerte

Zur Festlegung dieser Leitung wurde zuvor eine Durchverbindungsleitung vermessen und die Verluste und Phase einer Mikrostreifenleitung so optimiert, dass die Werte mit der Durchverbindung übereinstimmen.

Daraus ergaben sich für die coil-Serie:

P=-0.5 mm; W=0.8 mm; H=0.5 mm; ER=4.5; Met1=au 1um; TAND=0.25   .

Diese Werte wurde im linken Definitionsblock für die Mikrostreifenleitung und in den trl-Elementen der Leitungsstücke eingegeben.

Zur Einbindung der Messdaten (Name z.B.: coil160_2.s2p) wird eine Zweitor-Blackbox verwendet und folgenden zwei Eingaben gemacht:

Device: coil160_2   File: coil160_2.s2p   .

Sehr wichtig ist, dass man am Ende aus der Messwert-Schematic ein Symbol kreiert. Diesen Befehl findet man unter "Draw".

Als nächstes benötigt man die Schaltung, in der das Modell enthalten ist.

2. Realisierung der ESB-Schematic

Im Weiteren muss die Hauptsimulation mit dem enthaltenen PI- oder PISK-ESB gezeichnet werden. Figur 9.13 zeigt ein Beispiel für das PI-Modell.

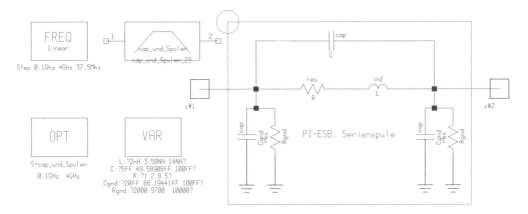

Bild 9.13: Schematic für ein Fitting mit dem PI-Modell

Diese Schematic enthält folgenden fünf Blöcke:

- Schaltung: ESB mit Elementen, die nur Variablennamen aufweisen.

- Frequenzblock (FREQ): Gibt linearen Sweep mit Start- und Stopfrequenzen sowie die Schrittweite an.

- Optimierungsblock (OPT): Gibt Frequenzbereich für das Fitting und die Optimierungsziele an (hier: S=cap_und_Spulen).

- Variablenbox (VAR): Enthält die Variablen mit den oberen und unteren Grenzwerten sowie den Start- bzw. optimierten Werten.

- Einbindung des Symbols des Files gegen das optimiert werden soll (hier: cap_-und_Spulen.sym).

Zur Kontrolle lässt man die Schaltung simulieren und schaut sich die Streuparameterwerte der Messung und des ESB (mit den Startwerten) an.

3. Breitbandfitting der Spule

Zunächst wird das ESB der Spule gegen die Messung über der gesamten Bandbreite (hier 0.1-10 GHz) gefittet. Da die Serienspule zu höheren Frequenzen hin sehr gut sperrt, ist dieses Fitting sehr sensitiv für die parasitären Größen C, Cgnd und Rgnd.

Zu diesem Zeitpunkt läuft man bereits für das PI-Modell in die doch vorhandenen Restriktionen der SV-Version von Serenade:

Es sind lediglich vier Variablen für die Optimierung erlaubt.

Deshalb kann man nicht alle fünf Variablen frei geben und setzt den Serienwiderstand R auf einen fixen (gut geschätzten) Wert fest. R wird gewählt, weil dieser Wert in diesem Fittingschritt nicht sensitiv ist. R wird auf einem festen Wert gesetzt, indem man keine oberen und unteren Grenzen mehr angibt, Bild 9.13.

Als nächstes benutzt man die Optimization-Funktion, startet mit dem Random-Verfahren und nutzt ggf. das Gradienten-Verfahren.

Nach vollzogener Optimierung sollte sich ein Fehler F ergeben, der deutlich kleiner als 0.01 ist. Im Bild 9.13 sind die optimierten Werte für diesen Durchlauf der 3.6 nH-Spule im Variablenblock angegeben.

Nach diesem ersten Fittingschritt werden die parasitären Größen C, Cgnd und Rgnd fixiert. D.h., dass der aus der Optimierung erhaltene Wert im Variablenblock bleibt und die Grenzen eliminiert werden. Am Besten kopiert man den Variablenblock zur Sicherung und deaktiviert diesen über die rechte Maustaste.

Hingegen wird nun der Wert des Serienwiderstandes R freigegeben.

Die zweite Stufe des Fittings erfolgt nun unter der Verwendung des Tiefpasses.

4. Fitting der zum Tiefpass erweiterten Spule

In diesem zweiten Fitting-Schritt sollen die restlichen Parameter berechnet werden.

Dafür realisiert man ein einfaches Tiefpassfilter, indem man an beiden Toren beider Schematics je einen Kondensator gegen Masse schaltet (grobe Richtlinie: 2nH: 0.5pF; 4nH: 1pF; 8nH: 2pF). Sofern die Anpassung besser als 10 dB ist, ist das Tiefpassfilter genügend sensitiv. Dieses ist für die Schematic der PI-Ersatzschaltung im Bild 9.14 dargestellt.

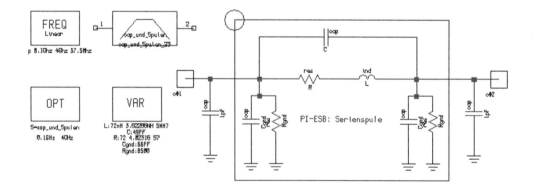

Bild 9.14: Schematic für ein Fitting des PI-Modells in der zum Tiefpass erweiterten Stufe

Achtung: Es muss auch die obere Frequenzgrenze der Optimierungsfrequenz verringert werden: Eine gute Wahl ist die 3 dB-Eckfrequenz (hier knapp 4 GHz).

Nun lässt man erneut die Optimierungsroutinen durchlaufen und erhält die entgültigen
Ergebnisse. Zur Kontrolle schaut man sich immer wieder die Streuparameterwerte des
ESB und der (zum Tiefpass erweiterten) Messung an.

Abbildung 9.15 zeigt das Ergebnis für das PI-Modell nach dem 2. Fitting.

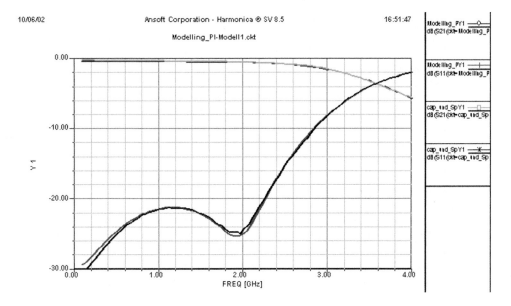

Bild 9.15: Transmission und Anpassung einer zum Tiefpass erweiterten Messung einer 3.6 nH
Spule im Vergleich mit den gefitteten Werten des PI-Modells

9.3.1 Die Praxis eines Modellings mit ADS

Alternativ zu Serenade kann die deutlich modernere aber nicht kostenfrei einsetzbare
Software ADS (Advanced Design System) vom Unternehmen Keysight verwendet werden.
Diese Software beinhaltet neben einem umfangreichen Schaltungssimulator einen 2.5D-
und einen 3D-Feldsimulator und ein Layouttool zur Erstellung von Leiterplatten.

Dieser HF-Schaltungssimulator ist der, der am Markt am meisten verbreitet ist. Ins-
besondere wenn man Modelle von Halbleiterherstellern einsetzt, hat ADS aufgrund der
Verbreitung Vorteile gegenüber den zahlreichen anderen am Markt erhältlichen modernen
Simulatoren, s. [54].

Der Schaltungssimulator enthält folgende Solver:

> Lineare Streuparameter,
>
> Harmonic Balance sowie
>
> verschiedene Zeitbereichsberechnungen (ähnlich Spice)

und unterstützt darüber hinaus die Berechnung von digitalen Schaltungen. Bei der verwendeten Software für das Praktikum handelt es sich um eine Vollversion von ADS.

Inhaltlich unterscheidet sich der Aufbau der Schaltungen zum Fitting nicht von dem von Serenade. Die Werte, die unter im Serenade-Kapitel angeben wurden, sind die gleichen. Diese sind auch dem folgenden Bild (9.16) zu entnehmen.

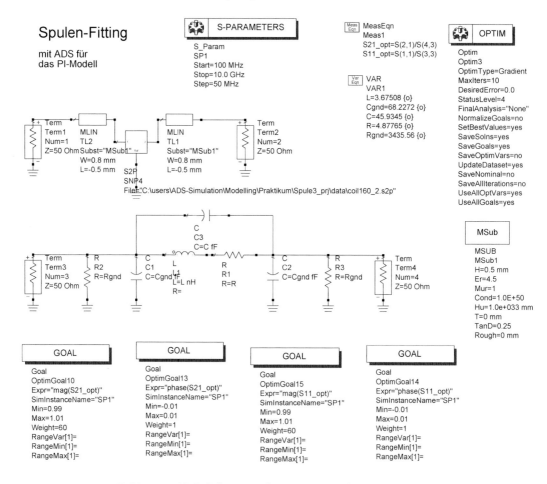

Bild 9.16: ADS-Schematic für ein Fitting des PI-Modells

Die Optimierung in ADS läuft etwas *offener* als bei Serenade. Vorteilhaft ist, dass die beiden zu vergleichenden Schaltungen in einer Simulation zu finden sind. In ADS ist es im Gegensatz zu Serenade nunmehr notwendig Gleichungen für die Optimierung aufzustellen.

Diese sind im Block *MeasEqn* angegeben. Da man bei ADS bei den Optimierungszielen (Goals) einzeln nach Betrag und Phase optimieren muss, ist es notwendig in den Goals-Blöcken auch eine entsprechende Gewichtung einzugeben.

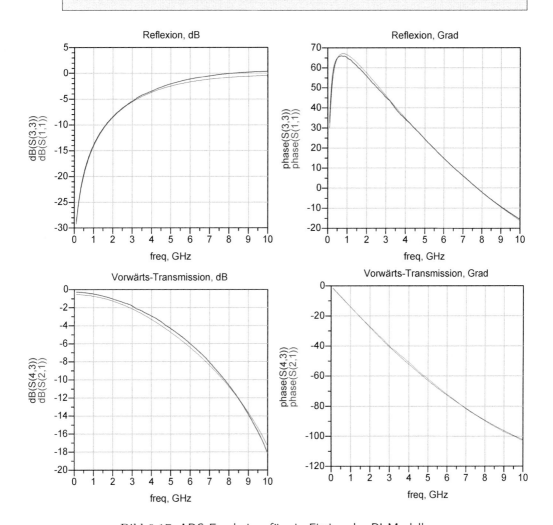

Bild 9.17: ADS-Ergebnisse für ein Fitting des PI-Modells

Eine häufige Fehlerquelle im Optimieren mit ADS ist die, dass man nach einer vollzogenen Optimierung die neuen Variablen aktualisieren lassen muss. Dazu ist es notwendig unter "Simulate" den Buttom "Update Optimazation Variables" zu drücken.

Möchte man alte und neue Simulationen in einem Bild darstellen, so muss man im Report-Fenster und "History" den zugehörigen Buttom aktivieren.

Die Darstellung der Streuparameter muss man sich in ADS selbst möglichst übersichtlich gestalten. Beim Fitting sind nur die Beträge und Phasen der Vorwärts-S-Parameter von Relevanz. Im Bild (9.17) sind die Ergebnisse des gleichen Fittings abgedruckt.

Beim Fitting ist es oft nicht notwendig die Simulationkurven eindeutig den Achsen zuzuordnen. Bei anderen Simulationen ist diese jedoch wichtig und kann in ADS durch den Befehl "Trace-Options" durchgeführt werden.

9.4 Entwurf und Optimierung von planaren Spulen

Bisher wurde im Kapitel 9 das Modelling und Fitting von Halbleiterspulen basierend auf gegebenen S-Parametern, die sowohl einer Feldsimulation als auch einer Messung stammen können, dargestellt. In diesem Abschnitt werden wesentliche Eigenschaften von solchen Halbleiterspulen vorgestellt, gefolgt von Entwurfsrichtlinien.

Abschließend werden konzeptionelle Optimierungsmöglichkeiten für den Entwurf von differentiellen Schaltungen präsentiert[4].

9.4.1 Charakteristische Eigenschaften von planaren Spulen

Beim Entwurf von (planaren) integrierten Spulen wird angestrebt, die effektive Güte bei gleich bleibendem bzw. reduziertem Platzbedarf zu erhöhen. Bei tiefen Frequenzen (einige MHz) kann bei der Betrachtung der Güte das Verhältnis zwischen der Kerninduktivität und der Leitungsverluste herangezogen werden. Hierbei können die Leiterverluste R_{dc}, die aufgrund der endlichen Leitfähigkeit der eingesetzten Metallisierung entstehen, durch

$$R_{dc} = \frac{l_{sp}}{w\,t\,\sigma} \tag{9.5}$$

wiedergeben werden, wobei l_{sp} die gesamte Leitungslänge der Spulen, w die Breite der Leiterbahnen, t die Metallisierungshöhe und σ die elektrische Leitfähigkeit darstellen.

Mit steigender Frequenz führt die Berücksichtigung der Stromverdrängung (Skineffekt) zu der Ergänzung der Metallisierungshöhe t durch die effektive äquivalente Leiterdicke δ nach [3]

$$R_{hf} = \frac{l_{sp}}{w\delta(1 - e^{-t/\delta})\sigma} \quad . \tag{9.6}$$

Gleichzeitig führt das Zusammenspiel zwischen der Kerninduktivität L und der parallel liegenden Kapazität C (siehe Bild 9.1) zu einer Eigenresonanz der Spule bei

$$f_r = \frac{1}{2\pi}\frac{1}{\sqrt{LC}} \quad . \tag{9.7}$$

Die resultierende effektive Impedanz kann durch $Z_{eff} = j\omega L_{eff}$ beschrieben werden, wobei die effektive Induktivität L_{eff} wie folgt eine Funktion der Eigenresonanz der Spule ist

$$L_{eff} = \frac{L_k}{1 - \omega^2 L_k C_p} \quad . \tag{9.8}$$

---

[4]Dieser Abschnitt wurde grundlegend von Dr.-Ing. A. Sadeghfam, dessen Promotionsarbeit im Lehrgebiet Hoch- und Höchstfrequenztechnik der FH Aachen durchgeführt wurde, erstellt.

Bei einem Großteil der verfügbaren Kommunikationssysteme ist die relative Bandbreite klein. Eine Betrachtung der Spulengüte um der Betriebsfrequenz kann hierbei zu einer verbesserten Genauigkeit bei der Bestimmung der Ersatzschaltparameter führen. Hierzu kann der S-Parametersatz durch einen idealen Kondensator C_{res} erweitert werden, [98] (siehe Bild 9.18).

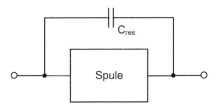

Bild 9.18: Sensibilisierung einer Spule bezüglich der Betriebsfrequenz

Die Güte der Spule Q_r kann nun anhand der 3 dB-Bandbreite Δf_{3dB} um die Resonanzfrequenz f_r beschrieben werden:

$$Q_r = \frac{f_r}{\Delta f_{3dB}} \quad . \tag{9.9}$$

Alternativ kann die Güte Q_ϕ über die Änderung des Phasengangs $d\phi$ bei der Resonanzfrequenz ermittelt werden [80]:

$$Q_\phi = \frac{\omega_0}{2} \left.\frac{d\phi}{d\omega}\right|_{\omega_0} \quad . \tag{9.10}$$

9.4.2 Dimensionierung von planaren Spulen

Integrierte planare Spulen werden seit Jahrzehnten eingesetzt [13], [120], um kompakte und kostengünstige Schaltungen mit guten breitbandigen Eigenschaften zu realisieren. Die Beziehung zwischen der Spulengeometrie und der resultierenden Induktivität ist über die Jahre häufig untersucht [34], [33], [84] und in zahlreichen Entwurfsrichtlinien zusammengefasst worden.

In diesem Abschnitt wird eine Näherungsformel für die Induktivität einer planaren Spule vorgestellt, die zusammen mit den anschließenden Empfehlungen zu den wesentlichen Geometrieparametern die Grundlage für den Entwurf von planaren Spule mit höchster Güte bildet.

Der Entwurf einer planaren Spule erfolgt zur Realisierung einer benötigten Induktivität. Die folgende Formel berücksichtigt die Windungszahl n und die Spulengeometrie um eine gute Näherung dieses Wertes zu liefern [77]:

$$L = \frac{\mu_0 n^2 D_{av} c_1}{2} \left[ln\left(c_2/\rho\right) + c_3\rho + c_4\rho^2 \right] \quad . \tag{9.11}$$

Hierbei sind die Parameter c_i abhängig von der Spulengeometrie und können der Tabelle 9.1 entnommen werden. Weiterhin stellt D_{av} den durchschnittlichen Spulenquerschnitt dar, während ρ ein Maß für die Spulenfläche ist. Die Beziehung zwischen D_{av} und ρ und dem inneren und dem äußeren Spulendurchmesser, D_i und D_0, sind

$$D_{av} = \frac{1}{2}\left(D_0 + D_i\right) \qquad \text{und} \qquad \rho = \frac{D_0 - D_i}{D_0 + D_i} \quad . \tag{9.12}$$

Spulengeometrie	c_1	c_2	c_3	c_4
quadratisch	1.27	2.07	0.18	0.13
hexagonal	1.09	2.23	0.00	0.17
oktagonal	1.07	2.29	0.00	0.19
rund	1.00	2.46	0.00	0.20

Tabelle 9.1: Geometrieabhängige Koeffizienten zur Ermittlung der Induktivität von einlagigen Spulen gemäß [77]

Allgemeine Empfehlungen zur Dimensionierung von integrierten Spulen mit optimierter Güte

Die technologischen Änderungen der letzten Jahre bei Halbleiterprozessen haben dazu geführt, dass diese Prozesse sich bei der Massenherstellung von kostengünstigen Hochfrequenzschaltungen für Anwendungen bis zu einige zehn Gigahertz etablieren konnten. Zu den wichtigsten Änderungen zählen die Einführung eines hochohmigen Trägers und die Definition von mehreren „dicken" Metallschichten.

Die elektrischen Eigenschaften von planaren Spulen sind jedoch im Wesentlichen eine Funktion der Spulengeometrie. Bei einem vorgegebenen Herstellungsprozess kann eine nicht optimale Dimensionierung zu einer wesentlichen Beeinträchtigung der Spulengüte und somit zu einer Verschlechterung der elektrischen Eigenschaften der Schaltung führen.

Es existieren eine Vielzahl von Empfehlungen zur Bestimmung der geometrischen Dimensionen einer optimalen planaren Spule (beispielsweise [3], [69], [71], [86]), die in diesem Abschnitt zusammengefasst werden.

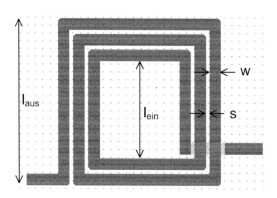

Bild 9.19: Die wesentlichen geometrischen Dimensionen einer einlagigen Spule

Das Bild 9.19 zeigt das Layout einer integrierten Spule mit den wesentlichen Geometrie-parametern, nämlich der Leiterbreite w, dem Abstand s zwischen den Leiterbahnen, der Anzahl der Windungen n, dem inneren Spulendurchmesser l_{ein} sowie der äußeren Seiten-länge der Spule l_{aus} und stellt die Basis für die folgenden Dimensionierungsempfehlungen dar:

- *Die Leiterbreite w:* Die Breite der Leiterbahn ist proportional zum Querschnitt und beeinflusst in direkter Weise die metallischen Verluste und somit die Güte der Spule. Breitere Leiterbahnen führen jedoch zu einem längeren Umlauf der magnetischen Flussdichte um die Leiterbahnen und reduzieren somit die effektive Induktivität pro Längeneinheit. Um eine gewünschte Induktivität zu erzielen, müsste diese Re-duzierung der effektiven Induktivität pro Längeneinheit durch eine Erhöhung der Leitungslänge kompensiert werden. Eine Verlängerung der Leitungslänge führt sei-nerseits zu einer Erhöhung der metallischen Verluste. Weiterhin erhöhen breitere Leiterbahnen den Platzbedarf der Spule, was den Flächen- und somit den Kosten-bedarf der Spulenanordnung erhöht.
  Die richtige Wahl der Leiterbreite sollte für jede Anwendung frequenzabhängig er-mittelt werden. Erfahrungswerte für Leiterbreiten liegen zwischen $10\,\mu m$ und $20\,\mu m$.

- *Die Anzahl der Windungen n:* Die Induktivität einer Spule ist idealer Weise quadra-tisch proportional zu der Anzahl der Windungen. Der effektive Proportionalitäts-faktor hängt jedoch von der tatsächlichen Kopplung zwischen den Spulenwicklungen und dem magnetischen Widerstand der Spulenanordnung ab und kann, wie anschlie-ßend dargestellt wird, von diesem Wert stark abweichen.

- *Der Abstand zwischen den Leiterbahnen s:* Kleinere Spaltenbreiten führen zu ei-nem kürzeren Umlauf der magnetischen Flussdichte und erhöhen somit die effektive Induktivität pro Längeneinheit und die Spulengüte. Kleinere Spalten erhöhen an-derseits die kapazitive Kopplung zwischen den Leiterbahnen und führen zu einer niedrigeren (Eigen-)Resonanzfrequenz.
  In den meisten Fällen entspricht die minimale technologisch realisierbare Spalten-breite der Metallisierungshöhe und liegt bei einigen Mikrometer. Die hierdurch re-sultierende parasitäre Kapazität liegt in der Größenordnung von einigen wenigen zehn fF. Diese Werte führen dazu, dass für Anwendungen bis zu einigen Gigahertz und Spulengrößen von einigen zehn nH die kleinst-mögliche Spaltenbreite zu bevor-zugen ist.
  Kleinere Spaltenbreiten führen weiterhin zu einem niedrigeren Platzbedarf.

- *Der innere Durchmesser der Spule:* Je kleiner der innere Durchmesser der Spule (bzw. das Spulenauge), desto höher die magnetische Felddichte, was zu einer Erhö-hung des magnetischen Widerstandes und der Wirbelströme in den Leiterbahnen um das Spulenauge führt. Auf der anderen Seite werden kleine Spulenaugen durch höhere Windungszahlen begleitet, was zu einem höheren Induktivitätsbelag führt. Die Tabelle 9.2 stellt eine Untersuchung zusammen, in der der Zusammenhang zwi-schen dem inneren Spulendurchmesser l_{ein}, der Windungszahl n und der Spulengüte Q_l behandelt wurde, [71]. Hierbei ist eine klare Tendenz zu erkennen, dass kleinere Spulenaugen trotz mehr Windungen zu einer niedrigeren Güte führen.
  Eigene Untersuchungen bestätigen den Richtwert von ca. $100\,\mu m$ als geeigneter Durchmesser für das Spulenauge.

Windungszahl n	Maximale Güte $Q_{l,max}$	Äußere Seitenlänge l_{aus}	Spulenauge l_{ein}	Gesamtlänge der Spule
3.5	5.8	$255\,\mu$m	$177\,\mu$m	$3.02\,$mm
5.5	5.6	$199\,\mu$m	$75\,\mu$m	$3.00\,$mm
7.5	5.0	$190\,\mu$m	$20\,\mu$m	$3.12\,$mm

Tabelle 9.2: Zusammenhang zwischen dem inneren Spulendurchmesser l_{ein}, der Windungszahl n und die Spulengüte Q_l einer 5 nH-Spule mit einer Leiterbreite w von 10 μm und einem Leiterspalt s von 1.5 μm, [71]

- *Topologie der Spule:* Die Form der Spule beeinflusst die resultierende Güte. Untersuchungen haben gezeigt, dass eine runde Topologie eine bis zu zehn Prozent bessere Güte aufweist als eine quadratische Spule.

- *Prozessparameter:* Technologiebedingte Parameter wie die Metallisierungshöhe t und die Substratverluste können die Güte stark beeinflussen. Prinzipiell sind Prozesse mit größerer Metallisierungshöhe und niedrigerem Substratverlust zu bevorzugen.

Zur Bestimmung der optimalen Querschnitt (auch bei mehrlagigen Herstellungsverfahren) kann das so genannte „Segment-Modell" ([100]) eingesetzt werden. Hiermit können die unterschiedlichen Geometrieparameter von integrierten Spulen zeitoptimiert mittels eines Feldsimulators untersucht werden.

9.4.3 Konzeptionelle Optimierung von differentiellen Schaltungen

Der Einsatz von differentiellen Komponenten in der modernen Telekommunikation ist Stand der Technik. Der Aufbau einer differentiellen Schaltung basierend auf einer unsymmetrischen Schaltung erfolgt in der Regel durch das Verdoppeln der unsymmetrischen Schaltung und erfordert die doppelte Anzahl von Elementen und Fläche.

Der Einsatz von Elementen mit modenabhängigen Eigenschaften, wie die so genannten Balancierte Spule, ermöglichen den Einsatz neuer Entwurfsmethodik und führen zu differentiellen Schaltungen mit der gleichen Anzahl von Elementen und Flächenbedarf wie die unsymmetrischen Schaltung. In diesem Abschnitt wird ein solches Entwurfsverfahren und die hierfür notwendigen Elementen vorgestellt.

Die Balancierte und die Differentielle Spule

Um zwei seriellen Spulen in einer differentiellen Schaltung zu ersetzen kann eine Balancierte Spule eingesetzt werden [99]. Im Bild 9.20 ist der grundlegende Aufbau dargestellt. Die Verkopplung der zwei Spulen resultiert in eine erhöhte magnetische Kopplung, vergleichbar mit einer Spule der doppelten Windungszahl. Um zwei seriellen Spulen der jeweiligen Induktivität L_0 zu ersetzen kann eine Balancierte Spule bestehend aus zwei Spulen der Induktivität $L_k = L_0/(1+k)$ eingesetzt werden, wobei k dem Kopplungsfaktor ($0 \leq k \leq 1$) zwischen den Spulen entspricht.

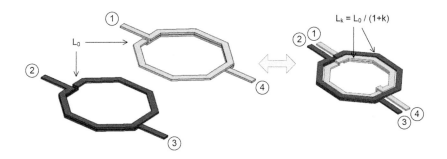

Bild 9.20: Aufbau der Balancierten Spule: Zwei gekoppelte Spulen der Induktivität $L_k = L_0/(1 + k)$ ersetzen zwei serielle Spulen der Induktivität L_0

Das Einführen einer effektiven Induktivität für den differentiellen Mode $L^-_{eff,dm}$ führt zu dem im Bild 9.21 dargestellten Ersatzschaltbild. Bei einer idealen Kopplung von 1 können beispielsweise zwei Spulen der Induktivität $2\,\text{nH}$ gekoppelt werden, um zwei seriellen Spulen mit jeweils $4\,\text{nH}$ zu ersetzen. Praktische Werte für die Kopplung bei Halbleiterschaltungen sind technologieabhängig und liegen zwischen 0.6 und 0.9.

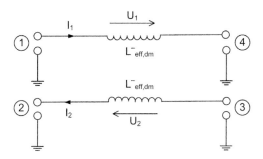

Bild 9.21: Ersatzschaltbild der Balancierten Spule mit der effektiven Induktivität $L^-_{eff,dm}$

Um zwei Shuntspulen in einer differentiellen bzw. symmetrischen Schaltung zu ersetzen kann eine Differentielle Spule [14] eingesetzt werden. Der Aufbau der Differentiellen Spule entspricht dem einer einseitig geerdeten Balancierten Spule (beispielsweise Tore 3 und 4 aus dem Bild 9.20). Auch hierbei erhöht sich die effektive Induktivität um den Faktor $1 + k$.

Die Erhöhung der effektiven Induktivität führt sowohl bei der Balancierten als auch bei der Differentiellen Spule dazu, dass kleinere Spulen mit niedrigeren Verlusten[5] größere, nicht gekoppelten Spulen ersetzen können. Diese Reduzierung der ohmschen Verluste hängt von der Kopplung zwischen den Spulen und der Anzahl der Windungen ab. Das günstigere Verhältnis zwischen (effektiven) Induktivität und Verluste führt zu einer erhöhte Güte der neuen Anordnung. Die Verbesserung der Güte liegt in der Regel bei $\sqrt{1 + k}$.

---

[5]Die ohmschen Verluste sind in erster Näherung proportional zu der Länge der eingesetzten Leitung.

Entwurfsverfahren für differentielle Schaltungen

Der konventionelle Entwurf von differentiellen Schaltungen basiert auf das Verdoppeln der unsymmetrischen Ausgangsschaltung. Hierdurch bleiben die elektrischen Eigenschaften weitgehend unverändert. Die Einführung der neuen modenabhängigen Elemente ermöglicht die Realisierung von differentiellen Schaltungen mit dem gleichen Platzbedarf und der gleichen Anzahl von Elementen wie die unsymmetrische Schaltung.

In der Tabelle 9.3 sind die Grundelemente von unsymmetrischen Schaltungen sowie die korrespondierenden Elementen für eine differentielle Schaltung nach dem konventionellen Entwurf bzw. einem Entwurf mittels den modenabhängigen Elementen dargestellt.

unsymmetrische Schaltung	differentielle Schaltung	Multimode-Schaltung (Gegentaktmode)
serielle Spule	zwei serielle Spulen	eine Balancierte Spule
Shunt-Spule	zwei Shunt-Spulen	eine Differentielle Spule
serieller Kondensator	zwei serielle Kondensatoren	zwei serielle Kondensatoren
Shunt-Kondensator	zwei Shunt-Kondensatoren	ein Shunt-Kondesator

Tabelle 9.3: Gegenüberstellung der Grundelemente einer unsymmetrischen Schaltung und der korrespondierenden Elemente einer differentiellen Schaltung nach der konventionellen sowie der neuen Entwurfsmethodik mit Multimode-Elementen

Die optimierte differentielle Schaltung entsteht durch das Ersetzen der Elemente von der unsymmetrischen Schaltung durch die entsprechenden modenabhängigen Elemente anhand dieser „Transformationstabelle". Die resultierende Güte der optimierten differentiellen Schaltung ist um den Faktor $\sqrt{1+k}$ besser als die unsymmetrische Schaltung.

Durch eine richtige Dimensionierung von gekoppelten Spulen können die Ersatzschaltparameter so bestimmt werden, dass die überschaubare Anordnung als Kernelement einer komplexeren Schaltung eingesetzt werden kann. Beispielhaft hierbei ist die so genannte Rondellspule [98], die aus zwei gekoppelten Spulen besteht und einen Transformator und bis zu sechs Spulen in einem Filter mit integriertem Balun ersetzen kann.

Kapitel 10

Grundlagen der Systemkonzeption

Hochfrequenzkomponenten werden erstellt, damit diese in Systemen eingesetzt werden und letztere eine optimale Funktionalität aufweisen. Die Auslegung von Hochfrequenzsystemen ist als riesiges Gebiet zu sehen, das mit einfachen Übertragungsstrecken für die skalare Messtechnik beginnt und mit hochkomplexen modernen Kommunikationssystemen, bei denen die digitalen Modulationen eine wichtige Rolle spielen, endet.

In diesem Kapitel werden zunächst die grundlegende Techniken und wichtigen Kenngrößen zur Berechnung und Beschreibung einfacher Übertragungssysteme eingeführt. Anschließend wird auf die in der amerikanischen Literatur bevorzugt genutzten Signalflussdiagramme kurz eingegangen.

Zum detaillierten Verständnis von den gängigen Mess- und Kommunikationssystemen ist es unerlässlich weitere wichtige Hochfrequenzkomponenten einzuführen. Komponenten wie Detektoren, Mischer, IQ-Modulatoren, Oszillatoren, Synthesegeneratoren und Antennen werden vorgestellt. Diese sollen hier nur so detailliert erläutert werden, dass der Leser in der Lage versetzt wird, diese in der Regel kaufbaren Komponenten qualifiziert in sein System integrieren zu können.

Aus der großen Anzahl möglicher Systeme sollen hier die skalaren und vektoriellen Streuparameter-Messsysteme vorgestellt werden. Diese sind sehr übersichtlich und bilden die konzeptionelle Grundlage für viele im Detail komplexere Hochfrequenzanlagen. Weiterhin lassen sich viele Messungen von physikalischen Größen und Effekten wie Feuchte, Staub, Temperatur, Längen, Entfernungen, Geschwindigkeiten und mehr mittels Streuparametermessungen durchführen, so dass das unmittelbare Anwendungsfeld dieser Systeme groß ist.

Weiterhin werden einige Grundlagen für die Übertragung von so genannten IQ-Signalen vorgestellt. Abschließend wird ein neues Funksystem, das auf der Verwendung von zwei Moden beruht, als Systemlösung präsentiert.

© Springer Fachmedien Wiesbaden GmbH, ein Teil von Springer Nature 2018
H. Heuermann, *Hochfrequenztechnik*, https://doi.org/10.1007/978-3-658-23198-9_10

10.1   Auslegung einfacher Übertragungsstrecken

Ob in der Kommunikationstechnik oder auch in der Messtechnik, viele HF-Systeme lassen sich durch eine Übertragungsstrecke, bestehend aus einer Kettenschaltung von vielen Einzelkomponenten, beschreiben.

Ein Großteil der in der Praxis eingesetzten Zweitor-Komponenten dieser Übertragungs-ketten, wie Verstärker, Filter, Schalter und Leitungen, wurden bereits eingeführt. Deren Zusammenschaltung lässt sich für ein Übertragungssystem mit den im Abschnitt 2.5 (Seite 28) vorgestellten Transmissions- und Kettenparametern exakt berechnen.

Im Weiteren soll dieser *bekannte* innere Zweitor-Block nur noch als Übertragungszwei-tor bezeichnet werden. Die Übertragungsstrecke reduziert sich auf nur einen Sender, das Übertragungszweitor und einer Last, wie im Bild 10.1 dargestellt.

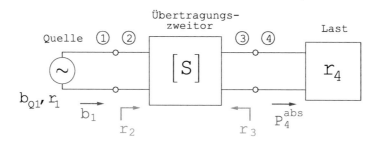

Bild 10.1: Zweipolige Darstellung einer unidirektionalen Übertragungsstrecke

Weiterhin verwendet man für die Analyse der Schaltungen rein sinusförmige Signale, de-ren Frequenzen variiert werden können. Elektrisch wird die sinusförmige Quelle mit einem Innenwiderstand Z_1 bzw. einem Reflexionsfaktor r_1 und einer Quellwelle b_{Q1} beschrieben. Die Quelle liefert als herauslaufende Welle den Wert b_{Q1}, sofern diese mit der Systemim-pedanz Z_0 bzw. $r_2 = 0$ abgeschlossen wird. In diesem Fall ist die Leistung

$$P_1^{Sy} = \frac{1}{2} |b_{Q1}|^2 \tag{10.1}$$

von der Quelle verfügbar.

Die in eingekreisten Nummern im Bild 10.1 geben die Nummern der jeweiligen Tore wieder. Folglich ist der Eingangsreflexionsfaktor des Übertragungszweitores S_{22} und der Ausgangsreflexionsfaktor S_{33}. Hingegen gibt der Wert r_2 die Eingangsreflexion bei einem Abschluss mit der Last r_4 an. Folglich müssen r_2 und S_{22} nicht übereinstimmen, da für S_{22} definiert wird, dass $r_4 = 0$ ist.

Die von der Quelle wirklich emittierte Welle, die sich aus der Quellwelle b_{Q1} und einem reflektierten Anteil zusammensetzt, soll mit b_1 bezeichnet werden.

In der Last wird schlussendlich die Leistung P_4^{abs} absorbiert.

Im Folgenden sollen Wege vorgestellt werden, wie man die in der Last absorbierte Leistung und auch die von der Quelle maximal verfügbare Leistung berechnen kann. Basierend auf diesen Resultaten sollen dann wichtige Kenngrößen wie der Wirkungsgrad, die Einfüge-dämpfung und die Betriebsdämpfung vorgestellt werden.

10.1.1 Arbeiten mit einer Ersatzlast

Möchte man berechnen, welche Leistung die allgemeine Quelle maximal abgeben kann, so ist es sinnvoll, das Übertragungszweitor und die Last als so genannte Ersatzlast zusammenzufügen. Dieses ist im Bild 10.2 unter Angabe der am Verbindungstor laufenden Wellen dargestellt.

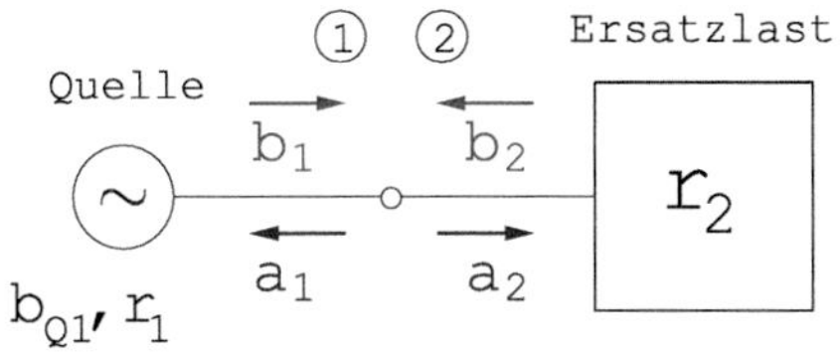

Bild 10.2: Einpolige Darstellung einer Quelle und einer Ersatzlast (Übertragungsstrecke plus Last)

Die herauslaufenden Wellen b_1 und b_2 berechnen sich über

$$b_1 = b_{Q1} + r_1 a_1 \qquad \text{und} \tag{10.2}$$

$$b_2 = r_2 a_2 \qquad . \tag{10.3}$$

Am Verbindungstor gilt:
$$b_1 = a_2 \qquad \text{sowie} \qquad b_2 = a_1 \qquad . \tag{10.4}$$

Setzt man beide Gleichungen aus (10.4) und Gleichung (10.3) in der Gleichung (10.2) ein, so erhält man die in die Ersatzlast hineinlaufende Welle

$$a_2 = \frac{b_{Q1}}{1 - r_1 r_2} \qquad . \tag{10.5}$$

Die an der Ersatzlast reflektierte Welle berechnet sich mit Hilfe von (10.3) somit aus

$$b_2 = \frac{b_{Q1} r_2}{1 - r_1 r_2} \qquad . \tag{10.6}$$

Im Kapitel 2 wurde mit der Streumatrix der Zusammenhang zwischen Wellengrößen a und b und den zugehörigen Leistung eingeführt:

$$P_2^{ein} = \frac{1}{2} |a_2|^2 \qquad , \qquad P_2^{aus} = \frac{1}{2} |b_2|^2 \qquad . \tag{10.7}$$

Die in der Ersatzlast absorbierte Leistung ergibt sich aus der Differenz zwischen der zulaufenden und der reflektierten Leistung:

$$P_2^{abs} = P_2^{ein} - P_2^{aus} = \frac{1}{2} |b_{Q1}|^2 \frac{1 - |r_2|^2}{|1 - r_1 r_2|^2} \qquad . \tag{10.8}$$

Interessant ist der Wert der Ersatzlast, bei der die von der Quelle verfügbare Leistung maximal wird, da man unter diesen Bedingungen oft das beste Signal-Rauschverhältnis hat.

P_2^{abs} wird dann maximal, wenn konjungiert komplexe Ausgangsanpassung vorliegt:

$$r_2 = r_1^* \quad .$$

Unter dieser Bedingung erhält man die verfügbare Leistung (engl.: Available Power):

$$P_{1\,max} = P_{2\,max}^{abs} = \frac{1}{2}\,|b_{Q1}|^2\,\frac{1}{1-|r_1|^2} \quad . \tag{10.9}$$

Man erkennt deutlich, dass die maximal verfügbare Leistung einer Signalquelle größer als die Quellwellenleistung $P_{Q1} = \frac{1}{2}\,|b_{Q1}|^2$ ist, sofern die Signalquelle nicht exakt auf der Systemimpedanz angepasst ist.

Allgemeine Ersatzlastlösung

In einem zweiten Schritt soll ermittelt werden, welche Leistung P_2^{abs} die Übertragungsstrecke in Abhängigkeit der S_{ij}, $(i,j=2,3)$ sowie r_1 und r_4 absorbiert.

Möchte man die Leistung P_2^{abs} derartig berechnen, so muss man $r_2 = b_2/a_2$ in Abhängigkeit der Parameter S_{ij}, $(i,j=2,3)$ und r_4 angeben und in Gleichung (10.8) einsetzen. Die folgenden Berechnungsschritte sind sehr exemplarisch für Systemberechnungen mit Streuparametern!

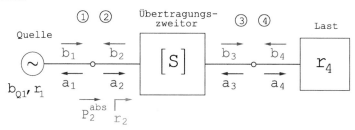

Bild 10.3: Einpolige Darstellung einer unidirektionalen Übertragungsstrecke

Anhand des Bild 10.3 erkennt man leicht, den Zusammenhang zwischen r_4 und den Wellen a_3 und b_3

$$b_4 = r_4\,a_4 \qquad \text{und somit} \qquad a_3 = r_4\,b_3 \qquad \text{bzw.} \qquad b_3 = \frac{1}{r_4}\,a_3 \quad . \tag{10.10}$$

Setzt man diesen einfachen Zusammenhang in die zweite Zeile der Zweitorgleichungen

$$b_2 = S_{22}\,a_2 + S_{23}\,a_3 \tag{10.11}$$
$$b_3 = S_{32}\,a_2 + S_{33}\,a_3$$

des Übertragungszweitores ein, so erhält man nach einer kurzen Umformung

$$a_3 = \frac{S_{32}\,r_4}{1 - S_{33}\,r_4}\,a_2 \quad . \tag{10.12}$$

Somit kann man a_3 in der ersten Zeile von Glg. (10.11) eliminieren und durch die Division von a_2 erhält man den Reflexionsfaktor

$$r_2 = S_{22} + \frac{S_{23}\,S_{32}\,r_4}{1 - S_{33}\,r_4} \quad . \tag{10.13}$$

Setzt man das Ergebnis für r_2 in Glg. (10.8) ein, so gelangt man nach kurzer Rechnung (die sich gut als Übungsaufgabe eignet) zur allgemeinen Berechnungsformel für die in der Übertragungsstrecke absorbierte Leistung.

$$P_2^{abs} = \frac{1}{2} |b_{Q1}|^2 \frac{|1 - r_4 S_{33}|^2 - |S_{22} - r_4 \Delta S|^2}{|1 - r_1 S_{22} - r_4 S_{33} + r_1 r_4 \Delta S|^2} \qquad (10.14)$$

In der Gleichung (10.14) gilt: $\qquad \Delta S = S_{22} S_{33} - S_{23} S_{32}$.

10.1.2 Arbeiten mit einer Ersatzquelle

Möchte man die an der Last absorbierte Leistung P_4^{abs} aus den Netzwerkparametern der Übertragungsstrecke und der Quellwelle b_{Q1} berechnen, so ist es hilfreich eine Ersatzquelle gemäß dem Bild 10.4 zu verwenden.

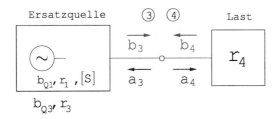

Bild 10.4: Darstellung einer Ersatzquelle (aus Quelle und Übertragungsstrecke) und einer Last

Die Berechnung der Quellwelle der Ersatzquelle b_{Q3} erfolgt mit dem Abschluss $r_4 = 0$! Folglich sind auch b_4 und a_3 zu Null zu setzen.

Somit lässt sich die Quellwelle mittels der vereinfachten ersten Zeile von (10.11)

$$b_{Q3} = b_3 = S_{32} a_2 \qquad (10.15)$$

berechnen. Die Welle a_2 berechnet sich aus der Gleichung (10.5) mit $r_2 = S_{22}$ (da $r_4 = 0$):

$$a_2 = \frac{b_{Q1}}{1 - r_1 S_{22}} \qquad . \qquad (10.16)$$

Durch Einsetzen der Gleichung (10.16) in Gleichung (10.15) erhält man die Quellwelle der Ersatzquelle

$$b_{Q3} = b_{Q1} \frac{S_{32}}{1 - r_1 S_{22}} \qquad . \qquad (10.17)$$

Die Herleitung des Eingangsreflexionsfaktors r_3 der Ersatzquelle verläuft exakt genauso wie die Herleitung der Gleichung (10.13). Es müssen lediglich die Indizes der Vorwärts und der Rückwärtsrichtung getauscht werden:

$$r_3 = S_{33} + \frac{S_{23} S_{32} r_1}{1 - S_{22} r_1} \qquad . \qquad (10.18)$$

Die Schaltung mit Ersatzquelle nach Bild 10.4 hat sehr große Ähnlichkeit mit der Schaltung mit Ersatzlast (Bild 10.2). Möchte man die in der Last absorbierte Leistung P_4^{abs} berechnen, so kann man exakt den Weg gehen wie für Gleichung (10.8). Die Indizes müssen lediglich von 1 auf 3 und von 2 auf 4 getauscht werden:

$$P_4^{abs} = \frac{1}{2} |b_{Q3}|^2 \frac{1 - |r_4|^2}{|1 - r_3 r_4|^2} \qquad . \tag{10.19}$$

Zur allgemeinen Gleichung zur Berechnung der in der Last absorbierten Leistung gelangt man wiederum in dem man der Ausdruck des Reflexionsfaktors der Gleichung (10.18) in der Gleichung (10.19) einsetzt.

$$\boxed{P_4^{abs} = \frac{1}{2} |b_{Q1}|^2 \frac{|S_{32}|^2 (1 - |r_4|^2)}{|1 - r_1 S_{22} - r_4 S_{33} + r_1 r_4 \Delta S|^2}} \tag{10.20}$$

Mittels einer nichtlinearen Schaltungssimulation kann man ebenfalls die absorbierte Leistung einfach simulieren. Jedoch zeigt das Ergebnis (ein Zahlenwert) nicht wie es Gleichung (10.20) an, mittels welcher Maßnahmen die Leistung vergrößert werden kann. Der praktische Ingenieur sollte in der Lage sein zu erkennen, dass man bei gegebener Fehlanpassung von r_4 über eine Maximierung des Produktes $r_4 S_{33}$ auf der reellen Zahlenachse die Ausgangsleistung steigert.

10.1.3   Kenngrößen von Übertragungsstrecken

Der Wirkungsgrad η

Eine Aussage über die Qualität einer Übertragungsstrecke insbesondere für passive Aufbauten mit großen Leistungen stellt der Wirkungsgrad η (engl.: Efficiency) dar.

Der Wirkungsgrad η ist das Verhältnis der an der Last abgegebenen Leistung zur Leistung, die der Quelle entnommen wurde (Quellenleistung). Mathematisch ausgedrückt ergibt sich:

$$\eta = \frac{P_4^{abs}}{P_2^{abs}} \qquad . \tag{10.21}$$

Setzt man nun das Ergebnis für P_4^{abs} aus Gleichung (10.20) und den Zusammenhang für die Leistung P_2^{abs} aus der Gleichung (10.14) zur Berechnung des Wirkungsgrades ein, so erhält man das sehr übersichtliche Resultat:

$$\boxed{\eta = \frac{|S_{32}|^2 \cdot (1 - |r_4|^2)}{|1 - r_4 S_{33}|^2 - |S_{22} - r_4 \Delta S|^2}} \qquad . \tag{10.22}$$

Für ein passives Übertragungszweitor muss gelten: $\eta < 1$.

Ein verlustloses Übertragungszweitor hat den idealen Wirkungsgrad: $\eta = 1$.

Gleichung (10.22) bietet mehrere Möglichkeiten den Wirkungsgrad über die Streuparameter zu optimieren. So sollte die Größe $|S_{22} - r_4 \Delta S|^2$ mittels des Optimierers des Schaltungssimulator maximiert werden.

Die Einfügungsdämpfung a_E

In der Praxis wird die Messung der Transmission (hier S_{32}) oft mit der Einfügungsdämpfung bzw. Einfügedämpfung (engl.: Insertion Loss) gleich gesetzt, was aber nur in der ersten Näherung richtig ist.

Die Einfügungsdämpfung ist das Verhältnis zwischen einer (Referenz-) Leistung, die mittels einer direkten Durchverbindung an die Last abgegeben werden könnte, und der Leistung, die von der Last absorbiert wird.

Für die Berechnung oder auch Messung der Referenzleistung wird somit das Übertragungszweitor durch eine Durchverbindung mit den Streuparametern

$$S_{22} = 0 \quad , \quad S_{23} = 1 \tag{10.23}$$
$$S_{32} = 1 \quad , \quad S_{33} = 0$$

ersetzt und somit gilt vereinfacht $\quad r_2 = r_4$.

$$\frac{a_E}{\mathrm{dB}} = 10 \lg \left(\frac{P^{abs}_{2\,(r_2=r_4)}}{P^{abs}_4} \right) \tag{10.24}$$

Verwendet man das Result für P^{abs}_4 aus Gleichung (10.20) und den Zusammenhang für die Leistung $P^{abs}_{2\,(r_2=r_4)}$ aus der Gleichung (10.14) zur Berechnung der Einfügedämpfung ein, so erhält man das Ergebnis:

$$\boxed{\frac{a_E}{\mathrm{dB}} = 10 \lg \left(\frac{|1 - r_1\,S_{22} - r_4\,S_{33} + r_1\,r_4\,\Delta S|^2}{|S_{32}|^2\ |1 - r_1\,r_4|^2} \right)} \quad . \tag{10.25}$$

Man erkennt deutlich, dass die Reflexionsfaktoren nur in Produkten auftauchen und somit die Einfügungsdämpfung bei guter Anpassung sehr gut der Vorwärtstransmissionsdämpfung entspricht.

In der Praxis der Hochfrequenzmesstechnik ist die Einfügungsdämpfung die am häufigsten gemessene Größe. Es tritt jedoch immer wieder der Fall auf, dass auch für ein passives Netzwerk die Dämpfung $a_E < 0$ ist. Dieses wird möglich, wenn eine verlustarme Übertragungsstrecke die Anpassung zwischen der Quelle und der Last verbessert.

> Skalare Streuparametermessungen sind Messungen der Einfügedämpfung und nicht der (oft gesuchten) Transmissionsdämpfung!

Die Betriebsdämpfung a_B

Für die Berechnung der Betriebsdämpfung a_B (engl.: Transducer Loss) wird als Referenzleistung für maximale verfügbare Leistung der Signalquelle $P^{abs}_{2\,max} = P^{abs}_{2\,(r_2=r_1^*)}$ herangezogen:

$$\frac{a_B}{\mathrm{dB}} = 10 \lg \left(\frac{P^{abs}_{2\,(r_2=r_1^*)}}{P^{abs}_4} \right) \tag{10.26}$$

Basierend auf dieser Definition kann mit den Gleichungen (10.20), (10.17) und (10.14) die Betriebsdämpfung als Funktion der Netzwerkparameter berechnet werden:

$$\frac{a_B}{\text{dB}} = 10 \lg \left(\frac{\left|1 - r_1 S_{22} - r_4 S_{33} + r_1 r_4 \Delta S\right|^2}{\left|S_{32}\right|^2 \left(1 - |r_1|^2\right) \left(1 - |r_4|^2\right)} \right) \qquad . \qquad (10.27)$$

Transformiert ein verlustfreies Übertragungszweitor den Reflexionsfaktor der Last r_4 in $r_2 = r_1^*$, so tritt der maximale Wert von $a_B = 0\,\text{dB}$ auf.

Die folgende Übungsaufgabe dient als Referenz zur exakten Berechnung jeder anderen Kettenschaltung.

———————— *Rechnung Übertragungsstrecke* ————————

Geg.: *Es soll eine Übertragungsstrecke nach Bild 10.5 analysiert werden.*

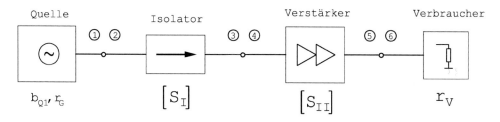

Bild 10.5: Zu analysierende Übertragungsstrecke

$$b_{Q1} = \sqrt{20\,\text{mW}} \quad , \qquad r_G = 0.3 \quad , \qquad r_V = 0.1 \qquad (10.28)$$

$$[\mathbf{S_I}] = \begin{pmatrix} 0.1 & 0.1 \\ 0.9 & 0.1 \end{pmatrix} \quad , \qquad [\mathbf{S_{II}}] = \begin{pmatrix} 0.1 & 0.01 \\ 100 & 0.1 \end{pmatrix} \qquad (10.29)$$

Ges.:   *Berechnen Sie alle Leistungsgrößen in den Einheiten W und dBm sowie die Reflexionsfaktoren dB.*

a) *r_3, b_{Q3}, P_3^{Sy} für Tor 3 sowie P_1^{Sy}*

b) *r_5, b_{Q5}, P_5^{Sy} für Tor 5*

c) *Im Verbraucher absorbierte Leistung P_6^{abs} und die Betriebsdämpfung a_B*

d) *Berechnen Sie die Leistung P_6^{abs} in dBm für den Fall, dass sämtliche Komponenten perfekt angepasst sind.*

Zu a) *Aus Gleichung (10.1) lässt sich berechnen:*

$$P_1^{Sy} = \frac{1}{2} |b_{Q1}|^2 \qquad \Longrightarrow \qquad P_1^{Sy} = 10\,\text{mW} \equiv 10\,\text{dBm} \qquad (10.30)$$

Gleichung (10.17) liefert:

$$b_{Q3} = b_{Q1} \frac{S_{32}}{1 - r_1 S_{22}} = 4.15 \sqrt{mW} \qquad \Longrightarrow \qquad P_3^{Sy} = 8.6\,mW \equiv 9.3\,dBm \quad (10.31)$$

Mittels Gleichung (10.18) gilt:

$$r_3 = S_{33} + \frac{S_{23} S_{32} r_1}{1 - S_{22} r_1} \qquad \Longrightarrow \qquad r_3 = 0.128 \equiv -17.9\,dB \quad (10.32)$$

Zu b) *Mittels Gleichung (10.17) erhält man:*

$$b_{Q5} = b_{Q3} \frac{S_{54}}{1 - r_3 S_{44}} = 13.3 \sqrt{W} \qquad \Longrightarrow \qquad P_5^{Sy} = 88.3\,W \equiv 49.46\,dBm \quad (10.33)$$

Gleichung (10.18) ergibt:

$$r_5 = S_{55} + \frac{S_{45} S_{54} r_3}{1 - S_{44} r_3} \qquad \Longrightarrow \qquad r_5 = 0.23 \equiv -12.8\,dB \quad (10.34)$$

Somit ist die Ausgangsanpassung deutlich schlechter als die in der Praxis sehr gute Anpassung der Einzelkomponenten von $0.1 \equiv -20\,dB$.

Zu c) *Gleichung (10.19) führt zu:*

$$P_6^{abs} = \frac{1}{2} |b_{Q5}|^2 \frac{1 - |r_V|^2}{|1 - r_5 r_V|^2} \qquad \Longrightarrow \qquad P_6^{abs} = 91.7\,W \equiv 49.62\,dBm \quad (10.35)$$

Gleichung (10.26) lässt sich anpassen:

$$\frac{a_B}{dB} = 10 \lg \left(\frac{P_{2\,(r_2 = r_1^*)}^{abs}}{P_6^{abs}} \right) \qquad \Longrightarrow \qquad a_B = -39.21\,dB \quad (10.36)$$

mit der maximal verfügbaren Leistung über Gleichung (10.9)

$$P_{2\,(r_2 = r_1^*)}^{abs} = P_{2\,max}^{abs} = \frac{1}{2} |b_{Q1}|^2 \frac{1}{1 - |r_1|^2} \qquad \Longrightarrow \qquad P_{2\,max}^{abs} = 11.0\,mW \quad (10.37)$$

Die Betriebsdämpfung ist negativ, da der Verstärker den Pegel um rund $100 \equiv 40\,dB$ anhebt.

Zu d) *Bei ideal angepassten Komponenten können die Pegel im logarithmischer Form einfach aufsummiert werden:*

$$P_6^{abs} = P_1^{Sy} + S_{32}^{dD} + S_{54}^{dR} \Rightarrow P_6^{abs} - 10\,dBm - 0.915\,dB + 40\,dB \Rightarrow P_6^{abs} = 49.09\,dBm \quad (10.38)$$

Man erkennt, dass diese einfache Art der idealen Rechnung bereits gute Näherungsresultate liefert.

——————— *Rechnung Übertragungsstrecke* ———————

10.2   Signalflussmethode und -diagramme

Es wurde unter d) in der vorangegangenen Beispielrechnung einer Übertragungsstrecke gezeigt, wie einfach sich diese Aufgabe lösen lässt, sofern ideale Anpassungen vorliegen. Diese Vorgehensweise soll in diesem Abschnitt durch eine auf Näherungen beruhende Verwendung der Signalflussdiagramme bzw. -methode auf komplexere Problemstellungen erweitert werden.

In ihrer ursprünglichen und sehr komplexen Form lässt sich die Signalflussmethode exakt auf sämtliche lineare Probleme anwenden, [67, 127]. Sie ersetzt dann beispielsweise die Transmissionsparameter und ist auch für analytische Mehrtorprobleme sehr attraktiv. Jedoch werden letztere in der Praxis oft mit Schaltungssimulatoren gelöst, so dass der Entwickler oft nur gefordert ist, abzuschätzen, ob ein Systemansatz fruchtet.

Vereinfacht man ein komplexes Systemnetzwerk durch eine geschickte Wahl von angepassten Toren, so wird aus der allgemeinen Signalflussmethode die hier vorgestellte Signalverfolgungsmethode.

Insbesondere für die Illustration von komplexeren Problemen werden Signalflussdiagramme heute immer noch sehr gerne eingesetzt. Im Kapitel 5 findet sich ein Beispiel bei der Einführung der M-Parameter. Signalflussdiagramme bestehen aus Knoten (Quellen und Senken) und gerichteten Verbindungslinien (Zweige). Es lassen sich 3 einfache Regeln aufstellen:

1. Jede unabhängige Variable a_i (hineinlaufende Welle i) und jede abhängige Variable b_i (herauslaufende Welle i) wird durch einen Knoten dargestellt.

2. Jeder Streuparameter entspricht einer gerichteten Verbindungslinie (Zweig) zwischen einem Knoten a_i (Quelle) und einem Knoten b_i (Senke). Die Richtung ist von a_i nach b_i festgelegt. Die Indizierung des Streuparameters ist gegeben durch die Indizes der zugehörigen Knoten.

   Beispiel:

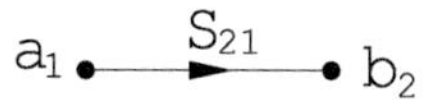

$$a_1 \bullet \xrightarrow{\quad S_{21} \quad} \bullet b_2$$

Bild 10.6: Signalflussgraph bestehend aus Quelle, Zweig und Senke

$$b_2 = S_{21}\, a_1 \tag{10.39}$$

3. Jeder Knoten entspricht der Summe der darin einlaufenden Verbindungslinien, wobei für jede Verbindungslinie der zugehörige S-Parameter mit dem Wert des Ausgangsknotens zu multiplizieren ist.

   Beispiel:

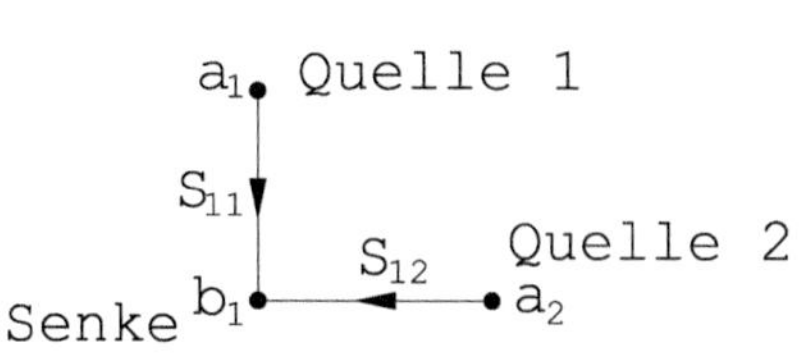

$$
\begin{array}{c}
a_1 \bullet \; \texttt{Quelle 1} \\[4pt]
S_{11} \Big\downarrow \qquad\qquad \\[4pt]
\texttt{Senke } b_1 \bullet \xleftarrow{\; S_{12} \;} \bullet a_2 \quad \texttt{Quelle 2}
\end{array}
$$

Bild 10.7: Signalflussgraph bestehend aus zwei Quellen und zwei Zweigen und einer Senke

$$b_1 = S_{11}\, a_1 + S_{12}\, a_2 \tag{10.40}$$

10.2.1 Komponenten für Signalflussdiagramme

• Darstellung eines allgemeinen Zweitores (Bild 10.8):

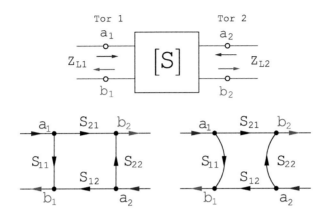

Bild 10.8: Signalflussdiagramm eines allgemeines Zweitores in zwei Darstellungsarten

Insbesondere bei komplexeren Signalflussdiagrammen stellt man die Reflexionszweige gerne in Bögen dar. Mit der Regel 3) ergeben sich unmittelbar die bekannten S-Parameter-Gleichungen.

$$b_1 = S_{11}\, a_1 + S_{12}\, a_2 \qquad (10.41)$$
$$b_2 = S_{21}\, a_1 + S_{22}\, a_2$$

• Darstellung eines beidseitig angepassten Zweitores (Bild 10.9):

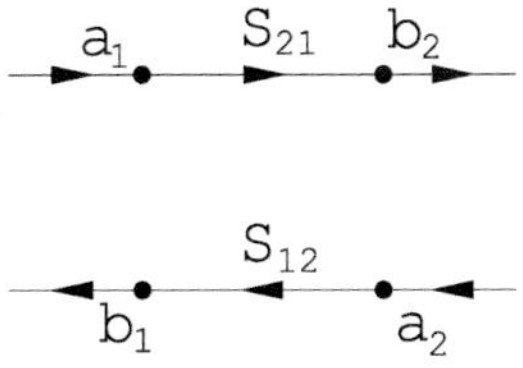

Bild 10.9: Signalflussdiagramm eines ein- und ausgangsseitig angepassten Zweitores

Für den Praktiker ist die Anwendung der Signalflussdiagramme dann sehr interessant, wenn die Komponenten angepasst sind. In der üblichen Darstellung eines Zweitores gibt es keinen Unterschied zwischen einem angepassten und einem fehlangepassten Zweitor. In der Darstellung des Signalflussdiagramms fallen hingegen die vertikalen Zweige weg. Die Schaltung wird übersichtlicher.

$$b_1 = S_{12}\, a_2 \qquad \text{und} \qquad b_2 = S_{21}\, a_1 \qquad (10.42)$$

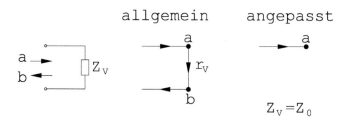

Bild 10.10: Signalflussdiagramm einer allgemeinen Eintor-Last und einer angepassten Last

- Darstellung einer Eintor-Last (Bild 10.10):

Wenn die Last angepasst ist, so fällt auch hier die vertikale Verbindungslinie weg.

Für die allgemeine Last gilt:

$$b = r_V a \qquad \text{mit} \qquad r_V = \frac{Z_V - Z_0}{Z_V + Z_0} \qquad . \tag{10.43}$$

- Darstellung einer Signalquelle bzw. eines Generators (Bild 10.11):

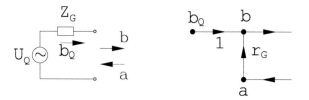

Bild 10.11: Signalflussdiagramm eines Signalgenerators

$$b = b_Q + r_g a \qquad \text{mit} \tag{10.44}$$

$$b_Q = \frac{U_Q \sqrt{Z_0}}{Z_0 + Z_G} \qquad \text{und} \qquad r_G = \frac{Z_G - Z_0}{Z_G + Z_0}$$

Für die Auslegung von Hochfrequenzsystemen verwendet man meistens Signalgeneratoren, die ein monofrequentes und somit sinusförmiges Signal generieren und ggf. nur eine endliche Eingangsanpassung aufweisen. In der Praxis kann man diese frequenzstabilen Signalquellen in sehr guter Näherung mittels sogenannter Synthesegeneratoren (z.B. [101]) realisieren.

- Darstellung einer Serienimpedanz (Bild 10.12):

$$b_1 = r_Z a_1 + (1 - r_Z) a_2 \tag{10.45}$$
$$b_2 = (1 - r_Z) a_1 + r_Z a_2$$
$$\text{mit} \qquad r_Z = \frac{(Z + Z_0) - Z_0}{(Z + Z_0) + Z_0} = \frac{Z}{2 Z_0 + Z}$$

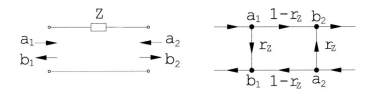

Bild 10.12: Signalflussdiagramm einer Serienimpedanz

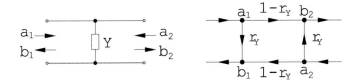

Bild 10.13: Signalflussdiagramm einer Paralleladmittanz

- Darstellung einer Paralleladmittanz (Bild 10.13):

$$b_1 = r_Y\, a_1 + (1 - r_Y)\, a_2 \tag{10.46}$$
$$b_2 = (1 - r_Y)\, a_1 + r_Y\, a_2$$
$$\text{mit} \quad r_Y = \frac{Y_0 - (Y_0 + Y)}{Y_0 + (Y_0 + Y)} = \frac{-Y}{2\,Y_0 + Y}$$

Die vorgestellten Komponenten lassen sich in der allgemeinen Signalflussmethode wie auch in der im Weiteren dargestellten Signalverfolgungsmethode einsetzen.

10.2.2 Beispielrechnung: Signalverfolgungsmethode

Nachdem eine größere Anzahl von Komponenten und deren zugehörige Signalflussdiagramme vorgestellt wurde, soll nun anhand eines Beispieles die einfache Anwendung der Signalverfolgungsmethode dargestellt werden.

Bei der Signalverfolgungsmethode nähert man eine Schaltung dergestalt, dass keine Mehrfachreflexionen auftreten. Es sollen keine geschlossenen Schleifen auftreten! Zur Erläuterung soll ein kleines Beispiel zur Berechnung der Reflexions- und Transmissionseigenschaften einer Sendekette dienen.

Die Pfeile in dem Signalflussdiagramm können als sogenannte Isolatoren betrachtet werden: In Pfeilrichtung wird das Eingangssignal mit dem beistehenden Streuparameterwert gedämpft oder verstärkt (mathematisch multipliziert) und in entgegengesetzter Pfeilrichtung passiert gar nichts. Das Beispiel im Bild 10.14 soll den Aufbau einer Sendekette einer Quelle und eines Verstärkers, die auf einem Halbleiter gefertigt sind und die über einen Bonddraht mit einer Leitung und einem Verbraucher verbunden sind, illustrieren. In diesem Beispiel gilt die Näherung, dass die Quelle, der Verstärker, die Leitung und der Verbraucher perfekt angepasst sind.

Alle in der Zeichnung angegebenen Streuparameter sind gegeben. Gesucht wird der von der Quelle gesehene Eingangsreflexionsfaktor r_{ein} und der Transmissionsfaktor S_{V1} der

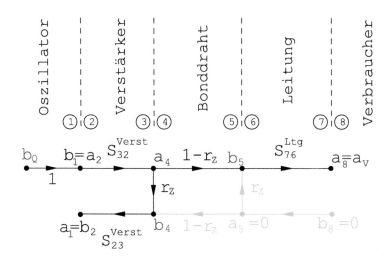

Bild 10.14: Signalflussdiagramm einer Sendekette

gesamten Kette. Beide lassen sich direkt aus dem Bild 10.14 angeben. Dabei verfolgt man den Signalfluss in rückwärtiger Richtung:

$$r_{ein} = S_{22} = \frac{a_1}{b_1} = S_{23}^{Verst} \, r_Z \, S_{32}^{Verst} \quad , \tag{10.47}$$

$$S_{71} = \frac{a_V}{b_1} = S_{76}^{Lgt} \, (1 - r_Z) \, S_{32}^{Verst} \quad . \tag{10.48}$$

Die aus einem Netzwerk austretende Leistung P_i ist über den Zusammenhang

$$P_i = \frac{|b_i|^2}{2} \tag{10.49}$$

mit der Welle b_i verknüpft. Oft interessiert die an der Last absorbierte Leistung P_V in Abhängigkeit der Sendeleistung P_1 und der Streuparameter. Dieses lässt sich auch unmittelbar durch die Signalverfolgungsmethode angeben:

$$P_V = \left[\left| S_{76}^{Lgt} \right| \, |(1 - r_Z)| \, \left| S_{32}^{Verst} \right| \right]^2 P_1 \quad , \tag{10.50}$$

beziehungsweise

$$P_V = \left| S_{76}^{Lgt} \right|^2 \, |(1 - r_Z)|^2 \, \left| S_{32}^{Verst} \right|^2 P_1 \tag{10.51}$$

und vereinfacht mit logarithmischen Werten:

$$P_V^{dBm} = P_1^{dBm} + S_{76}^{Lgt \, dB} + (1 - r_Z)^{dB} + S_{32}^{Verst \, dB} \quad . \tag{10.52}$$

Bei genauer Betrachtung des Bildes 10.14 erkennt man, dass der untere Zweig der Leitung nicht gezeichnet werden müsste, da der Verbraucher keine Leistung reflektiert und folglich b_V null ist.

Weitere und merklich komplexere Beispiele werden am Ende der Abschnitte 10.4 und 10.5 in Form von Übungsaufgaben dargestellt.

10.3 Wichtige Systemkomponenten

Ziel dieses Unterkapitel ist es, Hochfrequenztechnikern dazu zu dienen, Systeme mittels modernster Hochfrequenzkomponenten in verschiedensten, insbesondere planaren Umgebungen zu entwickeln.

Eine größere Anzahl von Hochfrequenzkomponenten können jedoch nur von Spezialunternehmen (z.B. einer Halbleiterfirma) entwickelt und produziert werden. Diese Komponenten, die man in Systemen oft benötigt, jedoch von den meisten Entwicklern "nur" eingekauft werden, sollen im Weiteren kurz vorgestellt werden. Es sollen die für die Systemintegration wichtigen Aspekte herausgestellt werden. Dazu genügt für viele Komponenten eine reine S-Parameter-Beschreibung.

Die Techniken, diese Komponenten optimal an ihren HF-Toren durch Anpassung in ein System zu implementieren, wurden über den Γ-Transformator und insbesondere dem Einsatz des Smith-Chart-Tools ausführlich dargestellt.

10.3.1 Nichtreziproke passive Komponenten

Zur Realisierung passiver nichtreziproker Hochfrequenzbauelemente bedarf es nichtreziprok wirkender Medien. Diese Medien werden mit einem richtungsabhängigen Materialtensor gekennzeichnet:

$$\overleftrightarrow{\varepsilon} \neq \overleftrightarrow{\varepsilon}^T \quad , \quad \overleftrightarrow{\mu} \neq \overleftrightarrow{\mu}^T \quad , \quad \overleftrightarrow{\kappa} \neq \overleftrightarrow{\kappa}^T \quad . \tag{10.53}$$

Diese Materialien nennt man: *Gyrotope Medien* .

Beispiel für gyrotrope Medien sind:

- Vormagnetisierte Ferrite $\overleftrightarrow{\mu}$

- Vormagnetisierte Plasmen $\overleftrightarrow{\varepsilon}$

- Vormagnetisierte Halbleiter $\overleftrightarrow{\kappa}$

In der Hochfrequenztechnik werden Komponenten mit vormagnetisierten Ferriten häufig in der Messtechnik und in Front-End-Schaltungen eingesetzt. Hierbei handelt es sich um den Zirkulator und den Isolator.

Der Zirkulator

Das Symbol eines Zirkulators ist im Bild 10.15 dargestellt.

Die Streuparameter eines idealen Zirkulators

$$[\mathbf{S_{Zirk}}] = \begin{pmatrix} 0 & 0 & |1| \\ |1| & 0 & 0 \\ 0 & |1| & 0 \end{pmatrix} \tag{10.54}$$

Bild 10.15: Links: Symbol eines Zirkulators; rechts: Signalflussdiagramm eines verlustlosen Zirkulators mit perfekter Anpassung und Isolation

weisen nur die Betragswerte null oder eins auf. In der Praxis sind Zirkulatoren mit Verlusten zwischen 0.5 und 3 dB und Isolationen zwischen 15 bis 35 dB kommerziell als gehäuste Komponenten oder auch als SMD-Bauteile verfügbar.

Das Beispiel einer Transceiver-Anwendung im Bild 10.16 zeigt, warum bei einem Zirkulator die Phasenwerte keine große Rolle spielen.

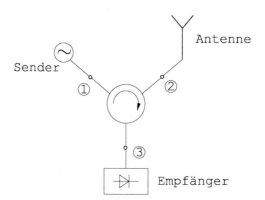

Bild 10.16: Transceiver-System mit nur einer Antenne und kontinuierlichem Sende-/Empfangsbetrieb im gleichen Frequenzbereich

Das Großsignal des Senders ist auf die Antenne gekoppelt, ohne stark gedämpft zu werden und ohne den Empfänger zu stören. Gleichzeitig treffen die von der Antenne detektierten kleinen Empfangssignale verlustarm im Empfänger ein.

Zur Erläuterung der Funktionsweise eines Zirkulators dient Bild 10.17, dass die Draufsicht auf eine Mikrostreifenleitung darstellt. Zwischen der oberen dargestellten Metallisierungslage und der Masselage befindet sich zentral unter der Metallfläche ein vormagnetisierter Ferrit, der das Dauerfeld $\vec{H}_0$ erzeugt.

Eine am Tor 1 einfallende elektromagnetische Welle mit der Phasengeschwindigkeit v_{ph} und einem elektrischen Feld (E-Feld), das als Augenblicksaufnahme heraus zeigt, sowie einem H-Feld, das sich parallel zu Oberfläche ausbreitet, trifft auf das durch $\vec{H}_0$ vormagnetisierte Dauerfeld, das dauerhaft in die Ebene hinein gerichtet ist. $\vec{H}_0$ ändert die

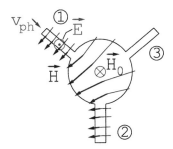

Bild 10.17: Darstellung der Ausrichtung der vektoriellen $\vec{E}$- und $\vec{H}$-Felder bei einem Mikrostreifenleitungszirkulator

Richtung des Wechselfeldes $\vec{H}$, das nunmehr in der Mitte des Zirkulators senkrecht auf dem Tor 3 steht. Da somit die Leitung des Tores 3 nicht mehr von den Magnetfeldlinien umschlossen wird, wird auch keine Energie in das Tor 3 eingekoppelt. Die gesamte Energie transmittiert zum Tor 2.

<u>Der Isolator</u>

Bild 10.18 zeigt das Symbol eines Isolators

Bild 10.18: Links: Symbol eines Isolators; rechts: Signalflussdiagramm eines verlustfreien Isolators mit perfekter Anpassung und Rückwärtsisolation

Ein idealer Isolator ist an jedem Tor angepasst und transmittiert ein Signal nur in die Vorwärtsrichtung, wie die S-Parameter der Matrix es zeigen:

$$[\mathbf{S_{Iso}}] = \begin{pmatrix} 0 & 0 \\ |1| & 0 \end{pmatrix} \qquad . \tag{10.55}$$

Insbesondere bei hoch linearen mobilen Kommunikationssystemen wie UMTS und WLAN werden Isolatoren zwischen dem Sendeverstärker und der Antenne eingesetzt, damit Fehlanpassungen der Antenne, die aufgrund der wechselnden Umweltbedingungen auftreten, den Arbeitspunkt des Verstärkers nicht verstimmen.

In der Hochfrequenzmesstechnik werden Isolatoren vielfach eingesetzt. In den meisten Anwendungen möchte man die Anpassungen der einzelnen Messzweige verbessern, um diese somit als ideal angepasst nähern zu können.

Ein Isolator besteht aus einem Zirkulator, der an einem Tor mit einem breitbandigen Wellensumpf (ggf. $50\,\Omega$-SMD-Widerstand wie im Bild 10.19 dargestellt) abgeschlossen ist.

In modernen hochintegrierten Schaltungen möchte man aufgrund der unterschiedlichen Technologie, der Kosten, der Verluste und der Baugröße keine Ferrite einsetzen. Im ein-

Bild 10.19: Realisierung eines Isolators

fachsten Fall kann man einen Isolator auch durch einen Verstärker und ggf. einem Dämpfungsglied ersetzen. Dieses gelingt jedoch nur bei einfachen Systemen.

Betrachtet man jedoch ein modernes Kommunikationssystem wie UMTS, so werden an den Leistungsverstärker höchste Anforderungen bzgl. der Linearität gestellt. Damit das lineare Übertragungsverhalten des Verstärkers nicht durch Fehlanpassungen der Antenne gestört wird, setzt man einen Isolator ein. Eine einfachere Lösung bietet der Einsatz des $\pm 90°$-Kopplers, der auf Seite 179 und auch ausführlich in [48] beschrieben wurde. Hier werden nur 3 SMD-Bauelemente und 2 symmetrische Antennen benötigt.

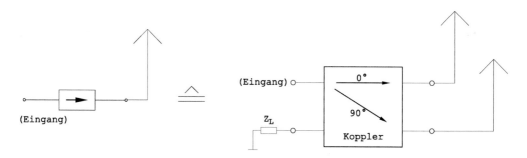

Bild 10.20: Frontend-Schaltung mit 90°-Koppler, der im einfachsten Fall durch eine Spule und eine Induktivität realisiert werden kann

Die Funktionsweise ist ähnlich der eines sogenannten *balancierten Verstärkers*: Befindet sich in der Nähe der beiden baugleichen Antennen ein Reflektor, so wird die reflektierte Energie einmal mit 0°- und einmal mit 180°-Phasendrehung zum Eingang (Ausgang des Leistungsverstärkers) reflektiert. Beide reflektierte Wellen heben sich auf und der Leistungsverstärker ist am Ausgang sehr gut angepasst. Hingegen erreicht die reflektierte Energie mit jeweils 90°-Phasendrehung den Widerstand, überlagert sich dort konstruktiv und wird dort absorbiert. Die gute Qualität einer derartigen Schaltung ist in [83] im Detail publiziert.

10.3.2 Detektoren

Ein Detektor setzt die aktuelle Leistung eines hochfrequenten Signales in ein niederfrequentes Spannungssignal um. Somit ist dieser für das hochfrequente Eingangssignal als Abschluss und für das niederfrequente Ausgangssignal als Spannungsquelle zu betrachten. Dieses wird mit dem ggf. nichtlinearen Umsetzfaktor α im Bild 10.21 symbolisch dargestellt.

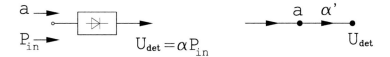

Bild 10.21: Symbol und Signalflussdiagramm eines Detektors

Detektoren wurden zu Beginn der Pionierzeit des Radios als einfache Gleichrichter direkt an die Rundfunkempfangsantenne kontaktiert. Mit dem einfachen Aufbau: Antenne, abstimmbarer LC-Kreis, Detektor und Kopfhörer ließen sich die ersten Rundfunkempfänger realisieren, die keine Spannungsversorgung benötigten und lediglich das in der Amplitude (sprach-) modulierte HF-Signal gleichrichteten.

Mittlerweile werden Detektoren vom niederfrequenten Bereich bis hin zur Optik als Empfänger eingesetzt. Sie dienen zur Detektion von Signalen mit analoger und diskreter Amplitudenmodulation (AM) in der Übertragungstechnik wie auch zur Messung von unmodulierten Hochfrequenzsignalen in der Messtechnik.

Bei der optischen Signalübertragung für die Glasfasertechnik wird das Laserlicht einer diskreten Ein-/Ausmodulation unterzogen, die jedoch mit Schaltfrequenzen weit im GHz-Bereich vollzogen wird. In diesem Fall handelt es sich am Ausgang der optischen Detektoren um ein Mikrowellensignal.

Ansonsten liegt am Ausgang in der Regel ein niederfrequentes Signal im kHz- oder unteren MHz-Bereich an, so dass man von einem Videosignal spricht. In der Messtechnik ist das Ausgangssignal oft auch nur eine Gleichspannung.

Zur Leistungsdetektion benötigt man im Hochfrequenzfall ein Bauteil mit einer nichtlinearen Kennlinie. Die empfindlichsten Bauelemente der Halbleiterelektronik sind die Schottky-Dioden. Bei integrierten Lösungen setzt man jedoch auch in der Halbleiterelektronik Transistoren ein.

Benötigt man hochempfindliche Detektoren für schmale Frequenzbereiche, so ist eine diskrete Lösung mit Schottky-Dioden interessant, [2]. Bei diesen diskreten Schaltungen arbeitet man i.d.R. im Bereich der quadratischen Abhängigkeit zwischen Eingangsleistung und Ausgangsspannung. Jedoch genügen in sehr vielen Fällen die Empfindlichkeiten von integrierten breitbandigen Detektorschaltungen, die ggf. das Videosignal logarithmisch verstärken, so dass über einen weiten Leistungsbereich ein linearer Zusammenhang zwischen der Hochfrequenzleistung und dem Videosignal gegeben ist, [79].

Zur Beurteilung einer Detektorschaltung werden folgende Kriterien herangezogen:

- Empfindlichkeit in Form der minimal detektierbaren Energie bei einer gegebenen Signalbandbreite,

- Empfindlichkeit in Form der Steilheit bzw. des Zusammenhanges zwischen Eingangsleistung und Detektorspannung,

- Linearitätsbereich und Linearitätsfehler,

- Kompressions- und Zerstörleistungen,

- Eingangsanpassung.

Für die weiteren Betrachtungen von Systemen gehen wir davon aus, dass die Detektoren eingangsseitig (wie im Bild 10.21 dargestellt) angepasst sind. Weiterhin sollen die Detektoren zeitinvariant sein, was insbesondere bei integrierten Produkten und geringem Temperaturgang auch in der Praxis gegeben ist.

10.3.3 Mischer

Ein Hochfrequenz-Mischer setzt hochlinear entweder ein niederfrequentes Signal in ein hochfrequenztes Signal oder umgekehrt um. Ersteres nennt man die Aufwärtsmischung und letzteres die Abwärtsmischung. Dazu wird mittels eines relativ großen sinusförmigen HF-Signales, das als Lokaloszillatorsignal oder Pumpsignal bezeichnet wird, ein nichtlineares Bauelement im Arbeitspunkt stark auf einer nichtlinearen Kennlinie verändert. Die Darstellung eines Abwärtsmischers unter Angabe der drei Signalleistungen

P_s: HF-Signal,

P_{LO}: Lokaloszillatorsignal und

P_{ZF}: Zwischenfrequenz- oder Niederfrequenzsignal

ist im Bild 10.22 zu erkennen.

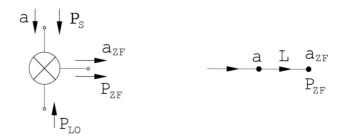

Bild 10.22: Symbol und Signalflussdiagramm eines HF-Mischers mit dem Konversionsverlust L und den Leistungsrichtungen für die Abwärtsmischung

Wegen der hohen Linearität und der sehr großen Empfindlichkeit haben sich Mischer gegenüber Detektoren in sehr vielen Applikationen durchgesetzt. So werden die technisch deutlich aufwendigeren Mischerkonzepte zur Funkübertragung in allen Konsumerprodukten wie Radios, Fernseher und Mobilfunkgeräte eingesetzt.

Die hochlineare Frequenzumsetzung eines Mischers ist jedoch nicht eindeutig. Es gibt um das LO-Signal herum zwei Signale, die umgesetzt bzw. konvertiert werden können, Bild 10.23. Hier unterscheidet man die zwei Betriebsarten Gleich- und Kehrlage.

In der Gleichlage gilt für das umzusetzende Signal:

$$\omega_{ZF} = \omega_S - \omega_{LO} \qquad . \qquad (10.56)$$

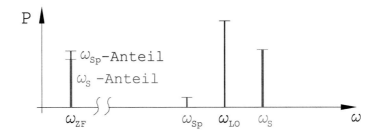

Bild 10.23: Frequenzschema für ein Abwärtsmischer in Gleich- bzw. Regellage

Jedoch werden zusätzlich in der Gleichlage Signale der so genannten Spiegelfrequenz ω_{Sp} mit umgesetzt. Für die Konversion der Spiegelfrequenz gilt:

$$\omega_{ZF} = \omega_{LO} - \omega_{Sp} \qquad . \qquad (10.57)$$

Da der Empfänger im Zwischenfrequenzbereich (beispielsweise ein A/D-Konverter) die beiden Signalanteile nicht separieren kann, muss im Hochfrequenzbereich um die Lokaloszillatorfrequenz herum, dafür gesorgt werden, dass diese Spiegelfrequenz unterdrückt wird. Dieses kann durch Filter oder durch so genannte Einseitenbandumsetzer erzielt werden, auf die im folgenden Abschnitt eingegangen wird.

Soll der unter der LO-Frequenz befindliche Frequenzbereich umgesetzt werden, so spricht man von der Kehrlage.

Zur linearen Beschreibung eines Mischers bei perfekter Spiegelfrequenzunterdrückung verwendet man aus historischen Gründen die Y-Matrix mit den Leitwerten G_0 und G_{LO}.

$$\begin{aligned} I_S &= G_0 \, U_s + G_{L0} \, U_{ZF} \qquad (10.58) \\ I_{ZF} &= G_{LO}^* \, U_s + G_0 \, U_{ZF} \end{aligned}$$

Da der Leitwert G_{LO} nahezu reell ist, ist ein Mischer reziprok, was insbesondere für Leistungsbetrachtungen uneingeschränkt gilt.

Obwohl die Ströme und Spannungen drei unterschiedliche Frequenzen aufweisen, lässt sich ein Mischer behandeln wie jede sonstige lineare Schaltung. In der Praxis tritt für die Systemauslegung des Signalzweiges das LO-Signal nicht in Erscheinung, so dass schlussendlich die HF-Übertragung so einfach berücksichtigt wird, wie es das Signalflussdiagramm im Bild 10.22 wieder gibt. Der Mischer verhält sich wie ein Dämpfungsglied mit den Umsetz- bzw. Konversionsverlusten L.

Die einfachsten Mischer, basierend auf einer Schottky-Diode, finden jedoch nur noch im Höchstfrequenzbereich Einsatz. Kommerziell verfügbare HF-Halbleiter-Mischer sind in der Praxis hochintegrierte Schaltungen, die auf einer Vielzahl von Konzepten basieren, [73], und teilweise LO-Verstärker beinhalten.

Einfachste Mischer erzeugen aufgrund des nichtlinearen Verhaltens der Bauelemente eine große Anzahl an weiteren Frequenzen. Bei komplexeren Mischer-Architekturen tauchen diese weiteren Mischprodukte nur in vernachlässigbaren Größenordnungen auf. Durch intelligente Ausphasungen werden die ungewollten Mischprodukte unterdrückt. Genauso helfen diese komplexen Architekturen auch Amplitudenschwankungen des LO-Signales zu unterdrücken. Derartige Mischer werden oft als ein-, zwei- oder vierfach balancierte Mischer bezeichnet. Als populärster Transistormischer ist der Gilbertmischer herauszuheben. Dieser Mischer wie auch die doppelt balancierten Ring-Dioden-Mischer unterdrücken am Signaltor sehr effektiv das Lokaloszillatorsignal.

Die Rauschzahl eines Mischers $F_{Mischer}$ ist näherungsweise genauso groß wie die Konversionsverluste L:

$$F_{Mischer} \approx L \quad . \tag{10.59}$$

Beschrieben wird ein Mischer durch die Kriterien:

- Konversionverluste und Rauschzahl,

- Notwendiger LO-Pegel und Frequenzbereich,

- Isolationen zwischen den drei Toren,

- Linearität durch Kompressionspunkt und/oder IM3-Angaben,

- Anpassung (insbesondere das LO- und Signaltor).

Jeder Mischer kann für die Systembetrachtung als Multiplizierer im Zeitbereich betrachtet werden. Für Aufwärts- und Abwärtsmischung gilt für den Mischer das einfache Additionstheorem einer Multiplikation:

$$\cos\left(\omega_{LO}t\right)\cos\left(\omega_{ZF}t\right) = \frac{1}{2}\left[\cos\left(\omega_{LO}t - \omega_{ZF}t\right) - \cos\left(\omega_{LO}t + \omega_{ZF}t\right)\right] \quad . \tag{10.60}$$

10.3.4   Einseitenbandumsetzer und IQ-Modulatoren

Im Mischerabschnitt wurde auf die Problematik der Spiegelfrequenz eingehend darauf hingewiesen, dass ein Einseitenbandumsetzer bzw. -versetzer dieses Problem nicht aufweist.

Einseitenbandumsetzer und die eng verwandten IQ-Modulatoren (auch Vektor-Modulatoren) basieren auf verschalteten Mischern, die als Multiplizierer betrachtet werden. Den Aufbau eines Einseitenbandversetzers mit zwei Mischern und passiven Komponenten, die allesamt bereits detailliert vorgestellt wurden, zeigt das Bild 10.24.

Das Lokaloszillatorsignal

$$u_{LO} = \hat{u}\cos\left(\omega_{LO}t\right) \tag{10.61}$$

wird mittels eines $0°/90°$-Kopplers in die Anteile u_{LOa} und u_{LOb} geteilt und im unteren Zweig um $90°$ in der Phase geschoben. Somit gilt für die beiden um $3\,\mathrm{dB}$ reduzierten Signale:

$$u_{LOa} = \frac{1}{\sqrt{2}}\,\hat{u}\cos\left(\omega_{LO}t\right) \qquad \text{und} \qquad u_{LOb} = -\frac{1}{\sqrt{2}}\,\hat{u}\sin\left(\omega_{LO}t\right) \quad . \tag{10.62}$$

Geht man von dem Sendefall mit einem ZF-Sendesignal der einfachen Form

$$u_{ZF} = \hat{u}_{ZF}\cos\left(\omega_{ZF}t\right) \tag{10.63}$$

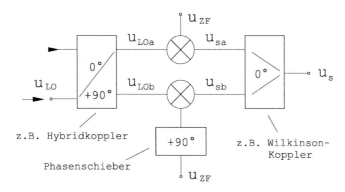

Bild 10.24: Aufbau eines Einseitenbandversetzers in der Kehrlage

und den Konversionsverlusten L aus, so ergeben sich nach der Multiplikation die jeweils zwei teilweise phasenverschobenen Signale mit den Spannungen:

$$u_{sa} = \frac{\hat{u}_{ZF}\,\hat{u}}{\sqrt{2}}\,L\,\cos\left(\omega_{LO}t\right)\cos\left(\omega_{ZF}t\right) \quad \text{und} \quad u_{sb} = \frac{\hat{u}_{ZF}\,\hat{u}}{\sqrt{2}}\,L\,\sin\left(\omega_{LO}t\right)\sin\left(\omega_{ZF}t\right) \quad . \tag{10.64}$$

Durch die Addition mittels des $0°$-Kopplers ergibt sich unter Anwendung der Additionstheoreme

$$\cos\left(\alpha - \beta\right) = \cos\left(\alpha\right)\cos\left(\beta\right) + \sin\left(\alpha\right)\sin\left(\beta\right) \tag{10.65}$$

das Sendesignal:

$$u_s = \sqrt{2}\,\hat{u}_{ZF}\,\hat{u}\,L\,\cos\left(\omega_{LO}t - \omega_{ZF}t\right) \quad . \tag{10.66}$$

Das Sendesignal ist in der Amplitude und Phase direkt proportional zum ZF-Signal. Die Informationen, die gegebenenfalls in einer Modulation der ZF-Amplitude und/oder der ZF-Phase enthalten sind, bleiben im Hochfrequenzsignal des unteren Seitenbandes (Kehrlage) erhalten. Das obere Seitenband wurde durch die zwei $90°$-Phasendrehungen ausgelöscht. In der Praxis liegt die Unterdrückung des oberen Seitenbandes typisch bei $40\,\mathrm{dBc}$.

Eine ähnliche Rechnung lässt sich beim Einseitenbandumsetzer auch für den Empfangsfall durchführen.

Ein IQ-Modulator unterscheidet sich im Prinzipaufbau von einem Einseitenbandumsetzer nur durch den fehlenden Phasenschieber im ZF-Zweig, Bild 10.25.

Dass das Erscheinungsbild dieses IQ-Modulators jedoch deutlich anders aussieht, liegt unter anderem daran, dass IQ-Modulatoren komplett in Halbleitertechnik gefertigt werden. Deshalb findet man keine großen verteilten reziproken Koppler in diesen Schaltungen und deshalb muss man bei der Handhabung den IQ-Sendemodulator vom IQ-Empfänger unterscheiden. Mittlerweile sind die Sende- und Empfangseinheiten wie auch die im kommenden Abschnitt beschriebene Oszillatortechnik auf einem einzigen sogenannten Transceiver-IC (aus Transmitter und Receiver) integriert.

Die mathematische Beschreibung des IQ-Modulators läuft ähnlich zu der des Einseitenbandsenders. Moderne Datenübertragungs- und Kommunikationssysteme wie WLAN und

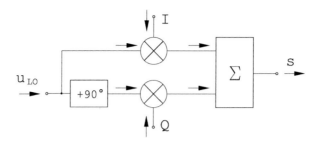

Bild 10.25: Aufbau eines IQ-Modulators für den Sendefall in der Gleichlage

UMTS arbeiten mit einer gleichzeitigen Amplituden- ($A_{(t)}$) und Phasenmodulation ($\phi_{(t)}$), die jedoch nur diskrete Werte annehmen können. Als Sendesignal ($s_{(t)}$) soll das modulierte und hochgemischte Signal in Gleichlage übertragen werden:

$$s_{(t)} = A_{(t)} \cos\left(\omega_{LO}t - \phi_{(t)}\right) \qquad . \tag{10.67}$$

Wendet man auf die Gleichung (10.67) erneut die Additionstheoreme an, so kann man das Sendesignal in einen Anteil $I_{(t)}$, der zum LO-Signal in Phase ist, und einem Anteil $Q_{(t)}$, der exakt um 90° in der Phase zum LO-Signal gedreht ist, unterteilen:

$$s_{(t)} = I_{(t)} \cos\left(\omega_{LO}t\right) - Q_{(t)} \sin\left(\omega_{LO}t\right) \qquad \text{mit} \tag{10.68}$$

$$I_{(t)} = A_{(t)} \cos\left(\phi_{(t)}\right) \qquad \text{und} \qquad Q_{(t)} = A_{(t)} \sin\left(\phi_{(t)}\right) \qquad . \tag{10.69}$$

Somit wird der fehlende Phasenschieber im ZF-Zweig im Rechner erzeugt. Dadurch, dass das Q-Signal um -90° zum I-Signal verschoben ist, wird eine Umsetzung in die Gleichlage erreicht.

10.3.5   Oszillatoren und Synthesegeneratoren

Jeder, der versucht hat einen HF-Verstärker ohne eine Stabilitätsberechnung (k-Faktor) aufzubauen, weiß, wie einfach es ist, einen Oszillator zu fertigen. Leider schwingen derartige Oszillatoren nicht bei der gewünschten Frequenz und auch die anderen Eigenschaften sind nur ungenügend.

Ein guter Oszillator besteht aus einer verstärkenden Einheit und einem Resonator mit möglichst hoher Güte. Ist dieser Resonator über mindestens eine Varaktordiode in der Frequenz veränderbar, so spricht man von einem spannungsgesteuerten Oszillator, VCO (engl.: Voltage Controlled Oscillator).

Ein Oszillator weist einerseits Schwankungen der Ausgangsamplitude über der Zeit (AM-Rauschen) und andererseits (in der Praxis noch viel gravierendere) Schwankungen der Phase um die Sollfrequenz auf. Dieses Phasenrauschen stellt man in der Regel für das obere Seitenband mit der Differenzangabe des Rauschwertes zum maximalen Oszillatorsignal (das nicht abgebildet ist), wie im Bild 10.26 zu sehen ist, dar.

Dieses Phasenrauschen hat von der großen Anzahl der zu beachtenden Parametern beim Einsatz eines Oszillators oft den größten Einfluss auf die Systemeigenschaften. Möchte

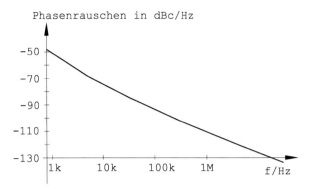

Bild 10.26: Typisches Phasenrauschen eines nicht stabilisierten Oszillators mit LC-Resonator

man beispielsweise ein Signal im Abstand von 1 MHz vom LO-Signal herunter mischen und betrachtet man den Mischer als Multiplizierer, so mischt der Mischer zusätzlich des Phasenrauschsignal des LO-Oszillators mit herunter. Folglich sollte das Phasenrauschen unter dem zu erwartenden Signalpegel am Empfänger (s. Abschnitt 8.5.4) liegen.

Zur Beurteilung und zum Einsatz eines Oszillators sind neben dem Phasenrauschen eine Menge von Punkten zu beachten:

- Ausgangsleistung und dessen Frequenzgang beim VCO,

- Leistungsaufnahme,

- Generation der Oberwellen mit typ. 20 dBc Abstand zur Grundwelle und ggf. der Subharmonischen (halbe Frequenz der Grundwelle),

- *Frequency Pushing*: Eine Größe die charakterisiert, wie sehr sich die Frequenz bei Schwankungen der Versorgungsspannung ändert,

- *Frequency Pulling*: Gibt an, wie stark sich die Frequenz bei einer auftretenden Fehlanpassung am Ausgang ändert,

- Temperaturgang bzw. -drift der Ausgangsleistung und der Frequenz,

- Abstimmcharakteristik in MHz/V eines VCO's und deren Linearität und maximale Änderbarkeit (Geschwindigkeit).

Eine ausführliche, moderne und sehr praxisnahe Beschreibung von Oszillatoren ist in [90] zu finden.

Viele dieser Eigenschaften werden deutlich verbessert, wenn man einen HF-VCO durch eine Phasenregelschleife (engl.: PLL: Phase Locked Loop) auf die sehr guten Eigenschaften eines Quarz-Oszillators (XCO, engl.: Cristal Controlled Oscillator)) stabilisiert. Die gesamte Schaltung nennt man Schritt- bzw. Synthesegenerator oder auch kurz Syntheziser. Die einfachste Realisierungsform eines Synthesegenerators ist im Bild 10.27 abgebildet.

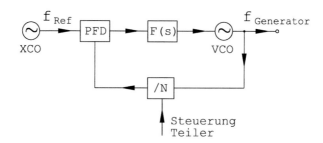

Bild 10.27: Blockschaltbild eines einschleifigen Synthesegenerators

Das Ausgangssignal des HF-VCO wird mittels eines HF-Teilers (/N) mit umschaltbaren Teilerwerten auf eine niedrigere Frequenz geteilt und liegt dann am Phasen-Frequenz-diskriminator (PFD) an. Das Signal des Quarz-Referenzoszillators (XCO), der sehr phasenrauscharm und temperaturstabil ist, wird auf einen zweiten Eingang des Phasen-Frequenzdiskriminators gegeben. Dieser PFD liefert ein Ausgangssignal, sofern die beiden Eingangssignale nicht in Phase liegen. Dieses Ausgangssignal wird mittels des Filters F(s) geglättet und dem Steuerungseingang des HF-VCO's zugeführt.

Die Frequenz $f_{Generator}$ des spannungsgesteuerten Oszillators wird über die Frequenz der Referenzschwingung f_{Ref} (Referenzfrequenz) und den Wert N des Frequenzteilers wie folgt bestimmt:

$$f_{Generator} = f_{Ref} \cdot N \qquad .\tag{10.70}$$

Änderungen des ganzzahligen Teilerwertes N bewirken eine Änderung der Ausgangsfrequenz in der Schrittweite f_{Ref}. Um eine kleine Schrittweite zu erreichen, muss die Referenz- bzw. Vergleichsfrequenz gering gehalten werden. Dies führt zu einem schlechteren Phasenrauschen der PLL, weil die Rauschspannung des Phasenvergleichers und der Vergleichsfrequenz um den Faktor N verstärkt am VCO-Ausgang sichtbar wird. Restanteile der Vergleichsfrequenz und deren Harmonischen, die am Phasenvergleicherausgang auftreten, werden zwar durch das nachfolgende Schleifenfilter gedämpft, beeinflussen aber trotzdem den VCO und erscheinen als Nebenlinien des Nutzsignals im Abstand f_{Ref} und deren Vielfachen. Ein größeres Verhältnis Vergleichsfrequenz zu Schleifenbandbreite verbessert die Unterdrückung dieser Nebenlinien. Da die Schleifenbandbreite mit der Einschwingzeit zusammenhängt, zwingt diese klassische PLL zu einigen Kompromissen bezüglich Nebenlinienunterdrückung, Frequenzschrittweite, Phasenrauschen und Einschwingzeit.

Ein Ausweg aus diesen Kompromissen bietet der Fractional-N-Synthesizer.

Funktionsprinzip eines Fractional-N Synthesizers

Mit einem Teiler, der nicht auf ganzzahlige Teilerverhältnisse begrenzt ist, sondern auch gebrochene Werte zulässt, kann die Schrittweite des Synthesizers kleiner als die Vergleichsfrequenz gemacht werden [28, 91]. Die Berechnung von f_{VCO} nach Gleichung (10.70) bleibt weiterhin gültig. N ist dann aber nicht mehr nur auf ganzzahlige Werte beschränkt.

Ein gebrochenes Teilerverhältnis wird durch Umschalten zwischen zwei oder mehreren ganzzahligen Werten erreicht (sozusagen eine Pulsweitenmodulation des Teilerverhältnis-

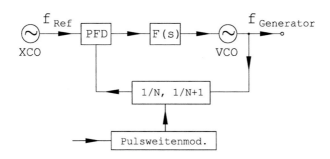

Bild 10.28: Blockschaltbild eines Fractional-N-Synthesizers

ses). Bei einer Umschaltung zwischen zwei Teilerwerten N_1 und N_2 mit den Pulsdauern T_1 und T_2 beträgt der Mittelwert des Teilerverhältnisses dann

$$\bar{N} = \frac{N_1 \cdot T_1 + N_2 \cdot T_2}{T_1 + T_2} \qquad . \qquad (10.71)$$

Die Frequenz des VCOs soll dann auf der mit dem Mittelwert des Teilerverhältnisses multiplizierten Vergleichsfrequenz sein. Das Umschalten des Teilerverhältnisses verursacht eine Störphasenmodulation am Phasenvergleicher. Die kleinste Zeiteinheit, in der T_1 und T_2 variieren können, ist T_{Puls}. Die minimale Frequenz der Störphasenmodulation ist also abhängig von f_{Puls} und der geforderten kleinsten Einstellschrittweite N von:

$$f_{stör} = f_{Puls} \cdot \Delta N \qquad . \qquad (10.72)$$

Die minimale Frequenz der Phasenstörung durch die Teilerumschaltung entspricht somit der kleinsten Schrittweite f_s des Frequenzsynthesizers. Soweit unterscheidet sich das Fractional-N-Verfahren bezüglich der Störungen nur wenig vom klassischen Synthesizer mit festem Teiler.

Versucht man die Störungen durch ein schmales Schleifenfilter zu unterdrücken, so muss man dieselben Kompromisse eingehen wie im vorhergehenden Abschnitt. Der einzige Vorteil läge dann in dem geringeren Vervielfachungsfaktor des Phasenvergleicher- und Referenzrauschens. Da der Verlauf der Störung vorausberechenbar ist, kann diese durch Addition einer gegenphasigen Spannung kompensiert werden. Die Schleifenfilterbandbreite kann dann größer als die kleinste Frequenzschrittweite f_s gewählt werden. Damit ist durch digitale Nachbildung des Modulationssignals eine direkte digitale Winkelmodulation möglich. Die kleine Schrittweite bei geringer Einschwingzeit ermöglicht z.B. auch vorhersagbare Dopplerverschiebungen exakt nachzusteuern. Die Kompensation der Phasenstörung durch die Teilerumschaltung erfordert aber neben der Rechenlogik einen guten DA-Wandler zur Erzeugung der Kompensationsspannung. Eine im Hochfrequenzbereich neuerdings eingesetzte Alternative ist das $\Sigma\Delta$-Verfahren, das sich in der CD-Audio-Technik zur Digital-Analog- und Analog-Digital-Wandlung bereits durchgesetzt hat. Aufgrund der einfachen Integrierbarkeit spielt es bereits in der Hochfrequenztechnik als Digital-Frequenz-Wandler eine wichtige Rolle.

$\Sigma\Delta$-Fractional-N Synthesegenerator

Wie oben ausgeführt, bringt das Wegfiltern der Störungen wenig Vorteile, da die Schleifen-filterbandbreite kleiner als die Frequenzschrittweite gemacht werden muss, [89]. Das $\Sigma\Delta$-Fractional-N-Verfahren verursacht, wie das konventionelle Fractional-N-Verfahren, Ne-benlinien im Abstand der Frequenzschrittweite. Allerdings wird anstatt des gewöhnlichen Pulsweitenmodulators eben ein $\Sigma\Delta$-Modulator eingesetzt, dessen spektrales Energiemaxi-mum bei hohen Frequenzen liegt.

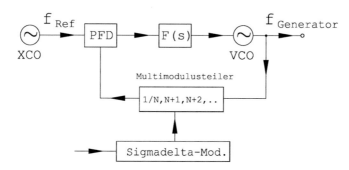

Bild 10.29: Blockschaltbild eines $\Sigma\Delta$-Fractional-N-Synthesizers

Die Änderungen des Teilerwertes der PLL werden vom $\Sigma\Delta$-Modulator gesteuert. Dieser liefert einen quasizufälligen Datenstrom, dessen arithmetischer Mittelwert digital einstell-bar ist. Weil die Energie spektral nicht gleichverteilt ist, sondern zum größten Teil im höherfrequenten Bereich liegt, erhält man trägernah so wenig Störenergie, dass das analo-ge Rauschen des Phasenvergleichers und der Referenz überwiegt. Das Schleifenfilter kann also ohne Kompensationsmaßnahmen breiter als die Frequenzschrittweite gewählt werden.

$\Sigma\Delta$-Modulatoren sind in unterschiedlichen Strukturen realisierbar. Eine interessante Va-riante ist der MASH-Modulator, wie in [75] beschrieben, weil er ohne ein Rückkoppel-netzwerk auskommt und deshalb auch keine Stabilitätsprobleme hat.

Direkte Digitale Modulation

Die kleine Schrittweite eines $\Sigma\Delta$-Fractional-N-Synthesizers ermöglicht eine direkte digitale Frequenz- und Phasenmodulation [28]. Es handelt sich hierbei um einen exakten D/F-Wandler. Die Vorteile eines direkten digitalen Modulators liegen auf der Hand:

- Es ist keine D/A-Wandlung digitaler Modulationsdaten notwendig.

- Eine Änderung der Modulationsart und des -hubes ist per Software möglich.

- Große Modulationshübe ohne Verzerrungen sind realisierbar (Nichtlinearitäten der VCO-Kennlinie haben keinen Einfluss).

- Es sind keine analogen Einstellelemente zur Festlegung des Hubes mehr vorhanden.

- Der Modulationshub ist unabhängig von Bauteiltoleranzen.

Mittlerweile wird der $\Sigma\Delta$-Synthesizer bereits für die GMSK-Modulation in GSM-Handsets großindustriell eingesetzt.

Synthesegeneratoren sind in fast allen HF-Schaltungen, die in großer Stückzahl hergestellt werden, zu finden. Die Kosten der integrierten Schaltungen sind mittlerweile sehr gering. Jedoch ist die Entwicklungszeit zur Implementierung eines rechnergesteuerten Synthesizers zu beachten. Als deutschsprachige Literatur für den detaillierteren Einstieg ist u.a. [101] zu empfehlen.

10.3.6 Antennen

Antennen lassen sich in der Praxis oft mit einfachen Mitteln preisgünstig selber fertigen. Eine sehr einfache Antennenkonstruktion ist die im Bild 10.30 dargestellte Dipolantenne, die auch als Hertz'scher Dipol, Elementarstrahler und kurze lineare Antenne bekannt ist.

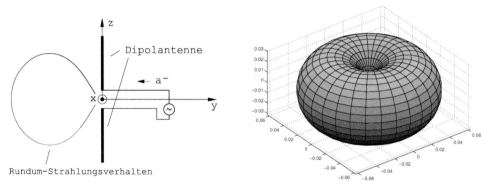

Bild 10.30: Darstellung einer (symmetrischen) Dipolantenne entlang der z-Achse und der zugehörigen Strahlungscharakteristik (Form eines Toroids) der Hauptkeule angesteuert über eine symmetrische Quelle mittels eines Gegentaktsignales (links: 2D, rechts: 3D)

Legt man keinen großen Wert auf die Kenntnis der Abstrahlungscharakteristik, dann kann man Antennen über eine sehr einfache "Praktiker-Vorgehensweise" entwickeln.

———— Anpassung von Antennen ————

1. Man wählt die Konstruktion aus. Sehr beliebt ist die dargestellte Dipolantenne oder die planare Patch-Antenne, [30].

2. Danach realisiert man diese Antenne mit Näherungsdaten. Beispielsweise genügt beim Dipol die Wahl der Länge der Antennendrähte. Maximale Abstrahlung in der Hauptrichtung hat man bei der Wahl von $\lambda/2$ für die Gesamtlänge der beiden Drähte. Minimal sollten die Drahtlängen rund $\lambda/10$ sein.

3. Als nächsten Schritt misst man den Eingangsreflexionsfaktor der Antenne. Viele Antennen wie auch die Dipolantenne sind symmetrisch aufgebaut. Bei diesen Antennen muss man mittels eines klassischen unsymmetrischen Zweitor-Netzwerkanalysators die vier unsymmetrischen S-Parameter messen und aus denen M_{11}^- berechnen. M_{11}^- ist auf $100\,\Omega$ bezogen.

4. Nun entwickelt man eine Anpassschaltung, die oft neben der Balunfunktionalität auch eine Impedanztranformation beinhaltet. Dieses wurde ausführlich in den vorherigen Kapiteln erläutert.

——————— Anpassung von Antennen ———————

Ein Beispiel für diese Vorgehensweise ist in den folgenden Bildern gegeben. Das Bild 10.31 zeigt eine Sendeempfangsschaltung mit integrierter Dipolantenne.

Bild 10.31: Kopfteil einer 868 MHz-Transceiverschaltung mit integrierter Dipol-Antenne

Die zugehörige auf der Zweitormessung basierende Simulation mittels M-Parameter zeigt das Bild 10.32.

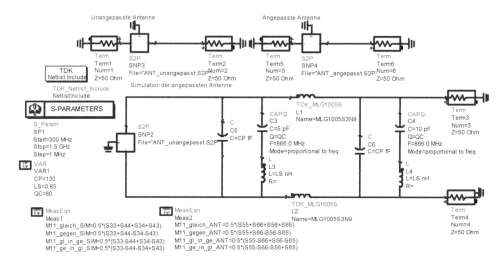

Bild 10.32: Simulation der integrierter Dipol-Antenne

Dass sich auf diesem wege eine sehr gute Übereinstimmung zwischen Simulation, Modell und Messergebnissen erzielen lässt zeigt das Resultat im Bild 10.33.

Wenn die Antenne mit ihren verlustarmen Metallisierungsflächen gut angepasst ist, dann

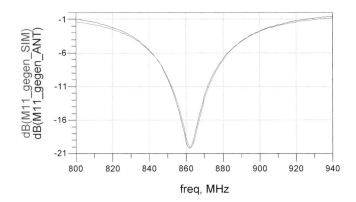

Bild 10.33: In der Simulation berechnetes Reflexionsverhalten im Vergleich zu den gemessenen Werten einer integrierten Dipol-Antenne

strahlt diese auch den Großteil der Energie ab. Eine Antenne ist passiv und reziprok. Folglich empfängt eine Antenne die gut abstrahlt auch gut.

Will man jedoch die Strahlungscharakteristik einer Antenne vorhersagen und optimiert gestalten oder gar den Antennenstrahl elektronisch schwenken, so ist ein Studium der sehr umfangreichen Grundlagen notwendig, [30, 107, 127]. Herauszuheben ist das neue Buch [64].

Für den Einsatz von Antennen in der Messtechnik und in RF-ID-Systemen ist es wichtig die sogenannten zirkularen Antennen zu kennen. Man unterscheidet rechts- und links-polarisierte bzw. rechts- und linkszirkulare Antennen. Sind beide in gleicher Richtung ausgerichtet, so gibt es eine große Isolation zwischen den Antennen. Sind beide Antennen in entgegengesetzter Richtung und im jeweiligen Hauptstrahl der anderen Antennen aus-gerichtet, so gibt es eine maximale Transmission. Diese zirkularen Antennen helfen eine Objektidentifikation durchzuführen, da ein metallisches Objekt die reflektierten Wellen in der Polarisation dreht und dielektrische Objekte Reflexionen mit gleicher Polarisation haben.

Bei hochlinearen mobilen Funksystemen wie UMTS gibt es Probleme bei Fehlanpassungen der Antennen aufgrund einer fehlerhaften Nutzung durch die Abschottung mittels einer Hand. Hierfür wurde im Unterabschnitt der Isolatoren (Seite 323) eine sehr interessante Abhilfe vorgestellt.

10.4 Skalare S-Parameter-Messsysteme

Auch bei kleinen Stückzahlen kann man den Kostenaufwand zur Herstellung einer schmal-bandigen skalaren S-Parameter-Messschaltung unter 5 € halten. Dieser Trend, bedingt durch die sehr preisgünstigen Bauelemente aufgrund des Mobilfunkbooms, ermöglicht den Einsatz von Hochfrequenzschaltungen in Sparten, die in der Vergangenheit durch andere Sensoren abgedeckt wurden. Für die Realisierung solcher Schaltungen sind ins-besondere die beiden unteren freien Frequenzbänder für Industrieanwendungen mit den

Eckfrequenzen:

$$2.4000 - 2.4835\,\text{GHz} \qquad \text{und} \qquad 5.725 - 5.875\,\text{GHz}$$

sehr interessant.

Der minimale Aufwand zum Aufbau eines skalaren S-Parameter-Messsystems besteht aus einem Oszillator und einem Detektor. Als vielfältige Anwendungen von skalaren Messsystemen sind zu nennen:

- Industrielle Messtechnik
    - Mikrowellenschranken als Ersatz für Lichtschranken (Transmissionsmessung) und magn. Schranken (Reflexionsmessung)
    - Feuchtemessung (berührungslos, in der laufenden Fertigung)
    - Staubmessung
    - Raumüberwachung
    - Objekterkennung
- Mikrowellenelektronik
    - Regelung der Verstärkerleistung
    - Überwachung der Antennenanpassung
- Skalare Netzwerkanalysatoren für die S-Parametermessung

Hochfrequenzsysteme bieten gegenüber herkömmlichen Systemen immer den Vorteil, dass viele Materialien wie z.B. Wände für das Funksignal mehr oder weniger transparent sind. Somit kann eine Mikrowellenschranke hinter zwei Wänden installiert werden und ist folglich für Personen im zu überwachenden Bereich unsichtbar, Bild 10.34.

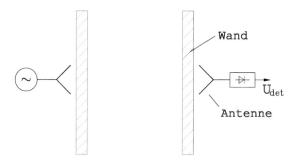

Bild 10.34: Draufsicht auf einer Mikrowellenschranke, die hinter zwei Wänden montiert ist, zur Durchgangskontrolle

Weiterhin hat die Hochfrequenzsensorik den Vorteil, dass diese berührungslos sein kann. Aufgrund dessen haben sich bereits jetzt Hochfrequenzmesssysteme für die Feuchtemessung für Lebensmittel und Kosmetikprodukte innerhalb der laufenden Produktion etabliert.

Gegenüber den Vorteilen, dass sich diese Systeme sehr schnell entwickeln lassen und äußerst preisgünstig in der Herstellung sind, darf nicht verschwiegen werden, dass skalare Systeme folgende Nachteile haben:

– die Messfehler sind relativ groß,

– der Messdynamikbereich ist relativ gering und

– die Messungen sind beim Einsatz von Breitbanddetektoren störempfindlich.

10.4.1 Transmissionsmessungen

Die einfachste skalare Transmissionsmessung ist die Messung, die jeder HF-Entwickler vollzieht, sofern er zur Ermittlung der Transmissions-Streuparameter eines Zweitores nur einen Spektrumanalysator oder Leistungsmesser und eine Signalquelle zur Verfügung hat. Diese Vorgehensweise wird als Substitutionsmethode bezeichnet. Diese Methode basiert auf der Näherung, dass sowohl die Quelle als auch der Detektor perfekt angepasst sind[1].

Im ersten Schritt wird eine REFERENZMESSUNG, wie im Bild 10.35 ersichtlich, durchgeführt.

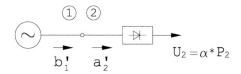

Bild 10.35: Darstellung der Referenzmessung

Für die Leistung P_2, die die Quelle emittiert und vom Detektor gemessen wird, gilt:

$$P_2 = \frac{|a_2'|^2}{2} = \frac{|b_1'|^2}{2} \qquad . \tag{10.73}$$

Im zweiten Schritt der Substitutionsmethode wird die OBJEKTMESSUNG gemäß Bild 10.36 durchgeführt.

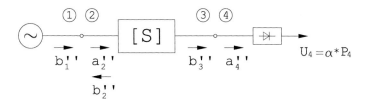

Bild 10.36: Darstellung der Objektmessung

Für die Leistung P_4, die durch das Messobjekt transmittiert ist, gilt:

$$P_4 = \frac{|a_4''|^2}{2} \qquad . \tag{10.74}$$

---

[1]Hierauf wurde bereits im Abschnitt 10.1 detailliert eingegangen.

Aus den zwei detektierten Werten lässt sich mit der Näherung $|b_1''| = |b_1'|$ der Betrag der Vorwärtstransmission direkt berechnen:

$$|S_{21}| = \frac{|b_3''|}{|a_2''|} = \frac{|a_4''|}{|b_1'|} \quad \Rightarrow \quad |S_{21}|^2 = \frac{|a_4''|^2}{|b_1'|^2} = \frac{P_4}{P_2} = \frac{U_4}{U_2} \qquad . \tag{10.75}$$

In der Praxis arbeitet man bevorzugt direkt mit logarithmischen Werten:

$$S_{21}^{dB} = 10 \lg\left(|S_{21}^2|\right) = 10 \lg\left(\frac{P_4}{P_2}\right) = 10 \lg\left(\frac{U_4}{U_2}\right) \tag{10.76}$$

$$S_{21}^{dB} = P_4^{dBm} - P_2^{dBm} = U_4^{dBV} - U_2^{dBV} \qquad . \tag{10.77}$$

Die Substitionsmethode weist zwei Probleme auf:

- die Ausgangsleistung der Quelle, muss zeitinvariant sein, und
- es sind zwei Messungen und zwei Kontaktierungen erforderlich.

Diese Probleme haben die folgenden Methoden nicht. Spielt die Messgenauigkeit aufgrund von großen Pegelunterschieden wie beispielsweise bei Mikrowellenschranken eine untergeordnete Rolle, so ist diese Substitutionsmethode sehr interessant, da diese den geringsten Bauteileaufwand erfordert.

Für Transmissionsmessungen mit höherer Genauigkeit ist es erforderlich ein Maß für die von der Quelle emittierte Leistung zu detektieren. Dazu verwendet man einen zweiten Detektor und setzt einen Richtkoppler bei höheren Frequenzen oder eine Brücke bei tieferen Frequenzen ein. Den Aufbau der Richtkopplermethode zeigt das Bild 10.37. Der

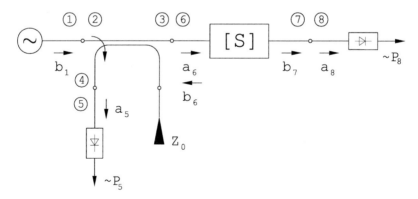

Bild 10.37: Darstellung der Durchführung einer Transmissionsmessung mittels der Richtkopplermethode

Zusammenhang der beiden detektierten Leistungen P_5 und P_8 mit der Quellenleistung P_1, dem Koppelübertragungsfaktor κ und dem Durchlassfaktor τ wird mittels Signalverfolgungsmethode für zwei gleiche Detektoren ermittelt:

$$P_5 = |\kappa|^2 \, P_1 \qquad \text{und} \qquad P_8 = |S_{21}|^2 \, |\tau|^2 \, P_1 \qquad , \tag{10.78}$$

$$\Rightarrow \quad |S_{21}|^2 = \frac{|\kappa|^2}{|\tau|^2} \frac{P_8}{P_5} \qquad . \tag{10.79}$$

$$\Rightarrow \quad S_{21}^{dB} = P_8^{dBm} - P_5^{dBm} + \kappa^{dB} - \tau^{dB} \qquad . \tag{10.80}$$

———————— *Übung: Anwendung der Richtkopplermethode* ————————

Geg.: *Ein verlustarmer Koppler wird mit $\kappa^{dB} = -10\,dB$ und $\tau^{dB} = -0.5\,dB$ vermessen. Es werden die beiden Messwerte $P_8^{dBm} = -25.5\,dBm$ und $P_5^{dBm} = -20\,dBm$ angezeigt.*

Ges.: a) *Berechnen Sie die Sendeleistung P_1^{dB}.*

b) *Geben Sie den skalaren Transmissionswert $\left|S_{21}^{dB}\right|$ des Messobjektes an.*

zu a) *Aus der Gleichung (10.78) folgt:*

$$P_1^{dBm} = P_5^{dBm} - \kappa^{dB} = -20\,dBm - (-10\,dB) = -10\,dBm \qquad . \tag{10.81}$$

zu b) *Direkt aus der Gleichung (10.80) ergibt sich:*

$$S_{21}^{dB} = -25.5\,dBm - (-20\,dBm) - 10\,dB + 0.5\,dB = -15\,dB \qquad . \tag{10.82}$$

———————— *Übung: Anwendung der Richtkopplermethode* ————————

Das Layout von Richtkopplern ist insbesondere bei tieferen Frequenzen sehr groß. Proportional zur Platinenfläche sind die Kosten zu sehen. Weniger Kosten sind mit der Umsetzung der **Signalteilermethode** verbunden. Bild 10.38 zeigt den einfachen Aufbau, der anstatt des Richtkopplers nur zwei Widerstände benötigt.

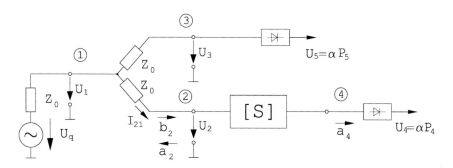

Bild 10.38: Illustration der Durchführung einer Transmissionsmessung mittels der Signalteilermethode

Diese Schaltung ist nur umsetzbar, sofern die Widerstände nahezu ideal sind. Dieses gilt für 0402-SMD-Widerstände in guter Näherung bis rund 2.5 GHz. Das Wirkungsprinzip, dass es sich bei dieser einfachen Anordnung um eine Transmissionsmessung handelt, kann nur über der mathematischen Beschreibung gezeigt werden.

Zwischen den Spannungen am Tor 1 und 2 gilt:

$$U_1 = Z_0 I_{21} + U_2 \qquad . \tag{10.83}$$

Erweitert man Gleichung (10.83) mit $\frac{1}{\sqrt{Z_0}}$, so gelangt man zu normierten Spannungen und Strömen, die durch Kleinschreibung gekennzeichnet sind.

$$\frac{U_1}{\sqrt{Z_0}} = \sqrt{Z_0}\, I_{21} + \frac{U_2}{\sqrt{Z_0}} \quad \Rightarrow \quad u_1 = i_{21} + u_2 \quad . \tag{10.84}$$

Der Zusammenhang zwischen den normierten Spannungen, Strömen und den Wellengrößen lautet:

$$i_{21} = b_2 - a_2 \quad , \quad u_2 = b_2 + a_2 \quad . \tag{10.85}$$

Somit folgt aus Gleichung (10.84):

$$u_1 = b_2 - a_2 + b_2 + a_2 = 2\,b_2 \quad . \tag{10.86}$$

Da die Detektoren auf Z_0 angepasst sind, gilt für U_3:

$$U_3 = \frac{U_1}{2} = b_2 \sqrt{Z_0} \quad . \tag{10.87}$$

In diesem wichtigsten Schritt kann man zeigen, dass die im oberen Zweig detektierte Leistung direkt proportional zur ins Messobjekt hineinlaufenden Welle ist:

$$P_5 = \frac{|U_3|^2}{2\,Z_0} = \frac{|b_2|^2}{2} \quad . \tag{10.88}$$

Ferner gilt für die am unteren Detektor anliegende Leistung:

$$P_4 = \frac{|a_4|^2}{2} \quad . \tag{10.89}$$

Schlussendlich gelangt man zur Transmission über:

$$|S_{21}|^2 = \frac{|a_4|^2}{|b_2|^2} = \frac{P_4}{P_5} = \frac{U_4}{U_5} \quad , \tag{10.90}$$

$$S_{21}^{dB} = P_4^{dBm} - P_5^{dBm} \quad . \tag{10.91}$$

Ein wenig nachteilig an der Signalteilermethode ist, dass der Signalteiler 3 dB zusätzliche Verluste hat.

10.4.2   Reflexions- und unidirektionale Messungen

Nicht immer genügen reine Transmissionsmessungen und teilweise kann man keine Transmissionsmessungen aufgrund der örtlichen Gegebenheiten durchführen. Beispielsweise lassen sich die Feuchtegehalte von Pasten auf metallischen Förderbändern nur durch Reflexionsmessungen bestimmen, da keine Transmission stattfindet.

Die Messgrößen, die man auf metallische, magnetische und/oder dielektrische Objekte zurückführen kann, können in der Regel durch Transmissions- und Reflexionsmessungen identifiziert werden. Transmissionsmessungen weisen im Regelfall einen größeren Dynamikbereich und somit geringere Messfehler auf als Reflexionsmessungen. Führt man beide Messungen gleichzeitig durch, so steigt der Informationsgehalt. Die Messung der Reflexions- und Transmissionsparameter in nur einer Richtung nennt man unidirektionale Messung. Messungen in der zweiten Richtung führt man im Allgemeinen mit skalaren Anordnungen nicht durch, da die Messobjekte oft passiv und symmetrisch (und somit reziprok und reflexionssymmetrisch) sind und deshalb nur zwei unbekannte S-Parameter zu detektieren sind.

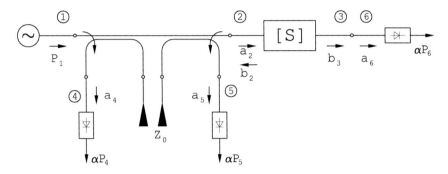

Bild 10.39: Unidirektionale Reflexions- und Transmissionsmessung mittels der Doppelrichtkopplermethode

Sowohl für reine Reflexionsmessungen als auch für unidirektionale Messungen ist die Doppelrichtkopplermethode gemäß Bild 10.39 zu empfehlen. Dieses ist darin begründet, dass die Detektoren oft schlechter angepasst sind als Wellensümpfe, die im unteren GHz-Bereich einfach durch einen $51\,\Omega$-0402-SMD-Widerstand mit guter Anpassung realisiert werden. Die gute Anpassung wird benötigt, damit die Koppler optimal funktionieren. Dieses ist insbesondere für die Reflexionsmessstelle (Bild 10.39, Tor 5) erforderlich, da die Größe des Übersprechers von der Sendeseite die Reflexionsmessdynamik vorgibt. Die Einflüsse dieses Übersprechers beeinträchtigen in der Praxis die Messdynamik mehr als die Detektordynamik.

Die Doppelrichtkopplermethode lässt sich in Analogie zur Richtkopplermethode unter Verwendung zweier gleicher Koppler und gleicher Detektoren sehr einfach mathematisch beschreiben:

$$P_4 \;=\; \frac{1}{\alpha}\,|\kappa|^2\,P_1 \quad , \tag{10.92}$$

$$P_5 \;=\; \frac{1}{\alpha}\,|\kappa|^2\,|S_{11}|^2\,|\tau|^4\,P_1 \quad , \tag{10.93}$$

$$P_6 \;=\; \frac{1}{\alpha}\,|S_{21}|^2\,|\tau|^4\,P_1 \quad , \tag{10.94}$$

$$\Rightarrow \quad S_{21}^{dB} \;=\; P_6^{dBm} - P_4^{dBm} + \kappa^{dB} - 2\,\tau^{dB} \quad , \tag{10.95}$$

$$\Rightarrow \quad S_{11}^{dB} \;=\; P_5^{dBm} - P_4^{dBm} - 2\,\tau^{dB} \quad . \tag{10.96}$$

Der erste Koppler könnte erneut durch einen Signalteiler ersetzt werden, was durch die schlechtere Anpassung des Sendetores jedoch die Eigenschaften am zweiten Koppler etwas verschlechtert.

10.5   Vektorielle S-Parameter-Messsysteme

Skalare Messungen weisen recht große Messfehler auf, die man auch durch eine intelligente Weiterverarbeitung im Computer (engl.: Postprocessing) im Gegensatz zu vektoriellen Messungen nicht korrigieren kann. Die Hintergründe der Weiterverarbeitung der Messwerte im Computer, die bei der vektoriellen Netzwerkanalyse Standard ist, werden im letzten Abschnitt kurz erläutert.

In dieser Sektion soll auf die Hardware von vektoriellen Systemen eingegangen werden. Drei Ziele wurden in der Darstellung verfolgt:

1. Es soll ein Grundverständnis für die Konzepte der moderne Übertragungstechnik, die auf homodynen oder heterodynen Prinzipien aufbauen, entwickelt werden.

2. Die Realisierung und Auslegung von einfachen vektoriellen Messgeräten soll dargelegt werden.

3. Das Verständnis für die kommerziell verfügbaren vektoriellen Netzwerkanalysatoren zur präzisen Streuparametermessung und der unterschiedlichen Grundkonzepte soll aufgebaut werde.

In der vektoriellen Netzwerkanalyse hat man im Gegensatz zu modulierten Übertragungssystemen, bei denen in der Praxis die Nachbarkanäle berücksichtigt werden müssen, ein sehr übersichtliches Szenario für die Frequenzumsetzung. Es gibt am Messobjekt nur das sinusförmige monofrequente Messsignal (Frequenz ω_S). Wie im Abschnitt 10.3.3 vorgestellt wurde, wird ein Lokaloszillator-Signal (LO-Signal) benötigt, damit das Messsignal in einem tieferen Frequenzbereich zur Darstellung oder Weiterverarbeitung umgesetzt werden kann. Die an den frequenzumsetzenden Komponenten (Mischer oder Einseitenbandempfänger) anliegenden Signale mit dem einfachen Zusammenhang $\omega_{ZF} = \omega_S - \omega_{LO}$ sind im Bild 10.40 illustriert.

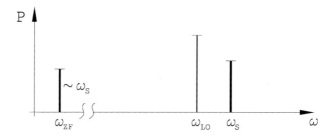

Bild 10.40: Frequenzschema in der vektoriellen HF-Netzwerkanalyse für die Abwärtsmischung

Vektorielle Netzwerkanalysatoren wie auch die Übertragungsstrecken für amplituden- und phasenmodulierte Signale unterteilt man in zwei Konzepte:

1. Homodyne Systeme, die aus einem HF-Sender und beispielsweise einem Einseitenbandsender und mehreren Einseitenbandempfängern bestehen.

2. Heterodyne Systeme, die aus zwei HF-Sendern und Mischern zur Abwärtsmischung bestehen.

Beide Konzepte weisen *vektorielle Empfänger* auf. Diese vektoriellen Empfänger sollen für Systembetrachtung symbolisiert werden, wie es im Bild 10.41 dargestellt ist.

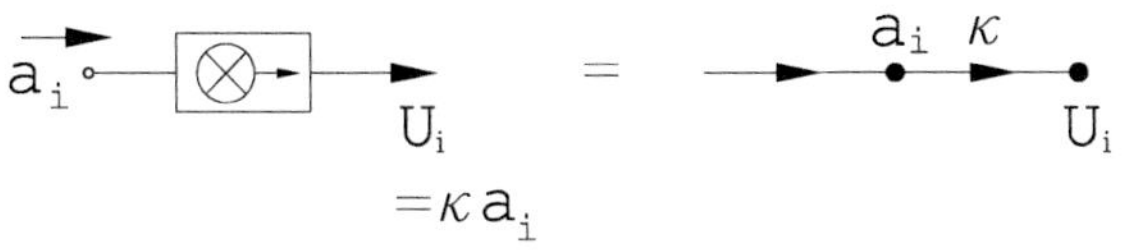

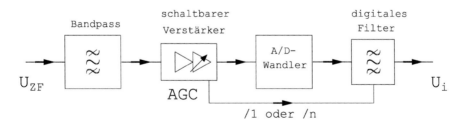

Bild 10.41: Symbol und Signalflussgraph eines vektoriellen Empfängers, der die komplexe HF-Welle a_i in die komplexe Spannung U_i wandelt

Im Weiteren wird zunächst erläutert wie man zum komplexen Signal U_i gelangt und danach werden einige homodyne Konzepte und das Grundkonzept für heterodyne Systeme beschrieben.

Die ZF-Signalverarbeitung

In der vektoriellen Netzwerkanalyse werden als Sender ausnahmslos Synthesegeneratoren mit deren ausgezeichneter Frequenzstabilität eingesetzt. Folglich kann man die Messsignale sehr schmalbandig filtern, wodurch Netzwerkanalysatoren zur großen Messdynamik von über 100 dB gelangen.

Schmalbandige Bandpassfilter, wofür man im ZF-Frequenzbereich Quarzfilter einsetzen kann, bilden den Anfang der Signalverarbeitungskette, die am ZF-Ausgang des Mischers oder Einseitenbandempfängers (kurz: Frequenzumsetzers), wie im Bild 10.42 zu sehen, implementiert ist.

Bild 10.42: Signalverarbeitungskette eines vektoriellen Empfängers zwischen Frequenzumsetzer und digitaler Weiterverarbeitung als komplexe Spannung U_i

Da der Dynamikbereich des A/D-Wandlers oft nicht ausreicht, finden sich in vielen Empfangsketten schaltbare Verstärker (engl.: AGC, Automatic Gain Control), die bei sehr kleinen Eingangspegeln aktiv geschaltet sind. Es ist bei der Entwicklung zu beachten, dass diese Operationsverstärker bei der Umschaltung nur den Betrag der Spannungsverstärkung um den Faktor 1 oder n präzise verändern und keine zusätzlichen Phasendrehungen durchführen.

Mittels der digitalen Filterung reduziert man in modernen Messgeräten die Bandbreiten auf bis zu 1 Hz. Sofern eine Verstärkung um den Faktor n durchgeführt wurde, muss diese durch die Teilung des Spannungssignals im Rechner rückgängig gemacht werden.

Als ZF-Frequenz ($f_{ZF} = 1/T_p$) wählt man typisch Werte zwischen 50 und 100 kHz. Die maximale Abtastfrequenz des hochauflösenden A/D-Wandlers ist hier die Beschränkung.

Das sinusförmige Empfangssignal wird, wie es auch im Bild 10.43 zu erkennen ist, vierfach abgetastet. Der Abtastzeitpunkt ist fest am Referenzquarzoszillatorsignal gebunden, aber im Prinzip willkürlich gewählt. Es werden alle Empfänger gleichzeitig abgetastet, so dass man immer eine Bezugsmessung durchführt. Die Referenzmessstelle (Bild 10.39, Tor 4) wird immer als Bezug gewählt.

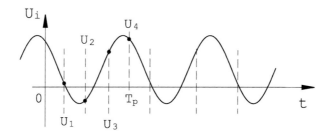

Bild 10.43: Abtastung des sinusförmigen Signals eines vektoriellen Empfängers zur Ermittlung der komplexen Spannung U_i

Man definiert den ersten Abtastwert U_1 zum Realteil und den zweiten um 90° verschobenen Abtastwert U_2 zum Imaginärteil. Durch die vierfache Abtastung lässt sich auch ein möglicher Gleichspannungsanteil heraus rechnen, da gelten muss:

$$U_1 = -U_3 \quad \text{und} \quad U_2 = -U_4 \quad . \tag{10.97}$$

Somit lassen sich die Spitzenwerte des Betrages $\hat{U}_i$ und die Phase $\angle U_i$ des komplexen Signals U_i direkt aus den Abtastwerten berechnen:

$$\left|\hat{U}_i\right| = \frac{1}{2}\sqrt{(U_1 - U_3)^2 + (U_2 - U_4)^2} \quad \text{und} \quad \angle U_i = \arctan\left(\frac{U_1 - U_3}{U_2 - U_4}\right) \quad . \tag{10.98}$$

10.5.1 Homodyne Konzepte

Als homodyne Systeme werde die Übertragungssysteme bezeichnet, die nur einen Hochfrequenzsender verwenden. Heterodyne Systeme verwenden zwei HF-Sender. In den letzten Jahrzehnten war die Herstellung von Synthesegeneratoren sehr kostspielig, so dass man intensiv an der Erforschung neuer homodyner Verfahren gearbeitet hat.

Somit ergibt sich mittlerweile ein sehr großes Spektrum an Messkonzepten mit nur einem Hochfrequenzsender:

1. Direkte Frequenzsynthese und Abtastung (Software Radio),

2. Einseitenbandsendeempfangsverfahren,

3. Einseitenbandversetzung durch Phasenmodulatoren,

4. Phasenschalterverfahren,

5. Sechstorverfahren.

An dieser Stelle soll nur auf die beiden ersten Verfahren eingegangen werden. Für Spezial-anwendungen und im Höchstfrequenzbereich sind die weiteren Verfahren sehr nützlich und in [101] vollständig nachzulesen. Insbesondere für Multistandard-Empfänger wird im Bereich der Sechstorverfahren intensiv geforscht, [103].

Direkte Frequenzsynthese und Abtastung (Software Radio)

Bis weit in den MHz-Bereich besteht die Möglichkeit sehr kostengünstig ein Sinussignal direkt über D/A-Wandlung zu generieren und direkt ohne Frequenzumsetzung abzuta-sten. Die zugehörigen Generatoren werden kurz DDS (engl.: Direct Digital Synthesizer) genannt. Nachteilig ist, dass man nur noch digitale Filter verwenden kann, da keine feste ZF-Frequenz mehr gegeben ist.

Als so genannte LCR-Meter haben sich Messgeräte, die auf diesem Konzept basieren, fest im Markt etabliert. Einen sehr einfachen Aufbau eines LCR-Meters mit breitbandigen resistiven Koppler (Seite 179) gibt das Bild 10.44 wieder[2].

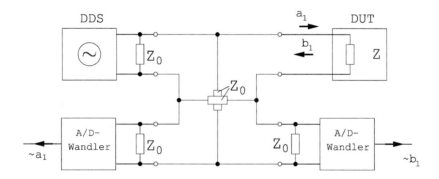

Bild 10.44: Möglicher Aufbau eines LCR-Meters als homodynes Reflektometer

Hierbei handelt es sich um ein einfaches Reflektometer zur S_{11}-Messung. Dem Anwender werden jedoch nur die konvertierten Y- und Z-Parameter angezeigt.

Vorteilhaft ist, dass Z_0 umgeschaltet werden kann und somit das Gerät für unterschied-liche Impedanzen maximal selektiv ist.

Viele Systemspezialisten erhoffen sich im sogenannten Software Radio, dessen Hardware lediglich aus D/A-Wandlern und A/D-Wandlern bestehen soll, die Lösung für die Zu-kunft der HF-Kommunikationstechnik. Wer jedoch detailliert die Systemanforderungen wie spektrale Reinheit, Sendeleistung, Empfangsempfindlichkeit u.ä. untersucht, erkennt schnell, dass Software Radios in naher Zukunft für Frequenzen über 2 GHz diese Anfor-derungen nicht erfüllen, [108].

---

[2]Das Messobjekt ist durch die verbreitete Abkürzung DUT (engl.: Device Under Test) gekennzeichnet.

Einseitenbandsendeempfangsverfahren

Die Schaltung zum Aufbau eines Einseitenbandsenders beziehungsweise -empfängers zeigt das Bild 10.24. Für den Einseitenbandsender wird vom Referenzquarzsignal des HF-Senders (typ. 10 MHz) das Signal U_{ZF} durch Frequenzteilung abgeleitet.

Verfügt man über integrierte Schaltungen, zum Beispiel in Form eines Vektor- oder IQ-Modulators (Bild 10.25), die die Funktionalität der Einseitenbandunterdrückung aufweisen, so lassen sich damit äusserst preisgünstige homodyne Analysatoren fertigen, [27, 74, 101, 106].

Das Bild 10.45 zeigt einen homodynen Netzwerkanalysator, wobei alle vektoriellen Empfänger und der Modulator durch ein Vektor-Modulator gemäß Bild 10.25 zu realisieren sind. Ausnahmsweise wurden in diesem Bild der LO-Oszillator und die zugehörigen Verbindungen eingezeichnet.

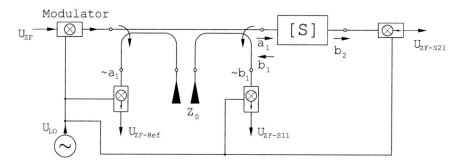

Bild 10.45: Blockschaltbild eines unidirektionalen vektoriellen homodynen Netzwerkanalysators

Aktuell basieren die meisten Mobilfunkkonzepte auf diesem Prinzip. Deshalb sind im unteren GHz-Bereich eine Vielzahl von Vektor-Modulatoren mit hervorragenden Spiegelfrequenzunterdrückungseigenschaften zu finden. Wenn sowohl der Sender als auch der Empfänger die Spiegelfrequenz um 50 dB unterdrückt, dann hat man bei einer Messdynamik von 80 dB (=2·50 dB-20 dB) noch gute Bedingungen.

Für die Präzisionsmessgeräte der Hochfrequenzmesstechnik verwendet man ungern homodyne Konzepte, da diese aufgrund der Spiegelfrequenzproblematik und sonstigen Endlichkeiten zu viele nicht eliminierbare Messfehler ausweisen. In diesem Fall wählt man ein heterodynes Konzept.

10.5.2   Heterodyne Konzepte

Das klassische Heterodynkonzept

Bei klassischen heterodynen Konzept werden zur Erzeugung der beiden HF-Frequenzen ω_s und ω_{LO} nach Bild 10.46 zwei Synthesegeneratoren direkt über nur einen Referenzoszillator (Quarzoszillator) betrieben. Dadurch stellt man sicher, dass die ZF-Frequenz über den

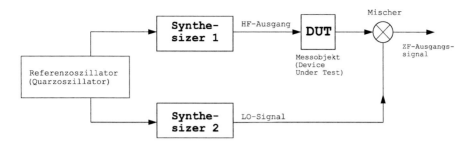

Bild 10.46: Blockschaltbild eines heterodynen Messsystems für die Substitutionsmethode

vollen Bereich der Synthesegeneratoren hochgenau als Frequenzabstand im HF-Bereich eingehalten wird.
In der Vergangenheit hat man mit mehreren frequenzumsetzenden Stufen gearbeitet, um beispielsweise kürzere Einschwingzeiten der HF-Sender zu realisieren. Dieses wird aus Kostengründen nur noch selten gemacht.

In der Mobilfunktechnik wurde das heterodyne Konzept in der Anfangszeit von GSM eingesetzt. Dabei wurde ein Sender mit dem Modulationssignal beaufschlagt. Mittlerweile findet man im Mobilfunk heterodyne Systeme nur im Forschungsstadium für Multistandard-Systeme.

In der HF-Messtechnik ist dieses klassische Heterodynkonzept sowohl für die Herstellung von Spektrumanalysatoren wie auch von Netzwerkanalysatoren der Standard.

Der ΣΔ-Transmitter

Als eine Sonderform der heterodynen Sendesysteme ist das neue Konzept des ΣΔ-Transmitters zu sehen, [47]. Dieses Konzept basiert auf zwei ΣΔ-Synthesizern. Die Grundkonzeption eines derartigen höchst flexiblen ΣΔ-Synthesizers ist im Bild 10.47 dargestellt.

Wie bereits im Synthesegeneratorabschnitt erläutert, kann über die rein digitale Ansteuerung ein derartiger Synthesizer eine beliebige Winkelmodulation durchführen und somit ein hochfrequentes Signal der Form

$$y_{1(t)} = A_1 \sin\left(\omega_t\, t + \varphi_{1(t)}\right) \tag{10.99}$$

erzeugen, wobei A_1 eine feste Amplitude ist, ω_t die hochfrequente Trägerkreisfrequenz beinhaltet, t die Zeitvariable ist und $\varphi_{1(t)}$ die winkelmodulierte Information enthält.

Möchte man eine Signalquelle (Transmitter) konzipieren, die prinzipiell für jeden Kommunikationsstandard eingesetzt werden kann, so muss deren Ausgangssignal sowohl eine Winkel- bzw. Phasenmodulation (kurz: PM), die verwandt zur Frequenzmodulation (FM) ist, als auch eine Amplitudenmodulation (AM) aufweisen. Mathematisch muss das Signal wie folgt gestaltet sein:

$$s_{(t)} = A_{(t)} \sin\left(\omega_t\, t + \varphi_{(t)}\right) \quad , \tag{10.100}$$

wobei $A_{(t)}$ eine modulierte Amplitude beschreibt.

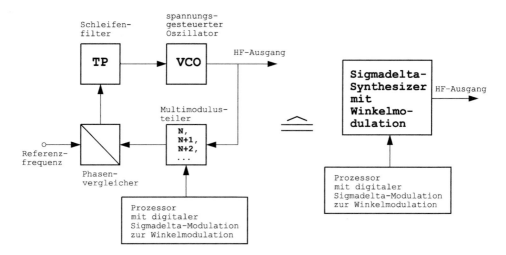

Bild 10.47: Blockschaltbild eines vom Prozessor gesteuerten $\Sigma\Delta$-Synthesizers

Das $\Sigma\Delta$-Transmitter-Konzept sieht nun vor, dass zwei $\Sigma\Delta$-Synthesizer direkt zusammengeschaltet werden und die Addition beider Ausgangssignale dem Signal $s_{(t)}$ entspricht. Dieses $\Sigma\Delta$-Transmitter-Konzept ist im Bild 10.48 illustriert.

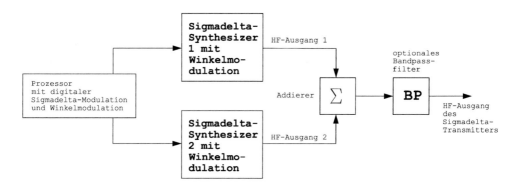

Bild 10.48: Blockschaltbild des vom Prozessor gesteuerten $\Sigma\Delta$-Transmitters

Mathematisch soll nun hergeleitet werden, dass die Addition zweier winkelmodulierter Signale ein amplituden- und winkelmoduliertes Signal ergibt. Die beiden $\Sigma\Delta$-Synthesizer 1 und 2 sollen für diesen Fall zur Vereinfachung der Mathematik die maximalen Ausgangsamplituden $A_1 = A_2 = 1$ liefern. In diesem Fall darf die maximale Amplitude der gewünschten AM-Amplitude auch nicht größer als 2 sein. Die Ausgangsgleichung lautet somit:

$$A_{(t)} \, \sin\left(\omega_t t + \varphi_{(t)}\right) \; = \; \sin\left(\omega_t t + \varphi_{1(t)}\right) \; + \; \sin\left(\omega_t t + \varphi_{2(t)}\right) \qquad . \qquad (10.101)$$

Mit Hilfe der komplexen Rechnung lässt sich die $\omega_t\, t$-Abhängigkeit eliminieren. Über eine kurze Rechnung gelangt man zu dem Zwischenergebnis:

$$A_{(t)} \, \cos\left(\varphi_{(t)}\right) \; = \; \cos\left(\varphi_{1(t)}\right) \, + \, \cos\left(\varphi_{2(t)}\right) \quad , \tag{10.102}$$

$$A_{(t)} \, \sin\left(\varphi_{(t)}\right) \; = \; \sin\left(\varphi_{1(t)}\right) \, + \, \sin\left(\varphi_{2(t)}\right) \quad . \tag{10.103}$$

Über eine weitere kurze Rechnung gelangt man dann zu den geschlossenen analytischen Gleichungen, mit denen man die Phasenmodulationen beider $\Sigma\Delta$-Synthesizer aus den gegeben AM- und PM-Werten berechnen kann:

$$\varphi_{1(t)} \; = \; \varphi_{(t)} \, + \, 1/2 \, \arccos\left(A_{(t)}^2/2 - 1\right) \quad , \tag{10.104}$$

$$\varphi_{2(t)} \; = \; \varphi_{(t)} \, - \, 1/2 \, \arccos\left(A_{(t)}^2/2 - 1\right) \quad . \tag{10.105}$$

Bei einem derartige Transmitter entfallen gegenüber den bekannten Transmitter-Konzepten sämtliche Mischer und D/A-Wandler sowie die notwendigen Phasenschieber zur Einseitenbandunterdrückung. Weiterhin werden deutlich weniger Schalter benötigt. Der gesamte Transmitter-Hochfrequenzblock besteht nur noch aus zwei baugleichen VCOs, einem Addiernetzwerk, ggf. dahintergeschalteten Leistungsverstärkern und ggf. einem Filter.

Beide Synthesegeneratoren werden an einen Referenzoszillator angebunden, wie es auch beim klassischen heterodynen Konzept gemacht wird. Dadurch ist sichergestellt, dass die beiden Signale insbesondere in der Phasenlage zueinander hochpräzise einstellbar sind. Die speziellen $\Sigma\Delta$-Algorithmen zur Ansteuerung der Multimodulus-Teiler sorgen ebenfalls für ein Sendesignal bester Qualität einschließlich geringes Rauschen im und um das Sendeband.

Der Hardwareaufwand ist deutlich geringer als der Aufwand von bekannten Konzepten, birgt aber neue Optimierungskriterien in sich. Beispielsweise müssen die Ausgänge der (Leistungs-)VCOs die gleiche Amplitude aufweisen. Dieses mit Sicherheit gut zu erfüllende Kriterium wurde bisher noch an kein VCO-Pärchen gestellt.

Obwohl dieses System eine AM erlaubt, können die Leistungsverstärker in Kompression und somit bei höchsten Wirkungsgraden betrieben werden. Dieses erlaubt bei neusten Standards mit linearer digitaler Modulation wie UMTS und WLAN die Wirkungsgrade von derzeit rund $40\,\%$ auf über $60\,\%$ zu steigern. Gelingt die Leistungsverstärkeroptimierung derartig, dass man die Transistorendstufen direkt zusammmen schalten kann, so gelangt man auch hier zu einer äußerst breitbandigen Lösung mit großen Wirkungsgraden. Forschungsarbeiten zu dieser Thematik findet man unter dem Stichwort der sogenannten LINC-Technik.

Oft benötigt man Transceiver-Schaltungen. Wählt man für den Transmitter-Pfad das $\Sigma\Delta$-Konzept, so lässt sich der Receiver-Pfad mit einem vereinfachten Einseitenbandempfänger realisieren. Die beiden Oszillatoren können im Empfangsfall dazu genutzt werden, die beiden um $90°$ versetzten Lokaloszillatorsignale bereitzustellen.

10.5.3   Netzwerkanalysator-Konzepte

Der qualifizierte Nutzer eines Netzwerkanalysators muss dessen konzeptionellen Aufbau, der im Weiteren erläutert wird, und die damit verbundenen Vor- und Nachteile kennen.

GSOLT-Konzepte

Während ein skalarer Netzwerkanalysator (NWA) bestenfalls als unidirektionales Gerät mit Reflexions- und Transmissionsmesseigenschaften aufgebaut ist, ist diese Konstruktionsform der minimale Aufwand für ein kaufbares vektorielles Messgerät. Bild 10.49 verdeutlicht das Konzept eines NWA, mit dem man S_{11} und S_{21} messen kann.

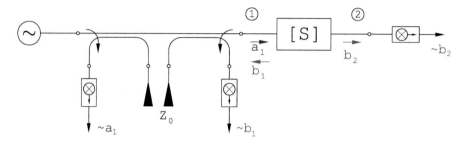

Bild 10.49: Blockschaltbild eines unidirektionalen vektoriellen Netzwerkanalysators nach dem GSOLT-Konzept

Derartig einfache und somit auch kostengünstige Analysatoren werden ggf. in der Produktion eingesetzt, bei der nur eine Hundertprozent-Messung der Vorwärtsgrößen notwendig ist.   Dieser NWA kann nach der Umschaltung des Schalters in sämtlichen drei Schalterstellungen alle 9 S-Parameter des Messobjektes vermessen.

Für den Entwickler ist es insbesondere für den Entwurf von aktiven Schaltungen wichtig, auch die Rückwärtsgrößen zu bestimmen. Weiterhin soll ein modernes Messgerät neben den Zweitoren auch Dreitore wie Signalteiler und so genannte Duplexer oder auch Viertore für die Mixed-Mode-Anwendungen vermessen können.

Um diesen Anforderungen gerecht zu werden, gibt es zwei Konzepte. Das kostengünstigere Konzept ist im Bild 10.50 als Dreitor-NWA dargestellt.

Eine einzige Referenzmessstelle detektiert unabhängig von der Schalterstellung ein Maß für die herauslaufende Welle. Der darauf folgende HF-Umschalter muss hochreproduzierbar die drei Schalterstellungen durchfahren und darf dabei keine Übersprecher aufweisen. In der Praxis heißt das, dass der Schalter eine Isolation von weit mehr als 120 dB aufweisen muss. Die reflektierten und transmittierten Wellen werden an den Messstellen hinter dem Schalter gemessen.

Der Vorteil in dieses Konzeptes liegt in der geringen Anzahl der Messstellen. Für ein n-Tor-NWA benötigt man lediglich n+1 Messstellen. Der Name GSOLT-Konzept rührt von dem einzigen Fehlerkorrekturverfahren, das für dieses Konzept eingesetzt werden kann, [42].

Auf diesem GSOLT-Konzept basieren die meisten Zwei-, Drei- und Viertor-Netzwerkanalysatoren.

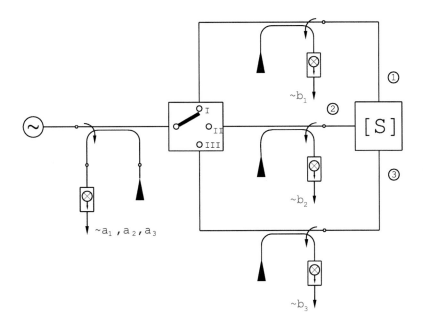

Bild 10.50: Blockschaltbild eines vektoriellen Mehrtor-Netzwerkanalysators nach dem GSOLT-Konzept

Reflektometer-Konzepte

In der Anwendung noch etwas attraktiver, aber auch teuerer, ist das Reflektometerkonzept, wie es z.B. im Bild 10.51 dargestellt ist.

In der Vergangenheit und bei vielen aktuellen Geräten setzt man noch einen Umschalter ein. Dieser Schalter könnte Übersprecher aufweisen, die sich theoretisch mittels mathematischen Korrekturverfahren eliminieren ließen, was man jedoch vermeidet, da die kritischen Messwerte im Bereich des Rauschens sind und in diesem Bereich die mathematischen Modelle nicht mehr erfüllt werden. Sehr vorteilhaft an diesem Reflektometer-Konzept ist jedoch, dass der Schalter auch für Präzisionsmessungen über der Zeit und sogar während einer Messung driften kann. Bei diesem Konzept liegen die Referenzmessstellen hinter dem Umschalter und deshalb kann man den Schalter als ein Teil der Signalquelle betrachten.

Es wurde mehrfach in diesem Kapitel angemerkt, dass die Herstellkosten für Signalquellen zunehmend sinken. Dieser Trend ermöglicht nunmehr auch eine Eliminierung des sehr aufwendigen Umschalters. Bild 10.52 zeigt wie einfach ein Dreitor-NWA mit insgesamt vier Signalquellen[3] aufgebaut ist.

Wie wir im folgenden Abschnitt sehen werden, lassen sich zur Berechnung der Systemfehler für dieses Hardware-Konzept eine Großzahl der so genannten Kalibrierverfahren anwenden. Die geringen Ansprüche an der Herstellbarkeit der dafür notwendigen Kalibrierstandards sorgt für die Attraktivität dieses Konzeptes.

---

[3]Die Signalquelle für das LO-Signal, das zur Realisierung der vektoriellen Messstellen notwendig ist, ist nicht dargestellt.

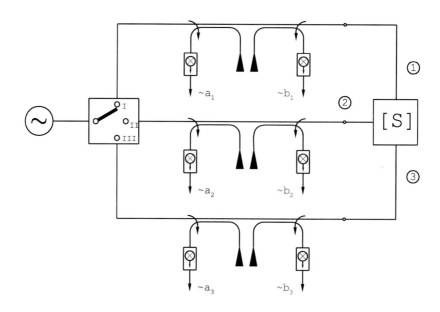

Bild 10.51: Blockschaltbild eines vektoriellen Netzwerkanalysators nach dem Reflektometer-Konzept für Dreitor-Messungen

Der einzige Nachteil dieses Konzeptes ist der große Aufwand (Kosten) an Messstellen. Für ein n-Tor-NWA benötigt man nunmehr 2·n Messstellen.

sr-Konzepte

Zur Kostenreduktion werden zunehmend NWA-Lösungen eingesetzt, die ein sogenanntes "*switched-receiver*-Konzept" (kurz sr-Konzept) verwenden. Bei diesem Konzept werden die Messstellen auf einen einzigen und einigen Empfängern geschaltet. Bei den Schaltern wird darauf geachtet, dass die Schaltereingänge (auch bei Isolation) immer terminiert sind.

Diese NWA messen zwar langsamer, aber für viele Anwendungen gut genug. Reduziert man den NWA auf nur **einem** Empfänger, so gibt es zwei Konzepte:

1. Bei jedem Frequenzpunkt muss immer zwischen den Messstellen umgeschaltet werden.

2. Der Sender muss eine sehr große Reproduzierbarkeit bzgl. der Leistung und des Phasenwertes (gegenüber dem 10 MHz-Referenzsignal) aufweisen.

Das 1. Konzept ist extrem langsam und wird daher in der Praxis nicht eingesetzt. Das 2. Konzept wird aktuell von [57] angeboten und ist in Bild 10.54 dargestellt.

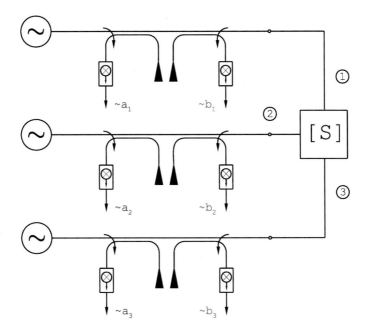

Bild 10.52: Blockschaltbild eines vektoriellen Netzwerkanalysators nach dem Reflektometer-Konzept mit vier Signalquellen

———————— *Übung: Auslegung eines Reflektometers* ————————

Geg.: *Eine einfache Reflektometerschaltung nach Bild 10.55 mit idealen Kopplern (angepasst, perfekt isolierend und verlustfrei) mit den Koppelübertragungsfaktoren κ_1 (linker Koppler) und κ_2 (rechter Koppler) wie auch den zugehörigen Durchlassfaktoren τ_i, idealen Leitungen (angepasst und verlustfrei), idealen Wellensümpfen (angepasst), idealen Empfängern mit dem Umsetzfaktor 1 (angepasst, b_i= Ausgangssignal) und einer idealen Signalquelle (angepasst).*

Für die Koppeldämpfungen gilt der Zusammenhang: $C_i = 20 \lg \left(\frac{1}{|\kappa_i|} \right)$ dB. Für die elektrischen Längen der Koppler gilt: $\kappa_i = |\kappa_i| e^{-j\beta l_\kappa}$ und $\tau_i = |\tau_i| e^{-j\beta l_\tau}$. Für die Isolationsdämpfungen gilt der Zusammenhang: $D_i = 20 \lg \left(\frac{1}{|\sigma_i|} \right)$ dB.

Ges.:

a) Berechnen Sie nach der Signalverfolgungsmethode das Verhältnis b_7/b_6 als Funktion von κ_i, τ_i, l_k, l_x und r_x.

b) Es soll gelten: $C_2 = 20$ dB. Berechnen sie C_1 für $|r_x| = \left| \frac{b_7}{b_6} \right|$.

c) Basierend auf a) und b) soll l_k als Funktion der Größen l_x, l_κ und l_τ für $r_x = \frac{b_7}{b_6}$ berechnet werden.

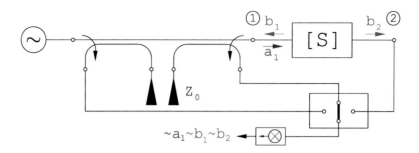

Bild 10.53: Blockschaltbild eines unidirektionalen vektoriellen Netzwerkanalysators nach dem sr-Konzept mit nur einem geschalteten Empfänger

d) *Der Einfluss einer endlichen Isolationsdämpfung von* $D_2 = 40\,dB$ *am 2. Koppler soll auf die Messungen* $r_{x1} = 0.3 e^{j\varphi_x}$ *und* $r_{x2} = 0.1 e^{j\varphi_x}$ *untersucht werden.*

zu a)   *Für* b_7 *gilt:*

$$b_7 = \kappa_2\, r_x\, \tau_2\, e^{-j\beta l_x}\, \tau_1\, b_0 \qquad .\qquad\qquad (10.106)$$

Für b_6 *gilt:*

$$b_6 = \kappa_1\, e^{-j\beta l_k}\, b_0 \qquad .\qquad\qquad (10.107)$$

Folglich gilt für das Verhältnis der beiden Wellen:

$$\frac{b_7}{b_6} = \frac{\kappa_2\, \tau_1\, \tau_2}{\kappa_1}\, e^{-j\beta(l_x - l_k)}\, r_x \qquad .\qquad\qquad (10.108)$$

zu b)   *Für einen idealen Koppler 2 gilt:*

$$\left|\kappa_i\right|^2 + \left|\tau_i\right|^2 = 1 \qquad .\qquad\qquad (10.109)$$

Umgestellt und eingesetzt ergibt sich:

$$\left|\tau_2\right| = \sqrt{1 - \left|\kappa_2\right|^2} = \sqrt{0.99} \qquad .\qquad\qquad (10.110)$$

Aus der Gleichung (10.108) folgt zur Erfüllung der Reflexionsbedingung:

$$1 = \left|\frac{\kappa_2\, \tau_1\, \tau_2}{\kappa_1}\right| \qquad .\qquad\qquad (10.111)$$

Der gesuchte Koppelfaktor κ_1 *bzw. die zugehörige Dämpfung* C_1 *lässt sich nunmehr aus der Gleichung (10.111) unter Verwendung der Gleichung (10.109) berechnen:*

$$\underbrace{\left|\kappa_2\right|^2 \left|\tau_2\right|^2}_{=0.0099}\left(1 - \left|\kappa_1\right|^2\right) = \left|\kappa_1\right|^2 \quad\Rightarrow\quad C_1 = 20.09\,dB \qquad .\qquad (10.112)$$

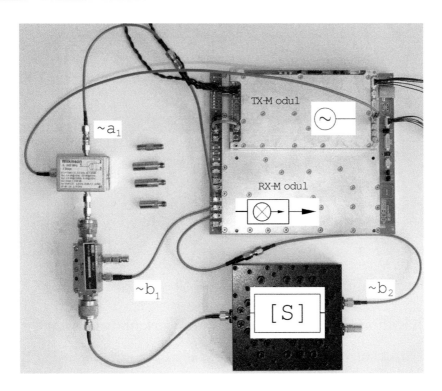

Bild 10.54: Foto eines unidirektionalen vektoriellen Netzwerkanalysators nach dem sr-Konzept mit nur einem geschalteten Empfänger und TX- und RX-Modul von [57]

zu c)   Aus der Glg. (10.108) kann man unmittelbar die Phasenbedingung aufstellen:

$$\angle \frac{b_7}{b_6} = -\beta l_{\kappa_2} + \varphi_x - \beta l_{\tau_2} - \beta l_x - \beta l_{\tau_1} + \beta l_{\kappa_1} + \beta l_k = \varphi_x \qquad . \tag{10.113}$$

Daraus folgt direkt: $l_k = l_x + 2\,l_\tau$.   (10.114)

zu d)   Mittels der Signalverfolgungsmethode kann man das neue Signal b_7' am Tor 7 berechnen:
$$b_7' = b_7 + \sigma_2\,\tau_1\,e^{-j\beta l_x}\,b_0 \qquad . \tag{10.115}$$

Im Weiteren wird durch b_6 geteilt, $r_x = \frac{b_7}{b_6}$ eingesetzt und b_0 mittels Gleichung (10.107) eliminiert:

$$\frac{b_7'}{b_6} = r_x + \underbrace{\frac{\sigma_2\,\tau_1}{\kappa_1}\,e^{-j\beta(l_x - l_k)}}_{\text{Messfehler }\;m_f} \qquad . \tag{10.116}$$

Mit den Werten $|\kappa_1| = 0.099$, $|\tau_1| = 0.949$ und $|\sigma_2| = 0.01$ und der ungünstigsten Phasenlage von $0°$ ergibt sich ein Messfehler von $|m_f| = 0.0959$. Für den Reflexionsfaktor r_{r1} bedeutet das, dass der Fehler bei rund 32 % liegt, während der Fehler für r_{x2} bei ca. 96 % liegt. Das heißt, dass man mit solch einem Messsystem trotz sehr guter Koppler keine Messobjekte mit mehr als 10 dB Anpassung sinnvoll vermessen kann.

———————— Übung: Auslegung eines Reflektometers ————————

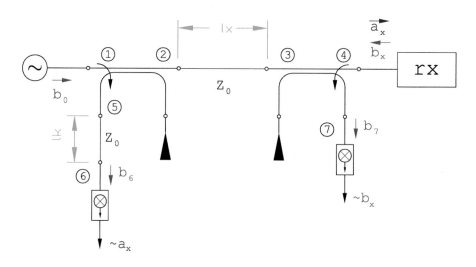

Bild 10.55: Einfaches Reflektometer für vektorielle Messungen

10.5.4   Kalibrierung vektorieller Netzwerkanalysatoren

Die Messgenauigkeit von modernen Netzwerkanalysatoren hängt in der Praxis nur von der Kalibrierung und deren korrekten Durchführung ab. Eine Kalibrierung läuft im Detail wie folgt ab:

1. Es wird ein Kalibrierverfahren ausgewählt. Je nach konzeptionellen Aufbau und Softwareausstattung des NWA's sind mehr oder weniger Verfahren verfügbar.

2. Gemäß den Vorschriften des Kalibrierverfahrens werden teilweise oder gänzlich bekannte Kalibrierstandards angeschlossen und vermessen.

3. Der Netzwerkanlysator berechnet für das gültige Fehlermodell des verwendeten Kalibrierverfahrens die so genannten Fehlerkoeffizienten.

4. Schlußendlich werden die Messungen von unbekannten Messobjekten durchgeführt und mittels der Fehlerkoeffizienten und dem zum Fehlermodell zugehörigen Algorithmus korrigiert.

Eine allgemeine deutschsprachige Einführung in die für die Praxis relevanten Aspekte ist in [95][4] abgedruckt. Für Anwender, die auf planaren Schaltungen arbeiten, ist die weiterführende Applikationsschrift [96] geeignet.

Für diejenigen, die das Verständnis der Kalibrierverfahren grundlegend aufbauen möchten, sind einerseits die deutschsprachigen Bücher [22, 29, 30, 37, 101] und andererseits als wichtigste koaxialen Kalibrierverfahren die Veröffentlichungen [18, 23, 24, 38, 39, 42] zu nennen.

Für On-Wafer-Messungen sind in den Veröffentlichung [40, 41, 43, 46] interessante Verfahren dargestellt. Hingegen misst man planare GHz-Schaltungen am besten mittels einer Testfassung, wie im Bild 10.56 dargestellt, durch.

---

[4]Diese Applikationsschrift ist von Rosenberger Hochfrequenztechnik beziehbar.

Bild 10.56: Testfassung zur Dreitor- und Mehrtormessung, die von Rosenberger Hochfrequenztechnik hergestellt wurde

Das am längsten im Markt befindliche Multiport-Messgerät mit einer fast beliebigen Anzahl an Messtoren ist in [4] dargestellt. Möchte man einen Aufbau mit einer Schaltmatrix steuern, so unter dieses die so genannte ZVR-K11-Software [93]. Mehrtormessungen werden unter Verwendung der in [26, 42, 43, 46] vorgestellten Verfahren durchgeführt.

10.6 Beschreibung des Dual-Mode-Funks

Abschließend soll ein neuartiger Funkstandard vorgestellt werden, der als Dual-Mode-Funk eingeführt wurde und auf den Grundlagen zur Dual-Mode-Übertragungstechnik aufbaut.

Der Dual-Mode-Funk zeichnet sich im Allgemeinen dadurch aus, dass zwei Freiraummoden genutzt werden und die Unterschiede der parallel ausgestrahlten Signale ausgewertet werden. Statt den Freiraummoden können auch Leitungsmoden wie zum Beispiel Gleich- und Gegentaktmode genutzt werden. Dafür benötigt man zwei Leiter und eine Masse (Dreileitersystem). Der Dual-Mode-Funk (kurz DM-Funk) lässt alle bekannten Grundmodulationsverfahren wie Amplitudenmodulation (AM), Phasenmodulation (PM) und Frequenzmodulation (FM) zu. Diese werden im Weiteren an Beispielen als einzelne und als kombinierte Modulation vorgestellt. In der komplexesten Ausbaustufe lassen sich erstmalig sogar alle drei Grundmodulationsarten kombinieren.

Da bei dem DM-Funk die Differenz zwischen zwei Signalen ausgewertet wird, werden alle umgesetzten Modulationen in den folgenden Applikationen als Differenzenmodulationen (DM) bezeichnet.

Beschreibung der Amplituden-Differenzenmodulation (ADM)

Eine Realisierungsform zum Aufbau einer unidirektionalen DM-Funkstrecke für amplitudenmodulierte Signale ist im Bild 10.57 dargestellt. Hierbei wurden die in der Praxis oft notwendigen Komponenten wie Verstärker und Bandpassfilter nicht mit dargestellt.

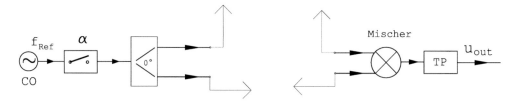

Bild 10.57: Blockschaltbild einer Dual-Mode-Funkstrecke für amplitudenmodulierte Signale

Der monofrequente Hochfrequenzoszillator (CO: continous oscillator) sendet ein Signal mit der Referenzfrequenz f_{Ref}. Anschließend wird dieses HF-Signal durch die digitale Ein- und Ausschaltung in der Amplitude moduliert. Dieses passiert durch einen HF-Schalter. Das AM-modulierte HF-Signal wird mittels des Signalteilers (0°-Koppler) in zwei Pfade aufgeteilt. Über das Antennenpaar mit vertikaler und horizontaler Polarisation werden die beiden amplitudenmodulierten Signale abgestrahlt. Das zweite Antennenpaar empfängt beide Signale und führt diese dem als Multiplizierer ausgeführten Mischer zu. In der Praxis bieten Gilbertzelle und Ringdiodenmischer mögliche Realisierungsformen des Mischers. Der Mischer hat Ausgangssignale im Bereich der doppelten Frequenz und im Basisbandbereich. Letzterer wird nur durch die Modulationsbandbreite bestimmt. Ein einfachstes Tiefpassfilter (TP) lässt nur den unteren Frequenzbereich passieren. Das Signal Uout (Bild 10.58) kann direkt als digitales Empfangssignal in der anschließenden Elektronik direkt genutzt werden.

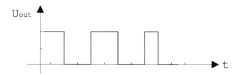

Bild 10.58: Empfangsspannung am Ausgang der DM-Funkstrecke für amplitudenmodulierte Signale

Gegenüber einer klassischen AM wird das Sendesignal aufgeteilt und zweimalig abgestrahlt. Somit ist der Bauelementeaufwand bei der ADM größer.

Beschreibung der Phasen-Differenzenmodulation (PDM)

Die einfachste PDM wird in Anlehnung zur BPSK robuster eingestuft als die ADM (in Anlehnung zur AM). Deshalb wurde die ersten Demonstratoren auch mit dieser Modulationsform ausgestattet. Der vereinfachte Aufbau einer Dual-Mode-Funkstrecke für phasenmodulierte Signale ist in Abbildung 10.59 dargestellt.

Der monofrequente Hochfrequenzoszillator (CO) sendet das Signal

$$s_{osc(t)} = A_{osc(t)} \cos\left(\omega t + \phi_{osc(t)}\right) \tag{10.117}$$

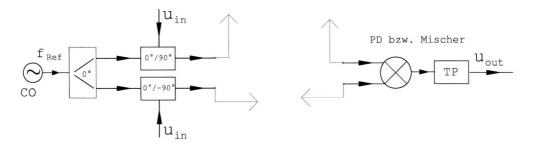

Bild 10.59: Blockschaltbild einer Dual-Mode-Funkstrecke für phasenmodulierte Signale

mit der Kreisfrequenz $\omega = 2\,\pi\,f_{Ref}$. $A_{osc(t)}$ beinhaltet das Amplitudenrauschen und $\phi_{osc(t)}$ das Phasenrauschen des Festoszillatorsignales. Dieses Signal wird mittels des Signalteilers in zwei Pfade aufgeteilt, dadurch mindestens um 3 dB gedämpft und in der Phase gedreht. $A_{osc(t)}$ kann durch $A_{div(t)}$ und $\phi_{osc(t)}$ durch $\phi_{div(t)}$ ersetzt werden. Mittels einem 0°/90°- und einem 0°/-90°-Phasenmodulator werden die Phasenwerte der beiden monofrequenten HF-Signale verändert. Zur Umsetzung einer BPSK-Modulation ist die Ansteuerlogik der beiden Phasenschieber so, dass entweder beide Phasenschieber den Wert von 0° oder den Betragswert von 90° bzw. -90° aufweisen. Gleiche Verluste und die gleiche Grundphasenschiebung der Phasenschieber erlauben ein Ersetzung von $A_{div(t)}$ durch $A_{mod(t)}$ und $\phi_{div(t)}$ durch $\phi_{mod(t)}$.

Für eine Modulation mit einem Signal, dessen Frequenz deutlich niedriger als das Trägersignal ist, ergibt sich für eine logische „0" das Gleichtaktsignal

$$s_{mod(t)} = A_{mod(t)} \cos\left(\omega t + \phi_{mod(t)}\right) \qquad (10.118)$$

auf beiden Modulationskanälen. Hingegen ergibt sich für eine logische „1" das Gegentaktsignal

$$s_{mod(t)} = A_{mod(t)} \cos\left(\omega t + \phi_{mod(t)} \pm \pi/2\right) \qquad (10.119)$$

mit den unterschiedlichen Phasendrehungen für die beiden Kanäle.

Über die vertikal und die horizontal polarisierte Antenne werden die beiden phasenmodulierten Signale abgestrahlt. Sofern die Antennenpaare orthogonal ausgerichtet sind, kann man $A_{mod(t)}$ durch $A_{ant(t)}$ und $\phi_{mod(t)}$ durch $\phi_{ant(t)}$ ersetzen. Die beiden Signale des Empfangsantennenpaares werden dem als Multiplizierer ausgeführten Mischer zugeführt. Sofern man von einem gleichen Übertragungskanal für beide Signale ausgehen kann, erfahren diese wiederum die gleiche Dämpfung und Phasendrehung. Man kann $A_{ant(t)}$ durch $A_{mix(t)}$ und $\phi_{ant(t)}$ durch $\phi_{mix(t)}$ ersetzen. Der Mischer hat Ausgangssignale im Bereich der doppelten Frequenz und im ZF-Frequenzbereich. Letzterer wird nur durch die Modulationsbandbreite bestimmt. Das Tiefpassfilter lässt nur den unteren Frequenzbereich passieren.

Für eine logische „0" ergibt sich das Signal

$$s_{mix(t)} = \frac{A_{mix(t)}^2}{2} \left[1 + \cos\left(2\,\omega t + 2\,\phi_{mix(t)}\right)\right] \qquad (10.120)$$

und nach der Tiefpassfilterung die positive Gleichspannung $\qquad u_{out(t)} = \dfrac{A_{mix(t)}^2}{2}$.

Für eine logische „1" ergibt sich das Signal

$$s_{mix(t)} = \frac{A^2_{mix(t)}}{2} \left[-1 + \cos\left(2\,\omega t + 2\,\phi_{mix(t)}\right) \right] \tag{10.121}$$

und nach der Tiefpassfilterung die negative Gleichspannung $u_{out(t)} = -\frac{A^2_{mix(t)}}{2}$.

Das Ausgangssignal Uout (z.B. wie im Bild 10.60 dargestellt) ist, kann als differentielles digitales Empfangssignal direkt in der anschließenden Elektronik genutzt werden.

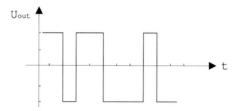

Bild 10.60: Empfangsspannung am Ausgang der Dual-Mode-Funkstrecke für phasenmodulierte Signale

Obwohl hier eine 0°/180°-Phasenmodulation verwendet wird, brauchen die beiden Kanäle nur mit 90° in der Phase geschoben werden, was in der Praxis die notwendige Bandbreite nahezu halbiert.

Verwendet man beide Phasenmodulatoren unabhängig von einander, so weisen die Phasendifferenzen die Werte 0°, 90°, -90° und 180° auf. Hierbei handelt es sich um eine QPSK-Modulation. Folglich lässt sich bei gleicher Bandbreite die doppelte Informationsmenge übertragen. Jedoch lassen sich die Ausgangssignale nicht so einfach weiterverarbeiten, wie das Ausgangssignal des BPSK-Systems. Letztere können direkt digital weiterverarbeitet werden.

Der bisher dargestellte einfache Empfänger gleicht in der Empfindlichkeit einem Detektorempfänger. Möchte man Empfindlichkeiten realisieren, die im Bereich der klassischen heterdynen Systeme liegen, so muss man eine zusätzliche Umsetzstufe einfügen, Bild 10.61.

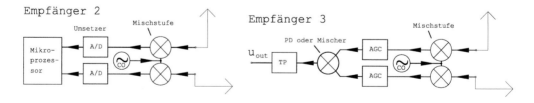

Bild 10.61: Darstellung zweiter Empfänger mit zusätzlicher Umsetzstufe

Kurzdarstellung der Amplituden-Phasen-Differenzenmodulation (APDM)

In [50] ist dargestellt, wie sich durch Kombination von AM- und PM-Modulatoren eine Dual-Mode-Funkstrecke für amplituden- und phasenmodulierte Signale aufbauen lässt.

Das Signal Uout eines APDM-Systemsenthält vier Zustände und somit zwei Bit. Dieses Signal kann durch einem Rechner oder einer anschließenden Elektronik ausgewertet und genutzt werden.

Weitere Möglichkeiten der Modulation in Verbindung mit einer Frequenzmodulation sind in [50] dargestellt.

10.6.1 Funktionsweise der Dual-Mode-Funk-Technik

Für die einfacheren Modulationsformen des DM-Funks ist für eine Übertragung von rein digitalen Signalen keine zusätzliche Signalverarbeitung nötig. Das Phasenrauschen des Oszillators hat keinen Einfluss auf die Empfindlichkeit und somit die Reichweite des Übertragungssystems. Somit wird nur dann ein Synthesizer für den Sender benötigt, wenn man sicherstellen muss, dass ein Funkkanal eingehalten wird. In Summe reduziert sich der Bauelementeaufwand für den Sender und dem Empfänger.

Die immense Reduktion des Hardware-Aufwandes schlägt sich somit auch in der Preisgestaltung positiv wieder. Ebenfalls erlaubt der prinzipielle Wegfall eines rauscharmen Synthesizers die Umsetzung von breitbandigsten Funkübertragungen im hohen zweistelligen und im dreistelligen GHz-Bereich.

Die Tatsache, dass nur noch die Korrelation zwischen zwei Signalen ausgewertet wird, bedingt, dass der Dopplereffekt kein Einfluss mehr auf die Signalübertragung hat. Durch breitbandiges Verrauschen des Oszillatorsignales findet mit einfachsten Aufwand eine Signalspreizung (ähnlich wie bei OFDM) statt, die Fading-Effekte im Funkkanal reduziert.

Verschiedene Sende-Empfangseinheiten ausgeführt als Phasen-Differenzenmodulation sind im Rahmen von Diplomarbeiten und einem ersten Spin-Off-Produkt (www.hhft.de) aufgebaut wurden. Im Weiteren wird zur Darstellung der Empfangsqualität ein Augendiagramm und das zugehörige Spektrum im Bild 10.62 wiedergegeben.

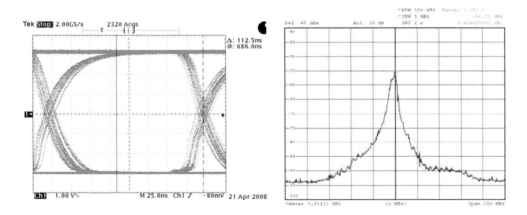

Bild 10.62: Augendiagramm und zugehöriges Spektrum für den ersten Demonstrator bei einer Signalmodulationsbandbreite von 5 MHz und einer zusätzlichen Rauschbandbreite von 10 MHz

Diese ersten Ergebnisse zeigten, dass der DM-Funk funktioniert und wurden in [51] zusammengefasst. Mittels des Rauschsignals am Eingang des Oszillators (hier VCO) lässt sich eine Signalspreizung einschließlich Pegelabsenkung erzeugen. Wie man erkennt, ist kein klassisches Modulationsspektrum mehr erkennbar. Das Signal kann nur mit einem DM-Empfänger demoduliert werden und ist somit sehr abhörsicher.

Symmetriefehler im Aufbau des DM-Systems von bis zu 60° bewirken keine messbaren Verschlechterungen des Empfangssignals. Genauso darf der Dämpfungsunterschied auch bis zu 5 dB liegen.

Es wurden bereits eine Vielzahl von DM-Systemen aufgebaut und erfolgreich getestet bis hin in direkter Anbindung mit dem CAN-Bus. Das Bild 10.63 zeigt ein 2,45 GHz-DM-Transceiver. Die umliegenden ICs werden nur für weitere Signalverarbeitungsprozesse verwendet. Der eigentliche Transceiver ist im Inneren mit Einzeltransistoren und diskreten SMD-Bauelementen aufgebaut.

Bild 10.63: DM-Transceiver von [57] in der Anwendung als abhörsichere Funkverbindung

Weiterhin wurde eine Diplomarbeit zur PDM-Signalübertragung über Leitungen abgeschlossen. Mit nunmehr verbesserten Modulatoren wurde für den Frequenzbereich 30-130 MHz (oberhalb von DSL-Standards) für ein einfaches Telefonkabel eine fehlerfreie Übertragungsrate von 60 Mbit/s erzielt.

Anhang A

Anhang

A.1 Hilfsblätter

© Springer Fachmedien Wiesbaden GmbH, ein Teil von Springer Nature 2018
H. Heuermann, *Hochfrequenztechnik*, https://doi.org/10.1007/978-3-658-23198-9

S11 in dB = S11   S21 in dB = S21
(Return Loss pos.)   (Insertion Loss pos.)

-0.100 dB = 0.989	-16.428 dB = 0.151
-0.200 dB = 0.977	-13.467 dB = 0.212
-0.300 dB = 0.966	-11.756 dB = 0.258
-0.400 dB = 0.955	-10.556 dB = 0.297
-0.500 dB = 0.944	-9.636 dB = 0.330
-0.600 dB = 0.933	-8.893 dB = 0.359
-0.700 dB = 0.923	-8.272 dB = 0.386
-0.800 dB = 0.912	-7.741 dB = 0.410
-0.900 dB = 0.902	-7.278 dB = 0.433
-1.000 dB = 0.891	-6.868 dB = 0.454
-1.200 dB = 0.871	-6.172 dB = 0.491
-1.400 dB = 0.851	-5.598 dB = 0.525
-1.600 dB = 0.832	-5.112 dB = 0.555
-1.800 dB = 0.813	-4.694 dB = 0.583
-2.000 dB = 0.794	-4.329 dB = 0.607
-2.200 dB = 0.776	-4.007 dB = 0.630
-2.400 dB = 0.759	-3.721 dB = 0.652
-2.600 dB = 0.741	-3.463 dB = 0.671
-2.800 dB = 0.724	-3.231 dB = 0.689
-3.000 dB = 0.708	-3.021 dB = 0.706
-4.000 dB = 0.631	-2.205 dB = 0.776
-5.000 dB = 0.562	-1.651 dB = 0.827
-6.000 dB = 0.501	-1.256 dB = 0.865
-7.000 dB = 0.447	-0.967 dB = 0.895
-8.000 dB = 0.398	-0.749 dB = 0.917
-9.000 dB = 0.355	-0.584 dB = 0.935
-10.000 dB = 0.316	-0.458 dB = 0.949
-11.000 dB = 0.282	-0.359 dB = 0.959
-12.000 dB = 0.251	-0.283 dB = 0.968
-13.000 dB = 0.224	-0.223 dB = 0.975
-14.000 dB = 0.200	-0.176 dB = 0.980
-15.000 dB = 0.178	-0.140 dB = 0.984
-16.000 dB = 0.158	-0.110 dB = 0.987
-17.000 dB = 0.141	-0.088 dB = 0.990
-18.000 dB = 0.126	-0.069 dB = 0.992
-19.000 dB = 0.112	-0.055 dB = 0.994
-20.000 dB = 0.100	-0.044 dB = 0.995
-22.000 dB = 0.079	-0.027 dB = 0.997
-24.000 dB = 0.063	-0.017 dB = 0.998
-26.000 dB = 0.050	-0.011 dB = 0.999
-28.000 dB = 0.040	-0.007 dB = 0.999
-30.000 dB = 0.032	-0.004 dB = 0.999

Hilfsblatt A.1: Zusammenhang zwischen den Reflexions- und Transmissionswerten eines verlustlosen Zweitores (gilt für beliebige Torimpedanzen)

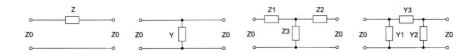

Bild A.1:   Serien-Z   Shunt-Y   T-Schaltung   PI-Schaltung

	Serien Z	Shunt Y	T-Schaltung	PI-Schaltung
S_{11}	$\frac{z}{2+z}$	$\frac{-y}{2+y}$	$\frac{z_1+z_2-y_3(1-z_1+z_2-z_1z_2)}{2+z_1+z_2+y_3(1+z_1+z_2+z_1z_2)}$	$-\frac{y_1+y_2-z_3(1-y_1+y_2-y_1y_2)}{2+y_1+y_2+z_3(1+y_1+y_2+y_1y_2)}$
$S_{12}=S_{21}$	$\frac{2}{2+z}$	$\frac{2}{2+y}$	$\frac{2}{Nenner}$	$\frac{2}{Nenner}$
S_{22}	$\frac{z}{2+z}$	$\frac{-y}{2+y}$	$\frac{z_1+z_2-y_3(1+z_1-z_2-z_1z_2)}{Nenner}$	$-\frac{y_1+y_2-z_3(1+y_1-y_2-y_1y_2)}{Nenner}$
Z_{11}	/	Z	Z_1+Z_3	$\frac{Z_1(Z_2+Z_3)}{\Sigma Z}$
$Z_{12}=Z_{21}$	/	Z	Z_3	$\frac{Z_1Z_2}{\Sigma Z}$
Z_{22}	/	Z	Z_2+Z_3	$\frac{Z_2(Z_1+Z_3)}{\Sigma Z}$
Y_{11}	Y	/	$\frac{Y_1(Y_2+Y_3)}{\Sigma Y}$	Y_1+Y_3
$Y_{12}=Y_{21}$	$-Y$	/	$\frac{-Y_1Y_2}{\Sigma Y}$	$-Y_3$
Y_{22}	Y	/	$\frac{Y_2(Y_1+Y_3)}{\Sigma Y}$	Y_2+Y_3
A_{11}	1	1	$1+\frac{Z_1}{Z_3}$	$1+\frac{Y_2}{Y_3}$
A_{12}	Z	0	$Z_1+Z_2+\frac{Z_1Z_2}{Z_3}$	$\frac{1}{Y_3}$
A_{21}	0	Y	$\frac{1}{Z_3}$	$Y_1+Y_2+\frac{Y_1Y_2}{Y_3}$
A_{22}	1	1	$1+\frac{Z_2}{Z_3}$	$1+\frac{Y_1}{Y_3}$

Hilfsblatt A.2: Netzwerkmatrizen verschiedener Schaltungen 1

Mit: $\Sigma Y = Y_1 + Y_2 + Y_3$, $\Sigma Z = Z_1 + Z_2 + Z_3$, $Y_i = \frac{1}{Z_i}$ $(i = 1, 2, 3)$.

Es gilt die Normierung: $z_i = Z_i/Z_0$ bzw. $y_i = Y_i Z_0$.

/ bedeutet, dass die Werte nicht existieren.

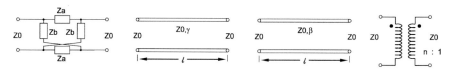

Bild A.2:   Kreuz-Schalt.   Ltg. (Verluste)   Ltg. (ideal)   Transformator

	Kreuz-Schaltung	Leitung (Verluste)	Ideale Leitung	Idealer Transformator
S_{11}	$\frac{z_a - y_b}{1 + z_a + y_b + z_a y_b}$	0	0	$\frac{n^2 - 1}{n^2 + 1}$
$S_{12} = S_{21}$	$\frac{1 - z_a y_b}{Nenner}$	$e^{-\gamma \ell}$	$e^{-j\beta \ell}$	$\frac{2n}{n^2 + 1}$
S_{22}	$\frac{z_a - y_b}{Nenner}$	0	0	$-\frac{n^2 - 1}{n^2 + 1}$
Z_{11}	$\frac{Z_a + Z_b}{2}$	$Z_0 \coth(\gamma \ell)$	$-j Z_0 \cot(\beta \ell)$	$/$
$Z_{12} = Z_{21}$	$\frac{Z_b - Z_a}{2}$	$\frac{Z_0}{\sinh(\gamma \ell)}$	$\frac{-j Z_0}{\sin(\beta \ell)}$	$/$
Z_{22}	$\frac{Z_a + Z_b}{2}$	$Z_0 \coth(\gamma \ell)$	$-j Z_0 \cot(\beta \ell)$	$/$
Y_{11}	$\frac{Y_a + Y_b}{2}$	$\frac{\coth(\gamma \ell)}{Z_0}$	$\frac{-j \cot(\beta \ell)}{Z_0}$	$/$
$Y_{12} = Y_{21}$	$\frac{Y_b - Y_a}{2}$	$\frac{-1}{Z_0 \sinh(\gamma \ell)}$	$\frac{-1}{Z_0 \sin(\beta \ell)}$	$/$
Y_{22}	$\frac{Y_a + Y_b}{2}$	$\frac{\coth(\gamma \ell)}{Z_0}$	$\frac{-j \cot(\beta \ell)}{Z_0}$	$Y_2 + Y_3$
A_{11}	$\frac{Z_a + Z_b}{Z_b - Z_a}$	$\cosh(\gamma \ell)$	$\cos(\beta \ell)$	n
A_{12}	$\frac{2 Z_a Z_b}{Z_b - Z_a}$	$Z_0 \sinh(\gamma \ell)$	$j Z_0 \sin(\beta \ell)$	0
A_{21}	$\frac{2}{Z_b - Z_a}$	$\frac{\sinh(\gamma \ell)}{Z_0}$	$\frac{j \sin(\beta \ell)}{Z_0}$	0
A_{22}	$\frac{Z_a + Z_b}{Z_b - Z_a}$	$\cosh(\gamma \ell)$	$\cos(\beta \ell)$	$\frac{1}{n}$

Hilfsblatt A.3: Netzwerkmatrizen verschiedener Schaltungen 2

Mit: $u_1 = n\, u_2$, $i_1 = -\frac{i_2}{n}$, $Y_x = \frac{1}{Z_x}$ $(x = a, b)$.

Beide Leitungen sind ideal angepasst.

Bild A.3:   U=f(U)   I=f(U)   I=f(I)   U=f(I)

	Spgsgesteuerte Spgsquelle	Spgsgesteuerte Stromquelle	Stromgesteuerte Stromquelle	Stromgesteuerte Spgsquelle
S_{11}	1	1	-1	-1
S_{12}	0	0	0	0
S_{21}	$2\,\mu$	$-2\,g_m$	$-2\,\beta$	$-2\,r_m$
S_{22}	-1	1	1	-1
Z_{11}	/	/	/	0
Z_{12}	/	/	/	0
Z_{21}	/	/	/	r_m
Z_{22}	/	/	/	0
Y_{11}	/	0	/	/
Y_{12}	/	0	/	/
Y_{21}	/	g_m	/	/
Y_{22}	/	0	/	/
A_{11}	$\frac{1}{\mu}$	0	0	0
A_{12}	0	$-\frac{1}{g_m}$	0	0
A_{21}	0	0	0	$\frac{1}{r_m}$
A_{22}	0	0	$\frac{1}{\beta}$	0

Hilfsblatt A.4: Netzwerkmatrizen verschiedener Schaltungen 3

Mit: Spgs = Spannungs   .

	[Z]	[Y]	[A]	[S]
Z_{11}	/	$Y_{22}/\Delta Y$	A_{11}/A_{21}	$z_{11} = \dfrac{(1+S_{11})(1-S_{22})+S_{12}S_{21}}{(1-S_{11})(1-S_{22})-S_{12}S_{21}}$
Z_{12}	/	$-Y_{12}/\Delta Y$	$\Delta A/A_{21}$	$z_{12} = \dfrac{2\,S_{12}}{Nenner}$
Z_{21}	/	$-Y_{21}/\Delta Y$	$1/A_{21}$	$z_{21} = \dfrac{2\,S_{21}}{Nenner}$
Z_{22}	/	$Y_{11}/\Delta Y$	A_{22}/A_{21}	$z_{22} = \dfrac{(1-S_{11})(1+S_{22})+S_{12}S_{21}}{Nenner}$
Y_{11}	$Z_{22}/\Delta Z$	/	A_{22}/A_{12}	$y_{11} = \dfrac{(1-S_{11})(1+S_{22})+S_{12}S_{21}}{(1+S_{11})(1+S_{22})-S_{12}S_{21}}$
Y_{12}	$-Z_{12}/\Delta Z$	/	$-\Delta A/A_{12}$	$y_{12} = \dfrac{-2\,S_{12}}{Nenner}$
Y_{21}	$-Z_{21}/\Delta Z$	/	$-1/A_{12}$	$y_{21} = \dfrac{-2\,S_{21}}{Nenner}$
Y_{22}	$Z_{11}/\Delta Z$	/	A_{11}/A_{12}	$y_{22} = \dfrac{(1+S_{11})(1-S_{22})+S_{12}S_{21}}{Nenner}$
A_{11}	Z_{11}/Z_{21}	$-Y_{22}/Y_{21}$	/	$a_{11} = \dfrac{(1+S_{11})(1-S_{22})+S_{12}S_{21}}{2\,S_{21}}$
A_{12}	$\Delta Z/Z_{21}$	$-1/Y_{21}$	/	$a_{12} = \dfrac{(1+S_{11})(1+S_{22})-S_{12}S_{21}}{2\,S_{21}}$
A_{21}	$1/Z_{21}$	$-\Delta Y/Y_{21}$	/	$a_{21} = \dfrac{(1-S_{11})(1-S_{22})-S_{12}S_{21}}{2\,S_{21}}$
A_{22}	Z_{22}/Z_{21}	$-Y_{11}/Y_{21}$	/	$a_{22} = \dfrac{(1-S_{11})(1+S_{22})+S_{12}S_{21}}{2\,S_{21}}$

Hilfsblatt A.5: Umrechnungen verschiedener Netzwerkmatrizen

	$[\mathbf{Z}]$	$[\mathbf{Y}]$	$[\mathbf{A}]$
S_{11}	$\dfrac{(z_{11}-1)(z_{22}+1)-z_{12}z_{21}}{(z_{11}+1)(z_{22}+1)-z_{12}z_{21}}$	$\dfrac{(1-y_{11})(1+y_{22})+y_{12}y_{21}}{(y_{11}+1)(y_{22}+1)-y_{12}y_{21}}$	$\dfrac{a_{11}+a_{12}-a_{21}-a_{22}}{a_{11}+a_{12}+a_{21}+a_{22}}$
S_{12}	$\dfrac{2\,z_{12}}{Nenner}$	$-\dfrac{2\,y_{12}}{Nenner}$	$\dfrac{2\,\Delta a}{Nenner}$
S_{21}	$\dfrac{2\,z_{21}}{Nenner}$	$-\dfrac{2\,y_{21}}{Nenner}$	$\dfrac{2}{Nenner}$
S_{22}	$\dfrac{(z_{11}+1)(z_{22}-1)-z_{12}z_{21}}{Nenner}$	$\dfrac{(1+y_{11})(1-y_{22})+y_{12}y_{21}}{Nenner}$	$\dfrac{-a_{11}+a_{12}-a_{21}+a_{22}}{Nenner}$

Hilfsblatt A.6: Umrechnungen verschiedener Netzwerkmatrizen in S-Parameter

Es gilt das symmetrische Zählpfeilsystem.

Die klein geschriebenen bezogenen Werte sind wie folgt definiert:

$z_{11} = Z_{11}/Z_0 \quad y_{11} = Y_{11}Z_0 \qquad a_{11} = A_{11} \; = A$

$z_{12} = Z_{12}/Z_0 \quad y_{12} = Y_{12}Z_0 \quad a_{12} = A_{12}/Z_0 \; = B$

$z_{21} = Z_{21}/Z_0 \quad y_{21} = Y_{21}Z_0 \quad a_{21} = A_{21} \cdot Z_0 = C$

$z_{22} = Z_{22}/Z_0 \quad y_{22} = Y_{22}Z_0 \qquad a_{22} = A_{22} \; = D$

Weiterhin gilt:
$$\Delta X \; = \; X_{11}\,X_{22} \; - \; X_{12}\,X_{21} \qquad .$$

Komponenten mit Impedanztransformation

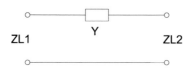

ZL1   Y   ZL2

Bild A.4: Serien-Admittanz

$$S = \begin{bmatrix} -\frac{-1 - ZL2\,Y + ZL1\,Y}{1 + ZL2\,Y + ZL1\,Y} & 2\,\frac{\sqrt{ZL1}\,Y\,\sqrt{ZL2}}{1 + ZL2\,Y + ZL1\,Y} \\[2mm] 2\,\frac{\sqrt{ZL1}\,Y\,\sqrt{ZL2}}{1 + ZL2\,Y + ZL1\,Y} & \frac{1 + ZL1\,Y - ZL2\,Y}{1 + ZL2\,Y + ZL1\,Y} \end{bmatrix}$$

$[Z]$ existiert nicht!

$$Y = \begin{bmatrix} ZL1\,Y & -\sqrt{ZL1}\,Y\,\sqrt{ZL2} \\[2mm] -\sqrt{ZL1}\,Y\,\sqrt{ZL2} & ZL2\,Y \end{bmatrix}$$

$$A = \begin{bmatrix} \frac{\sqrt{ZL2}}{\sqrt{ZL1}} & \frac{1}{\sqrt{ZL1}\,Y\,\sqrt{ZL2}} \\[2mm] 0 & \frac{\sqrt{ZL1}}{\sqrt{ZL2}} \end{bmatrix}$$

****

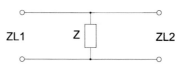

ZL1   Z   ZL2

Bild A.5: Shunt-Impedanz

$$S = \begin{bmatrix} \frac{Z\,ZL2 - ZL1\,Z - ZL1\,ZL2}{Z\,ZL2 + ZL1\,Z + ZL1\,ZL2} & 2\,\frac{\sqrt{ZL1}\,Z\,\sqrt{ZL2}}{Z\,ZL2 + ZL1\,Z + ZL1\,ZL2} \\[2mm] 2\,\frac{\sqrt{ZL1}\,Z\,\sqrt{ZL2}}{Z\,ZL2 + ZL1\,Z + ZL1\,ZL2} & -\frac{Z\,ZL2 - ZL1\,Z + ZL1\,ZL2}{Z\,ZL2 + ZL1\,Z + ZL1\,ZL2} \end{bmatrix}$$

$$Z = \begin{bmatrix} \frac{Z}{ZL1} & \frac{Z}{\sqrt{ZL1}\,\sqrt{ZL2}} \\[2mm] \frac{Z}{\sqrt{ZL1}\,\sqrt{ZL2}} & \frac{Z}{ZL2} \end{bmatrix}$$

$[Y]$ existiert nicht!

$$A = \begin{bmatrix} \frac{\sqrt{ZL2}}{\sqrt{ZL1}} & 0 \\[2mm] \frac{\sqrt{ZL1}\,\sqrt{ZL2}}{Z} & \frac{\sqrt{ZL1}}{\sqrt{ZL2}} \end{bmatrix}$$

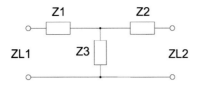

Bild A.6: T-Schaltung

$$S = \begin{bmatrix} 1 - \dfrac{2\,(Z2+Z3+Zl2)Zl1}{Z1\,Z2+Z1\,Z3+Z1\,Zl2+Z3\,Z2+Z3\,Zl2+Zl1\,Z2+Zl1\,Z3+Zl1\,Zl2} & 2\dfrac{\sqrt{Zl1}\,Z3\,\sqrt{Zl2}}{Nenner} \\[2ex] 2\dfrac{\sqrt{Zl1}\,Z3\,\sqrt{Zl2}}{Nenner} & 1 - \dfrac{2\,(Z1+Z3+Zl1)Zl2}{Nenner} \end{bmatrix}$$

$$Z = \begin{bmatrix} \dfrac{Z1+Z3}{Zl1} & \dfrac{Z3}{\sqrt{Zl1}\,\sqrt{Zl2}} \\[2ex] \dfrac{Z3}{\sqrt{Zl1}\,\sqrt{Zl2}} & \dfrac{Z2+Z3}{Zl2} \end{bmatrix} \qquad A = \begin{bmatrix} \dfrac{(Z1+Z3)\sqrt{Zl2}}{\sqrt{Zl1}\,Z3} & \dfrac{Z1\,Z2+Z1\,Z3+Z3\,Z2}{\sqrt{Zl1}\,Z3\,\sqrt{Zl2}} \\[2ex] \dfrac{\sqrt{Zl1}\,\sqrt{Zl2}}{Z3} & \dfrac{\sqrt{Zl1}\,(Z2+Z3)}{Z3\,\sqrt{Zl2}} \end{bmatrix}$$

$$Y = \begin{bmatrix} \dfrac{(Z2+Z3)Zl1}{Z1\,Z2+Z1\,Z3+Z3\,Z2} & -\dfrac{\sqrt{Zl1}\,Z3\,\sqrt{Zl2}}{Z1\,Z2+Z1\,Z3+Z3\,Z2} \\[2ex] -\dfrac{\sqrt{Zl1}\,Z3\,\sqrt{Zl2}}{Z1\,Z2+Z1\,Z3+Z3\,Z2} & \dfrac{(Z1+Z3)Zl2}{Z1\,Z2+Z1\,Z3+Z3\,Z2} \end{bmatrix}$$

****

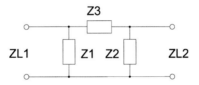

Bild A.7: Π-Schaltung

$$S = \begin{bmatrix} \dfrac{2\,(Z2\,Z3+Zl2\,Z3+Zl2\,Z2)Z1}{Nenner} - 1 & 2\dfrac{\sqrt{Zl1}\,\sqrt{Zl2}\,Z1\,Z2}{Nenner} \\[2ex] 2\dfrac{\sqrt{Zl1}\,\sqrt{Zl2}\,Z1\,Z2}{Nenner} & \dfrac{2\,(Z1\,Z3+Zl1\,Z3+Zl1\,Z1)Z2}{Nenner} - 1 \end{bmatrix}$$

$$\begin{aligned} Nenner \quad =\ & Z1\,Z3\,Z2 + Z1\,Z3\,Zl2 + Z1\,Zl2\,Z2 + Zl1\,Z3\,Z2 \\ & +Zl1\,Z3\,Zl2 + Zl1\,Zl2\,Z2 + Zl1\,Z1\,Z2 + Zl1\,Z1\,Zl2 \end{aligned}$$

$$Z = \begin{bmatrix} \dfrac{(Z3+Z2)Z1}{(Z1+Z3+Z2)Zl1} & \dfrac{Z1\,Z2}{\sqrt{Zl1}\,\sqrt{Zl2}(Z1+Z3+Z2)} \\[2ex] \dfrac{Z1\,Z2}{\sqrt{Zl1}\,\sqrt{Zl2}(Z1+Z3+Z2)} & \dfrac{(Z3+Z1)Z2}{(Z1+Z3+Z2)Zl2} \end{bmatrix}$$

$$Y = \begin{bmatrix} \dfrac{(Z3+Z1)Zl1}{Z1\,Z3} & -\dfrac{\sqrt{Zl1}\,\sqrt{Zl2}}{Z3} \\[2ex] -\dfrac{\sqrt{Zl1}\,\sqrt{Zl2}}{Z3} & \dfrac{(Z3+Z2)Zl2}{Z2\,Z3} \end{bmatrix} \qquad A = \begin{bmatrix} \dfrac{(Z3+Z2)\sqrt{Zl2}}{\sqrt{Zl1}\,Z2} & \dfrac{Z3}{\sqrt{Zl1}\,\sqrt{Zl2}} \\[2ex] \dfrac{\sqrt{Zl1}\,\sqrt{Zl2}(Z1+Z3+Z2)}{Z1\,Z2} & \dfrac{\sqrt{Zl1}\,(Z3+Z1)}{\sqrt{Zl2}\,Z1} \end{bmatrix}$$

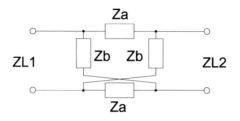

Bild A.8: Kreuz-Schaltung

$$S = \begin{bmatrix} 1 - 2\,\dfrac{(Za+Zb+2\,Zl2)\,Zl1}{Nenner} & 2\,\dfrac{\sqrt{Zl1}\,(Zb-Za)\,\sqrt{Zl2}}{Nenner} \\[2ex] 2\,\dfrac{\sqrt{Zl1}\,(Zb-Za)\,\sqrt{Zl2}}{Nenner} & 1 - 2\,\dfrac{(Za+Zb+2\,Zl1)\,Zl2}{Nenner} \end{bmatrix}$$

$$Nenner \quad = \quad 2\,Za\,Zb + Za\,Zl2 + Zb\,Zl2 + \\ Zl1\,Za + Zl1\,Zb + 2\,Zl1\,Zl2$$

$$Z = \begin{bmatrix} 1/2\,\dfrac{Za+Zb}{Zl1} & 1/2\,\dfrac{Zb-Za}{\sqrt{Zl1}\,\sqrt{Zl2}} \\[2ex] 1/2\,\dfrac{Zb-Za}{\sqrt{Zl1}\,\sqrt{Zl2}} & 1/2\,\dfrac{Za+Zb}{Zl2} \end{bmatrix}$$

$$Y = \begin{bmatrix} 1/2\,\dfrac{(Za+Zb)\,Zl1}{Za\,Zb} & -1/2\,\dfrac{\sqrt{Zl1}\,(Zb-Za)\,\sqrt{Zl2}}{Za\,Zb} \\[2ex] -1/2\,\dfrac{\sqrt{Zl1}\,(Zb-Za)\,\sqrt{Zl2}}{Za\,Zb} & 1/2\,\dfrac{(Za+Zb)\,Zl2}{Za\,Zb} \end{bmatrix}$$

$$A = \begin{bmatrix} \dfrac{(Za+Zb)\,\sqrt{Zl2}}{\sqrt{Zl1}\,(Zb-Za)} & 2\,\dfrac{Za\,Zb}{\sqrt{Zl1}\,(Zb-Za)\,\sqrt{Zl2}} \\[2ex] 2\,\dfrac{\sqrt{Zl1}\,\sqrt{Zl2}}{Zb-Za} & \dfrac{(Za+Zb)\,\sqrt{Zl1}}{(Zb-Za)\,\sqrt{Zl2}} \end{bmatrix}$$

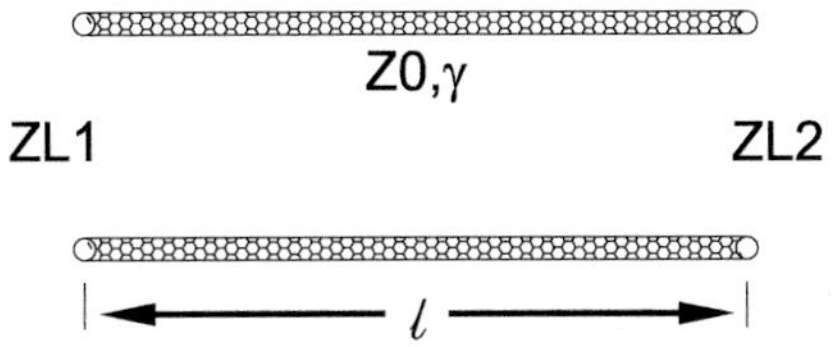

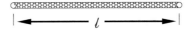

ZL1   Z0,γ   ZL2

$$|\!\longleftarrow\!\; l \;\longrightarrow\!|$$

Bild A.9: Verlustlose Leitung

$$S_{11} = \frac{Zaehler1}{Nenner} \qquad S_{12} = 2\,\frac{\sqrt{-1}\sqrt{ZL1}\,Z0\,\sin(\beta\,l)\sqrt{ZL2}}{Nenner}$$

$$S_{21} = 2\,\frac{\sqrt{-1}\sqrt{ZL1}\,Z0\,\sin(\beta\,l)\sqrt{ZL2}}{Nenner} \qquad S_{22} = -\frac{Zaehler2}{Nenner}$$

$$Nenner = Z0^2\,(\cos(\beta\,l))^2 + \sqrt{-1}\sin(\beta\,l)Z0\,\cos(\beta\,l)ZL2 + \sqrt{-1}\sin(\beta\,l)ZL1\,Z0\,\cos(\beta\,l)$$
$$- ZL1\,ZL2 + ZL1\,ZL2\,(\cos(\beta\,l))^2 - Z0^2$$

$$Zaehler1 = Z0^2\,(\cos(\beta\,l))^2 + \sqrt{-1}\sin(\beta\,l)Z0\,\cos(\beta\,l)ZL2 - \sqrt{-1}\sin(\beta\,l)ZL1\,Z0\,\cos(\beta\,l)$$
$$+ ZL1\,ZL2 - ZL1\,ZL2\,(\cos(\beta\,l))^2 - Z0^2$$

$$Zaehler2 = -Z0^2\,(\cos(\beta\,l))^2 + \sqrt{-1}\sin(\beta\,l)Z0\,\cos(\beta\,l)ZL2 - \sqrt{-1}\sin(\beta\,l)ZL1\,Z0\,\cos(\beta\,l)$$
$$- ZL1\,ZL2 + ZL1\,ZL2\,(\cos(\beta\,l))^2 + Z0^2$$

$$Z = \begin{bmatrix} \dfrac{\sqrt{-1}\cos(\beta\,l)Z0\,\sin(\beta\,l)}{ZL1\left((\cos(\beta\,l))^2-1\right)} & -\dfrac{\sqrt{-1}Z0}{\sqrt{ZL1}\sin(\beta\,l)\sqrt{ZL2}} \\[3ex] -\dfrac{\sqrt{-1}Z0}{\sqrt{ZL1}\sin(\beta\,l)\sqrt{ZL2}} & \dfrac{\sqrt{-1}\cos(\beta\,l)Z0\,\sin(\beta\,l)}{ZL2\left((\cos(\beta\,l))^2-1\right)} \end{bmatrix}$$

$$Y = \begin{bmatrix} \dfrac{\sqrt{-1}\cos(\beta\,l)ZL1\,\sin(\beta\,l)}{Z0\left((\cos(\beta\,l))^2-1\right)} & -\dfrac{\sqrt{-1}\sqrt{ZL1}\sin(\beta\,l)\sqrt{ZL2}}{Z0\left((\cos(\beta\,l))^2-1\right)} \\[3ex] -\dfrac{\sqrt{-1}\sqrt{ZL1}\sin(\beta\,l)\sqrt{ZL2}}{Z0\left((\cos(\beta\,l))^2-1\right)} & \dfrac{\sqrt{-1}\sin(\beta\,l)\cos(\beta\,l)ZL2}{Z0\left((\cos(\beta\,l))^2-1\right)} \end{bmatrix}$$

$$A = \begin{bmatrix} \dfrac{\cos(\beta\,l)\sqrt{ZL2}}{\sqrt{ZL1}} & \dfrac{\sqrt{-1}Z0\,\sin(\beta\,l)}{\sqrt{ZL1}\sqrt{ZL2}} \\[3ex] \dfrac{\sqrt{-1}\sqrt{ZL1}\sin(\beta\,l)\sqrt{ZL2}}{Z0} & \dfrac{\cos(\beta\,l)\sqrt{ZL1}}{\sqrt{ZL2}} \end{bmatrix}$$

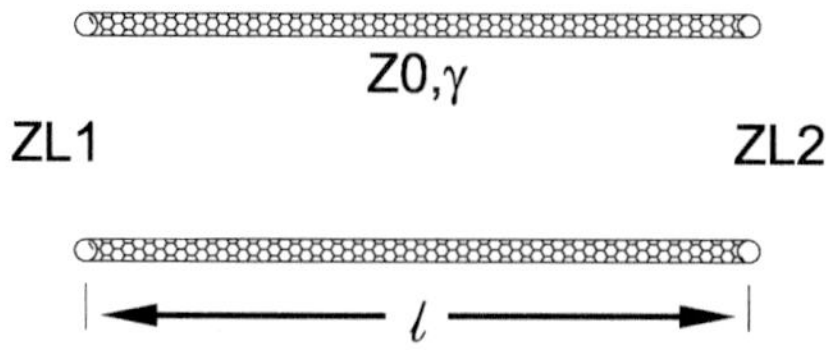

Bild A.10: Verlustbehaftete Leitung

$$S_{11} = -\frac{Zaehler1}{Nenner} \qquad S_{12} = 2\,\frac{\sqrt{ZL1}\,Z0\,\sinh(\gamma\,l)\sqrt{ZL2}}{Nenner}$$

$$S_{21} = 2\,\frac{\sqrt{ZL1}\,Z0\,\sinh(\gamma\,l)\sqrt{ZL2}}{Nenner} \qquad S_{22} = \frac{Zaehler2}{Nenner}$$

$$Nenner \;=\; Z0^2\,(\cosh(\gamma\,l))^2 + \sinh(\gamma\,l)Z0\,\cosh(\gamma\,l)ZL2 + \sinh(\gamma\,l)ZL1\,Z0\,\cosh(\gamma\,l)$$
$$+ ZL1\,ZL2\,(\cosh(\gamma\,l))^2 - ZL1\,ZL2 - Z0^2$$

$$Zaehler1 \;=\; -Z0^2\,(\cosh(\gamma\,l))^2 - \sinh(\gamma\,l)Z0\,\cosh(\gamma\,l)ZL2 + \sinh(\gamma\,l)ZL1\,Z0\,\cosh(\gamma\,l)$$
$$+ ZL1\,ZL2\,(\cosh(\gamma\,l))^2 - ZL1\,ZL2 + Z0^2$$

$$Zaehler2 \;=\; Z0^2\,(\cosh(\gamma\,l))^2 - \sinh(\gamma\,l)Z0\,\cosh(\gamma\,l)ZL2 + \sinh(\gamma\,l)ZL1\,Z0\,\cosh(\gamma\,l)$$
$$- ZL1\,ZL2\,(\cosh(\gamma\,l))^2 + ZL1\,ZL2 - Z0^2$$

$$Z = \begin{bmatrix} \dfrac{\cosh(\gamma\,l)Z0}{ZL1\,\sinh(\gamma\,l)} & \dfrac{Z0}{\sqrt{ZL1}\,\sinh(\gamma\,l)\sqrt{ZL2}} \\[3mm] \dfrac{Z0}{\sqrt{ZL1}\,\sinh(\gamma\,l)\sqrt{ZL2}} & \dfrac{\cosh(\gamma\,l)Z0}{ZL2\,\sinh(\gamma\,l)} \end{bmatrix}$$

$$Y = \begin{bmatrix} \dfrac{\cosh(\gamma\,l)\,\sinh(\gamma\,l)ZL1}{Z0\left((\cosh(\gamma\,l))^2-1\right)} & -\dfrac{\sqrt{ZL1}\,\sinh(\gamma\,l)\sqrt{ZL2}}{Z0\left((\cosh(\gamma\,l))^2-1\right)} \\[3mm] -\dfrac{\sqrt{ZL1}\,\sinh(\gamma\,l)\sqrt{ZL2}}{Z0\left((\cosh(\gamma\,l))^2-1\right)} & \dfrac{\cosh(\gamma\,l)ZL2\,\sinh(\gamma\,l)}{Z0\left((\cosh(\gamma\,l))^2-1\right)} \end{bmatrix}$$

$$A = \begin{bmatrix} \dfrac{\cosh(\gamma\,l)\sqrt{ZL2}}{\sqrt{ZL1}} & \dfrac{Z0\,\sinh(\gamma\,l)}{\sqrt{ZL1}\sqrt{ZL2}} \\[3mm] \dfrac{\sqrt{ZL1}\,\sinh(\gamma\,l)\sqrt{ZL2}}{Z0} & \dfrac{\cosh(\gamma\,l)\sqrt{ZL1}}{\sqrt{ZL2}} \end{bmatrix}$$

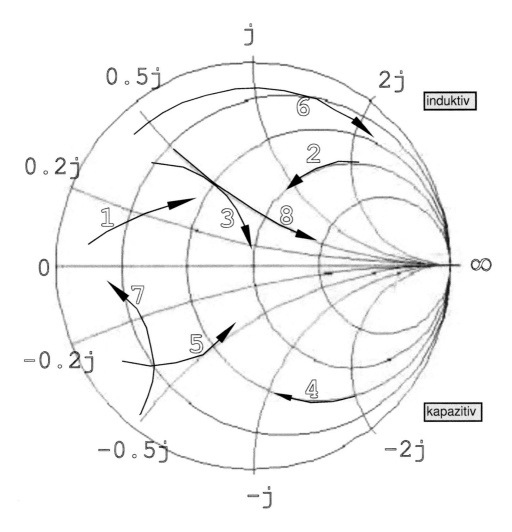

Bild A.11: Transformationsverhalten verschiedener Bauelemente im Smith-Chart

1. Transformator
2. Serien-C
3. Shunt-C oder leerlaufende Stichleitung
4. Serien-L
5. Shunt-L oder kurzgeschlossene Stichleitung
6. Serienleitung
7. Shunt-R
8. Serien-R

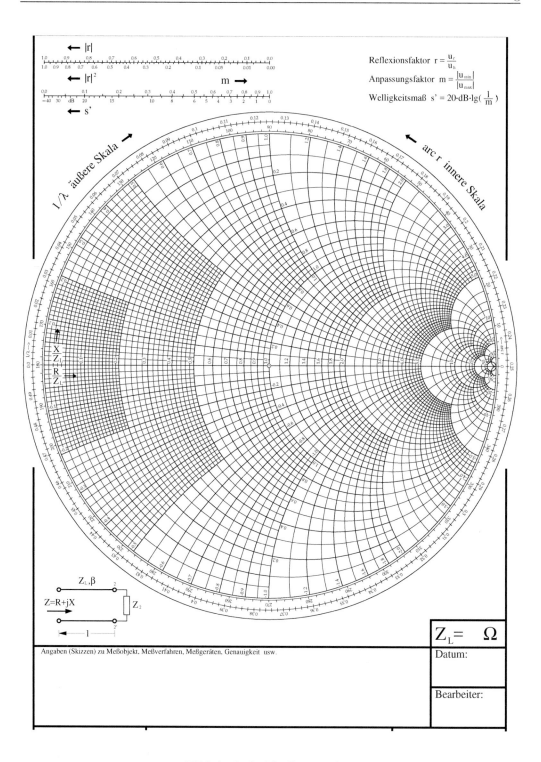

Bild A.12: Smith-Chart 2. Art

Komponenten der Mixed-Mode-Technik

Achtung, es gilt ausnahmsweise im Weiteren, dass es sich bei Y und Z um <u>normierte</u> Admittanzen bzw. Impedanzen handelt.

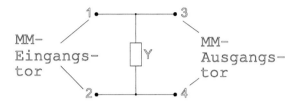

Bild A.13: Quer-Admittanz

$$M = \begin{bmatrix} -\frac{Y}{1+Y} & \frac{1}{1+Y} & 0 & 0 \\ \frac{1}{1+Y} & -\frac{Y}{1+Y} & 0 & 0 \\ 0 & 0 & 0 & 1 \\ 0 & 0 & 1 & 0 \end{bmatrix}$$

Für sämtliche S-Parameter gilt: $S_{ij} = \frac{Y}{2+2Y}$.

****

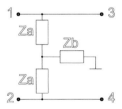

Bild A.14: Quer-Zweig mit Masseankopplung

$$M = \begin{bmatrix} \frac{-1}{2Za+1} & \frac{2Za}{2Za+1} & 0 & 0 \\ \frac{2Za}{2Za+1} & \frac{-1}{2Za+1} & 0 & 0 \\ 0 & 0 & \frac{-1}{2(Za+2Zb)+1} & \frac{2(Za+2Zb)}{2(Za+2Zb)+1} \\ 0 & 0 & \frac{2(Za+2Zb)}{2(Za+2Zb)+1} & \frac{-1}{2(Za+2Zb)+1} \end{bmatrix}$$

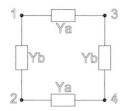

Bild A.15: Symmetrische Quer- und Serienzweige

$$M^- = \begin{bmatrix} -\dfrac{4\ Yb\ Ya-1+4\ Yb^2}{2\ Ya+4\ Yb\ Ya+1+4\ Yb+4\ Yb^2} & \dfrac{2\ Ya}{2\ Ya+4\ Yb\ Ya+1+4\ Yb+4\ Yb^2} \\[2ex] \dfrac{2\ Ya}{2\ Ya+4\ Yb\ Ya+1+4\ Yb+4\ Yb^2} & -\dfrac{4\ Yb\ Ya-1+4\ Yb^2}{2\ Ya+4\ Yb\ Ya+1+4\ Yb+4\ Yb^2} \end{bmatrix}$$

$$M^+ = \begin{bmatrix} (1+2\ Ya)^{-1} & 2\ \dfrac{Ya}{1+2\ Ya} \\[2ex] 2\ \dfrac{Ya}{1+2\ Ya} & (1+2\ Ya)^{-1} \end{bmatrix}$$

Die M^{+-}- und die M^{-+}-Parameter sind null.

****

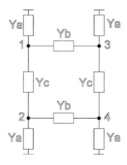

Bild A.16: Quer- und Serienzweige und Shuntelementen

$$M_{11}^- = M_{22}^- = -\frac{2\ Ya\ Yb+4\ Yc\ Yb+Ya^2+4\ Ya\ Yc+4\ Yc^2-1}{2\ Ya\ Yb+2\ Yb+4\ Yc\ Yb+Ya^2+2\ Ya+4\ Ya\ Yc+4\ Yc+1+4\ Yc^2}$$

$$M_{12}^- = M_{21}^- = 2\ \frac{Yb}{2\ Ya\ Yb+2\ Yb+4\ Yc\ Yb+Ya^2+2\ Ya+4\ Ya\ Yc+4\ Yc+1+4\ Yc^2}$$

$$M^+ = \begin{bmatrix} -\dfrac{2\ Ya\ Yb+Ya^2-1}{1+2\ Yb+2\ Ya+2\ Ya\ Yb+Ya^2} & 2\ \dfrac{Yb}{1+2\ Yb+2\ Ya+2\ Ya\ Yb+Ya^2} \\[2ex] 2\ \dfrac{Yb}{1+2\ Yb+2\ Ya+2\ Ya\ Yb+Ya^2} & -\dfrac{2\ Ya\ Yb+Ya^2-1}{1+2\ Yb+2\ Ya+2\ Ya\ Yb+Ya^2} \end{bmatrix}$$

Die M^{+-}- und die M^{-+}-Parameter sind null.

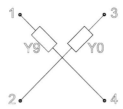

Bild A.17: Kreuzungselemente bzw. -zweige

$$M = \begin{bmatrix} \dfrac{1+Y0+Y9}{(1+2\,Y0)(1+2\,Y9)} & -\dfrac{Y9+4\,Y0\,Y9+Y0}{(1+2\,Y0)(1+2\,Y9)} & -\dfrac{Y9-Y0}{(1+2\,Y0)(1+2\,Y9)} & \dfrac{Y9-Y0}{(1+2\,Y0)(1+2\,Y9)} \\[2ex] -\dfrac{Y9+4\,Y0\,Y9+Y0}{(1+2\,Y0)(1+2\,Y9)} & \dfrac{1+Y0+Y9}{(1+2\,Y0)(1+2\,Y9)} & -\dfrac{Y9-Y0}{(1+2\,Y0)(1+2\,Y9)} & \dfrac{Y9-Y0}{(1+2\,Y0)(1+2\,Y9)} \\[2ex] -\dfrac{Y9-Y0}{(1+2\,Y0)(1+2\,Y9)} & -\dfrac{Y9-Y0}{(1+2\,Y0)(1+2\,Y9)} & \dfrac{1+Y0+Y9}{(1+2\,Y0)(1+2\,Y9)} & \dfrac{Y9+4\,Y0\,Y9+Y0}{(1+2\,Y0)(1+2\,Y9)} \\[2ex] \dfrac{Y9-Y0}{(1+2\,Y0)(1+2\,Y9)} & \dfrac{Y9-Y0}{(1+2\,Y0)(1+2\,Y9)} & \dfrac{Y9+4\,Y0\,Y9+Y0}{(1+2\,Y0)(1+2\,Y9)} & \dfrac{1+Y0+Y9}{(1+2\,Y0)(1+2\,Y9)} \end{bmatrix}$$

****

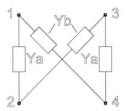

Bild A.18: Symmetrische Quer- und Kreuzungszweige

$$M = \begin{bmatrix} -\dfrac{4\,Ya\,Yb-1+4\,Ya^2}{2\,Yb+4\,Ya\,Yb+1+4\,Ya+4\,Ya^2} & \dfrac{-2\,Yb}{2\,Yb+4\,Ya\,Yb+1+4\,Ya+4\,Ya^2} & 0 & 0 \\[2ex] \dfrac{-2\,Yb}{2\,Yb+4\,Ya\,Yb+1+4\,Ya+4\,Ya^2} & -\dfrac{4\,Ya\,Yb-1+4\,Ya^2}{2\,Yb+4\,Ya\,Yb+1+4\,Ya+4\,Ya^2} & 0 & 0 \\[2ex] 0 & 0 & \dfrac{1}{1+2\,Yb} & \dfrac{2\,Yb}{1+2\,Yb} \\[2ex] 0 & 0 & \dfrac{2\,Yb}{1+2\,Yb} & \dfrac{1}{1+2\,Yb} \end{bmatrix}$$

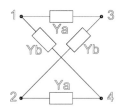

Bild A.19: Symmetrische Serien- und Kreuzungszweige

$$M = \begin{bmatrix} -\dfrac{4\,Ya\,Yb-1}{2\,Yb+4\,Ya\,Yb+2\,Ya+1} & \dfrac{-2\,(Yb-Ya)}{2\,Yb+4\,Ya\,Yb+2\,Ya+1} & 0 & 0 \\[2ex] \dfrac{-2\,(Yb-Ya)}{2\,Yb+4\,Ya\,Yb+2\,Ya+1} & -\dfrac{4\,Ya\,Yb-1}{2\,Yb+4\,Ya\,Yb+2\,Ya+1} & 0 & 0 \\[2ex] 0 & 0 & \dfrac{1}{2\,Yb+1+2\,Ya} & \dfrac{2\,(Ya+Yb)}{2\,Yb+1+2\,Ya} \\[2ex] 0 & 0 & \dfrac{2\,(Ya+Yb)}{2\,Yb+1+2\,Ya} & \dfrac{1}{2\,Yb+1+2\,Ya} \end{bmatrix}$$

****

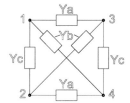

Bild A.20: Quer- und Serienzweige mit Kreuzung

$$M_{11}^{-} = M_{22}^{-} = -\frac{4\,Ya\,Yb+4\,Yc\,Ya+4\,Yc^{2}-1+4\,Yc\,Yb}{2\,Ya+4\,Yc\,Ya+4\,Ya\,Yb+1+4\,Yc^{2}+2\,Yb+4\,Yc+4\,Yc\,Yb}$$

$$M_{12}^{-} = M_{21}^{-} = 2\,\frac{Ya-Yb}{2\,Ya+4\,Yc\,Ya+4\,Ya\,Yb+1+4\,Yc^{2}+2\,Yb+4\,Yc+4\,Yc\,Yb}$$

$$M^{+} = \begin{bmatrix} (1+2\,Ya+2\,Yb)^{-1} & 2\,\dfrac{Ya+Yb}{1+2\,Ya+2\,Yb} \\[2ex] 2\,\dfrac{Ya+Yb}{1+2\,Ya+2\,Yb} & (1+2\,Ya+2\,Yb)^{-1} \end{bmatrix}$$

Die M^{+-}- und die M^{-+}-Parameter sind null.

	M-Parameter			
1	0	1	0	0
	1	0	0	0
	0	0	1	0
	0	0	0	1
2	-1	0	0	0
	0	-1	0	0
	0	0	0	1
	0	0	1	0
3	$\frac{1+Y8+Y6}{(1+2\,Y6)(1+2\,Y8)}$	$\frac{Y6+4\,Y6\,Y8+Y8}{(1+2\,Y6)(1+2\,Y8)}$	$-\frac{Y6-Y8}{(1+2\,Y6)(1+2\,Y8)}$	$\frac{Y6-Y8}{(1+2\,Y6)(1+2\,Y8)}$
	$\frac{Y6+4\,Y6\,Y8+Y8}{(1+2\,Y6)(1+2\,Y8)}$	$\frac{1+Y8+Y6}{(1+2\,Y6)(1+2\,Y8)}$	$\frac{Y6-Y8}{(1+2\,Y6)(1+2\,Y8)}$	$-\frac{Y6-Y8}{(1+2\,Y6)(1+2\,Y8)}$
	$-\frac{Y6-Y8}{(1+2\,Y6)(1+2\,Y8)}$	$\frac{Y6-Y8}{(1+2\,Y6)(1+2\,Y8)}$	$\frac{1+Y8+Y6}{(1+2\,Y6)(1+2\,Y8)}$	$\frac{Y6+4\,Y6\,Y8+Y8}{(1+2\,Y6)(1+2\,Y8)}$
	$\frac{Y6-Y8}{(1+2\,Y6)(1+2\,Y8)}$	$-\frac{Y6-Y8}{(1+2\,Y6)(1+2\,Y8)}$	$\frac{Y6+4\,Y6\,Y8+Y8}{(1+2\,Y6)(1+2\,Y8)}$	$\frac{1+Y8+Y6}{(1+2\,Y6)(1+2\,Y8)}$

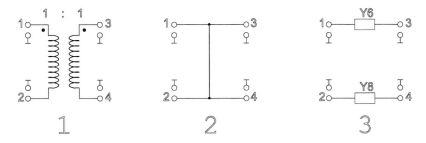

Bild A.21: Verschiedene Netzwerke

Literaturverzeichnis

[1] ADS, Agilent Inc., Westlake Village, CA, USA

[2] AGILENT TECHNOLOGIES, Schottky Barrier Diode Video Detektor, Application Note 923, 1999

[3] BAHL, I.J., Lumped Elements for RF and Microwave Circuits, Artech House Publishers, 2003

[4] BALLMANN, R., Der HF-Netzwerkanalysator NWA S44, Mikrowellen & HF Telecommunications Magazin, Vol. 18, No. 2, 1992, pp. 100-103 (http://www.ballmann-gmbh.de)

[5] BÄCHTHOLD, W., Mikrowellentechnik, Vieweg, Braunschweig/Wiesbaden, 1999

[6] BÄCHTHOLD, W., Mikrowellenelektronik, Vieweg, Braunschweig/Wiesbaden, 2002

[7] BEST, R., Theorie und Anwendungen des Phase-Locked Loops, 1982

[8] BEX, H.-J., Hoch- und Höchstfrequenztechnik, Teil 1, Vorlesungsskript, Aachen, 1992

[9] BLUME, S., Theorie elektromagnetischer Felder, Hüthig, Heidelberg, 1988

[10] BIANCO, B., CHIABRERA, A., GRANARA, M., RIDELLA, S., Frequency Dependence of Microstrip Parameters, Alta Frequenza XLIII (1974), pp. 413-416

[11] BRONSTEIN, I., SEMENDJAJEW, K., Taschenbuch der Mathematik, Harry Deutsch Verlag, Thun, Frankfurt/Main, 1987

[12] CAGE, O. Electronic Measurements and Instrumentation, McGraw-Hill, Tokyo, 1971

[13] CAULTON, M., KNIGHT, S.P., DALY, D.A., Hybrid Integrated Lumped-Element Microwave Amplifiers, IEEE Trans. on Electron Devices, Vol. 15, Nr. 7, July 1968, pp 459-466

[14] DANESH, M., LONG, J.R., HADAWAY, R.A., HARAME, D.L., A Q-Factor Enhancement Technique for MMIC Inductors, IEEE MTT-S Int. Microwave Symp. Dig., Vol. 1, June 1998, pp. 183-186

[15] DAYWITT, W.C., Complex Admittance of a Lossy Coaxial Open Circuit with Hollow Center Conductor, Metrologia, vol. 24, 1987, pp. 1-10

[16] DENLINGER, E.J., A Frequency Dependent Solution for Microstrip Transmission Lines, IEEE Trans. on Microwave Theory and Techn., MTT-19, Jan. 1971, pp. 30-39

[17] DETLEFSEN, J., SIART, U., Grundlagen der Hochfrequenztechnik, Oldenbourg Verlag, München, 2003

[18] ENGEN, G.F., HOER, C.A., Thru-Reflect-Line: An Improved Technique for Calibrating the Dual Six Port Automatic Network Analyzer, IEEE Trans. Microwave Theory Tech., MTT-27, Dec. 1979, pp. 987-993

[19] ERKENS, H., HEUERMANN, H., Blocking Structures for Mixed-Mode-Systems, European Microwave Conf., Amsterdam, Oct. 2004, pp. 297-300

[20] ERKENS, H., HEUERMANN, H., Mixed-Mode Chain Parameters: Theory and Verification, IEEE Trans. Microwave Theory Tech., MTT-8, Aug. 2007, pp. 1704-1708

[21] ERKENS, H., HEUERMANN, H., Novel RF Switch Concepts for Differential Wireless Communication Frontends, IEEE Trans. Microwave Theory Tech., MTT-6, June 2006, pp. 2376-2482

[22] EUL, H.-J., Methoden zur Kalibrierung von heterodynen und homodynen Netzwerkanalysatoren, Dissertationsschrift, Institut für Hoch- und Höchstfrequenztechnik, Ruhr-Universität Bochum, 1990

[23] EUL, H.J., SCHIEK, B., A Generalized Theory and New Calibration Procedures for Network Analyzer Self-Calibration, IEEE Trans. Microwave Theory Tech., MTT-39, Apr. 1991, pp. 724-731

[24] EUL, H.J., SCHIEK, B., Thru-Match-Reflect: One Result of a Rigorous Theory for De-embedding and Network Analyzer Calibration, Proceedings of the 18th European Microwave Conference, Stockholm, 1988, pp. 909-914

[25] FELDTKELLER, R., Einführung in die Theorie der Hochfrequenz-Bandfilter, 5. Edition, Hirzel, Stuttgart, 1961

[26] FERRERO, A., PISANI, U., KERWIN, K.J., A New Implementation of a Multiport Automatic Network Analyzer, IEEE Trans. Microwave Theory Tech., vol. 40, Nov. 1992, pp. 2078-2085

[27] GÄRTNER, U., Ein homodynes Streuparametermessverfahren mit digitaler Phasenmodulation für den Mikrowellenbereich, Dissertationsschrift, Institut für Hoch- und Höchstfrequenztechnik, Ruhr-Universität Bochum, 1986

[28] GOLDBERG, B.-G., Digital Techniques in Frequency Synthesis, 1998

[29] GRONAU, G., Rauschparameter- und Streuparameter-Messtechnik, Fortschritte der Hochfrequenztechnik, Band 4, Verlagsbuchhandlung Nellissen-Wolff, Aachen, 1992

[30] GRONAU, G., Höchstfrequenztechnik, Springer, Berlin, 2001

[31] GETSINGER, W.J., Microstrip Dispersion Model, IEEE Trans of Microwave Theory and Techn., MTT-21, 1973, pp. 34-39

[32] GETSINGER, W.J., Measurement of the Characteristic Impedance of Microstrip over a Wide Frequency Range, IEEE MTT-S Digest, Dallas 1982, pp. 342-344

[33] GREENHOUSE, H., Design of Planar Rectangular Microelectronic Inductors, IEEE Transactions on Parts, Hybrids, and Packaging, Vol. 10, Nr. 2, June 1974, pp. 101-109

[34] GUPTA, K.C., Microwave Integrated Circuits, Halsted Press, 1974.

[35] GUPTA, K.C., GARG, R., BAHL, I.J., Microstrip Lines and Slotlines, Artech House, Dedham, 1979

[36] HAMMERSTAD, E., JENSEN, O., Accurate Models for Microstrip Computer-Aides Design, IEEE MTT-S Internat. Microwave Symp. Digest, 1980, pp. 407-409

[37] HEUERMANN, H., Sichere Verfahren zur Kalibrierung von Netzwerkanalysatoren für koaxiale und planare Leitungssysteme, Dissertationsschrift, Institut für Hochfrequenztechnik, Ruhr-Universität Bochum, 1995, ISBN 3-8265-1495-5

[38] HEUERMANN, H., SCHIEK, B., Procedures for the Determination of the Scattering Parameters for Network Analyzer Calibration, IEEE Trans. Instrum. Meas., IM-2, Apr. 1993, pp. 528-531

[39] HEUERMANN, H., SCHIEK, B., Robust Algorithms for Txx Network Analyzer Procedures, IEEE Trans. Instrum. Meas., Feb. 1994, pp. 18-23

[40] HEUERMANN, H., SCHIEK, B., Results of Network Analyzer Measurements with Leakage Errors – Corrected with Direct Calibration Techniques, IEEE Trans. Instrum. Meas., IM-5, Oct. 1997, pp. 1120-1127

[41] HEUERMANN, H., SCHIEK, B., 15-Term Self-Calibration Methods for the Error-Correction of On-Wafer Measurements, IEEE Trans. Instrum. Meas., IM-5, Oct. 1997, pp. 1105-1110

[42] HEUERMANN, H., GSOLT: The Calibration Procedure for all Multi-Port Vector Network Analyzers, MTT-S International Microwave Symposium, Philadelphia, 2003

[43] HEUERMANN, H., RUMIANTSEV, A., SCHOTT, ST., Advanced On-Wafer Multiport Calibration Methods for Mono- and Mixed-Mode Device Characterisation, 63rd ARFTG Conf. Proc., Fort-Worth Texas, Jun. 2004

[44] HEUERMANN, H., A Synthesis Technique for Mono- and Mixed-Mode Symmetrical Filter, European Microwave Conf., Amsterdam, Oct. 2004, pp. 309-312

[45] HEUERMANN, H., LUENEBACH, M., A novel Dual-Mode-Design for Push-Push Oscillators with Improved Phase Noise Performance, eingereicht bei der European Microwave Conf., Paris, 2005

[46] HEUERMANN, H., Kalibrierverfahren zur Durchführung von Mehrtormessungen auf Halbleiterscheiben, Patentantrag P 103 14 463.3 vom 25.03.03

[47] HEUERMANN, H., Transmitter und Verfahren zur Erzeugung eines Signals mit digitaler Modulation, Hochschulpatent D102004049019.8, 12.10.2004

[48] HEUERMANN, H., Antennenarchitektur und Koppler, Hochschulpatent D102004054442.5, 16.11.2004

[49] HEUERMANN, H., SADEGHFAM, A., LÜNEBACH, M., Resonatorsystem und Verfahren zur Erhöhung der belasteten Güte eines Schwingkreises, Hochschulpatent D102004054443.3, 16.11.2004

[50] HEUERMANN, H., Aufbau von Dual-Mode-Funkübertragungsstrecken, Hochschulpatent D102005061219.9 vom 20.12.2005

[51] HEUERMANN, H., Dual Mode Radio: A new Tranceiver Architecture for UWB- and 60 GHz-Applications, European Microwave Conf., Amsterdam, Oct. 2008

[52] HEUERMANN, H., A 14 W SPST Switch with four PIN-Diodes in 0402-SMD-Package, German Microwave Conf., Hamburg, Mar. 2008

[53] HEUERMANN, H., Breitbandige Schalter für symmetrische Schaltungen, Hochschulpatent, 30.06.2005

[54] HOMEPAGE: HF-LEHRGEBIET DER FH-AACHEN, https://www.fh-aachen.de/fachbereiche/elektrotechnik-und-informationstechnik/labore-und-lehrgebiete/lehrgebiet-hoch-und-hoechstfrequenztechnik-prof-dr-ing-holger-heuermann/

[55] HOMEPAGE, ALT: HF-LEHRGEBIET DER FH-AACHEN, http://www.prof-heuermann.de/index.php

[56] HOMEPAGE: INSTITUT FÜR MIKROWELLEN- UND PLASMATECHNIK, IMP DER FH-AACHEN, https://www.fh-aachen.de/forschung/imp/

[57] HOMEPAGE, HEUERMANN HF-TECHNIK GMBH, http://www.hhft.de

[58] HOFFMANN, M.H.W., Hochfrequenztechnik, Springer-Verlag, Berlin-Heidelberg, 1997

[59] IBRAHIM, I., HEUERMANN, H., Improvements in the Flicker Noise Reduction Technique for Oscillator Designs, European Microwave Conf., Rom, Oct. 2009

[60] INFINEON, Halbleiter, Publicis Corporate Publishing, Erlangen, 2004

[61] JANSEN, R.H., KIRSCHNING, M., Arguments and an Accurate Mathematical Model for the Power-Current Formulation of Microstrip Characteristic Impedance, Arch. Elektronik u. Übertragungstechn. 37, 1983

[62] JANSSEN, R., Streifenleiter und Hohlleiter, Hüthig-Verlag, Heidelberg, 1992

[63] JUROSHEK, J.R., FREE, G.M., Measurements of the Characteristic Impedance of Coaxial Air Line Standards, IEEE Trans. Microwave Theory Tech., MTT-42, Feb. 1994, pp. 186-191

[64] KARK, K., Antennen und Strahlungsfelder, Vieweg-Verlag, Wiesbaden, 2004

[65] KAJFEZ, D., GUILLON, P., Dielectric Resonators, Artech House, Dedham, 1986

[66] KIRSCHNING, M., JANSEN, R.H., Accurate Model for Effective Dielectic Constant of Microstrip with Validity up to Millimetre-Wave Frequencies, Electron. Letters 18, 1982, pp. 272-273

[67] KUMMER, M., Grundlagen der Mikrowellentechnik, VEB Verlag Technik, Berlin, 1989

[68] KUROKAWA, Power Waves and the Scattering Matrix, IEEE Trans. Microwave Theory Tech., MTT, Mar. 1965, pp. 194-202

[69] LEE, T.H., The design of CMOS radio-frequency integrated circuits, zweite Auflage, Cambridge University Press, 2004

[70] LEVY, R., Synthesis of General Asymmetric Singly- and Doubly-Terminated Cross-Coupled Filters, IEEE Trans. Microwave Theory Tech., Vol. 42, Dec. 1994, pp. 2468-2471

[71] LONG, J.R., COPELAND, M.A., The modeling, characterization, and design of monolithic inductors for silicon RF IC's, IEEE Journal of Solid-State Circuits, Vol. 32, Nr. 3, Mar. 1997, pp. 357-369

[72] MATTHEI, G., YOUNG, L., JONES, E., Microwave Filters, Impedance-Matching Networks, and Coupling Structures, McGraw-Hill Verlag, New York, 1980

[73] MAAS, S., A., Microwave Mixers, Artech House, London, 1993

[74] MENZEL, E., Homodyne und heterodyne Netzwerkanalysatoren für breitbandige Anwendungen im Hochfrequenzbereich, Dissertationsschrift, Institut für Hochfrequenztechnik, Ruhr-Universität Bochum, 1992

[75] MILLER, Technique Enhances the Performance of PLL Synthesizers, Microwave & RF, Jan. 1993

[76] MÖLLER, M., Entwurf und Optimierung monolithisch integrierter Breitbandverstärker in Si-Bipolartechnologie für optische Übertragungssysteme, Dissertationsschrift, Ruhr-Universität Bochum, 1999

[77] MOHAN, S.S., DEL MAR HERSHENSON, M., BOYD, S.P., LEE, T.H., Simple Accurate Expressions for Planar Spiral Inductances, IEEE Journal of Solid-State Circuits, Vol. 34, Nr. 10, Oct. 1999, pp, 1419-1424

[78] MORGAN, A.M., BOYD, T.A., Theoretical and Experimental Study of a New Class of Reflectionless Filter, IEEE Trans. on Microwave Theory and Tech., Vol. 59, Nr. 5, May 2011, pp. 1214-1220

[79] MAXIM, Datenblatt zum MAX4003, 0.1 - 2.5 GHz Leistungsdetektor, 19-2620; Rev 1, 03.2003

[80] NIKNEJAD, A.M. UND MEYER, R.G., Analysis, Design and Optimization of Spiral Inductors and Transformers for Si RF IC's, IEEE Jour. of Solid-State Circuits, Vol. 33, Nr. 10, Oct. 1998, pp. 1470-1481

[81] LVDS-GRUNDLAGEN http://www.national.com/analog/interface/lvds_owners_manual

[82] PARISI, S. J., 180° Lumped Element Hybrid, IEEE Microw. Theory Tech. - Sym. Digest, 1989, pp. 1243-1246

[83] PETERS, N., SCHMITZ, TH., SADEGHFAM, A., HEUERMANN, H. Concept of Balanced Antennas with Load-Invariant Base Impedance Using a Two Element LC-Coupler, Proceedings of the European Microwave Association, 2005

[84] PETTENPAUL, E., KAPUSTA, H., WEISBERGER, A., MAMPE, H., LUGINSLAND, J., WOLFF, I., CAD Models of Lumped Elements on GaAs up to 18 GHz, IEEE Trans. on Microwave Theory and Tech., Vol. 36, Feb. 1988, pp. 294-304

[85] PHILIPPOW, E., Grundlagen der Elektrotechnik, VEB Verlag Technik, Berlin, 1988

[86] PUCEL, R.A., Design Considerations for Monolithic Microwave Circuits, IEEE Trans. on Microwave Theory and Tech., Vol. 29, Nr. 6, June 1981, pp. 513-534

[87] RAICU, D., Multiterminal Distributed Resistors as Microwave Attenuators, IEEE Trans. Microwave Theory Tech., vol. 42, No. 7, July 1994, pp. 1140-1148

[88] RHODES, J.D., Theory of Electrical Filters, Wiley Verlag, New York, 1985

[89] RILEY, COPELAND AND KWASNIEWSKI, Digital PLL Frequency Synthesizers, 1983 Delta-Sigma Modulation in Fractional-N Frequency Synthesis, IEEE Journal of Solid State Circuits, Vol. 28, No. 5, May 1993

[90] ROHDE, U., NEWKIRK, D., RF/Microwave Circuit Design for Wireless Applications, Wiley Verlag, New York, 2000

[91] ROHDE, U.L., Digital PLL Frequency Synthesizers: Theorie and Design, Prentice Hall, 1982

[92] ROHDE, U.L., Microwave and Wireless Synthesizers, Wiley-Interscience, 1997

[93] ROHDE & SCHWARZ, Applikationssoftware R&S ZVR-K11, (http://www.rohde-schwarz.com/)

[94] ROSENBERGER HOCHFREQUENZTECHNIK, (http://www.rosenberger.de)

[95] ROSENBERGER HOCHFREQUENZTECHNIK, Präzise Streuparametermessungen auf planaren Schaltungen, Applikationsschrift TI010, Tittmoning, 1996

[96] ROSENBERGER HOCHFREQUENZTECHNIK, Streuparametermessungen in koaxialen Leitersystemen, Applikationsschrift TI020, Tittmoning, 1996

[97] SAAL, R., ENTENMANN, W., Handbuch zum Filterentwurf, Hüthig-Verlag, Heidelberg, 1988

[98] SADEGHFAM, A., Entwurfsverfahren für passive hochintegrierte Multimode-Schaltungen der Hochfrequenztechnik in mehrlagigen Herstellungsprozessen, Shaker Verlag, Aachen, 2008

[99] SADEGHFAM, A., HEUERMANN, H., Novel Balanced Inductor for Compact Differential Systems, European Microwave Conf., Amsterdam, Oct. 2004, pp. 709-712

[100] SADEGHFAM, A., HEUERMANN, H., On the Design of Multimode Integrated Circuits in Multilayered Processes, European Microwave Conf., Oct. 2007, pp. 516-519

[101] SCHIEK, B., Grundlagen der Hochfrequenz-Messtechnik, Springer Verlag, Berlin Heidelberg, 1999

[102] SCHIEK, B., ROLFES, I., SIWERIS, H.-J., Noise in High-frequency Circuits and Oszillatore, J. Willey ans Sons, New Jersey, 2006

[103] SCHIEL, J.-CH., TATU, S. O., WU,K., BOSISIO R. G., Six-Port Direct Digital Receiver (SPDR) and Standard Direct Receiver (SDR) Results for QPSK Modulation at High Speeds, MTT-S International Microwave Symposium, Philadelphia, 2003, pp. 931-935

[104] SCHMELZ, CH., HEUERMANN, H., HEIDE, P., Experimentelle Untersuchungen zur Anregung parasitärer Moden auf Koplanarleitungen bis 110 GHz, Kleinheubacher Berichte 1998, Bd. 41

[105] SCHNEIDER, M.V., Microstrip Lines for Microwave Integrated Circuits, Bell Syst. Tech. J. 48, 1969, pp. 1421-1444

[106] SCHNEIDER, J., Entwicklung eines homodynen Netzwerkanalysators für den Mikrowellenbereich 26,5-40 GHz, Dissertationsschrift, Institut für Hoch- und Höchstfrequenztechnik, Ruhr-Universität Bochum, 1987

[107] SIMONYI, K., Theoretische Elektrotechnik, VEB Deutscher Verlag der Wissenschaften, Berlin, 1989

[108] SPRINGER, A., MAURER, L., WEIGEL, R., RF System Concepts for Highly Integrated RFICs for W-CDMA Mobile Radio Terminals, IEEE Trans. on Microw. Theory and Tech., Vol. 50, No. 1, Jan. 2002

[109] Link zum Freeware-Download der RF-Synthese-Software SynRF:

    `http://hhft.de/index.php?page=competences&subpage=syn_rf`

[110] STENGEL, B., THOMPSON, B., Neutralized Differential Amplifiers using Mixed-Mode S-Parameters, IEEE MTT-S Digest, 2003

[111] STOLLE, R., HEUERMANN, H., SCHIEK, B., Auswertemethoden zur Präzisions-Entfernungsmessung mit FMCW-Systemen und deren Anwendung im Mikrowellenbereich, tm – Technisches Messen, Heft 2/95, R. Oldenbourg Verlag, München, Feb. 1995, pp. 66-73

[112] SERENADE, Ansoft Inc., Paterson, N.J., USA

[113] SWANSON, D.G., HOEFER, W., Microwave Circuit Modeling Using Electromagnetic Field Simulation, Artech House-Verlag, New-York, 2004

[114] UNBEHAUEN, H., Regelungstechnik I, Klassische Verfahren zur Analyse und Synthese linearer kontinuierlicher Regelsysteme, überarbeitete und erweiterte Auflage, Vieweg Verlag, Braunschweig / Wiesbaden 1992

[115] UNBEHAUEN, H., Regelungstechnik II, Zustandsregelungen, digitale und nichtlineare Regelsysteme, 6. durchgesehene Auflage, Vieweg Verlag, Braunschweig / Wiesbaden 1993

[116] UNGER, H.-G., HARTH, W., Hochfrequenz-Halbleiterelektronik, S. Hirzel Verlag, Stuttgart, 1972

[117] UNGER, H.-G., SCHULTZ, W., Elektronische Bauelemente und Netzwerke I, Vieweg Verlag, Braunschweig

[118] UNGER, H.-G., Elektromagnetische Wellen auf Leitungen, Hüthig Verlag, Heidelberg

[119] VAN DER HEIJDEN, M. P., SPIRITO, M., DE VREEDE, L. C. N., VAN STRATEN, F., BURGHARTZ, J. N., A 2 GHz High-Gain Differential InGaP HBT Driver Amplifier Matched for High IP3, IEEE MTT-S Digest, 2003

[120] VINCENT, B.T., Microwave transistor amplifier design, IEEE Microwave Symp. Dig., 1965, pp. 81-85

[121] VOGES, E., Hochfrequenztechnik, Hüthig Verlag, Heidelberg, 2003

[122] WADELL, B. C., Transmission Line Design Handbook, Artech House, Boston, 1991

[123] WHEELER, H. A., Transmission-Line Properties of Parallel Strips Separated by a Dielectric Sheet, IEEE Trans. Microwave Theory Tech., MTT-13, 1965, pp. 112-185

[124] WHEELER, H. A., Transmission-Line Properties of a Strip on a Dielectric Sheet on a Plane, IEEE Trans. Microwave Theory Tech., MTT-25, 1977, pp. 631-647

[125] WILLIAMS, A. B., *Electronic Filter Design Handbook,* New York, McGraw-Hill

[126] WILTRON, Microstrip Measurements with the Wiltron 360 Vector Network Analyzer, Application Note AN360-7, Jan. 1990.

[127] ZINKE O., BRUNSWIG H., Lehrbuch der Hochfrequenztechnik, Band 1 + Band 2, Springer Verlag, Berlin, 1993

Verzeichnis häufig verwendeter Formelzeichen und Kürzel

A	Fläche	G_{av}	verfügbarer Gewinn
$[\mathbf{A}]$	A-Kettenmatrix von Zweitorelementen	H	magnetische Feldstärke
A_{ij}	Elemente der Matrix $[\mathbf{A}]$	HP	Abkürzung für Hochpassfilter
$[\mathbf{ABCD}]$	ABCD-Kettenmatrix von Zweitorelementen	h	Plancksche Konstante
ADC	Analog-Digital-Wandler	I	komplexer Strom
AGC	schaltbarer Verstärker (Automatic Gain Control)	$[\mathbf{I}]$	Einheitsmatrix
		Im $\{\}$	Imaginärteiloperator
a_i, b_i	komplexe Wellengrößen (Mono-Mode-Fall)	i	komplexer Strom auf Z_0 bezogen
a_i^+, b_i^+	komplexe Wellengrößen eines Gleichtaktmodes	i, j	Laufindizes für Matrix- und Vektorelemente, die von n=1 bis zur jeweiligen Dimension reichen
a_i^-, b_i^-	komplexe Wellengrößen eines Gegentaktmodes	$i(t)$	Strom im Zeitbereich
$\vec{a}$	Vektor der komplexe Wellengrößen	J	Stromdichte
B	Suszeptanz, Blindleitwert	k	Wellenzahl, Stabilitätszahl (k-Faktor), Koppelfaktor von Resonatoren
$[\mathbf{B}]$	inverse Kettenmatrix von Zweitorelementen	k_d	Dämpfungskonstante im Filterentwurf
B_{ij}	Elemente der Matrix $[\mathbf{B}]$	L, L'	Induktivität, Induktivität pro Längeneinheit
BP	Abkürzung für Bandpassfilter		
b_0	komplexe Generatorwelle	LNA	rauscharmer Verstärker (Low Noise Amplifier)
C, C'	Kapazität, Kapazität pro Längeneinheit	ℓ	Leitungslänge
c_0	Lichtgeschwindigkeit	lg ()	Logarithmus auf der Basis 10
DM	Dual-Mode	M	Wellensumpf (engl. Match)
DUT	Messobjekt (engl. Device Under Test)	M	Magnetisierung
		M_{ij}	M-Parameterbzw. Mixed-Mode-Parameter
det ()	Determinante einer Matrix		
E	elektrische Feldstärke	$[\mathbf{M}]$	M-Parametermatrix bzw. Mixed-Mode-Parametermatrix
F	Rauschzahl		
$F(j\omega)$	Allgemeine Funktion im Frequenzbereich	MAG	maximal verfügbarer Leistungsgewinn
f	Frequenz	m	Masse
f_n	Normierte Frequenz	N	unbekannter Zweitorstandard
f_r	Resonanzfrequenz	O	Leerlauf (engl. Open)
$f(t)$	Allgemeine Funktion im Zeitbereich	P	elektrische Leistung
		P_w	elektrische Wirkleistung
G, G'	Wirkleitwert, Wirkleitwert pro Längeneinheit, Gewinn	$[\mathbf{P}]$	Propagationsmatrix
		p	elektrische Länge in Grad

Q	Güte von Bauteilen und Resonatoren, Blindleistung	VNA	vektoriell messender Netzwerkanalysator
Q_0	unbelastete Güte eines Resonators	v	Ausbreitungsgeschwindigkeit
Q_L	belastete Güte eines Resonators	v_{gr}	Gruppengeschwindigkeit
R, R'	Wirkwiderstand, Wirkwiderstand je Längeneinheit	v_p	Leistungsverstärkung
		v_{ph}	Phasengeschwindigkeit
Re $\{\}$	Realteiloperator	$W_{e,m}$	elektrische bzw. magnetische Feldenergie
RX	Abkürzung für den Empfangszweig	w	Weite
Rg $()$	Rang einer Matrix	X	Reaktanz, Blindwiderstand
r_x	Reflexionsparameter von Eintor- und Klemmenelementen	Y	Admittanz, Scheinleitwert
		$[\mathbf{Y}]$	Y-Leitwertmatrix von Zweitorelementen
S	Kurzschluss (engl. Short)		
S_{ij}	Streuparameter	y_x	Admittanzparameter von Eintor- und Klemmenelementen
S	Poynting-Vektor, Leistungsdichte	Z	Impedanz, Scheinwiderstand
$[\mathbf{S}]$	Streuparametermatrix	Z_0	Wellenwiderstand, Bezugsimpedanz (i.d.R. 50 Ω)
$[\mathbf{S}]^{-1}$	Inverse (Streuparameter-) Matrix		
$[\mathbf{S}]^T$	Transponierte (Streu-) Matrix	Z_E, Z_e	Eingangswiderstand oder -impedanz
$[\mathbf{S}]^*$	Konjugiert komplexe (S-) Matrix	Z_{even}, Z_+	Gleichtaktimpedanz (i.d.R. 25 Ω)
		Z_f	Feldwellenwiderstand des freien Raumes (377 Ω)
spur $()$	Spur einer Matrix	Z_L	Wellenwiderstand einer Leitung (i.d.R. 50 Ω)
T, T	Zeitintervall, Durchverbindung (engl. Thru bzw. Through), Temperatur	Z_{odd}, Z_-	Gegentaktimpedanz (i.d.R. 100 Ω)
T_e	Effektive Rauschtemperatur	$[\mathbf{Z}]$	Z-Widerstandsmatrix von Zweitorelementen
T_n	Tschebycheff-Filterkonstanten		
TP	Abkürzung für Tiefpassfilter	z_x	Impedanzparameter von Eintor- und Klemmenelementen
TX	Abkürzung für den Sendezweig		
t	Zeitvariable, Transformationsverhältnis eines Impedanztransformators	α, β	Koeffizienten mit wechselner Bedeutung
		α	Dämpfungskonstante oder -belag einer Leitung
U	komplexe Spannung		
u	komplexe Spannung auf Z_0 bezogen, normierte komplexe Spannung	β	Phasenkonstante oder -belag einer Leitung
$u(t)$	Spannung im Zeitbereich	γ	komplexe Ausbreitungs- oder Fortpflanzungskonstante einer Leitung
ü	Übersetzungsverhältnis der Ströme und Spannungen eines Transformators	$\gamma\ell$	komplexe elektrische Länge
		$\Delta()$	Determinante einer Matrix
V	Volumen	δ	Eindringtiefe, Skintiefe; Direktivität eines Kopplers

$\delta(\omega)$	Dirac'sche Deltafunktion als Funktion der Frequenz
ϵ	Dielektrizitätskonstante
ϵ_0, ϵ_r	absolute und relative Dielektrizitätskonstante
η	Wirkungsgrad
κ	(spezifische) Leitfähigkeit; Koppelübertragungsfaktor eines Kopplers
λ	Wellenlänge
μ	Permeabilitätskonstante
μ_n, μ_p	Beweglichkeit von Elektronen bzw. Löchern
ν	Isolation eines Kopplers
ρ	spezifischer Widerstand, Reflexionswert, Selbstkalibriergrösse
σ	spezifische Leitfähigkeit
τ	Laufzeitvariable; Durchlassfaktor eines Kopplers
φ	Phase
Ω	Kreisfrequenz, Frequenz, normierte Frequenz
Ω_i	Feste Kreisfrequenzen
ω	Kreisfrequenz, Frequenz

Index